U0818163

水电厂检修技术丛书

水电厂辅助设备及公用系统检修

张 诚 陈国庆 主编

中国电力出版社
CHINA ELECTRIC POWER PRESS

内 容 提 要

本书是《水电厂辅助设备及公用系统检修》分册，全书详细讲解了水电厂辅助设备及公用系统的检修与维护技术，并介绍了一些常见故障的诊断及处理方法。为了帮助读者更好地理解书中内容，本书还辅以大量的图形和图片，力求直观、易懂。

本书共分六篇二十章。第一篇为概述；第二篇介绍油系统的检修与维护；第三篇介绍水系统的检修与维护；第四篇介绍压缩空气系统的检修与维护；第五篇介绍厂用电系统的检修与维护；第六篇介绍直流系统的检修与维护。

本书重点在于针对现场实际操作，对基本理论和工作原理不作过多阐述，可供水电厂生产及其管理人员现场培训参考，也可作为大、中专及职业技术院校教学参考用书。

图书在版编目（CIP）数据

水电厂辅助设备及公用系统检修/张诚，陈国庆主编．北京：中国电力出版社，2012.4（2019.9 重印）

（水电厂检修技术丛书）

ISBN 978-7-5123-1507-5

Ⅰ．①水…　Ⅱ．①张…　②陈…　Ⅲ．①水力发电厂-设备-检修　Ⅳ．①TV73

中国版本图书馆 CIP 数据核字（2011）第 044314 号

中国电力出版社出版、发行

（北京市东城区北京站西街 19 号　100005　http://www.cepp.sgcc.com.cn）

三河市百盛印装有限公司印刷

各地新华书店经售

*

2012 年 4 月第一版　　2019 年 9 月北京第三次印刷

710 毫米×980 毫米　16 开本　26.5 印张　495 千字　2 插页

印数 3501—4500 册　　定价 **70.00** 元

《水电厂检修技术丛书》编委会

《水电厂辅助设备及公用系统检修》编写人员

统　稿　人　杨兴斌　张良颖

编写人员　蒋惠君　易继亮　张官松　孙亚涛
　　　　　宋文金　杨　备　王兴圣　刘光权

审　查　人　欧阳定

前　言

近年来，我国水电开发迎来了历史性的发展机遇，水电机组单机容量和装机规模不断扩大，水电工程机电设计、制造和安装技术已赶上和达到世界一流水平。随着全球低碳经济的发展，作为大规模可再生清洁能源的水力发电必将得到越来越充分的开发和应用。

水电工程的性能和效益的发挥最终都要通过运行来实现。在水电工程全生命周期管理过程中，优质的建设、优化的运行和优良的检修维护对于充分发挥水电工程的效益都十分重要。得益于计算机、自动化、信息化、网络技术，新材料、新工艺的高速发展，以及现代管理理念和方法的应用，水电厂检修技术也得到不断更新和提高。但一直以来，鲜有全面、完整地介绍水电厂检修技术的书籍面市，使水电厂检修技术的学习、交流和推广受到限制。为了与水电厂同行进行技术交流，探讨推广标准化、规范化的水电厂检修方法，推动水电厂检修技术的不断进步，为从事水电厂检修工作的技术和管理人员提供参考和借鉴，中国长江电力股份有限公司在认真总结三峡水电厂和葛洲坝水电厂多年的检修经验的基础上，精心组织编写了一套《水电厂检修技术丛书》。

《水电厂检修技术丛书》由《水轮发电机组检修》、《水电厂辅助设备及公用系统检修》、《水电厂电气一次设备检修》、《水电厂电气二次设备检修》、《水工建筑物与闸坝机电设备检修》五个分册组成。

本丛书是国内第一套专门针对大中型水电厂的检修技术丛书，力求全面、系统、实用，强调指导性和可操作性。

由于不同形式水轮发电机组的检修方法与工艺有很大差别，因此本丛书检修实例均以国内大型混流式和轴流转桨式水轮发电机组及常见的大型输变电、自动控制和保护设备为主。

《水电厂检修技术丛书》凝聚着中国长江电力股份有限公司广大生产技术人员的智慧和心血，丛书编写历时两年，先后有 100 余人参与其中。公司成立了编写组，总经理张诚亲自组织编写工作，总工程师陈国庆组织了多次编审会议，公司所属三峡水电厂、葛洲坝水电厂和检修厂组织了一大批技术骨干，利用业余时间编写，为《水电厂检修技术丛书》的顺利完成作出了宝贵的贡献。

本书为《水电厂辅助设备及公用系统检修》分册，全书详细讲解了水电厂辅助设备及公用系统的检修与维护技术，并介绍了一些常见故障的诊断及处理方法。为了帮助读者更好地理解书中内容，本书还辅以大量的图形和图片，力求直观，易懂。本书共分六篇二十章，第一篇为概述；第二篇介绍油系统的检修与维护；第三篇介绍水系统的检修与维护；第四篇介绍压缩空气系统的检修与维护；第五篇介绍厂用电系统的检修与维护；第六篇介绍直流系统的检修与维护。

本书第一篇（第一～三章）由蒋惠君编写，第二篇（第四～六章）由易继亮、张官松编写，第三篇（第七～十章）由孙亚涛、蒋惠君编写，第四篇（第十一～十三章）由宋文金编写，第五篇（第十四～十六章）由杨备、王兴圣编写，第六篇（第十七～二十章）由刘光权编写。全书由欧阳定审核，由杨兴斌、张良颖统稿。

该书是大中型水电厂检修技术人员几十年经验的积累与总结，内容丰富、易懂、实用，可作为我国水电厂检修维护人员、管理者以及高校相关专业师生的参考书。

由于水电厂检修技术创新日新月异，加之编者水平有限，书中不妥之处在所难免，恳请广大读者提出宝贵意见。

编　者

2011年5月

目　录

第一篇

概　　述

第一章　辅助设备及公用系统的组成和工作原理

一、油系统的组成和工作原理

（一）油的分类和使用范围

（1）水电厂用油可分为润滑油和绝缘油两大类。大中型水电厂一般使用润滑油和绝缘油，其中尤以汽轮机油和变压器油用量最大。

（2）汽轮机油（俗称透平油）一般作为机组轴承润滑、调速系统、进水阀、调压阀、液压操作阀及液压启闭机的液压操作用油，在水电厂得到广泛应用；其他如电动机、水泵轴承、齿轮变速器等使用的机械油，空气压缩机使用的空气压缩机油，以及风机轴承和水泵填料函润滑密封使用的润滑脂用量都比较少，一般按照设备维护手册中的说明就可以满足使用维护的要求。

（3）绝缘油主要用在变压器、断路器、电流互感器、电压互感器、套管等处。绝缘油起着绝缘、散热冷却和熄灭电弧的作用。在电力系统中，变压器油的用量占绝缘油用量的比重很大。随着技术和装备的进步，以及 GIS 和干式变压器的广泛使用，变压器和断路器的用油量正逐步减少。

（二）油的净化处理和污染控制

（1）汽轮机油在运行、储存过程中被氧化或油中混入水分和其他杂质等，将导致油的劣化。对劣化油的回收和处理，一定要有严格的回收和处理程序。对油的处理，目前常用的方法仍然是压力过滤和真空过滤，这两种方法组合使用效果更好。紧急情况下，也可以采用便携式油处理设备进行在线过滤。同时也要注意运行、检修和储存过程中的污染控制，尤其是设备检修和系统维护时的污染控制。

（2）变压器油的老化机理比较复杂，在光、热、氧、电磁场、电弧、辐射，以及铜、铁等催化剂的作用下，变压器油会发生速度缓慢的氧化、裂解与碳化等化学反应，生成某些氧化产物及其缩合物（油泥），产生氢及低分子烃类气体和固体蜡等，造成油的劣化，从而使其介电性能逐渐下降或变坏。绝缘油的老化可分为热氧老化和电气老化两种。变压器油中混入了水分和杂质，其绝缘性能会变坏，击穿电压降低，介质损耗增大。对变压器油的处理，一般采用现场过滤的方式进行。

（三）油的检测和状态监测

（1）汽轮机油的检测和状态监测。汽轮机油的状态监测，一般通过在油槽上安装液位计和观察孔来进行，或通过在集油槽本体上安装温度计和油混水探测器进行。当油系统设备检修后和运行异常时，应及时进行油样化验检测。

（2）变压器油的检测和状态监测。变压器油的状态监测，一般通过在变压器本体上安装气体继电器、油气在线监测装置、局放监测装置进行，同时定期进行油样化验和介损测量来对变压器运行状态进行监视。

二、水系统的组成和工作原理

水电厂水系统包括技术供水系统、清洁水系统和排水系统。一般水电厂清洁水系统都由外来水源提供。

水电厂技术供水系统依据电站水头情况的不同，其供水方式包括自流供水、加压供水和混合供水三种方式。对于水头变化幅度较大的水电厂，也可根据水头情况选择多种供水方式。技术供水系统由水源、管网、加压设备（或减压设备）、用水设备及测量和控制元件等组成。水源一般采用上游取水和下游取水两种方式，特殊情况下也可考虑采用其他水源（如支流或地下水源）作为主水源、补充水源或备用水源。

排水系统包括渗漏排水和机组检修排水两部分，一般由排水设备、管网及测量和控制元件等组成。

三、气系统的组成和工作原理

水电厂压缩空气系统一般包括油压装置用气、机组制动用气、工业用气、机组强迫补气和封闭母线微正压用气等系统。压缩空气系统主要由空气压缩装置、供气管网、测量和控制元件、用气设备等组成。其中，空气压缩装置包括空气压缩机（简称空压机）及其附属设备，水电厂中常用活塞式空气压缩机、螺杆式空气压缩机；附属设备主要有储气罐、气水分离器、减压阀和空气冷却器（或冷干机）等。

四、厂用电系统的组成和工作原理

按电压等级的高低，厂用电系统接线方式可分为高压厂用电接线方式和低压厂用电接线方式。各机组的高压厂用电系统应该相对独立，这主要是为了防止某一台机组的厂用电母线故障时，不致影响其他机组的正常运行。低压厂用电接线方式的基本原则与高压厂用电接线方式基本一致，最重要的原则是根据厂用电系统负荷重要程度的不同，将提供不同的供电方式。

为了保障厂用电系统的正常运行，应装设厂用电系统保护。目前，主要保护配置及功能有电流速断保护、过电流保护、过负荷保护、低电压（欠电压）保护、单相接地保护等。

厂用电系统主要设备有中压断路器、低压断路器、干式变压器、母线和电缆等。中压断路器包括油断路器、SF_6 断路器、QF4 型真空断路器。其中，油断路器结构简单，使用历史长、范围广，运行经验丰富，但在中压电路中逐渐被 SF_6 断路器和真空断路器所取代。

低压断路器也称为自动空气断路器，型号众多。某些新型断路器如 3VL 系列塑壳断路器采用模块化设计，带有热磁式或电子式过电流脱扣器，配置直流电动操作机构，具有自动储能功能，满足远方操作要求；同时具有手动和电动操作功能，能在主进线电源不停电的情况下检修和更换，使用非常方便。

干式变压器具有无油、免维修、阻燃防火、环保等优点，在厂用电系统中得到广泛应用。

五、直流系统的组成和工作原理

（一）直流系统的分类及组成

充电装置、蓄电池组及馈线回路构成了直流系统。正常运行情况下，充电装置带直流负荷，同时给蓄电池组浮充电。在交流电源消失或充电装置故障的情况下，蓄电池组带直流负荷运行，从而保证了直流负荷供电的不间断性。

（二）直流系统的主要设备

蓄电池组和充电装置是直流系统的核心部分。电力系统采用的蓄电池可分为防酸蓄电池、镉镍蓄电池和阀控蓄电池三类，不同类型的蓄电池适用于不同的场所。大中型水电厂、220kV 及以上变电所和直流输电换流站宜采用防酸蓄电池或阀控蓄电池。

目前，国内外生产的充电装置可分为磁放大型充电装置、相控型充电装置和高频断路器电源型充电装置。高频断路器频率结合脉宽调制技术应用在断路器电源上，取消了庞大的隔离变压器，在高频化、小型化及模块化上有很大进展，具有稳压精度高、稳流精度高、体积小、质量轻、效率高、输出纹波系数小、模块任意叠加、$N+1$ 热备用设计及便于计算机管理等优点，符合现代直流电源的潮流。目前，高频断路器电源型充电装置已在水电厂直流系统中得到了广泛应用。

第二章　辅助设备及公用系统检修的一般原则

一、术语和定义

（一）基于诊断与评估的预防性维修

基于诊断与评估的预防性维修是指在定期检修的基础上，根据诊断与评估的结果，确定设备检修间隔、停用时间和检修项目的检修方式。

（二）设备检修间隔

设备检修间隔是指从上次检修后设备复役时开始，至下一次同级检修开始时的时间间隔。

（三）标准检修项目

标准检修项目是指根据国家标准、法律、法规，以及设备制造厂提供的技术文件、同类设备的检修经验等确定的各类检修必须进行的检修项目。

（四）非标准检修项目

非标准检修项目是指根据设备的状况评估结果需要增加的检修项目、运行中发现的需要停机处理的缺陷项目，以及需要停机进行的技改项目等标准检修项目以外的项目。

（五）首次整顿性检修

首次整顿性检修是指设备设施接管后的第一次检修，主要包括全面检查与清扫，设备标识的装设，端子、定值和控制流程的核对与梳理，功能检查和试验，安装调试期间遗留问题或接管后发现问题的处理等。

（六）H（Hold）点和W（Witness）点

H点和W点是过程控制中的质量验收点类别标识。其中，H点为停工待检点，需验收通过后方可进行下一道工序；W点为见证点，工作可以继续，见证点的后续工作不影响见证的内容。

注：在技术标准中，H点和W点采用“*&#”的表示方式，如“3H2”、“2W2”。其中，“*”指验收级别；“&”指验收点类别；“#”为一个项目中同一类别验收点的序号。例如，“3W4”即指一个项目中第四个需要三级验收的W点。

（七）精益检修原则

（1）实施精益维修策略。采取基于诊断与评估的预防性维修方式，兼顾安全性、法规性、经济性和统筹性原则，检修管理实行项目管理与节点控制相结合的过程控制方法。

(2) 加强检修项目管理。建立检修过程控制的信息管理平台，实行检修计划、进度、成本控制、资源管理、节点控制、项目评价和过程记录等全方位信息化管理。

(3) 设备检修过程应做到“作业规范、标识清晰、摆放有序、工停场清”。

(4) 设备检修主体按设备检修等级和设备分工范围确定。

二、辅助设备及公用系统的检修原则

一般采用年度维护、部分维护（限于气系统和排水系统）、整体维护检修模式，检修间隔和停用时间以主设备为参考，一般随主设备一起检修。技术供水系统随水轮发电机组一起进行对应级别的检修。

第三章　检修模式和检修周期

一、油系统

油系统设备检修没有固定的检修模式和检修周期，本篇主要针对油系统中汽轮机油、绝缘油的化验检测和油质监测进行介绍。

二、水系统

（1）技术供水系统根据设备检修规模、停用时间和检修内容，将设备检修分为不同等级，见表 3-1 和表 3-2。

表 3-1　　技术供水系统设备检修等级

设备（系统）	检修等级	检 修 内 容
技术供水系统	A	技术供水设备进行全面的解体检查和修理，以保持、恢复或提高设备性能
	B	针对技术供水设备或组件存在的问题进行解体检查和修理，可根据状态评估结果实施部分 A 级检修项目
	C	根据技术供水设备的磨损、老化规律，有重点地对设备进行检查、评估、修理、清扫，可进行少量的零件更换、设备消缺、调整、预防性试验等作业，以及实施部分 B 级检修项目
	D	技术供水设备总体运行状况良好，对主要设备的附属系统和设备进行维护、保养与消缺

表 3-2　　技术供水系统设备定期检修间隔与停用时间

设备（系统）	检修等级：C		首次整顿性检修
	检修间隔	停用时间	停用时间
技术供水系统	1 年	14 天	14 天

（2）排水系统根据设备检修规模、停用时间和检修内容，将设备检修分为不同等级，见表 3-3。

表 3-3　　排水系统设备检修等级

设备（系统）	检修等级	检 修 内 容
排水系统	整体维护	对设备设施进行全面检查、维护、清扫，包括电气或机械特性试验、功能试验、设备全面解体检查和保养、电气预防性试验、水工建筑物的修补等
	部分维护	对设备设施进行全面检查、评估、维护、清扫，设备部分解体检查和保养等
	年度维护	对设备设施进行外观检查、评估、清扫等

排水系统定期检修间隔与停用时间，见表 3-4。

表 3-4　　排水系统定期检修间隔与停用时间

设备（系统）	整体维护		部分维护		年度维护
	检修间隔	停用时间	检修间隔	停用时间	停用时间
排水系统	8 年	20 天/台套			7 天/泵站

三、气系统

（1）气系统根据设备检修规模、停用时间和检修内容，将设备检修分为不同等级，见表 3-5。

表 3-5　　气系统设备检修等级

设备（系统）	检修等级	检 修 内 容
气系统	整体维护	对设备设施进行全面检查、维护、清扫，包括电气或机械特性试验、功能试验、设备全面解体检查和保养、电气预防性试验等
	部分维护	对设备设施进行全面检查、评估、维护、清扫，设备部分解体检查和保养等
	年度维护	对设备设施进行外观检查、评估、清扫等

在气系统中，空气压缩装置定期检修间隔与停用时间以空气压缩机设备厂家要求为准。

（2）储气罐的维护及检测，一般由当地技术监督部门或有相关资质的权威部门进行。

1）压力容器外部检查，每年至少进行一次。

2）内外部检验周期：安全状况等级为 1、2 级的，每 6 年至少进行一次；安全状况等级为 3 级的，每 3 年至少进行一次。

3）对固定式压力容器，每两次内外部检验期间内，至少进行一次耐压试验；对移动式压力容器，每 6 年至少进行一次耐压试验。

4）投用后，首次内外部检验周期一般为 3 年。

（3）安全阀、压力表定期校验，每年至少校验一次；测温仪表、液面计按计量部门的规定进行校验；经重大改造使用条件变更，且停用 2 年以上需要重新投用的仪器、仪表，应进行压力试验。

四、厂用电系统

对国产电气设备，变压器类设备执行部颁 DL/T 573《电力变压器检修导则》；开关类设备执行相关设备的部颁标准和网、省公司检修规定；预防性试验执行 DL/T 596《电力设备预防性试验规程》。对于各类进口设备的运行、维护、检修及校验周期，应参照安装使用说明书确定。对于在订货时有特殊要求的设备，应按合同要求确定。

（1）变压器。包括所用变压器、消弧线圈、电抗器等。

1）检修周期。大修周期：新投运的设备为5年，运行5年后为10年；小修周期为1年。

2）预防性试验。电气试验，110～220kV变压器每年进行一次；10～35kV变压器每3年进行一次。

3）油化验。色谱化验：220kV变压器每6个月进行一次；35～110kV变压器每年进行一次；其余设备每3年进行一次。110～220kV变压器每年进行一次，35kV及以下变压器、消弧线圈、电抗器等每3年进行一次。

（2）断路器。

1）少油断路器大修周期：新投运的断路器为1年，运行1年后：220kV等级的为5年，110kV等级的为4年，35kV等级的为3年，10kV等级的为2年；预防性试验、小修周期为1年。

2）六氟化硫断路器本体大修周期为10～15年；机构大修周期：新投运的为1年，运行1年后为5年；预防性试验、小修周期为1年。

3）真空断路器本体新投运1年内应进行一次检查、测试，以后结合预防性试验对本体进行检查；结合预防性试验或操作达2000次（合—分算一次）应进行机构维修。预防性试验周期为1～3年。

（3）隔离断路器。大修周期：新投运的断路器为1年，运行1年后为4～6年；小修周期为1年（结合预防性试验进行）。

（4）电力电缆。新投运后1年内测试一次，以后每3年至少测试一次。

（5）母线。一般母线每3年至少应进行一次试验；架空母线每3年应进行一次绝缘子测零。

五、直流系统

（一）检修模式和检修周期

直流系统的检修除根据直流充放电设备的需要安排检修外，特别是要配合蓄电池的维护要求安排检修。根据DL/T 724《电力系统用蓄电池直流电源装置运行与维护技术规程》的要求，新安装或大修中更换过电解液的防酸蓄电池组，第一年，每6个月进行一次核对性放电；运行1年以后，1～2年进行一次核对性放电。镉镍蓄电池组在长期浮充电运行中，每年必须进行一次全核对性的容量试验。新安装或大修后的阀控蓄电池组，应进行全核对性放电试验，以后每隔2～3年进行一次核对性试验。对于运行6年以上的阀控蓄电池组，应每年做一次核对性放电试验。

（二）直流系统试验

对于新安装的直流电源装置，应进行交接验收试验，所试项目应达到技术要求后方能投入试运行。在直流系统的检修中，应根据检修范围和程度的不同，选择必要的项目进行试验，检修试验是保证检修质量的最好方式。

1. 交接验收试验项目

（1）绝缘监察及信号报警试验。

（2）耐压及绝缘试验。

（3）蓄电池组容量试验。

（4）充电装置性能试验。

（5）直流母线连续供电试验。

（6）微机控制自动转换程序试验。

2. 检修验收试验项目

检修验收试验项目见表 3-6。

表 3-6　　检修验收试验项目

序　号	检　验　项　目	序　号	检　验　项　目
1	一般性检查	3.5	稳压精度试验
2	电气绝缘性能试验	3.6	纹波系数试验
2.1	绝缘电阻测量	4	单元模块功能试验
2.2	耐压试验	4.1	蓄电池巡检装置功能试验
3	充电装置功能试验	4.2	绝缘监测仪功能试验
3.1	限流特性试验	4.3	馈线状态监测和功能试验
3.2	限压特性试验	5	保护及报警功能试验
3.3	均流试验	6	微机监控器功能试验
3.4	稳流精度试验	7	与计算机监控系统接口试验

第二篇

油系统的检修与维护

第四章　油 系 统 概 述

第一节　水电厂用油的基本性质和质量监督

水轮发电机组、调速器系统和进水阀（闸门）的安全、稳定运行都离不开汽轮机油（汽轮机油，在水电厂一般习惯称为透平油）。汽轮机油在水电厂起着润滑、散热冷却及作为工作介质提供能量操作其他设备的作用。汽轮机油性能的优劣，直接关系到水电厂设备运行的效率与安全，对于在电力系统中处于重要地位的大中型水电厂，更是关系到整个系统的安全。绝缘油是石油产品之一，或称矿物油，它是电力系统中重要的矿物液体绝缘介质。例如，变压器、断路器、电流互感器、电压互感器、套管、电缆等所充绝缘油，起着绝缘、散热冷却和熄灭电弧的作用。

可见，水电厂用油要保证设备正常运行，其基本性质如何至关重要。下面介绍润滑油和绝缘油的重要性质及性能指标。

一、物理性质

1. 黏度

液体受外力作用移动时，在液体分子间产生的阻力，即液体的内摩擦力，称为黏度。油的黏度分为绝对黏度和相对黏度，绝对黏度包括动力黏度和运动黏度。

（1）动力黏度。流体对切向运动的单位面积阻力即切应力 τ，与速度梯度 $\mathrm{d}u/\mathrm{d}y$ 成正比，即

$$\tau = \mu \frac{\mathrm{d}u}{\mathrm{d}y} \tag{4-1}$$

式（4-1）称为牛顿黏性公式。比例常数 μ 称为液体的动力黏度，单位为 Pa·s。对于 20℃的水，其动力黏度值 μ=1mPa·s。

（2）运动黏度。在相同的温度下，液体的动力黏度与它的密度（ρ）之比，称

为液体的运动黏度（ν），即

$$\nu=\frac{\mu}{\rho} \tag{4-2}$$

运动黏度的单位为 m^2/s（或 mm^2/s）。

（3）相对黏度。任一液体的动力黏度与20.2℃的水的动力黏度之比，称为液体的相对黏度。显然，相对黏度是无量纲值。

我国习惯用的条件黏度为恩氏黏度，单位为°E。恩氏黏度的测定温度为20、50、100℃。

恩氏黏度值（°E）可按乌别洛德近似公式换算成运动黏度值，即

$$\nu=\left(0.0731^{\circ}E-\frac{0.0731}{E}\right)\quad(mm^2/s) \tag{4-3}$$

美国习惯用的条件黏度为赛氏秒（SUS），其单位为s。英国习惯用的条件黏度为雷氏秒（R_1），其单位为s。

润滑油的黏度随温度和压力而变化。通常，黏度随温度增高而降低，随压力增加而增高，在高压（≥50MPa）时尤为显著。一般，工作压力不大时，选用润滑油的黏度可不考虑压力的影响。

通常，用油的黏度指数作为衡量润滑油黏度随温度变化程度的一个指标。指数越高，表示油的黏温特性好，即温度变化后，黏度变化小。一般要求汽轮机油的黏度指数不低于90。

油的黏度是油的重要特性之一。对于汽轮机油，黏度大时易附着金属表面而形成油膜，但油内摩擦阻力大，且散热能力降低；黏度小时性能相反，一般由油膜承受的压力 p 和设备转速 n 来选定油的黏度，压力大和转速低时选用黏度大的油，反之选用黏度小的油。

2. 闪点

试油在规定条件下加热，其蒸汽与空气的混合气体接触火焰发生闪火时的最低温度，称为闪点。油品的闪点不仅取决于化学成分，而且与物理条件有关，如测定方法、温度和压力等。所以油品的闪点是条件性的数值。

汽轮机油通常在开口容器中工作，因此测定其闪点常采用开口杯法。规定新汽轮机油的闪点不低于180℃。

3. 凝点

试油在规定条件下冷却到预期的温度，将盛油试管倾斜45°，经过1min，观察油面是否流动，油面停止流动的最高温度称为凝点。

油品在低温时的流动性，是评价油品使用性能的重要指标之一。该指标与油

品的装卸、输送和运行有很大的关系。当油品失去流动性时，对变压器和油断路器的工作都是不利的。对于润滑油，在凝点前5～7℃时黏度已明显增加，因此，一般润滑油的使用温度必须比凝点高5～7℃，否则机组启动时容易产生干摩擦现象。

4. 灰分与机械杂质

油品在燃烧后所剩下的无机矿物质占原来油重的百分比，称为灰分；在油中以悬浮状态而存在的各种固体物质，如灰尘、金属屑、纤维物及结晶盐等，称为机械杂质。灰分与机械杂质均会破坏油的润滑性能和绝缘性能。

5. 破乳化时间

破乳化时间是评定汽轮机油抗乳化性能的质量指标，又称抗乳化度。在规定条件下，先将蒸汽通入试油中，让其形成乳状液，随后再测定乳状液达到完全分层所需的时间，这段时间称为油的破乳化时间。

水电厂中使用的汽轮机油难免与水直接接触，所以容易形成乳化液。油被乳化后会降低润滑性能，增加摩擦阻力，促进油的氧化，破坏油膜的形成，从而腐蚀金属。因此，要求油有良好的破乳化能力，规定破乳化时间不大于8min。

6. 透明度

清洁油是淡黄色透明液体，用透明度可以简易判断新油及运行油的清洁或污染程度。

7. 水分

油中的水分来源有外界侵入的水分（如运行中冷却器渗漏、空气中水汽被吸入等）和油氧化而生成的水分。油中含有水分会助长有机酸的腐蚀能力，加速油的劣化，降低油的耐压强度。因此，规定油中不能有水分。

8. 空气释放值

在规定条件下，试油中雾沫空气的体积减少到0.2%时所需的时间，称为气泡分离的时间。

空气释放值的测定是在50℃下，向油中吹入压缩空气，使试油剧烈搅动5min，从而使空气在油样中形成小气泡（雾沫空气）。停止通气后，记录油样中雾沫空气的体积减少到0.2%时所需的时间。一般新汽轮机油的空气释放值应不大于5～8min。

二、化学性质

1. 酸值

油中游离的有机酸含量称为油的酸值。用中和1g试油中所含酸性组分所需的氢氧化钾毫克数表示酸值的大小，即mgKOH/g。

酸值是新汽轮机油和运行中油的重要指标，它是反映油老化程度的指标之一，也是新油精制的控制指标之一。运行中的油受温度、空气、压力及各种杂质的影响，逐渐被氧化，氧化后的油很快形成各种有机酸，如甲酸、乙酸等低分子酸均比较活泼，特别有水存在时，其腐蚀性更强。

标准规定，新绝缘油和新汽轮机油的酸值均不大于0.03mgKOH/g；运行中的绝缘油不大于0.1mgKOH/g，汽轮机油不大于0.2mgKOH/g。

2. 氧化安定性

油品抵抗由于空气（或氧气）的作用而引起其性质发生永久性改变的能力，称为油品的氧化安定性。汽轮机油的抗氧化安定性是反映润滑油在实际使用、储存和运输中氧化变质或老化倾向的重要特性。

油品在储存和使用过程中，经常与空气接触而起氧化作用，温度的升高和金属的催化会加深油品的氧化。润滑油氧化的结果，使油品颜色变深，黏度增大，酸性物质增多，并产生沉淀。这些变化无疑会对润滑油的使用带来一系列不良影响，如腐蚀金属、堵塞油路等。通常，油品中均加有一定数量的抗氧化剂，以增加其抗氧化能力，延长使用寿命，这对于长期循环使用的汽轮机油、变压器油具有重要意义。

润滑油氧化安定性测定方法有多种，其原理基本相同，一般都是向试样中直接通入氧气或净化干燥的空气，在金属等催化剂的作用下，在规定温度下经历规定的时间，观察试样的沉淀或测定沉淀值、试样的酸值、黏度等指标的变化。试验条件因油品而异，氧化设备也因油品而不同，尽量模拟油品的使用状况。汽轮机油的氧化安定性按SH/T 0193《润滑油氧化安定性的测定旋转氧弹法》测定；变压器油的氧化安定性按GB/T 12581《加抑制剂矿物油氧化特性测定法》测定。

3. 水溶性酸或碱

以等体积的蒸馏水和试油混合摇动，取其水抽出液，注入指示剂，观察其变色情况，判断试油中是否含水溶性酸或碱。油品中含有酸或碱对金属有腐蚀作用，并加速油品的劣化。因此，要求油品是中性的，无酸碱反应。

三、水电厂用油的质量监督

（一）汽轮机油质量标准

矿物汽轮机油在我国已建立起新油和运行油标准体系。对于新油标准，我国有GB 11120《L-TSA汽轮机油》；对于运行油标准，除GB/T 7596《电厂运行中汽轮机油质量》和相应的油品性能试验方法外，为了保证发电设备的安全运行，我国还制定了GB/T 14541《电厂运行中汽轮机用矿物油维护管理导则》。这两个标准分别针对新油和运行油在交货验收、运行期的检验、劣化原因及油处理等方面提出了相应的质量标准及日常维护管理措施。GB/T 14541 根据生产实际和设备发展状况，对运行中汽轮机油质量标准按照设备容量的不同做了相应规定。下面主要就水电厂用汽轮机油的常见质量指标进行介绍。

我国运行中汽轮机油的质量指标及检验周期，见表 4-1。

运行中汽轮机油试验数据解释及推荐措施，见表 4-2。

表 4-1　　我国运行中汽轮机油的质量指标及检验周期

项　目	质量指标	建议指标和周期		试验方法
外观	透明	透明，无机械杂质	每周	目测
颜色		无异常变化	每周	目测
运动黏度（40℃）（mm^2/s）①	与新油原始值相比小于或等于 20%	与新油原始值相比小于±10%	6 个月	GB 265《石油产品运动粘度测定法和动力粘度计算法》
闪点(开口)(℃)	与新油原始值相比不低于 15℃		必要时	GB/T 267《石油产品闪点与燃点测定法（开口杯法）》
洁净度 NAS(级)	250MW 及以上报告	NAS≤8	3 个月	DL/T 432《电力用油中颗粒污染度测量方法》
锈蚀试验	无锈		6 个月	GB/T 11143《加抑制剂矿物油在水存在下防锈性能试验法》
破乳化时间(min)	≤60	≤30	6 个月	GB/T 7605《运行中汽轮机油破乳化度测定法》
水分(mg/kg)	200MW 及以上小于或等于 100mg/L	氢冷却机组小于或等于 80mg/kg	3 个月	GB 7600《运行中变压器油水分含量测定法（库仑法）》
	200MW 以下小于或等于 200mg/L	非氢冷却机组小于或等于 150mg/kg		
起泡沫试验(mL)①	250MW 及以上报告	200MW 及以上小于或等于 500/10	每年或必要时	GB/T 12579《润滑油泡沫特性测定法》
空气释放值(min)①	250MW 及以上报告	250MW 及以上小于或等于 10	必要时	SH/T 0308《润滑油空气释放值测定法》

注　1. 机组在大修后和启动前，应进行全部项目的检测。

2. 辅助设备用油及水轮机用油按上述标准参照执行。

3. 密封油按 DL/T 705《运行中氢冷发电机用密封油质量标准》执行。

① 导则作为建议指标：如外观发现不透明，则应检测水分和破乳化时间；如怀疑有污染，则应测定闪点、破乳化时间、起泡沫试验和空气释放值；若汽轮机润滑系统与调速器系统共用一个油箱，此时油中洁净度指标应按厂商的要求执行。

表 4-2　　运行中汽轮机油试验数据解释及推荐措施

项　目	警戒极限	原因解释	措施概要
外观	(1) 乳化不透明，有杂质。 (2) 有油泥	(1) 油中含水或有固体物质。 (2) 油质深度劣化	(1) 调查原因，采取机械过滤。 (2) 投入油再生装置或必要时换油
颜色	迅速变深	(1) 有其他污染物。 (2) 油质深度老化	找出原因，必要时投入油再生装置
酸值 (mgKOH/g)	增加值超过新油 0.1～0.2 时	(1) 系统运行条件恶化。 (2) 抗氧化剂耗尽。 (3) 补错油。 (4) 油被污染	查明原因，增加试验次数；补加 T501，投入油再生装置
闪点（开口）(℃)	比新油高或低出 15℃以上	油被污染或过热	查明原因，并结合其他试验结果比较，并考虑处理或换油
黏度（40℃）(mm^2/s)	比新油原始值相差±10%以上	(1) 油被污染。 (2) 补错油。 (3) 油质已严重劣化	查明原因，并测定闪点或破乳化时间，必要时应换油
锈蚀试验	有轻锈	(1) 系统中有水。 (2) 系统维护不当（忽视放水或油已呈乳化状态）。 (3) 防锈剂消耗	加强系统维护，并考虑添加防锈剂
破乳化时间 (min)	>30	油污染或劣化变质	如果油呈乳化状态，应采取脱水或吸附处理措施
水分 (mg/kg)	氢冷机组大于 80 非氢冷机组大于 150	(1) 冷油器泄漏。 (2) 轴封不严。 (3) 油箱未及时排水	检查破乳化时间，并查明原因；启用过滤设备，排出水分，并注意观察系统情况，消除设备缺陷
洁净度 NAS（级）	>8	(1) 补油时带入颗粒。 (2) 系统中进入灰尘。 (3) 系统中锈蚀或磨损颗粒	查明和消除颗粒来源，启动精密过滤装置，清洁油系统
起泡沫试验 (mL)	倾向大于 500 稳定性大于 10	(1) 可能被固体物污染或加错油。 (2) 在新机组中可能是残留锈蚀物的妨碍所致	注意观察，并与其他试验结果相比较。如果加错油，应更换纠正；可酌情添加消泡剂，并开启精滤设备处理
空气释放值 (min)	>10	油污染或劣化变质	注意观察，并与其他试验结果相比较，找出污染原因并消除

注　表中除水分和锈蚀两个试验项目外，其余项目均适用于燃气轮机油。

（二）汽轮机油的维护管理

1. 库存油的维护

库存油管理应严格做好油的入库、储存和发放三个主要环节。

（1）对新购进的油，需先验明油的种类、牌号，并按 GB 11120，由具有检验资质的第三方检验油质是否合格，也可以按照合同的约定项目进行抽样化验。经验收合格的油必须经过净化后，才能注入备用油罐。

（2）库存备用的新油和合格的油，应分类、分牌号、分质量进行存放。所有的储油罐、油箱必须标志清楚，挂牌建账，并应做到账物相符，定期盘点无误，见表 4-3。

表 4-3　　水电厂汽轮机油管理台账

日期	库存	入库	出库	用途（去向）	负责人	备注

（3）严格执行库存油的油质检验。除按规定对每批入库、出库油做检验外，还要加强库存油移动时的检验与监督。油的移动包括倒罐、倒桶及原来存有油的容器内再注入新油等。油在移动前后均应进行油质检验，并做好记录，以防油的错混与污染。对长期储放的备用油，应定期检验，以保持油质处于合格的备用状态。

油罐、油桶、油箱、管道、油泵及其他计量、取样工具等必须保持清洁。

2. 运行中汽轮机油的补充

运行中汽轮机油的补油率每年不应超过总油量的 10%。补油时，应补加与原设备相同牌号及同一添加剂类型的新油，或曾经使用过的符合运行油标准的合格油品。补油前，应先进行混合油样的油泥析出试验，无油泥析出时方可补油。不同牌号的汽轮机油原则上不宜混合使用，在特殊情况下必须混用时，应先按实际混合比例进行混合油样黏度的测定后，再进行油泥析出试验，以最终决定是否可以混合使用。

对于进口油或来源不明的汽轮机油，若需要与不同牌号的油混合，应先将混合前的单个油样和混合油样分别进行黏度检测，如黏度均在各自的黏度合格范围之内，再进行混油试验。混合油的质量应不低于未混合油中质量最差的一种油。

3. 运行中汽轮机油的监督

运行及维护人员应注意观察各部位运行中汽轮机油的外观，定期监测运行中汽轮机油的有关理化指标。每周至少检查一次运行中汽轮机油的外观、水分和机械杂质，每季至少测定一次油的酸值、闪点和黏度，每半年至少测定一次液相锈蚀。以运行中汽轮机油的质量标准为依据，根据油质情况采取相应措施，以延长油的使用寿命，保证水轮发电机组的安全稳定及经济运行。

第二节 水电厂用油的种类及其作用

一、油的种类

水电厂的机电设备在运行中，由于设备的特性、要求和工作条件、环境的不同，需要使用各种性能的油。这些油大致可分为润滑油和绝缘油两大类。

（一）润滑油

润滑油包括润滑油类和润滑脂类两大类。

1. 润滑油类

（1）透平（汽轮机）油。透平油的标准名称应是汽轮机油，但在水电厂习惯称为透平油，供机组轴承润滑和调速器系统、进水阀、调压阀、液压操作阀及液压启闭机的液压操作用油。目前，我国 L-TSA 汽轮机油产品标准为 GB 11120—1989，该标准将汽轮机油按 40℃运动黏度（mm^2/s）中心值分为 32、46、68、100 四个黏度等级（牌号），并分优等品、一等品和合格品三个质量等级。其中，优等品为国际先进水平，一等品为国际一般水平。

（2）机械油。供电动机、水泵轴承、起重机齿轮变速器和低水头水电厂水轮发电机组齿轮增速器的润滑。一般来说，润滑油上的标号是采用美国汽车工程师协会（SAE）的机油黏度分类法进行分类的。这种黏度等级分类法，将润滑油分成夏季用的高温型、冬季用的低温型和冬夏通用的全天候型。

润滑油的具体分类为冬季用油 6 种，夏季用油 4 种，冬夏通用油 16 种。冬季用油牌号分别为 0、5、10、15、20、25W，符号 W 代表冬季是 Winter（冬天）的缩写，W 前的数字越小，则低温黏度越小，低温流动性越好，适用的最低气温越低；夏季用油牌号分别为 20、30、40、50，数字越大其黏度越大，适用的最高气温越高。机械油的抗氧化性比透平油差。

（3）压缩机油。主要用于润滑空气压缩机的汽缸、活塞环（或滑片等）、轴承、增速齿轮、曲柄连杆及曲轴箱润滑系统等，有 150、220、L-DAG32、L-CAG68 等牌号。

2. 润滑脂类

润滑脂是供滚动轴承或水泵填料函润滑密封的用油。常用的润滑脂主要有钙基润滑脂、锂基润滑脂和钠基润滑脂三类。钙基润滑脂，具有良好的耐水性、胶体安定性及润滑性能，适用于低转速、重负荷机械设备的润滑，最高使用温度不超过

60℃；锂基润滑脂具有良好的抗水性、机械安定性、防腐蚀性和氧化安定性及多效、通用、寿命长的特点，适用于各种机械设备的滚动轴承和滑动轴承及其他摩擦部位的润滑。钠基润滑脂属于高滴点润滑脂，可以在120℃下较长时间工作。钠基润滑脂具有优良的防护性，因为它本身可吸收外来的水蒸气，所以延缓了水蒸气渗透到金属表面的过程。

（二）绝缘油

1. 变压器油

变压器所充的绝缘油称为变压器油。变压器油供变压器及电流、电压互感器用，有DB-10和DB-25两种牌号，牌号后面的数值表示油的凝点（负值）。

2. 开关油

开关油供电气开关使用，常用DB-45牌号油。在我国南方，也可用与变压器同牌号的油。

3. 电缆油

电缆油供电缆使用，有DL-38、DL-66、DL-110三种牌号，牌号后面的数值表示以kV计的耐压值。

在上述各类油中，润滑脂、机械油及压缩机油的用量较少，用量最大的是透平油和变压器油，在水电厂中，用量少则几吨，多则几百甚至几千吨。所以，水电厂要有油供应、维护设备组成的透平油系统和绝缘油系统。

二、油的作用

1. 透平油

透平油在水电厂设备中的作用是润滑、散热和液压操作。

（1）润滑作用。透平油在轴承内或其他做相对滑动的运动件之间形成油膜，以润滑油内的液体摩擦代替零部件间的干摩擦，从而减轻设备的磨损和发热，延长设备的使用寿命，保证设备的功能和安全。

（2）散热作用。由于运行中设备的机械运动和润滑油内部分子间的摩擦而消耗的功转变为热量，因此通过润滑油的对流作用，把热量传递给油冷却器，并由冷却器中的冷却水将热量带走（或经由油槽壁直接散发出去），使油和设备的温度不致超过规定值，保证设备的安全经济运行。

（3）液压操作。透平油作为传递能量的工作介质进行设备的液压操作，如水轮机调速器系统、进水阀、液压启闭机的操作等。

2. 绝缘油

绝缘油在设备中的作用是绝缘、散热和消弧。

（1）绝缘作用。绝缘油的绝缘强度比空气大得多，用绝缘油作绝缘介质，可以缩小电气设备的尺寸。同时，绝缘油对于浸在油中的绝缘材料起保护作用，不使其潮湿和氧化。

（2）散热作用。变压器运行时，由于线圈本身具有电阻，当通过强大的电流时，会产生大量的热，绝缘油吸收了热量在温差作用下产生对流传递作用，把热量传递给冷却器而散发出去。

（3）消弧作用。油断路器动作时，触点产生电弧，由于油的组成成分是碳氢化合物，因此，油在电弧的高温作用下发生分解的同时要吸收大量热量；油分解后产生大量氢气，氢气吸收一部分热量并逸出。这两部分热量散失使电弧冷却而熄灭。但油分解后的碳分则沉积在油中，使油质变坏。

第三节　水电厂用油环境污染控制

一、水电厂用油造成环境污染的主要类型

（1）透平油泄漏污染。水轮发电机组各部位导轴承、推力轴承、调速器系统及启闭机等发生泄漏，致使透平油随即流入江河。

（2）机组及设备检修、维护时废弃物污染。水轮发电机组设备在检修维护期间会使用大量的棉布、滤纸等，如果这些废弃材料随意处理，就会对水土造成污染。

二、控制措施

（1）透平油泄漏控制措施。

1）对机组各部位轴承处的轴瓴、油箱的结构进行优化设计，选用性能可靠、稳定的密封材料，从结构上杜绝透平油大量泄漏而造成的江河污染。

2）采取新型的在线监测系统，对各部位的油位进行实时监控，便于及时发现并处理异常情况。

3）制定合理的检修维护周期，定期对设备进行维护、检修，做到精心维护，精益检修，消除一切隐患。

4）配备适当的油液清理设备，一旦发生较为严重的油泄漏事故，即可投入使用，快速处理、回收油液，处理后的水面不会出现较明显的油膜，处理后的水质含油量小于或等于 1mg/L。对回收的泄漏油、废弃的污油以及在机组检修期间产生的废油均收集到专用的废油回收箱内，并送到专门的油品处理中心，进行油再生处理。

（2）含油废弃物的控制措施。随着国家环保政策的逐步推行，越来越多的新型、高效、环保的油净化系统（设备）被研制、开发并投入到实际运用中。各大、中型水电厂由于用油量大，更应选用这些新型油净化设备。这类设备不像传统的压

力过滤装置那样，需要大量使用滤纸，从而可以大大地节约油液净化成本。另外，还省去了更换过滤材料的繁琐过程，同时可使油净化效率和净化等级大幅度提高。对于在油净化过程中产生的污物，还可以直接排至设备本体上的纳污箱中集中处理，对环境不造成任何污染。对于在设备维护检修期间使用的油抹布等废弃物，应当统一收集，并送到垃圾处理中心进行集中处理。

第五章　透平油系统

第一节　透平油系统概述

透平油系统一般包括储油设备（油罐、油池）、油处理设备、管网等。为了监视和控制用油设备的运行情况，透平油系统有时还装设必要的测量和控制元件（流量计、温度计、液位信号器等）。

一、油系统图

1. 油系统图的设计要求

油系统图的合理性直接影响着设备的安全运行和操作维护的方便与否，因此，应根据机组和变压器等用油设备的技术要求进行精心设计，具体要求如下：

（1）管道和阀门要尽量少，使操作简便不易出差错。

（2）油处理设备（包括滤油机、吸附器及油泵等）可单独运行或串联、并联运行。

（3）污油和净油、透平油和绝缘油均应有各自独立的管道和设备，以减少不必要的冲洗。对于小型水电厂及水泵站，为了节省投资，净油设备常两系统共用一套设备，而且多选用移动式设备。

（4）管网遍布整个用油区，沿厂房纵向设置两条平行的透平油供、排油干管，每台机组旁引出支管。小型水电厂及水泵站为了使管网简化，有时可只有机组旁路供、排油支管而无干管，供、排油时，临时装设软管连接；还可在用油设备的供、排油支管上装设带常闭阀门控制的活接头，设备检修或停机时可实现机组旁路滤油。

（5）在设备和管网系统的适当地方设置必要的监控元件，如温度计、油位计、流量计等。

2. 油系统图示例

油系统图的设计直接与水电厂的规模、布置形式和机组类型相关联。进行油系统图设计时，需根据实际出发，力求简便、实用。

图 5-1 所示为某水电厂混流式机组的透平油系统图。该水电厂装有 14 台机组，水导轴承、上导轴承、推力下导联合轴承均为稀油润滑。调速器型号为 WDT-250，油压装置型号为 YZ-6.3。发电机为半伞式结构。油库设在 1 号安装场下方。油库内布置有 5 个容积为 $50m^3$ 的立式储油罐。油罐之间及油处理室和贯穿全厂的机组

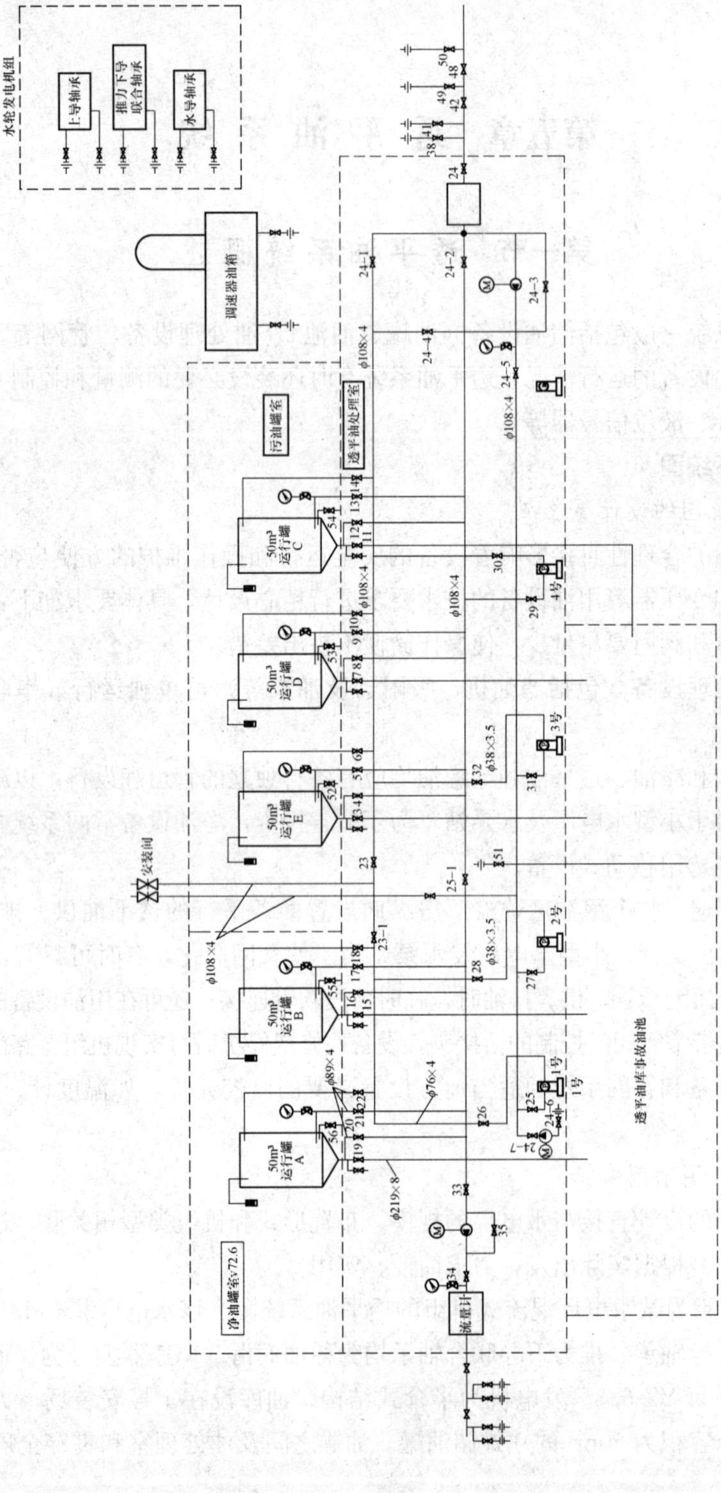

图 5-1 某水电厂混流式机组的透平油系统图

段之间均用两根不锈钢干管连接，使净油和污油管道分开；在各机组段，机组各用油设备通过支管与干管连接。机组各部轴承、油槽出现轻微进水或其他污染时，可通过机组旁路的供、排油支管，利用移动式净油设备进行在线过滤而不需要停机处理。该系统能较好地满足机组运行和维护的要求。透平油系统操作程序见表5-1。

表5-1　透平油系统操作程序

工作内容	使用设备	操作程序及设备
新油注入油罐E（D/C）	压力滤油机	1，23（28/30），6（10/14）
新油倒罐过滤E/D	透平油净化机	4，5，29，30，10
自循环过滤E（D/C）	透平油净化机	4（8/12），5（9/13），29，30，6（10/14）
透平油检验		52（53/54）
合格油存入E（D/C）	压力滤油机	4（8/12），5（9/13），25，26（28/30），23，23-1，22（18）
向机组注油A/B	固定油泵	35，17（21），33，34，43至用油机组，35
机组自循环净化	压力滤油机	
机组检修排油至E（D/C）	油泵	42，24，24-1，6（10/14）
机组注油前干管冲洗	油泵	A（B），17，21，固定油泵，34，43，42，24，6（10/14），E（D/C）
事故排油	压力滤油机	51，1

二、透平油的功能

1. 润滑功能

透平油（即汽轮机油）由石蜡基原油经过高度精制而成，广泛用于目前电力工业的发电系统中汽轮机和水轮发电机组的润滑。例如，汽轮机组的轴颈轴承内和止推轴承内形成一定厚度的油膜，使轴承被托起而离开轴瓦，所形成的油膜承受着全部轴承的压力，从而避免了轴承内的干摩擦，也就是透平油起到了润滑的作用。由于透平油在轴承内的润滑，因此使得轴承的摩擦系数变小，一般为0.000 1～0.005。对于一个给定的汽轮机组、水轮发电机组的轴承，其透平油的最低黏度一般取决于机组的转速和轴承荷载，不能随意选取。

因此，透平油的润滑功能主要体现在：能在一定的运行温度变化范围内和油质合格的条件下，保持油的黏度；能在轴承和轴颈之间形成一定厚度的能承载压力的薄油膜，以抗拒轴颈和轴承之间的磨损并使摩擦减到最低程度。

2. 热传导和冷却功能

透平油在对汽轮机组和水轮发电机组轴承、轴颈进行润滑的同时，还能将它们互相摩擦所产生的热量迅速吸收到油中并通过自身的流动而将热量带走，从而避免因摩擦而产生的高温聚结，导致轴承和轴瓦的烧损。而吸收了热量的透平油通过润滑油系统进入油冷却器，油通过热交换将热量传给冷却水使温度降低，经过这样周而复始地循环，起到润滑和散热冷却的作用。

3. 透平油的调节功能

透平油除了起润滑和传热、冷却功能外，还可以为汽轮机的调节保安系统和水轮机调速系统提供控制的动力，它可以满足机组的启动需要，也能满足系统进行频率、负荷的调整，以及甩负荷和停机等各种运行工况对调节功能的要求。

三、油系统的作用

在水电厂中，机组调速系统工作时，能量的传递和机组转动部分的润滑与散热等，一般都是用油作介质来完成的，油系统是为水电厂用油设备服务的。油系统由一整套设备组成，用来完成用油设备的给油、排油及净化处理等工作，使运行中的油类始终处于合格状态，延长使用期，保证机组的安全、经济、稳定运行。油系统的作用如下：

(1) 接受新油。接受运来的新油并将其注入油库里的储油罐；对新油要依照油质量标准的要求进行取样试验。

(2) 储备净油。在油库中储存数量足够的合格净油，以备事故更换油和正常运行的补充消耗用油。

(3) 向设备充油。给新装机组或经检修而把油排出的机组的用油设备充油。

(4) 向运行设备充油。运行中由于油的蒸发、泄漏、取样、排污等损耗的油需要补充。

(5) 从设备中排出污油。设备检修或油被污染，需要把油排出处理。

(6) 污油的净化处理。污油经净化处理后送进净油罐备用；或机组检修时在机组旁路进行在线净化处理，净化后的油仍送回机组。

(7) 油的监督和维护。对油位、油温、排污、定期取样等经常性的监督与分析化验及对油系统的管理和维护。

(8) 废油的回收。将废油收集后送专门机构进行再生处理。

四、透平油系统设备

根据水电厂和泵站所在的地理位置及交通情况、装机容量、机组台数等因素，拟定油系统的规模，在油系统类型和用油量确定之后选择设备。透平油系统设备包括储油设备、净油设备、油的吸附处理设备、油泵、油管和油化验设备。对于油化验设备，一般中、小型水电厂只设简化分析项目。

(一) 系统用油量计算

(1) 运行用油量（设备充油量）V_1。指一台机组润滑油量、调速器的充油量

及进水阀接力器的充油量和管道充油量之和，即

$$V_1 = V_h + V_p + V_a + V_g \tag{5-1}$$

（2）事故备用油量 V_2。以最大一台设备充油量的 110%计算，其中 10%是考虑油的蒸发、漏损和取样的余量，即

$$V_2 = 1.1 V_{1max} \tag{5-2}$$

（3）补充备用油量 V_3。设备运行中需要补充油量，为设备 45 天的添油量，即

$$V_3 = V_1 a \times 45/365 \tag{5-3}$$

式中　a——设备在一年中需补充油量的百分数，转桨式机组取 15%～20%；其他机组取 5%～10%。

系统总用油量为

$$V = \Sigma V_1 + V_2 + \Sigma V_3 \tag{5-4}$$

（二）油系统设备选择

（1）净油罐。储备净油供设备换油时使用。容积为最大一台设备充油量的 110%，加上全部运行设备 45 天的补充备用油量，即

$$V_j = 1.1 V_{1max} + \Sigma V_3 \tag{5-5}$$

式中　V_j——净油罐容积。

（2）运行油罐。供设备检修时排油和净油用。考虑它可以接受新油，并与净油罐互用，则其总容积与净油罐相同。为了使运行油净化方便，提高效率，最好设两个运行油罐，每个运行油罐容积为总容积的一半。

（3）中间油罐。对于透平油系统，当油库设在厂外时，为了检修方便，可在厂内设中间油罐，其容积等于机组最大用油部件的用油量。

（4）重力加油箱。设在厂内，用以储存净油，作为设备自流补充添油的装置，其容积一般为 1～3m^3。对于转桨式机组，其漏油量较大，添油频繁，可设置重力加油箱，一般设在厂房高处空间，如设在桥式起重机的轨道旁；对于混流式机组，漏油量少，可以不设，而用移动式小车添油。

（5）事故排油池。接受事故排油用，设置在油库底层或其他合适的位置上，其容积为油罐容积之和，按设计规程规定也可不设置。在设计中要考虑运行中油的输送和处理，并对运行情况进行分析，然后确定实际所需设置的油罐，尽量做到经济合理。

（6）压力滤油机和真空滤油机的选择。按 8h 内净化一台最大机组用油量，同时考虑压力滤油机更换滤纸所需时间，计算时应将其额定生产率减少 30%，并考虑到真空滤油机工作时往往与压力滤油机串联使用，故滤油机的生产率应为

$$Q_L=\frac{V_{1max}}{(1-0.3)\ t} \tag{5-6}$$

式中　V_{1max}——最大一台设备的充油量，m^3；

t——滤油时间，透平油取 $t=8h$，绝缘油系统取 $t=24h$。

根据生产率在产品目录中选取压力滤油机和真空滤油机：大型水电厂两个油系统均分别设置三台压力滤油机和一台真空滤油机；中型水电厂各设两台压力滤油机和一台真空滤油机。

（7）油泵的选择。在接受新油、设备充油及排油和油的净化时使用油泵输油。由于齿轮泵具有结构简单、工作可靠、维护方便、价格便宜等优点，因此输油泵多采用齿轮泵。油系统输油泵生产率按 4h 内充满一台机组的用油量计算，即

$$Q=\frac{V_{1max}}{t} \tag{5-7}$$

式中　V_{1max}——最大一台设备的充油量，m^3；

t——充油时间，透平油系统取 $t=4h$。

油泵的扬程应能克服设备之间高程差和管路损失。根据生产率和要求的扬程在产品目录中选取合适的油泵。一般按系统各选两台，其中一台为移动式泵，用以接受新油和排出污油。

第二节　透平油的分析化验

一、油的分析取样

（一）新油到货时的取样

对新到货或准备购置的新透平油，应严格执行取样方法和取样程序，以使所取油样品具有代表性。

新油若以桶装形式交货，取样桶数和方法应按 GB/T 7597《电力用油（变压器油、汽轮机油）取样方法》的规定进行，应从可能污染最严重的底部取样，必要时还应抽取上部油样；如怀疑大部分桶装油有不均匀现象，应对每桶油逐一取样，并应该核对每个油桶的标志、牌号，同时应对每桶油进行外观检查。对以油槽车方式交货的油，应从下部阀门处取样，取样时，应先擦净阀门处导管，排除外部的污染源。因为留在油槽车底部阀门导管内的黏附物可能使部分油品受到污染，特别是装过不同油品的油槽车，更有可能出现上述污染，必要时还应抽检上、中部的油样。若新油是以船装到货，有时应从专用船装油箱中取样，而大多数的油样则是用外接软管小心抽取或至少应从船舱下部取样。这是因为船舱底部阀门的管道中可能

留有污染物的成分，所以取样量应多一些。

用外接软管抽取油样或从油槽车底部阀门导管处取样前，应将这些软管或导管用清洁油冲洗后才能正式取样，取样时应维持一定的流速。

（二）运行中的取样

对于正常的运行监督试验的取样，必须满足两项要求：①所取得的油样应能够代表整个系统油的运行情况，也就是所取的油样应具有代表性，能反映润滑油系统运行的真实情况。②在取样过程中油样不得被污染。

进行一般常规分析的油样品，大多数情况下应从冷却器的出口取样；若为了检查油中的杂质和水分，应从油箱底部取样。取样前，先将取样处的阀门打开放一部分油进行冲洗，用油盆或小油桶收集并倒入废油桶内，以便统一回收处理。

若发现所取样品有异常情况，应从该循环系统的其他部位再次取样，以跟踪污染物的来源或查找原因。

在新油或运行油注入设备后，运行一个月内，每 10 天应取样试验一次；运行一个月后，每 15 天取样试验一次。

当运行中油的劣化速度加快时，应适当增加取样试验次数，找出原因，采取补救措施。当发生油槽进水或其他事故时，应对油进行试验，以便找出原因。

二、透平油的化验

（一）机械杂质测定法

该方法适用于测定试油中不溶于汽油、乙醇—苯的机械杂质。

1. 仪器

（1）烧杯或锥形烧瓶，500、800mL。

（2）称量瓶。

（3）漏斗或古氏漏斗，直径为 50～75mm。

（4）水浴。

2. 试剂与材料

（1）溶剂汽油。

（2）乙醇—苯混合液，乙醇和苯的体积比为 1∶4。

（3）定量滤纸。

3. 准备工作

（1）将定量滤纸放于称量瓶中，在 105～110℃的烘箱中，烘干不少于 1h，然后移入干燥器中冷却 30min 后称量（准确至 0.000 2g）。重复烘干 30min 后称量，直至连续两次称量结果的差值不大于 0.000 4g 为止。

（2）将试油混合均匀。黏稠的试油可先加热至 40～80℃后摇动混匀。

4. 试验步骤

称取试油 50g（准确至 0.1g）用 3～4 倍的溶剂汽油稀释，再以恒重的滤纸过滤。用溶剂汽油洗涤容器，将机械杂质完全洗到滤纸上，再用温热的乙醇—苯混合液洗涤滤纸，直至滤液无色且滤纸上无油迹为止。待滤纸上的溶剂挥发净后，将滤纸移入称量瓶中，置于 105～110℃烘箱中烘干不少于 1h，然后将称量瓶盖上盖子放在干燥器中冷却 30min 后称量（准确至 0.000 2g）。重复烘干及称量，直至连续两次称量结果的差值不大于 0.000 4g 为止。滤纸增加的质量即为机械杂质的含量。

5. 计算

油中的机械杂质含量按式（5-8）计算，即

$$X=\frac{m_2-m_1}{m}\times100\% \tag{5-8}$$

式中 X——机械杂质含量，%；

m_1——滤纸和称量瓶的质量，g；

m_2——带有机械杂质的滤纸和称量瓶的质量，g；

m——试油的质量，g。

6. 精确度

平行测定两个结果之间的差值，不应超过下列数值：

（1）当机械杂质含量小于 0.01% 时，允许差值小于或等于 0.005%。

（2）当机械杂质含量大于或等于 0.01%，且小于 0.10%时，允许差值小于或等于 0.010%。

（3）当机械杂质含量大于或等于 0.01%，且小于 1.00%时，允许差值小于或等于 0.020%。

（4）当机械杂质含量大于 1.00%时，允许差值小于或等于 0.200%。

注：（1）难滤的试油，可采用油滤法过滤。

（2）根据黏度大小及杂质含量多少，可酌情称取试油，但不得少于 20g。

（二）闪点与燃点测定法（闭口杯法）

1. 适用范围

该方法适用于石油产品。用闭口杯在规定条件下加热到试样的蒸汽与空气的混合气接触火焰发生闪火时的最低温度，称为闭口杯法闪点。

2. 试验方法

（1）方法概要。试样在连续搅拌下用很慢的恒定速率加热。在规定的温度间隔内，同时中断搅拌的情况下，将一小火焰引入杯内。试验火焰引起试样蒸汽闪火时的最低温度作为闪点。

（2）仪器。

1）闭口闪点测定器：符合 SH/T 0315《闭口闪点测定器技术条件》。

2）温度计：符合 GB/T 514《石油产品试验用玻璃液体温度计技术条件》。

3）防护屏：用镀锌铁皮制成，高度为 550～650mm，宽度以适用为宜，屏身内壁涂成黑色。

3. 准备工作

（1）当试样的水分超过 0.05%时，必须脱水。脱水处理是在试样中加入新煅烧并冷却的食盐、硫酸钠或无水氯化钙进行，试样闪点估计低于 100℃时不必加温，闪点估计高于 100℃时可以加热到 50～80℃。脱水后，取试样的上层澄清部分供试验使用。

（2）油杯要用无铅汽油洗涤，再用空气吹干。

（3）试样注入油杯时，试样和油杯的温度都不应高于试样脱水的温度。杯中试样要装满到环状标记处，然后盖上清洁、干燥的杯盖，插入温度计，并将油杯放入空气浴中。试验闪点低于 50℃的试样时，应预先将空气浴冷却到室温（20±5）℃。

（4）将点火器的灯芯或煤气引火点燃，并将火焰调整到接近球形，其直径为 3～4mm。使用带灯芯的点火器之前，应向点火器中加入轻质润滑油（如缝纫机油、变压器油等）作为燃料。

（5）闪点测定器要放在避风和较暗的地方，利于观察闪火。为了更有效地避免气流和光线的影响，闪点测定器应围上防护屏。

（6）用检定过的气压计测出试验时的实际大气压力 p。

4. 试验步骤

（1）用煤气灯或带变压器的电热装置加热时，应注意下列事项：当试验闪点低于 50℃的试样时，从试验开始到结束要不断地进行搅拌，并使试样温度每分钟升高 1℃；当试验闪点高于 50℃的试样时，开始加热速度要均匀上升，并定期进行搅拌。到预计闪点时，加热速度要均匀上升，并定期进行搅拌。

（2）试样温度到达预计闪点前 10℃时，对于闪点低于 104℃的试样每经 1℃进行点火试验，对于闪点高于 104℃的试样每经 2℃进行点火试验。

试样在试验期间要转动搅拌器进行搅拌，只有在点火时才停止搅拌。点火时，使火焰在 0.5s 内降到杯上含蒸汽的空间中，留在这一位置 1s 立即回到原位。如果看不到闪火，就继续搅拌试样，重复进行点火试验。

（3）在试样液面上方最初出现蓝色火焰时，立即从温度计上读出温度作为闪点的测定结果。当初次闪火后，继续进行点火试验，应能继续闪火。在最初闪火后，如果再进行点火却看不到闪火，应更换试样重新试验，只有重复试验的结果依然如此，才能认为测定有效。

5. 大气压力对闪点影响的修正

（1）观察和记录大气压力，按式(5-9)或式(5-10)计算在标准大气压力为101.3kPa或760mmHg时的闪点修正数Δt(℃)，即

$$\Delta t=0.25(101.3-p) \tag{5-9}$$

$$\Delta t=0.0345(760-p) \tag{5-10}$$

式中 p——实际大气压力，式(5-9)中p的单位为kPa，式(5-10)中p的单位为mmHg。

（2）观察到的闪点数值增加修正数，修约后取整数结果。此外，式（5-10）修正数Δt还可以从表5-2中查出。

表5-2　闪点数值修正值

大气压力(mmHg)	修正数Δt(℃)	大气压力(mmHg)	修正数Δt(℃)	大气压力(mmHg)	修正数Δt(℃)
630～658	+4	688～716	+2	775～803	−1
659～687	+3	717～745	+1		

（三）闪点及燃点测定法（开口杯法）

石油产品在规定条件下加热到它的蒸汽与空气的混合气接触火焰发生闪火时的最低温度，称为开口杯法闪点。

石油产品在规定条件下加热到它的蒸汽能被接触的火焰点着并燃烧不少于5s时的最低温度，称为开口杯法燃点。

该方法适用于测定润滑油与深色石油产品的开口杯法闪点和开口杯法燃点。

1. 仪器与材料

（1）开口闪点测定器。符合SH/T 0318《开口闪点测定器技术条件》。

（2）温度计。符合GB/T 514。

（3）煤气灯、酒精喷灯、电炉（测定闪点高于200℃试样时，必须使用电炉）。

（4）无铅汽油。

2. 准备工作

（1）当试样的水分含量大于0.1%时，必须脱水。脱水处理是在试样中加入新煅烧并冷却的食盐、硫酸钠或无水氯化钙进行的。闪点低于100℃的试样脱水时不必加热；其他试样允许加热到50～80℃时用脱水剂脱水。脱水后，取试样的上层澄清部分供试验使用。

（2）内坩埚用无铅汽油洗涤后，放在点燃的煤气灯上加热，除去遗留的汽油。待内坩埚冷却至室温时，放入装有细砂（经过燃烧）的外坩埚中，使细砂表面距离内坩埚的口部边缘为12mm，并使内坩埚底部与外坩埚底部之间保持厚度为5～8mm的砂层。对闪点在300℃以上的试样进行测定时，两只坩埚底部之间的砂层厚度允许酌量减薄，但在试验时必须保持规定的升温速度。

（3）试样注入内坩埚时，对于闪点在210℃及以下的试样，液面距离坩埚口部边缘为12mm（为坩埚内的上刻线处）；对于闪点在210℃以上的试样，液面距离坩埚口部边缘为18mm（为坩埚内的下刻线处）。试样向内坩埚注入时，不应溅出，而且液面以上的坩埚壁不应沾有试样。

（4）将装好试样的坩埚平稳地放置在支架上的铁环（或电炉）中，再将温度计垂直地固定在温度计上，并使温度计的水银球位于内坩埚中央，与坩埚底和试样液面的距离大致相等。

（5）测定装置应放在避风和较暗的地方并围上防护屏，使闪火现象能够看得清楚。

3. 闪点试验步骤

（1）加热坩埚，使试样温度逐渐升高，当试样温度达到预计闪点前60℃时，调整加热速度，使试样温度达到闪点前40℃时能控制升温速度为（4±1）℃/min。

（2）试样温度达到预计闪点前10℃时，将点火器的火焰放到距离试样液面10～14mm处，并在该处水平面上沿着坩埚内径做直线移动；从坩埚的一边移至另一边所经过的时间为2～3s。试样温度每升高2℃，应重复进行一次点火试验。点火器的火焰长度，应预先调整为3～4mm。

（3）当试样液面上方最初出现蓝色火焰时，立即从温度计上读出温度作为闪点的测定结果，同时记录大气压力。

注：试样蒸汽的闪火与点火器火焰的闪光不应混淆。如果闪火现象不明显，必须在试样升高2℃时继续点火证实。

4. 燃点试验步骤

（1）测得试样的闪点之后，如果还需要测定燃点，应继续对外坩埚进行加热，使试样的升温速度为（4±1）℃/min。然后，用点火器的火焰进行点火试验。

（2）试样接触火焰后立即着火并能继续燃烧不少于5s，此时立即从温度计上读出温度作为燃点的测定结果。

5. 大气压力对闪点影响的修正

（1）大气压力低于745mmHg时，试验所得的闪点按式（5-11）修正（精确到1℃），即

$$t_0 = t + \Delta t \quad (5\text{-}11)$$

式中　t_0——相当于760mmHg大气压力下的闪点，℃；

t——在p（mmHg）大气压力时测得的闪点，℃；

Δt——修正数，℃。

（2）大气压力在540～760mmHg范围内，修正数Δt可按式（5-12）计算，即

$$\Delta t = (0.000\,15 \times t + 0.028)(760 - p) \quad (5\text{-}12)$$

式中　p——试验条件下的大气压力，mmHg；

t——在试验条件下测得的闪点，℃（300℃以上仍按300℃计）；

0.000 15、0.028——试验常数。

此外，修正数Δt还可以从表5-3中查出。

表5-3　闪点修正值

闪点（℃）	大气压力（mmHg）								
	580	600	620	640	660	680	700	720	740
	修正数 Δt（℃）								
100	8	7	6	5	4	3	2	2	1
125	8	8	7	6	5	4	3	2	1
150	9	8	7	6	5	4	3	2	1
175	10	9	8	6	5	4	3	2	1
200	10	9	8	7	6	5	4	2	1
225	11	10	9	7	6	5	4	2	1
250	12	11	9	8	7	5	4	3	1
275	12	11	10	8	7	6	4	3	1
300	13	12	10	9	7	6	4	3	1

6. 精确度

（1）平行测定的两个结果，闪点差数不应超过下列数值：闪点在150℃及以下时，允许差为4℃；闪点大于150℃时，允许差为6℃。取平行测定两个结果的算术平均值作为试样的闪点。

（2）平行测定的两个结果，燃点差数不应超过6℃。取平行测定两个结果的算术平均值作为试样的燃点。

（四）破乳化时间测定法

该方法测定油与水分离的能力。在规定试验条件下，同体积的试油与蒸馏水通过搅拌形成乳浊液，测定其达到分离（油、水分界面乳浊液层的体积等于或小于3mL 时）所需要的时间。

1. 仪器和试剂

（1）破乳化时间测定器。

（2）搅拌桨。不锈钢制。

（3）搅拌电动机。转速为(1500±50)r/min。

（4）水浴缸。用耐热玻璃制成，底部有支撑板，上部有固定量筒的夹具，装水水面能浸到量筒的 85mL 刻度；附有搅拌器。

（5）控温器。控温范围为 0～100℃，控温精确度为±1℃。

（6）量筒。用耐热玻璃制作，容积为 100mL(在 5～100mL 范围内，分度为1.0mL)，内径为(28±1.0)mm。

（7）秒表。

（8）溶剂汽油（或石油醚）。

（9）铬酸洗液。

2. 准备工作

（1）将破乳化时间测定器的加热水浴升温，并恒定在（54±1)℃。

（2）用洗涤剂洗净量筒上的油污后，再用铬酸洗液浸泡、清水冲洗，最后用蒸馏水洗净（至器壁不挂水珠）。

（3）用蘸有溶剂汽油（或石油醚）的脱脂棉擦净搅拌桨并吹干。

3. 试验步骤

（1）在室温下向洁净的量筒内依次注入 40mL 蒸馏水和 40mL 试油，并将其置于已恒温至（54±1)℃的水浴中。把搅拌桨垂直放入量筒内，并使桨端处在量筒的5mL 刻度处。

（2）量筒恒温 20min，即启动搅拌电动机，同时开启秒表计，搅拌 5min，立即关停搅拌电动机，迅速提起搅拌桨，并用玻璃棒将附着在桨上的乳浊液刮回量筒中。

（3）仔细观察油、水分离情况，当油、水分界面的乳浊液层体积减至小于或等于 3mL 时，即认为油、水分离，从停止搅拌到油、水分离所需的时间即为该油的破乳化时间。

注：乳浊层或量筒壁上存有个别乳化泡，可以不考虑。

4. 精密度

（1）两次平行测定结果的差值，不应超过表 5-4 中的数值。

表 5-4 测定结果差值

破乳化时间（min）	重复性（min）	破乳化时间（min）	重复性（min）
0～10	1.5	31～50	4.0
11～30	3.0	51～60	5.0

（2）取两次平行测定结果的算术平均值作为试验结果。

（五）水溶性酸测定法

在试验条件下，试油与等体积蒸馏水混合摇动，取其水抽出液，通过比色确定其 pH 值。

1. 仪器

（1）pH 比色计。pH 值为 3.8～7.0，间隔为 0.2，比色管直径为 15mm，容量为 10mL。

（2）比色盒。如图 5-2 所示。

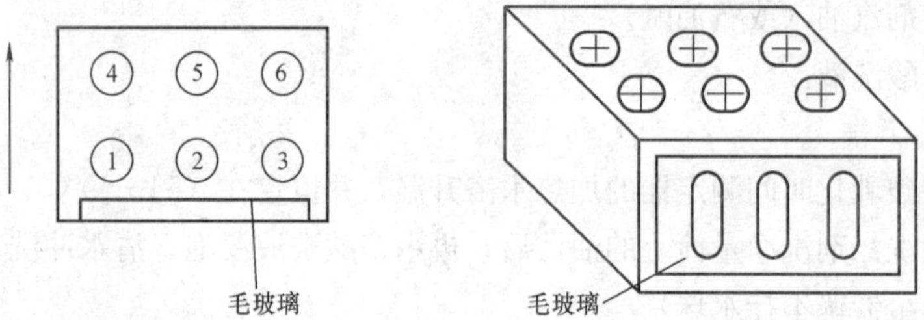

图 5-2 试验用比色盒

（3）锥形瓶。容量为 250mL。

（4）分液漏斗。容量为 250mL。

（5）温度计。范围为 0～100℃。

（6）水浴。

2. 指示剂

（1）pH 指示剂。

（2）指示剂的配制方法及变色范围见表 5-5。

表 5-5 指示剂的配制方法及变色范围

指示剂名称	变色范围	配制方法
溴甲酚绿	3.8～5.4 黄～蓝	将 0.1g 溴甲酚绿与 7.5mL、0.02mol/L 的氢氧化钠一起研匀，用盐水稀释至 250mL，再调整 pH 值为 4.5～5.4

续表

指示剂名称	变色范围	配制方法
溴甲酚紫	5.2～6.8 黄～紫	将0.1g溴甲酚紫溶于9.25mL、0.02mol/L的氢氧化钠一起研匀，用盐水稀释至250mL，再调整pH值为6.0
溴百里香酚蓝	6.0～7.6 黄～蓝	将0.1g溴百里香酚蓝溶于8.0mL、0.02mol/L的氢氧化钠一起研匀，用盐水稀释至250mL，再调整pH值为6.0

（3）指示剂应储存在严密的棕色试剂瓶内，置于阴暗处。

3. 试验用水和化学试剂

（1）试验用水。除盐水或二次蒸馏水煮沸后，pH值为6.0～7.0，电导率小于3μS/cm（25℃）。

（2）化学试剂。所用固体试剂均应进行干燥（苯二甲酸氢钾、磷酸二氢钾的干燥温度为100～110℃）。

1）苯二甲酸氢钾：保证试剂或基准试剂。

2）磷酸二氢钾：保证试剂或基准试剂。

3）氢氧化钠。

4）盐酸，相对密度为1.19。

4. 准备工作

（1）试验前配制以下缓冲溶液：0.2mol/L苯二甲酸氢钾溶液。称取40.846g苯二甲酸氢钾，溶于适量除盐水（或二次蒸馏水）中，移入1000mL容量瓶，再用除盐水（或二次蒸馏水）稀释至规定刻度。

（2）0.2mol/L磷酸二氢钾溶液。称取27.218g磷酸二氢钾，溶于适量除盐水（或二次蒸馏水）中，移入1000mL容量瓶，再用除盐水（或二次蒸馏水）稀释至规定刻度。

（3）0.1mol/L盐酸溶液。用量筒量取16.8mL浓盐酸注入1000mL容量瓶中，用除盐水（或二次蒸馏水）稀释至规定刻度（此溶液浓度约为0.2mol/L），再用硼砂、无水碳酸钠、无水碳酸钾或已知的相近浓度的标准碱溶液进行标定，然后稀释成0.1mol/L。

（4）0.1mol/L氢氧化钠溶液。迅速称取8g氢氧化钠放入小烧杯中，加入50～60mL蒸馏水使其溶解，移入1000mL容量瓶，再加2～3mL 10%的氯化钡溶液以沉淀碳酸盐，然后用蒸馏水稀释至规定刻度，静置澄清。取上层清液（此溶液浓度约为0.2mol/L），用苯二甲酸氢钾或已知的浓度相近的标准酸液进行标定，然后稀释成0.1mol/L。

（5）pH值标准缓冲溶液。按表5-6的比例用上述溶液配制。

表 5-6　　　　　　　　　　标准缓冲溶液（20℃）

pH 值	0.1mol/L 盐酸（mL）	0.2mol/L 苯二甲酸氢钾（mL）	0.1mol/L 氢氧化钠（mL）	0.2mol/L 磷酸二氢钾（mL）	稀释至体积（mL）
3.6	6.3	25			100
3.8	2.9	25			100
4.0	0.1	25			100
4.2		25	3.0		100
4.4		25	6.6		100
4.6		25	11.1		100
4.8		25	16.5		100
5.0		25	22.6		100
5.2		25	28.8		100
5.4		25	34.1		100
5.6		25	38.8		100
5.8		25	42.3		100
6.0			5.6	25	100
6.2			8.1	25	100
6.4			11.6	25	100
6.6			16.4	25	100
6.8			22.4	25	100
7.0			29.1	25	100

5. 试验步骤

（1）量取 50mL 试油放入 250mL 锥形瓶内，加入等体积预先煮沸的蒸馏水，加热（禁用明火）至 70～80℃，并在此温度下摇动 5min。

（2）将锥形瓶中的液体倒入分液漏斗内，待分层并冷至室温后，取 10mL 水抽出液加入比色管中，同时将 0.25mL 溴甲酚绿指示剂加入比色管中进行比色（也可用海立奇），记录其 pH 值。

注：（1）当油的 pH 值大于 5.4 时，按表 5-5 酌情采用溴甲酚紫或溴百里香酚蓝作指示剂。

（2）可用海立奇比色计进行比色。

6. 精确度

（1）两次平行试验结果的 pH 值差值不超过 0.1。

(2) 取两次平行试验结果的平均值为测定值。

(六) 酸值测定法 (BTB 法)

该法适用于测定运行中汽轮机油的酸值。

采用沸腾乙醇抽出试油中的酸性组分，再用氢氧化钾乙醇溶液进行滴定，中和 1g 试油酸性组分所需要的氢氧化钾毫克数称为酸值。

1. 试验性质

试验性质为预防性试验、设备交接、大修。

2. 试验仪器、试剂

(1) 锥形烧瓶。容量为 200～300mL。

(2) 球形或直形回流冷凝器。长约 30mm。

(3) 微量滴定管。范围为 1～2mL，分度为 0.02mL。

(4) 水浴。

(5) 试剂。

1) 氢氧化钾溶液：配成 0.02～0.05mol/L 氢氧化钾乙醇溶液。

2) 溴百里香酚蓝 (BTB) 指示剂：取 0.5g 溴百里香酚蓝 (称准至 0.01g) 放入烧杯内，加入 100mL 无水乙醇，然后用 0.1mol/L 氢氧化钾溶液中和至 pH 值为 5.0。

3. 试验步骤

(1) 用锥形烧瓶称取试油 8～10g (称准至 0.01g)。

(2) 量取无水乙醇 50mL 倒入有试油的锥形烧瓶中，装上回流冷凝器，在水浴上加热，在不断摇动下回流 5min，取下锥形烧瓶加入 0.2mL BTB 指示剂，趁热以 0.02～0.05mol/L 的氢氧化钾乙醇溶液滴定至溶液由黄色变成蓝绿色为止，记下消耗的氢氧化钾乙醇溶液的毫升数。

BTB 指示剂在碱性溶液中为蓝色，因试油带色的影响，其终点颜色为蓝绿色。

在每次滴定时，从停止回流至滴定完毕所用的时间不得超过 3min。

(3) 取无水乙醇 50mL 按 (2) 进行空白试验。

4. 计算

试油的酸值按式 (5-13) 计算，即

$$X=(V_1-V_0)C\times 56.1/m \tag{5-13}$$

式中 X——试油的酸值，mgKOH/g；

V_1——滴定试油所消耗 0.02～0.05mol/L 氢氧化钾乙醇溶液的体积，mL；

V_0——滴定空白所消耗 0.02～0.05mol/L 氢氧化钾乙醇溶液的体积，mL；

C——氢氧化钾乙醇溶液的浓度，mol/L；

56.1——氢氧化钾分子质量；

m——试油的质量，g。

第三节　透平油的净化处理

一、油劣化的原因和后果

油在运行、储存过程中发生了物理、化学性质的变化，致使不能保证设备的安全、经济、稳定运行，这种变化称为油的劣化。油被氧化使油性质发生难以逆转的改变，表现出酸值增高，黏度增大，闪点降低，颜色变深，或是乳化成水样，或有油泥沉淀物析出。油劣化后将影响正常润滑和散热作用，并腐蚀金属和纤维物，致使操作系统失灵。促使油加速氧化的因素大致有水分、温度、空气、压力、天然光线和电流等。

1. 被外来杂质污损

油在系统运行过程中，最容易被各种机械杂质污染。这些杂质有焊渣、氧化皮、金属屑、砂粒、灰尘等。这是由于摩擦机件上磨掉下来的金属粉末落入油中，或者由于系统和设备外壁封闭不严，使灰尘、砂粒浸入油中。这些杂质会像磨料一样使机械发热，破坏油膜，使油失去润滑作用；油中含有机械杂质，特别是坚硬的固体颗粒，可引起调速系统卡涩，机组转动部位（轴承、轴瓦）的磨损，严重时可引起机组飞车等事故，严重地威胁机组安全运行。

2. 被水分混油

水使油乳化，促进氧化，增加油的酸值。水分进入油中的途径有：油表面与空气接触，直接吸收空气中的水分；空气在低温的油面冷却后析出水分；设备冷却器漏水；变压器或储油罐的呼吸器中干燥剂失效，使空气把水分带入油箱或油罐内；油氧化后生成水分等。油遇水后，特别是已开始老化的油，长期与水混合循环，会使油发生浑浊和乳化。油系统中漏入水、汽后，从外观看油质浑浊不清和乳化，将破坏油膜，影响油的润滑性能，严重时会引起机组的磨损；同时漏入机组的水分，如长期与金属部件接触，金属表面将产生不同程度的锈蚀，锈蚀产物可引起调速系统的卡涩，甚至造成停机事故，也可引起油的老化。

3. 温度

油温升高会加快油的氧化速度。一般在50～60℃时，油开始加速氧化。设备的过负荷、冷却水中断或润滑条件破坏等都会使油温升高。

4. 氧化

油在使用过程中发生化学变化的主要原因是空气中氧气的作用。油在设备中工作时，随着油温的增加、接触时间的增长、接触面积的加大、与空气接触压力的增大等因素的作用，都会使油的氧化程度加快和加深。油氧化的结果是生成了一些有害物质，如酸类、胶质、沥青等。由于油中氧化物的不断增加，引起油的颜色变暗，黏度和酸值增大。油中若出现沉淀状的油泥，会严重影响系统设备的安全运行。

5. 空气

空气中含有氧、水汽和尘埃等，不仅会促使油氧化，还会增加油中的水分和机械杂质。除了油的表面直接和空气接触之外，添加油速度太快、回油管设计不正确以及设备运行对油的搅动等原因产生泡沫而增加油与空气的接触面积也会加速空气中氧、水汽和杂质进入油中。

6. 电流

穿过油内部的电流会使油分解劣化。例如，发电机定子铁芯的涡流穿过轴承的油膜，会促使油质劣化。

7. 天然光线

天然光线含有紫外线，它对油的氧化起触媒作用，促进油的劣化。

为了延长油的使用期限，根据上述因素应采取相应的防护措施：把油设备密封，防止水分入侵，保持呼吸器良好；运行时不使设备过热；油系统的供排油管伸入油面以下，以避免供排油产生油泡沫；在避光、阴凉处存油；保持设备清洁等。如果油已有劣化现象，应进行必要的净化处理。

二、油的净化处理

轻度劣化或被水分和机械杂质污染了的油称为污油。污油经简单的净化后仍可使用。

深度劣化变质的油称为废油。废油需用物理或化学方法进行处理，使其恢复原有的性能，此法称为油的再生。油的再生只在油务中心进行。

油净化处理作为油系统的污染控制系统，其功能在于随时清除油中的颗粒杂质、胶状物质、水分和其他有害物质等污染物，保持运行油的洁净度在合格水平。

根据不同的污染物和对运行油净化的要求，可采用不同的净化方法。这些方法包括颗粒过滤、重力沉淀、离心分离、水分聚集/分离、磁性过滤、真空脱水和吸附净化等。不同形式的净化装置，其工作原理与特点各不相同，应根据其各自特点和适用范围，并结合系统的具体情况选用。油净化方法的原理和应用见表 5-7。

表 5-7　　油净化方法的原理和应用

净化方法	原　　理	应　　用
过滤	利用多孔可透性介质滤除油液中的不溶性物质	分离固体颗粒（1μm 以上）
离心分离	通过机械能使油液做环形运动，利用产生的径向加速度分离与油液密度不同的不溶性物质	分离固体颗粒和游离水（离心机）
重力沉淀	利用水分、固体杂质与油品的密度差，在重力作用下进行分离	分离颗粒粒径为 0.05～10μm
水分聚集/分离	利用两种液体对某一多孔隙介质润湿性（或亲和作用）的差异，分离两种不溶性液体的混合液	从油液中分离水
磁性过滤	利用磁场力吸附油液中的铁磁性颗粒	分离铁磁性金属屑颗粒
真空脱水	利用在负压下饱和蒸汽压力的差别，从油液中分离其他液体和气体	分离水、空气和其他挥发性物质
吸附净化	利用分子附着力分离油液中的可溶性和不溶性物质	分离固体颗粒、水和胶体物

下面介绍几种常用的机械净化法。

1. 重力沉淀

油罐中的油长期处于静止状态，待油中密度较大的水和机械杂质沉淀后清除掉。沉淀的速度取决于油的温度、黏度、油层高度和油中机械杂质的颗粒度。沉淀所需的时间较长，也不能尽除油中水分与杂质，但对油无伤害，是各种机械净化法的第一步，也可作为运行中油循环的补充清净措施。

2. 压力过滤

压力过滤是利用压力滤油机对油加压，使油通过滤纸，由于滤纸对水分的吸附及对杂质的阻挡作用，而清净的油则可顺利通过滤纸，达到水分和机械杂质与油分开的目的。压力滤油机的工作过程为污油从进油口吸入，经粗滤器后进入油泵加压，把压力油送入滤床，渗透过滤纸。因滤纸的毛细管作用，把油中的水分吸附并把杂质阻挡住，清净的油从出油口流出。油进入滤床后从首张滤纸到末张滤纸依次渗透过去，因此一组滤纸中首张滤纸吸水及阻挡杂质最多，更换滤纸时只需取去污油流入侧的第一张，把新滤纸置于该组滤纸的流出侧。污染的滤纸经洗净烘干后仍可使用。随着滤纸的逐步污染，滤床进油侧的管路系统压力升高，当压力达到 0.3～0.4MPa 时，应更换滤纸。安全阀用以控制管路的最高压力，压力超过 0.4MPa 时，安全阀开启，压力油经安全阀进入粗滤器后进入油泵进行自行循环。油盘收集滤床的渗漏油经回油阀进入粗滤器后重新进入油泵。油样阀用以定期取样化验。

压力滤油机结构简单，操作方便，工作可靠，在水电厂及水泵站中应用广泛，它能过滤油中的杂质和水分。在更换滤纸时，必须停机，不能连续过滤。当油中水分较多时，应用真空滤油机过滤。

3. 真空过滤

真空过滤是根据在同一压力（真空度）下，油与水的汽化温度不同（水的汽化温度低于油的汽化温度）的原理工作的，据此原理做成真空滤油机。显然，真空过滤是不能滤除机械杂质的，因此常在真空罐前设置油泵和粗滤器，先由粗滤器滤去油中的杂质和部分水分，再由真空罐等滤去油中的部分水分和气体。

真空滤油机的优点是滤油速度快、质量好、效率高；缺点是油在 50～70℃下喷射扩散，会有部分被氧化；对含杂质较多的污油，真空滤油机的滤除能力不如压力滤油机，此时可在真空滤油机前串联一台压力滤油机，以滤除油中的杂质和部分水分。

真空滤油机的优点突出，对透平油和绝缘油都适用，尤其对提高油的绝缘强度更为显著，所以，在水电厂中应用广泛。

4. 运行油的吸附处理

运行油除了加抗氧化剂以抑制油的氧化、延长使用期限外，对轻度劣化（酸值在 0.25mgKOH/g 以下）的油，采用吸附工艺可以取得良好的效果。

吸附处理是在吸附器中放置吸附剂，由吸附剂吸附油中的氧化物，使油长期处于合格状态。常用的吸附剂有硅胶、活性氧化铝和块状白土等。透平油一般采用非连续处理法，即设备检修时，把吸附器与净油机械串联使用，既达到净化作用又起到吸附目的。

当油劣化较严重时，吸附处理效果欠佳。

5. 添加防锈剂

为了延长油的使用期，保证设备的安全、经济运行，除了对污油进行净化和吸附处理外，还可在油中投入添加剂。除了抗氧化剂之外，还可在机组的透平油中加入防锈剂。效果最好的防锈剂有十二烯基丁二酸，它是一种极性化合物，溶在透平油中对金属表面有很强的附着力，能形成一层保护膜，阻止水分和氧气接触金属表面，因而起到防锈作用。油中添加防锈剂不仅能保证机组的安全、经济运行，还能延长油系统的检修期，减少检修的工作量。

第四节　透平油系统的检修与维护

透平油系统在水电厂属辅助系统，每年运行的时间比较有限，与水轮发电机组长时间运转不同，透平油系统的检修工作相对较少，主要是对设备进行适当的维护保养，使其保持正常状态并能随时可用；根据油处理的情况及污染程度，定期对油处理设备包括储油罐进行清洗。而更加重要的工作是对油系统的污染控制和透平油的防劣。

一、污染控制

1. 运行油的污染控制

对运行油的油质进行定期检测的同时，应重点将透平油与大气相通的门、孔、盖等作为污染源来监督。当发现运行油受到水分、杂质污染时，应检查这些装置的运行情况或可能存在的缺陷，如有问题，应及时处理。为防止外界污染物的侵入，在机组上或其周围进行工作或检查时，应做好防护措施，特别是在油系统上进行一些可能产生污染的作业时，要严格注意不让系统部件暴露在污染环境中。为保持运行油的洁净度，应对油净化装置的运行进行经常性监督。当运行油受到污染时，应采取措施提高油净化装置的净化能力。

2. 油转移时的污染控制

当油系统的某个部分检修、系统大修或因油质不合格而换油时，都会涉及油的转移。如果从系统内排放出来的油还可以（或需要）继续使用，应将油转移至临时的油箱内，事先需对临时油箱的内部进行彻底清理，以防污染。当油从运行系统内转移出来时，应尽可能将油排放尽。放出的油可用大型移动式透平油净化设备进行处理，待完成检修后，再将净化后的油返回已清洁的油系统中。油系统所需的补充油也应经过净化处理，合格后才能补入系统中。

3. 检修时的污染控制

油系统排油后应对各部位轴承油槽、集油箱、油过滤器、管道、接力器、各阀组等内部的污染物进行检查和取样分析，查明污染物成分和可能的来源，提出应采取的措施，如清理污染物、油净化处理、更换或修理有问题的零部件等。检修作业应注意工艺质量与防护措施，如将工作区域封闭，防止金属屑、水汽、粉尘等侵入油系统。对固体颗粒污染物敏感的部件，其更换件也应具有相应的洁净度水平等。

4. 油系统的清洁

对油系统内的污染物，凡是能够达到的地方必须用适当的方法进行清理。清理时，所用的擦拭物应干净、不起毛；不宜使用化学清洗法，因为某些残留的清洗液会使运行油变质，甚至损坏系统中的部件，也不宜用热水或蒸汽清洗，因为容易导致金属生锈。清洗时，所用有机溶剂应洁净，并注意对清洁后残留液的清除。清理后的部件应再用干净的油冲洗，必要时需用防锈剂保护。

5. 检修后的油系统冲洗

检修工作完成后，油系统是否需要进行全系统的冲洗，应根据对油系统检查和油质分析后的综合情况确定。如果油系统内存在一般清理方法不能除去的油溶性污染物及油或添加剂的降解产物，应采用全系统大流量的冲洗方法。另外，应考虑系统中对污染物敏感的某些部件，检修时可能遭遇过直接暴露在污染环境下，如果不采用全系统大流量的净化方法，一些污染物来不及清除，就可能从这一部件上转移至其他的部件上，为系统安全运行留下隐患。

此外，还应考虑污染物的种类，更换部件自身的洁净程度以及检修中可能带入的某些杂质等。如果有的现场没有条件进行全系统的冲洗，但至少应考虑采用热的干净运行油对这些检修过的部件及其连接管道进行冲洗，直至这些部件和管道的洁净度合格为止。

二、透平油系统的检修

根据水轮发电机组的结构形式、机组数量、水质、运行状况的不同，各水电厂透平油系统的运行状况也有所区别。有的电厂透平油污染程度轻，透平油处理量小，而有的油污染严重且漏油量大，需要处理的油就多。例如，有的轴流转桨式机组，油质污染厉害，机组需要经常换油、补油，因而透平油处理频繁，油处理设备使用率提高，管道、油罐等设备也容易被污染，严重影响透平油系统的油处理能力及效果，必须定期对油处理设备进行检修，一般检修周期为6～8年；而其他如装设混流式机组的水电厂，透平油系统的检修周期稍长。

（一）透平油系统检修的一般工艺要求

（1）参加检修的工作人员必须熟悉系统设备图纸和状况，了解设备的功能和作用。

（2）检修前必须确认所检修的设备已与系统脱开，相关电源、阀门已关闭。

（3）拆卸检修设备前应做好回装标记；对具有调节功能的螺杆、顶丝、限位块等做好相应位置记录。

（4）拆卸配合比较紧的零部件时，不能用手锤或大锤直接撞击，应用木棒或紫铜棒敲击，或用木棒、紫铜棒相隔后用大锤敲击。

（5）在刮法兰密封垫和处理接合面时，刮刀应沿周向刮削，严禁径向刮削，法兰密封面上不得留有径向沟痕。

（6）O型圈的黏接，应根据图纸或密封槽的宽度、深度选择合适的圆橡皮条，量好尺寸后，沿圆橡皮条的垂直截面切开，用稀释的金属去污剂对圆橡皮条截面进行清洗，晾干后点滴“502”或“406”胶水，迅速对正黏接。黏接过程中，防止刀口和截面沾油，严禁使用过期和变形的橡皮条。

(7) 回装法兰、端盖、管接头时，应检查封堵物是否拆除，密封垫是否装好，止口是否到位；螺栓应先对称拧紧然后均匀紧固，有力矩要求的按力矩拧紧。

(8) 对重要零件的清扫顺序是，先用白布进行粗抹，然后用汽油进行清扫，再用面团黏净。有条件时用低压风进行吹扫，严禁使用碎布和棉纱处理。

(二) 检修常用工器具及材料

透平油系统检修常用工器具及材料见表5-8。

表5-8　透平油系统检修常用工器具及材料

序号	名　称	规格型号	数　量	序号	名　称	规格型号	数　量
1	内六角扳手	2.5～36	1套	9	单刃刀片		1盒
2	活动扳手	10～15in	各2把	10	耐油橡皮条		若干
3	手锤	8lb	2把	11	白布		若干
4	梅花扳手		2套	12	白绸布		20m
5	刮刀		2把	13	油性记号笔		1支
6	紫铜棒	50mm	2根	14	凡士林	200mL	1瓶
7	钢字码	中号	1套	15	羊毛毡		若干
8	胶水	502，406	2瓶	16	管道清洗机		1台

(三) 齿轮油泵的检修

齿轮油泵常见故障及处理方法见表5-9。

表5-9　齿轮油泵常见故障及处理方法

故障现象	故障原因	处理方法
不排油或排油量少	(1) 吸入高度超过额定值。 (2) 吸入管道漏气。 (3) 旋转方向不对。 (4) 吸入管道堵塞或阀门关闭。 (5) 安全阀卡死或研伤。 (6) 液体温度低而黏度增大	(1) 提高吸入液面。 (2) 检查各接合处密封材料是否损坏或更换密封。 (3) 按泵的标示方向纠正转向。 (4) 检查管道是否有堵塞，阀门是否开启。 (5) 拆开安全阀清洗并用细研磨砂研磨阀孔，使其吻合。 (6) 预热液体，如不可能，可降低排油压力或减少排出流量

续表

故障现象	故障原因	处理方法
密封漏油	(1) 轴封处未调整好。 (2) 密封圈磨损而间隙增大。 (3) 机械密封动静环的摩擦面损坏。 (4) 弹簧松弛	(1) 重新调整。 (2) 适量拧紧调节螺母或更换密封圈。 (3) 更换动静环或重新研磨。 (4) 更换弹簧
噪声或振动过大	(1) 吸入管或过滤网堵塞。 (2) 吸入管伸入液面较浅。 (3) 管道内进入空气。 (4) 排油管道阻力太大。 (5) 齿轮轴承或侧板严重磨损。 (6) 回转部分发生干涩。 (7) 吸入液体的黏度太大。 (8) 吸入高度超过额定值	(1) 清除过滤网上的污物。 (2) 吸入管应插入液面适当深度。 (3) 检查各密封面或更换密封。 (4) 检查排出管道及阀门是否堵塞。 (5) 拆开清洗，并修整缺陷或更换。 (6) 拆下检查并排除故障。 (7) 进行黏度测定并增加加热装置。 (8) 提高吸入液面

（四）滤油机的检修

1. 板框式压力滤油机检修

普通板框式压力滤油机结构简单，主要由齿轮油泵、电动机和滤床组成，维护、检修比较简单方便，其常见故障及处理方法见表 5-10。

表 5-10 板框式压力滤油机常见故障及处理方法

故 障 原 因	排 除 方 法
油路系统连接处漏油	拧紧螺母或更换密封垫片
滤油量不足	(1) 清洗滤油器。 (2) 检查滤板及滤框的同一凸耳是否置于一边，且与前压板凸耳相同。 (3) 滤纸的两孔是否对准滤板的两孔
安全阀漏气，压力不足	(1) 调整弹簧压力至安全阀开启压力。 (2) 将安全阀清洗后用金刚砂研磨
滤油机不能启动	(1) 熔丝烧断，应更换。 (2) 插头接触不良，检查后予以检修

2. 真空滤油机检修

真空滤油机广泛应用于水电厂变压器油、透平油的除杂滤水净化及废油再生，是运行油净化的最理想设备之一。真空滤油机的工作原理是，雾化后的油在真空状态下进行脱水、脱气，滤清器能滤除各种细微的固体杂质，同时特殊的再生吸附剂能除去油中的化学残留物。

真空滤油机常见故障原因及排除方法见表5-11。

表5-11　　真空滤油机常见故障原因及排除方法

故障现象	产生原因	排除方法
启动不正常	电器组件故障	更换电器组件
真空度降低	(1) 真空泵故障。 (2) 真空管路漏气。 (3) 真空泵油不足。 (4) 真空泵油有水污染。 (5) 真空表指示不正确。 (6) 进油口进油不足	(1) 检修或更换真空泵。 (2) 检修管路。 (3) 补充真空泵油至油标线上。 (4) 更换新油。 (5) 校准或更换真空表。 (6) 减小进油阀开启量
真空泵进水	(1) 冷却器积水过多。 (2) 处理的油中含水量多，水蒸气未能在冷却器中冷却成水而直接进入真空泵	(1) 观察冷却器上的液位计，若水位过高，应及时放掉。 (2) 开启真空泵排气阀，更换真空泵油
真空泵喷油	处理油进入真空泵，导致油位增加向外喷出	检查浮球控制阀是否正常，进油量过大导致油回进真空泵
电动机中途停止	(1) 电压过高。 (2) 电源缺相。 (3) 传动皮带过紧或过松	(1) 暂停使用。 (2) 检查、恢复电源。 (3) 调节皮带位置
排油量减少，表压力增大	(1) 真空度过高。 (2) 油泵油封漏气。 (3) 油泵磨损。 (4) 滤芯被杂质堵塞	(1) 降低真空度。 (2) 更换油封。 (3) 更换油泵部件。 (4) 清洗或更换滤芯
进油量不足	(1) 初滤器滤芯堵塞。 (2) 真空度过低	(1) 清洗或更换滤芯。 (2) 按真空度降低故障处理
启动加热器，油温不升高	(1) 感温探头露出。 (2) 加热接触器故障。 (3) 电路断路。 (4) 加热管损坏	(1) 固定感温探头。 (2) 检修或更换。 (3) 检修。 (4) 更换加热管
过滤油不合格	(1) 油中含水量高。 (2) 油液加热不足。 (3) 滤芯破损。 (4) 真空度过低	(1) 增加过滤次数。 (2) 提高加热温度。 (3) 更换滤芯。 (4) 提高真空度

3. 储油罐及管道检修

储油罐特别是运行油罐由于长期循环处理污油，油罐内壁会附着污物，严重影响油的处理效果，因此必须定期对油罐进行彻底清洗。

将油罐内的油排尽，利用油罐上部的进人孔将脚手架管及厚木板放进油罐内，从底部搭设工作平台，然后从油罐顶部开始清洗油罐内壁。清洗时，先使用添加清洗剂的高温高压水进行冲洗，再用清水冲洗一遍，最后用干净的细白布擦干油罐内壁的水分。值得注意的是，在油罐内进行清洗作业时，要派专人在进人孔附近进行监护，通风不好的地方应设通风设备向油罐内送新鲜空气，保证作业人员的人身安全。

管道及阀门从系统管网上拆下后，转移至附近合适的场地，利用清洗机进行冲洗，冲洗后用铁丝系上白布球在管道内来回拖拉，将管道内壁的水分擦除干净，然后用干净的白布或塑料布将管口临时封闭，防止其他杂物进入管内，造成二次污染。待水分完全消除后再将管道、阀门回装。

在进行油罐及管道的检修、清洗时，需要注意的是环境保护问题，因为在清洗时会有大量的含油废水排出，如直接排入江河，会造成污染，因此需对这些含油废水进行初步处理，将水中的废油进行收集后再排放，以减少对环境的污染。

第五节　透平油系统的布置及防火要求

一、辅助设备布置的要求

各辅助设备的合理布置与快速安装、安全运行有密切关系，具体布置时应满足如下要求：

(1) 运行要求。应使各辅助设备在运行中操作简易、可靠，检查维护方便，有助于事故的处理，同时符合机组提前发电的要求。例如，首台机组发电时的油、气、水供应能满足首台机组发电的需要。

(2) 施工、安装和检修的要求。施工安装期间能使用永久性设备和场地。辅助设备管道与电气设备分开各占厂内的上游或下游一侧；对于安装管道的一侧，一般水管在最下方，在水管的上方敷设油管及气管，这样不仅使安装期间电气设备与辅助设备各工种互不干扰，而且油、气、水管道也可以各自分开作业，有利于各工种的平行作业。

(3) 经济要求。尽量减少土石方开挖量和混凝土工程量；管路布置尽可能短，以减少管路阻力损失和管材用量，尽可能做到整齐、美观、紧凑、协调。

（4）安全要求。油系统尤其要注意满足防火的有关要求。

二、油系统的合理布置

油库应尽量靠近用油设备，而且方便新油的入库。大中型水电厂透平油库一般设在厂内安装场以下。油库的面积和高度应按厂房布置条件、油罐数量和尺寸确定。油罐顶部以上的净空间应满足进人要求。油罐布置成一列，油位计要易于观察。油罐间净距不小于1m，油罐与墙的净距不小于0.75m，油罐前应有不小于1.5m的交通道路。油库室温在5～35℃之间。在南方地区，空气比较潮湿，油库要有防潮措施，如装设单独的通风换气系统，沿油库的墙脚地板应留有排水沟，及时排出冷凝水；保持油库内设备不受锈蚀或损坏。

油处理室应布置在油库旁边，其面积视油处理设备的数量和尺寸而定。两台油处理设备之间的净距不小于1.5m，设备与墙的净距不小于1.0m，室内有足够维护和运行的通道。为防止烘箱内滤纸自燃发生失火事故，可在油处理室内设专用的滤纸烘箱间，其面积为10～15m^2。

主厂房内油管道的布置应根据油系统图和水、气管路布置统一考虑，使厂内各系统的管路敷设整齐、美观。供、排油干管沿厂房纵向布置在上游侧或下游侧，在各机组段引出支管。管路应明设或设置管沟，当管路穿墙或穿楼板时，在墙或楼板上应留有孔洞或埋设套管，以便安装和维修。为了使管路能把油排净，应有一定的坡度，并在最低部位装设排油接头。为便于机组旁路滤油，可在水轮机层的机墩旁设置活接头。阀门和油接头的布置应便于操作、安装和检修，位置不宜过高。管路和阀门一般布置在墙上离地面1～1.5m处，离墙净距约为0.2m。露天管路不能沿地面敷设，应有专门的管沟。当油管敷设在电缆沟内时，油管和电缆应分侧敷设，当油管与电缆交错时，它们之间的净距不小于150mm。漏油箱应布置在可能漏油设备的下面，并有排水设施，以免积水。

油化验室面积一般为40m^2左右，还应有10m^2左右的药品室和天平室，一般设在厂外或副厂房内。化验室应有良好的通风、采光和防振、防噪声措施。

油管路一般采用不锈钢管，管路配焊完成后用热水冲洗干净，然后回装，注意在回装前应仔细检查管道内有无异物，确保不造成管道或油罐二次污染。

三、油系统防火安全要求

油库和油处理室的布置均应符合有关防火规程要求，主要有如下几项：

（1）油库与其他建筑物的防火安全距离要符合防火规程规定的距离。

（2）厂内油库不得超过两个。露天油库要有防雷设施。

（3）油库、油处理室应设两个安全出口，出口处设向外开的防火门；油库出口处应有挡油门坎。油库、油处理室之间及与其他房间之间应由挡火墙隔开；油库内应有油、水排出措施，油库宜采用水喷雾灭火装置或其他灭火装置。油化验室一般配有泡沫灭火器、二氧化碳灭火器等。

（4）油罐及其管路均应可靠接地。

（5）油库、油处理室、油化验室应有独立的通风系统，装设有每小时换气量不小于 6 次的防爆通风设备，排风口不能正对生产房间，发生火灾时能自动报警，并能自动停止通风。

（6）若设事故排油池，排油管径不应小于 100mm，事故排油阀应设在油库外安全的地方并编号，避免发生误操作。事故排油池要防止积水，池底有管道把渗漏水排至集水井。事故排油池的顶部要严加密封，进人孔四周应有凸缘以防进水。

（7）化验室最低温度不低于 12℃，采光要均匀，试验桌的光照度为 300～500lx。

第六章　绝　缘　油

第一节　绝缘油概述

绝缘油是石油产品之一，或称矿物油，它是电力系统中重要的矿物液体绝缘介质，起着绝缘、散热冷却和熄灭电弧作用。例如，变压器、断路器、电流互感器、电压互感器、套管、电缆等所充的油均为绝缘油。

国内油断路器主要用于电压等级低的系统，目前已逐步被真空断路器和 SF_6 断路器替代，其专用的绝缘油产品也较少，一般使用矿物油脱蜡生产的 45 号变压器油作为其绝缘、灭弧介质。电力电容器一般用苄基甲苯（HBT）或二芳基乙烷（PXE）作为浸渍绝缘液体。其他电气设备，如互感器已逐步使用变压器油作为其电磁单元的浸渍绝缘液体。在电力系统中，变压器油占绝缘油用量的比重很大，本章重点讲述变压器油的性能和检修维护。

油浸式电力变压器所充的绝缘油即称为变压器油。用变压器油作电力变压器的绝缘和冷却液体从 19 世纪末开始，它具有优良的电气、热工性能，是最好的液态绝缘材料，但也存在燃点低易燃的缺点。后来又陆续发明了高燃点的硅油（Siliconoil）、复合绝缘液（Formel）、Midel7131 合成脂、β 液（Beta）、α 液（Alpha）、聚 α 烯（Paos）等作为电力变压器的绝缘和冷却液体介质。目前，低燃点的变压器油已在高燃点的混合型和半混合型耐高温油浸式变压器上运行，以作为介于干式变压器和常规油浸式变压器的中间选择。

电力系统所采用的绝缘油是天然石油经过蒸馏和各种精制工艺加工而成的优质石油产品，故称石油为绝缘油的原油。生产绝缘油的原油主要可分为石蜡基原油和环烷基原油，绝缘油的性能在一定程度上取决于油基的组分和精炼程度。目前，主要选择环烷基原油炼制绝缘油，因为它有很好的电气性能，化学性质稳定，凝点低，含蜡量低，抗氧化、老化性好，低温下流动性好，是绝缘油较理想的组分。环烷基原油的储量少，现已发展从中间基，甚至从石蜡基中生产。

一、原油的化学成分

石油是一种黏稠油状的可燃性液体，主要成分是碳和氢。在化学成分中，碳含量为 58%～84%；氢含量为 12%～14%，硫、氧、氮含量约为 1%。此外，还有微量的金属元素，如铁、铜、铅、矾、镁、钾、钙、锰等，以及微量的非金属元素，如磷、硅、氯等。

石油和石油产品中的碳氢化合物通常称为“烃”，烃类主要有烷烃（直链、支链、多支链）、环烷烃（单环、双环、多环）、芳香烃（单环芳香烃、多环芳香烃）、环烷基芳香烃及胶质、沥青质等非烃类化合物。一般，原油中不含不饱和烃，但其在裂化过程及高温热解产物中有一定的含量。

（一）烷烃

烷烃又称石蜡烃，其分子通式为 C_nH_{2n+2}，在一般情况下，分子中含 1～4 个碳原子的烷烃为气态；含 5～15 个碳原子的烷烃为液态；含 16 个以上碳原子的烷烃为固态，悬浮在石油中。烷烃具有较稳定的化学安定性、高闪点，但凝点较高。

（二）环烷烃

环烷烃的分子通式为 C_nH_{2n}、C_nH_{2n-2}、C_nH_{2n-4} 等，它是石油的主要成分，抗爆性、抗氧化性较高，同时具有低凝点、低黏度及含蜡量低等特点，其油制品有良好的热安定性和化学安定性，是电力用油的主要理想成分之一。石油中含有 75%～83%的环烷烃称为环烷基石油，是炼制绝缘油的最好原油。

（三）芳香烃

芳香烃的分子通式为 C_nH_{2n-6}、C_nH_{2n-12} 等，最简单的芳香烃是苯（C_6H_6）。芳香烃分为对称结构的烃（如苯、蒽、萘）和带侧链的烃（如甲苯）。芳香烃比环烷烃化学性质活泼，它是生成渣滓的主要物质。石油中的芳香烃含量在 14%～30%之间变化。

不饱和烃，因安定性差，为油品的有害成分，所以在炼制过程中应完全除去。另外，在石油中还有非烃类化合物，如胶质、沥青质、含氧、含氮、含硫化物等，对油品均有不良影响，一般在炼制过程中应尽量除去。

二、绝缘油的炼制工艺

一般石油的加工工艺为：原油预处理——去掉油中水分、杂质及盐类；蒸馏——常压蒸馏和减压蒸馏，切取馏分油；精制——去掉油中有害成分，得到半成品或称基础油；调制——改善油品的某些指标和质量，如添加适当的添加剂等，最后得到成品油。电力用油生产工序如图 6-1 所示。

（一）原油的预处理

原油经过沉降、脱水后，仍含有一定量的水分、机械杂质和盐类等，除去这些物质即为原油的预处理。一般要求原油的含盐量小于 3mg/L，含水量小于 0.2mg/L。

原油预处理最简单的方法是加热和沉淀，原油所含盐和水作为盐的水溶液状态

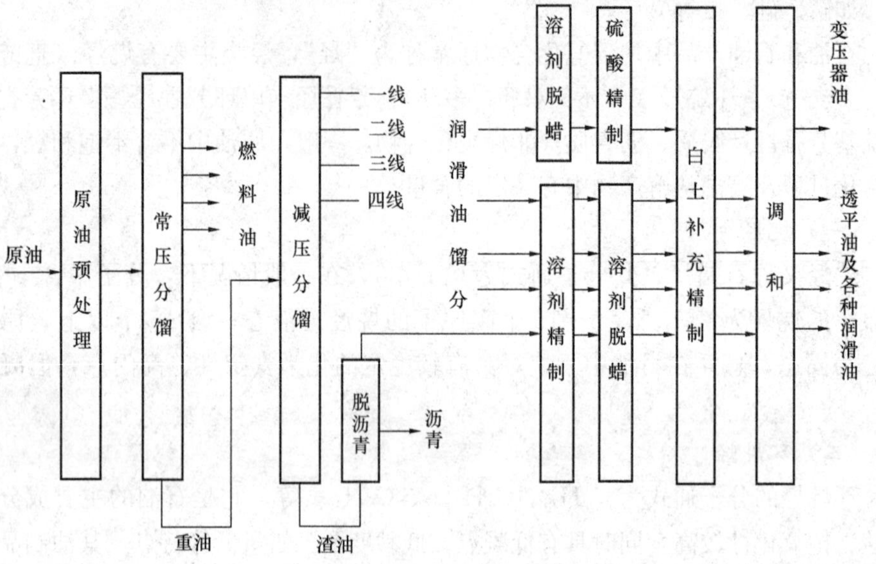

图 6-1　电力用油生产工序

分散在油中，散布成极细的细滴，形成油包水型乳浊液。因此可利用水和油的密度不同，将原油加热至 40～60℃后，促使乳浊液分解，从而使水和机械杂质沉淀。沉淀程度及时间取决于原油加热的温度及乳化的固定情况。

若原油加热 110～120℃或高些，仍不能破坏乳浊液，则采取化学方法，在原油中添加破乳剂，并在高电场和 110～140℃高温（原油越重，操作温度要求越高）下进行脱盐脱水，破坏包着水的油膜或降低其稳定性，使水滴沉降至底部排出。

（二）油的蒸馏及馏分

目前使用得最多的润滑油以石油馏分为原料生产，通称矿油类润滑油。原油是一种多组分的复杂混合物，根据各组分的沸点不同，用蒸馏和冷凝的方法将原油中的各组分分开，这一过程称为分馏。按一定的沸点范围分成若干部分，每一部分称为一个馏分。馏分仍然是一个多组分的混合物，但其中所含的组分比原油的少。然后将这些馏分再经过适当的加工，使之成为合格的产品。电力用油（绝缘油）的馏分属于润滑油馏分范畴。

蒸馏可分为常压蒸馏和减压蒸馏。

1. 常压蒸馏

原油经过预处理后，送入常压蒸馏装置中进行分馏，按不同的沸点温度范围截取馏分，一般在 350℃以下可蒸馏出较透明的汽油、煤油等。常压蒸馏装置底部余下的部分称为重油，重油再进行减压蒸馏。

2. 减压蒸馏

常压蒸馏时得到的重油是制造各级润滑油的原料。重油分馏成润滑油时，需要在400℃以上才开始沸腾，但在这样高温下，重油中的许多理想成分将被裂解，生成低分子烃，影响炼制润滑油的质量，如凝点升高、黏度降低、颜色变坏、闪点降低等。因此，重油的蒸馏必须在减压的条件下进行，即利用抽真空的方法。减压装置的真空度约为98.7kPa，以降低重油的沸点，得到较理想的润滑油馏分。重油经过减压蒸馏可以获得柴油馏分、轻质润滑油、中质润滑油和重质润滑油。

（三）油的精制

在减压蒸馏所得到润滑油馏分中，含有一些有害成分，如胶质、沥青、不饱和化合物、环烷酸、硫化合物、氮化合物及一些高分子的烃类等，因此润滑油馏分是不能直接使用的半成品。这些成分使油在运输、储存、使用中不稳定，腐蚀金属，形成积碳。要使润滑油馏分变成合格的润滑油成品，必须将其中的有害物质除去，以提高润滑油的稳定性和黏温性，降低酸值及胶质、沥青质、残碳等含量，改善油品的颜色和气味。

1. 硫酸精制

硫酸精制属化学过程，分酸洗、碱洗和水洗三道工序。酸洗的原理是利用浓硫酸对非烃化合物有较强的溶解能力，以及较容易与其发生反应形成高分子聚合物的酸渣，酸渣对异构烷烃、芳香烃有微溶作用，生成的产物易溶于酸渣；硫酸与烷烃和环烷烃不发生化学反应，只能微溶。因此，硫酸可除去油中的有害物质。碱洗可以除去油中的硫化氢、低分子硫醇、环烷酸、酚类及酸洗残留在油中的硫酸等。通过中和反应的盐可溶于水中，经过水洗即可除去。

硫酸几乎对油中所有的有害物质均起化学反应，但对烃类的影响并不显著，适度的酸碱精制比溶剂加氢精制能保留较多的芳香烃。

2. 选择性溶剂精制

溶剂精制是用溶剂提取油中的某些非理想组分来改变油品的性质，经过溶剂精制后的润滑油料，其黏温特性、抗氧化性等性能都有很大的改善。选择性溶剂精制润滑油是一种物理过程，它不改变润滑油中任何组分的分子结构，即不起化学反应，只是通过物理溶解除去润滑油馏分中的非理想组分。溶剂精制的基本原理是，利用溶剂对油中非理想组分的溶解度很大，对理想组分的溶解度很小的特性，把溶剂加到润滑油料中，其中非理想组分迅速溶解在溶剂中，将溶有非理想组分的溶液分出，其余的就是润滑油的理想组分，通常把前者称为提取油或抽出油，后者称为提余油或精制油。溶剂精制的作用相当于从润滑油中抽出其中非理想组分，所以这一过程也称溶剂抽提或溶剂萃取。润滑油馏分中理想和非理想组分在某种溶剂中，溶解度相差越大，这种溶剂的选择性就越好。

工业上采用的溶剂有酸碱、酚、糠醛和甲酚等。糠醛是选择性很强、溶解能力较小的一种选择性溶剂，且毒性小，回收容易，因此在我国采用糠醛比较普遍。润滑油馏分中芳香烃最容易溶于糠醛，高分子多环烃在一定温度下也溶于糠醛，石蜡烃、沥青、胶质化合物在糠醛中的溶解度较小，而理想组分在糖醛中的的溶解度极其微弱，因此使油得到精制。

3. 加氢精制

加氢精制是一种较新的精制方法。该法是在一定温度、压力和催化剂的作用下，加入氢气使部分芳香环变成环烷烃或开环，不饱和烃变成饱和烃，含氧、含氮及含硫化物分别变成 H_2O、NH_3 及 H_2S 等气体，从而与油分离，使油得到精制。

（1）加氢补充精制。加氢补充精制后的油品，其颜色、安定性和气味均得到改善，对抗氧化剂的感受性显著提高，而黏度、黏温性能的变化不大，并且在油品中的非烃元素如硫、氮、氧的含量降低。油品的色度和安定性主要取决于油品中所含的少量稠环化合物和高分子不饱和化合物。加氢时这类化合物中的部分芳香环变成环烷烃或开环，不饱和化合物则变为饱和化合物。这样就能使油品的颜色变浅，安定性提高。含有硫、氮、氧等非烃元素的润滑油在使用中生成腐蚀性酸，加氢时，这类元素会与氢反应生成硫化氢、氨、水等气体从油中分离出来，因而使产品质量提高。加氢补充精制的产品收率比白土精制收率高，没有白土供应和废白土处理等问题，是取代白土精制的一种较好的方法。

（2）加氢处理（或称加氢裂化）。加氢处理工艺不仅能改善油品的颜色、安定性和气味，而且可以提高黏温性能，可以代替白土精制和溶剂精制，具有一举两得的作用。它除了加氢补充精制的各种反应以外，还有多种加氢裂化反应，使大部分或全部非理想组分经过加氢变为环烷烃或烷烃，并转化为理想组分。

（3）加氢降凝。加氢降凝工艺操作条件比加氢处理更为严格。润滑油原料在催化剂作用下发生加氢异构化和加氢裂化反应，使加氢过程不但有精制作用，并且有使蜡异构化的作用，从而使凝点较高的正构烷烃转化为凝点较低的异构烷烃或低分子烷烃，达到降低凝点的目的。

4. 脱蜡

为使润滑油在低温条件下保持良好的流动性，必须将其中易于凝固的蜡除去，这一工艺称脱蜡。脱蜡工艺不仅可以降低润滑油的凝点，同时也可以得到蜡。所谓蜡就是在常温下（15℃）呈固体状的那些烃类化合物，其中主体是正构烷烃和带有长侧链的环烷烃。

脱蜡目前常用的办法是冷榨脱蜡、溶剂脱蜡和尿素脱蜡，其中冷榨脱蜡和溶剂脱蜡是目前比较广泛使用的脱蜡方法。冷榨脱蜡是将油冷至一定温度，使蜡结晶出来，再用过滤机通过压榨的方法，将蜡和油加以分开。此类方法适用于变压器油和轻质润滑油的脱蜡。对黏度较大的馏分油，一般采用溶剂（如酮、苯类等）脱蜡，其原理是通过溶剂来稀释润滑油馏分，降低油品黏度，利用溶剂溶解油而不溶解蜡的选择性，在低温下使蜡结晶从溶剂中析出来，使蜡和油分离。尿素脱蜡一般只适用于变压器油，是利用尿素（分子式为 $H_2N—CO—NH_2$）与高分子正构烷烃、长侧链的环烷烃等形成混合物，从而将其除去。吸附脱蜡是利用吸附剂对蜡状物的选择性吸附，以达到脱蜡的目的。

5. 白土精制

润滑油经过硫酸或糠醛精制后，油中仍含有少量胶质、沥青质、环烷酸皂酸渣、残余的无机盐、残余的选择性溶剂等。这些杂质的存在，不仅腐蚀设备，磨损机件，而且降低了油品的安定性，因此还需经过一次补充精制，才能得到成品润滑油。常用的补充精制法为白土精制法，白土精制法是利用活性白土的吸附能力，使各类杂质吸附在活性白土上，然后滤去白土除去所有杂质。具体方法是在油品中加入少量（一般为百分之几）预先烘干的活性白土，边搅拌边加热，使油品与白土充分混合，杂质即完全吸附在白土上，然后用细滤纸（布）过滤，除去白土和机械杂质，从而改善了油的颜色，降低残碳值，提高抗氧化安定性、抗腐蚀性等，即可得到精制后的基础油。

三、油品的调和

调和是润滑油制备过程中的最后一道工序。通常，经炼油厂精制后得到的只有常三线、减二线、减三线、减四线和光亮油（减压残油经脱沥青、精制后所得的高黏度油料）等几种不同黏度的润滑油。这些经过精制后得到的润滑油组分只是生产绝缘油的基础油，不能达到绝缘油的性能要求，不能直接作为绝缘油使用。目前，国内外采取的有效措施之一是按照产品油的黏度和使用要求，将润滑油基础油组分和添加剂按比例、顺序加入调和容器，用机械搅拌（或压缩空气搅拌）、泵抽送循环、管道静态混合等方法调和均匀，从而改善油品某些指标，提高油品质量，这一工艺过程称为油品的调和。

（一）添加剂种类

添加剂是近代高级润滑油的精髓，正确选用、合理加入，可改善其物理化学性质，对润滑油赋予新的特殊性能，或加强其原来具有的某种性能，满足更高的要求。一般常用的添加剂有黏度指数改进剂、倾点下降剂、抗氧化剂、清净分散剂、摩擦缓和剂、油性剂、极压剂、抗泡沫剂、金属钝化剂、乳化剂、防腐蚀剂、防锈剂、破乳化剂等。具体归纳如下：

1. 黏度添加剂

黏度添加剂可以增加润滑油的黏度，改善润滑油的黏温性。我国目前主要的黏度添加剂有聚异丁烯、聚甲基丙烯酸酯、聚乙烯基正丁基醚等。

2. 降凝剂

降凝剂可以降低润滑油、绝缘油的凝点，改善油品的低温流动性。目前使用最广泛的降凝剂是长链烷基萘（$C_{22\sim24}$）及其缩合物，如聚甲基丙烯酸酯（C_{12}以上的烷基酯）；其次是聚丙烯酸酯和长链烷基酚及其缩合物。

3. 抗氧化剂

抗氧化剂可以增加油品的抗氧化安定性，延长油品的诱导期，延长油品的使用寿命。抗氧化剂的种类很多，如苯基β-苯胺、α-萘胺、α-萘酯、β-萘酚及2、6-二叔丁基对甲酚等。2、6-二叔丁基对甲酚是电力系统较广泛采用的抗氧化剂，代号为T501。我国生产的绝缘油在出厂前均加有0.3%～0.5%的2、6-二叔丁基对甲酚抗氧化剂。

4. 防锈剂

防锈剂能防止金属由于周围环境的化学或电化学作用而损坏生锈。近年来，电力系统较广泛地采用十二烯基丁二酸（代号为T746）作为透平油的防锈剂。

5. 抗泡沫剂

润滑油在使用过程中，往往容易形成泡沫而影响其润滑效果，为能消除和避免泡沫的发生，可以往油中添加抗泡沫剂。目前常用的有效的抗泡沫剂是硅的有机化合物，我国生产的为甲基硅油，原代号为201。

6. 金属钝化剂

金属钝化剂是能抑制金属及其化合物对油品氧化起催化作用的添加剂。

7. 防胶剂

防胶剂是能防止或减少油品中不饱和烃氧化时生成和积聚胶质的添加剂。

（二）调和油性质的变化

两种以上组分的油调和成所需黏度的油品时，其性质偏向于较低组分油的性质的情况较多。例如：①不同闪点的组分油调和成的油品的闪点，一般是偏向低闪点组分油的闪点，即呈闪点下降现象；②调和油的其他一些指标如酸值、灰分、杂质、残碳等为可加性指标；③不同油性的组分油调和成的油品，其油性大致呈算术平均值的直线关系；④不同黏度指数的组分油调和成的油品的黏度指数一般都偏向高黏度指数组分油的黏度指数，在一定范围内还表现出一定的可加性，即为黏度指数上升现象；⑤不同凝点的组分油调和成的油品的凝点，一般偏于高凝点组分油的凝点，即凝点上升。

四、对绝缘油的特性要求

（一）良好的电气性能和润滑性能

评定绝缘油电气性能的指标有介电强度（或击穿电压）高、介质损耗因数小、体积电阻率小和析气性好。高的介电强度（或击穿电压）能确保导电体得到良好绝缘，并可防止在使用普通绝缘油时，在电压作用下电极之间发生跳火现象。低介质损耗因数可大大降低交流电改变极性时引起的能量损失。

（二）良好的抗氧化安定性

一般绝缘油在变压器中的运行温度低于 85℃，经常与空气接触，同时受电场、电晕作用，油品易热老化和电老化。因此，油品需有良好的抗氧化安定性，以减少储存和使用期间产生的油泥和酸性物质，这些油泥和酸性物质都会对油品电气性能和冷却能力产生影响。一般要求绝缘油能使用 10～20 年。

（三）高温性能好

油的高温性能通常以闪点表示，闪点越低、油品挥发性越大，则安全性越小。

第二节　绝缘油的物理、化学和电气性能

矿物油由各种烃类组成，在运行中受温度、空气、金属、电场等的影响，会逐渐氧化（或称老化、劣化）。若遇高温过热等设备故障，则油质加速老化，因此油品需有良好的物理、化学、电气性能。

一、绝缘油的物理性能

（一）外观颜色和透明度

1. 颜色的意义

油品的颜色，可以反映其精制程度和稳定性，取决于油中沥青、树脂物质及其他染色化合物；另外，还与切取馏分的温度、精制程度有关。但即使精制的条件相同，不同油源和类属的原油所生产的基础油，其颜色和透明度也可能是不同的。精制的基础油，油中的氧化物和硫化物脱除得干净，颜色较浅，一般为淡黄色，清澈透明，无悬浮物和沉淀物，从一定角度观察油面呈蓝色。我国生产的绝缘油，特别是 45 号绝缘油，由于切取馏分的温度较低，并采用过度精制加抗氧化工艺，因此其外观颜色较浅几乎无色。基础油中使用添加剂后，颜色会发生变化，只要油品的其他指标合乎要求，油品颜色深浅对油的润滑效果没有影响。

良好的变压器油应该是清洁而透明的液体，不得有沉淀物、机械杂质悬浮物及棉絮状物质。如果变压器油受到污染和氧化，并产生树脂和沉淀物，变压器油油质就会劣化，颜色会逐渐变为浅红色，直至变为深褐色的液体。当变压器有故障时，

也会使油的颜色发生改变，一般情况下，变压器油呈浅褐色时就不宜再用了。另外，变压器油可表现为浑浊乳状，油色发黑、发暗。变压器油呈浑浊乳状，表明油中含有水分；油色发暗，表明变压器油绝缘老化；油色发黑，甚至有焦臭味，表明变压器内部有故障。油的颜色急剧变化，一般是油内发生电弧产生碳质造成的。

2. 颜色的测定

绝缘油的颜色，除用视觉直接观察（目测）外，在试验室中的测定方法我国采用 GB/T 6540《石油产品颜色测定法》（与 ASTM D1500《石油产品颜色的测定法》等效）和 SH/T 1068《石油产品色度测定法》。颜色标准共分 16 个色号，从 0.5～8.0 值排列，色号越大，表示颜色越深。

（二）橡胶适应性

绝缘油的密封较多使用橡胶材质，因此要求润滑油和橡胶要有较好的适应性，避免引起橡胶密封件变形。一般来说，烷烃对橡胶的溶胀或收缩作用不大。芳香烃则能使橡胶溶胀，含硫元素较多的油品则易使橡胶收缩。此外，许多合成润滑油对普通橡胶有较大的溶胀或收缩性，应选用特种橡胶（如硅橡胶、氟橡胶）作密封件。

（三）凝点或倾点

绝缘油试样在规定的试验条件下冷却至停止流动时的最高温度称为凝点。而试样在规定的试验条件下，被冷却的试样能够流动的最低温度称为倾点。凝点和倾点都是表示油品低温流动性的指标，两者无原则性差别，只是测定方法有所不同。同一试样测得的凝点和倾点并不完全相等，一般倾点都高于凝点 2～3℃，但也有两者相等或倾点低于凝点的情况。油的凝点和倾点是变压器选用的一项重要依据，因为低凝点和低倾点的绝缘油能保证设备在气候寒冷的条件下仍可循环运行，从而起到绝缘和冷却作用。

油品在低温下失去流动性的主要原因有两个：①对于含蜡很少或不含蜡的油品，温度降低，其黏度增加，称为黏度凝固。②油中蜡的影响。温度低时，蜡就会结晶，低到一定的程度，结晶的蜡连接成网状结构，形成结晶骨架使油失去流动性。环烷基原油在加工过程中不经脱蜡即可生产倾点低于－45℃的变压器油，而石蜡基难以生产，这也是环烷基变压器油的主要优点之一。另外，由于降凝剂只是破坏了石蜡的网状结构，并不能改变化学结构，在使用中随降凝剂降解，会给设备的运行造成重大安全隐患，因此变压器油炼制过程中一般不加降凝剂。

根据我国的气候条件，变压器油按凝点分 10、25、45 三个牌号，即凝点低于－10、－25、－45℃，实际中采用倾点这个标准。通常低凝点的油可以代替高凝点的油。国外一般规定变压器油凝点应低于最低使用气温 6℃，我国则规定添加降凝剂的断路器用油凝点比使用气温低5℃。国际变压器油标准（ASTM D3487）一般要求倾点不高于-40℃。

1. 绝缘油凝点测定

将试样装入试管中，按规定的预处理步骤和冷却速度进行试验。当试样温度冷却到预期的凝点时，将浸在冷剂中的仪器倾斜45°保持1min后，取出观察试管里面的液面是否有过移动的迹象。如有移动，从套管中取出试管，并将试管重新预热，然后用比上次试验温度低4℃或其他更低的温度重新进行测定，直至某试验温度时液面位置停止移动为止。如没有移动，从套管中取出试管，并将试管重新预热，然后用比上次试验温度高4℃或其他更高的温度重新进行测定，直至某试验温度时液面位置有移动为止。找出凝点的温度范围（液面位置从移动到不移动或从不移动到移动的温度范围）之后，采用比移动的温度低2℃或采用比不移动的温度高2℃，重新进行试验，直至确定某试验温度能使试样的液面停留不动而提高2℃又能使液面移动时，就取使液面不动的温度作为试样的凝点。

2. 绝缘油倾点测定

将清洁的试样注入试管中，按规定的步骤进行试验。对倾点高于33℃的试样，试验从高于预期的倾点9℃开始，对其他倾点的试样则从高于其倾点12℃开始。每当温度计读数为3℃的倍数时，要小心地把试管从套管中取出，倾斜试管到刚好能观察到试管内试样是否流动，从取出试管到放回试管的全部操作要求不超过3s。当倾斜试管，发现试样不流动时，立即将试管放在水平位置上，仔细观察试样表面。如果试样在5s内还有流动，则立即将试管放回套管，待温度降低3℃时，重复进行流动试验，直到试管保持水平位置5s而试样无流动时，记录观察到的试验温度计读数，再加3℃作为试样的倾点。

（四）黏度指数

绝缘油除了起绝缘作用外还有散热的作用，因此要求绝缘油的黏度适当。油品的各种烃类组成中，烷烃的黏度最小，环状化合物的黏度最大。绝缘油的黏度随温度的变化而变化，温度升高，黏度减小；温度降低，黏度增大。这种黏度随温度变化的性质，称为黏温性能。黏度指数（VI）是表示油品黏温性能的一个约定量值。黏度指数高，表示油品的黏度随温度变化小，油的黏温性能好。反之亦然。

黏度是变压器油的重要质量标准之一，分动力、运动、恩氏黏度等，我国规定的是运动黏度。石油产品的黏度指数可通过计算得到，也可用查表法得到。

（五）闪点

闪点是指在规定条件下，加热油品所逸出的蒸汽和空气组成的混合物与火焰接触发生瞬间闪火时的最低温度，单位为℃。它是保证绝缘油在使用和储存过程中的一项安全性指标，同时也是绝缘油的挥发性指标。绝缘闪点的高低，取决于绝缘油质量的轻重，或绝缘油中是否混入轻质组分和轻质组分的含量是多少。轻质绝缘油或含轻质组分多的绝缘油，其闪点较低。相反，重质绝缘油的闪点或含轻质组分少的润滑油，其闪点较高。从安全角度考虑，石油产品的安全性是根据其闪点的高低来分类的：闪点在45℃以下的产品为易燃品，闪点在45℃以上的产品为可燃品。

（六）密度及相对密度

密度是指在规定温度下，单位体积所含物质的质量数。GB 2536《变压器油》规定，变压器油在20℃时的密度不大于0.895×103kg/m^3。ρ_{20}被规定为石油产品的标准密度。密度与油品组成及水的含量有关，控制密度在某种意义上也控制了油品中水的存在量。对变压器而言，只要不影响油的其他性质（如闪点），密度低一点好。

相对密度是指物质在给定温度下的密度与参考温度下纯水密度的比值，用d表示。我国常用的相对密度是d_{20}，表示油品在20℃时的密度和水在4℃时的密度之比。

石油产品的密度是随其组成中含碳、氧、硫量的增加而增大的，因而含芳香烃多的、含胶质和沥青质多的密度很大，而含环烷烃多的居中，含烷烃多的最小。因此，根据石油产品的密度（或相对密度），在某种程度上可以判断油品的类型和成分。通常，石油产品的密度由密度计法或比重瓶法测定。

（七）灰分和机械杂质

灰分是添加剂带来的一些难溶于溶剂的有机金属盐；机械杂质是指存在于绝缘油中不溶于汽油、乙醇和苯等溶剂的沉淀物或胶状悬浮物。机械杂质来源于绝缘油的生产、储存和使用中的外界污染或机械本身磨损，大部分是砂石和积碳类。

机械杂质的测定按GB/T 511《石油产品和添加剂机械杂质测定法（重量法）》进行，其过程是：称取100g的试样加热到70～80℃，加入2～4倍的溶剂，在已衡重的空瓶中的纸上过滤，用热溶剂洗净滤纸瓶再称重，定量滤纸的前后质量之差就是机械杂质的质量，由此求出机械杂质的质量分数。机械杂质、水分、灰分和残碳是反映油品纯度的质量指标，同时能反映油品精制的程度。

一般来讲，绝缘油机械杂质的质量分数都应该控制在0.005%以下（机械杂质在此以下认为是无）。灰分不应大于油重的0.005%。

（八）界面张力

界面张力是液体界面分子间作用的力，表现为反抗其本身的表面积增大的力。绝缘油的界面张力是指测定油与不相溶的水界面之间产生的张力，单位为N/m。通常油品的界面有：油—气、油—液、油—固等，绝缘油的界面张力属于油—液的范畴。运行中的绝缘油受温度、空气、光线、水分、电场等因素的影响，油质将逐渐老化、变坏，油质老化后生成各种有机酸及醇等，因其含有—COOH、—OH类型的极性物质，因而油质的界面张力也将逐渐下降。变压器油界面张力的高低取决于油中所含极性物质数量的多少，极性物质越少，界面张力就越高。因此，检测界面张力是检查变压器油含有因劣化、污染而产生可溶性极性杂质的一种间接有效的方法。另外，油在老化初期阶段，界面张力的变化是相当迅速的，到老化中期，其变化速度逐渐降低，油泥生成则明显增加。因此，此方法也可对生成油泥的趋势做出可靠的判断。

GB 2536、SH 0040《超高压变压器油》规定，投入运行前的变压器油界面张力（25℃）不得低于35mN/m；GB/T 7595《运行中变压器油质量》规定，运行中变压器油的界面张力（25℃）应大于19mN/m。

（九）苯胺点

苯胺点是指油品与等体积的苯胺在相互溶解成单一液相所需的最低溶解温度，单位为℃。该指标间接表示油品的组成，还表示变压器油对油泥适当溶解的能力，同时也是证明变压器油是否有环烷基的最主要指标。

基于油品中各种烃类在极性溶剂中有不同的溶解度，在油品中芳香烃的苯胺点最低，石蜡烃的苯胺点最高，环烷烃的苯胺点居中。ASTM D3487《用于电气设备中的矿物绝缘油》要求，苯胺点在63～84℃之间，一方面要求油品中有足够的芳香烃，以保证析气性和溶解能力；另一方面限制芳香烃含量太高，以防止溶解变压器中的绝缘漆并使氧化安定性变差。这也是环烷基变压器油区别其他变压器油的关键指标之一。

二、绝缘油的化学性能

油品的化学性能与其炼制工艺、精制程度，以及基础油的化学组成有关。油品的化学性能可随环境的影响而变化，或因自身氧化而变质。

（一）酸值及pH值

新油的酸值主要表现为环烷酸的含量。运行一段时间的变压器油的酸值是油中全部酸性产物的总体表现。由于各种酸性产物的存在，使油的介质损耗因数增大，油的抗电强度也有所降低。这些酸性物还附着于绝缘和金属件的表面，既影响散热还会产生腐蚀。随着变压器使用年限的增加，其使用的油的酸值也在不断提高。因此，为了判断变压器油是否已老化，人们常把油中酸值的增加当作最明显的征兆。

变压器油的酸性物质包括油溶性酸和水溶性酸。它在氧化初级阶段一般易生成低分子有机酸，如甲酸、乙酸等，水溶性较好。当油中的水溶性酸含量增加（pH值降低），油中又含有水时，比较活泼的水溶性酸会腐蚀固体绝缘材料和金属，降低电气设备绝缘性能，缩短设备使用寿命。因此在测量酸值的同时，一般都要了解水溶性酸的含量。变压器油中水溶性酸允许指标 pH 值不低于 4.2 或控制在 0.014mgKOH/g 以下。

变压器油中所含的有机酸主要是环烷酸，是环烷烃的羟基衍生物。此外，还有在储存、运输时因老化生成的酸性物质，某些油品中还含有酚、脂肪酸和一些硫化物、沥青质酸性化合物。

（二）含水量

绝缘油中含水的质量称为水分，水分是影响变压器油的老化速度和绝缘性能的一项重要指标。通常，油中含水量在 0.003%以下时对油的绝缘性能影响不大，而含水量在 0.005%以上就能影响油的绝缘强度。当含水量为 0.03%时，油的击穿电压降低达 25%。对水分进行严格的监督是保证变压器安全运行必不可少的一个试验项目。一般来说，在 20℃时，变压器油溶解水的能力为 40μL/L 左右，通过真空滤油装置可使变压器的含水量降到 10μL/L 以下，通常电压越高的电气设备要求油的含水量越低。此外，水分还能促进有机酸对铜、铁等金属的腐蚀作用，产生皂化物会恶化油的介质损耗因数，增加油的吸潮性，并对油的氧化起催化作用。一般认为，受潮的油比干燥的油的老化速度要增加 2～4 倍，500kV 不应大于 10μL/L；220～330kV 不应大于 15μL/L；110kV 不应大于 20μL/L。总之，绝缘油中水分越少越好。

1. 水在变压器油中的存在状态

水在变压器油中主要以溶解水、悬浮水、游离水三种状态存在。一般来说，游离水比较容易脱去，而乳化水和溶解水就不易脱去。

（1）溶解水。水以分子状态均匀分散于烃类分子中，这种状态称为溶解水。

（2）悬浮水。水以极细小的液滴状悬浮于油品中，构成浑浊的浮化液。在此状态下水分很难沉淀分离，必须采用特殊脱水法，如采用空气流搅拌热油或用真空干燥法脱水。其中，使用真空干燥法可避免空气的氧化作用。

（3）游离水。析出的微小水粒聚集成较大水滴从油中沉降，以油水分离状态存在。

2. 变压器油中含水量的影响因素

变压器油中水分含量（微水）与变压器的化学成分、温度、暴露于空气中的时间及油的老化程度等有着密切的关系。

（1）与变压器油的化学成分有关。变压器油含各种烃类的量不同，其能溶解的水量就不同。一般烷烃、环烷烃溶解水的能力较弱，芳香烃溶解水的能力较强，即油中芳香烃含量越高，油的吸湿能力越强。

（2）与温度有关。油中含水量与温度的关系非常明显，即温度升高，油中含水量增大；温度降低时，溶解于油中的水分会因为饱和而分离出来，沉至容器底部。

（3）与在空气中暴露的时间有关。绝缘油在空气中暴露的时间越长，大气中相对湿度越大时，则油吸收的水分就越多。因此测定绝缘油中含水量（微水）时，必须密封取样、密封测定，其目的就是要避免试样与空气接触，以测定出试样的真实含水量。

（4）与油精制程度有关。变压器油对水的溶解能力与精制程度有关，如精制比较粗糙、不完全，或油净化得不彻底，油中含有未除尽的酚类、酸类、树脂、皂化物等，会增加变压器油的吸湿性，使油中含水量增高；反之，含水量较低。

（5）与油的老化程度有关。运行中的变压器油在自身氧化的同时，会产生一部分水。以 C_nH_{2n+2} 为例，其化学反应式为 $2C_nH_{2n+2}+3O_2 \longrightarrow 2C_nH_{2n}O_2+2H_2O$，反应结果得到脂肪酸和水，也即随着变压器油的深度氧化，酸值的升高，所产生的水分也会随之增加。另外，变压器油深度氧化后，不仅生成酸和水，还生成酮、醛、醇等，并在一定条件下，进行聚合、缩合反应而生成树脂质、沥青质等。这些物质能增加变压器油的吸湿性，因此一般旧油对水的溶解能力比新油要大。为了降低油中含水量，可以采用真空滤油机进行处理，以达到标准的要求。

3. 水分的来源

变压器油中水分的来源主要有外部侵入和内部自生两个方面。

（1）外部侵入。在运输和储存过程中，变压器油中的水分主要来自空气中潮湿气的侵入。变压器在安装过程中，未进行彻底干燥（如绝缘线圈未干透）或在运输过程中变压器密封存在缺陷，则导致潮气侵入。

变压器油的吸湿性与油本身的化学组成有关，不同化学组成的变压器油，其吸收水分的特性可能有数十微克/克之差。芳香烃对水溶解度最大，且随温度升高而增加，油品内芳香烃成分越多，油的吸潮性就越强。因此，环烷基变压器油（特别是超高压变压器油）由于其芳香烃含量高，自然其含水量也高。油内存在某些极性杂质的分子（如醇、酸、金属皂化物等），也会显著增加油的吸潮性，即变压器油老化后吸潮能力会迅速增大。

（2）内部自生。油在使用中，由于运行条件的影响，油逐渐氧化，油在自身氧化过程中，也伴随有水分的产生，即所谓的氧化析水现象。变压器油在光老化、热老化、运行老化过程中，均会发生油的氧化析水现象。①油的光老化析水。变压器油在日光的直接照射下，可产生游离基，游离基再与氧作用，在油内产生一系列的劣化反应，同时出现析水现象。如果室外气温在25℃以上，室内气温在18℃以下，将油样拿进室内后，会发现油样变为混浊状态。这是油中含水量过饱和并有水分析出的结果。②油的热老化析水。在做变压器油热老化试验时，当油样老化后，在高温环境内油样清澈透明；将油样置于低温处，即可见到油样呈混浊状态。虽然油经热氧化析出水分，但油在高温时还可以把水分高温溶解。而在低温时，油中水分就过饱和了，并有水分析出，才使油呈现混浊状态。③运行油的析水。随变压器一同运行的油，由于高温、电磁场的作用，加之组合金属的催化作用，处于最恶劣的环境之中，因此极易氧化。运行时间较长的油，取油样时，油温较高，油样透明。当油样降温后，也可出现油样混浊的情况。若油样的含水量在 40×10^{-4} 以上，则运行油发生劣化。

4. 水分的危害

变压器油中的水分含量越少越好，油中含水量过高将加速油质的劣化，在油中产生恶性循环，具体表现在以下几点：

(1) 使固体绝缘件的含水量增大。油浸电力变压器的固体绝缘件多由纤维性材料构成。此类材料与水的亲和力极强，易吸水。在产品制造过程中，对器身已进行了强迫性深度干燥，使纤维性材料更易于吸水。变压器运行过程中，纤维性绝缘件的含水与变压器油的含水有一定的平衡关系。油中含水量高时，水分向固体绝缘件中扩散，故油中水分的增多会影响纤维性材料的含水量，严重时可使固体绝缘件的绝缘强度降低。

(2) 使油的电气性能变劣。水分是影响油的介损值的重要因素，即使是品质十分纯净，没有发生氧化的油，当含水量增大时，对油介损值的影响也是十分显著的。介损值是油的硬指标，要严加控制。若油中含有明显的水分，与油中的有机酸类相结合，将成为油的电气性能恶化的主要原因之一。再者，油中的各种杂质在电场的作用下，将发生极性顺序排列现象，电流易沿桥路通过，使油的击穿电压降低。

(3) 促使油中金属的催化加剧。油总是要直接或间接地与金属接触，油中的金属成分在水、氧存在的条件下，将吸附水分并与酸类发生反应生成盐或皂。金属皂类是油氧化的高效催化剂，可加速油的氧化反应，尤以铜、铁、银皂的催化作用更甚。

(4) 促进油中的微生物繁衍。油中微生物的存活与繁衍同水密切相关。没有水分，微生物的新陈代谢将无法进行。水分是油中微生物生存必不可少的条件。

(三) 氧化安定性

变压器油在一定条件下，抵抗氧化作用的能力称为抗氧化安定性。变压器油注入变压器后，在运行过程中，因受溶解在油中的氧气、温度、电场、电弧及水分、杂质和金属催化剂等的作用，发生氧化、裂解等化学反应，会不断变质，生成大量的过氧化物及醇、醛、酮、酸等氧化物，再经过缩合反应而生成油泥等不溶物，这些氧化产物将对变压器造成致命的影响。因此，变压器油的氧化安定性是一项重要指标，国际上变压器油分类就是按照油品的抗氧化能力区分为普通级别和高级级别的。

变压器油的氧化安定性越高，变压器油的耐用时间就越长（一般要求耐用15年以上），即在长期电场作用和热作用下变质很慢。变压器油的抗氧化能力与其精制深度有关，一般经适度精制加抗氧化剂的油的抗氧化安定性好。氧化安定性以油中生成沉淀物的多少和酸值的大小表示，氧化后沉淀物小于0.05%，酸值小于0.2mgKOH/g。

变压器油的氧化过程非常复杂，至今还没有一个完满的理论加以解释，这是由油本身结构组成的复杂性及氧化外部条件的多变性决定的。目前，关于油氧化理论比较集中的是传统的过氧化理论和连锁反应两种理论。变压器油的氧化过程一般可分为诱导期、发展期和迟滞期三个阶段。

在诱导期，新油本身抗氧化能力较强，氧化速度缓慢，油中生成的氧化物极少，但由于酸性氧化物聚集，故酸值增加。在发展期，当酸性氧化物达到一定数值时，由于温度和其他外因的影响，氧化速度加快，油开始生成稳定的、能溶于油和水的氧化物。氧化过程不断加强，进而生成固体产物，即油泥。虽然此时油仍在氧化，但酸值的增加已明显减弱。在迟滞期，变压器油已深度氧化，此时有机酸有的转化为树脂状沉淀物析出，氧化的某些产物抑制了氧化反应，使氧化速度减慢，因而酸值也在一定程度上表现出周期性减少。

目前，国内外普遍采用的评价氧化安定性的试验方法有：评定诱导期的试验方法有ASTM D2112（SH/T 0193）、旋转氧弹法和IEC 1125B法（IEC 474、GB/T 12580）；评定氧化酸值和沉淀的方法有IEC 1125C法（IEC 813）、IEC 74、ASTM D2440。

（四）腐蚀性硫

硫可以稳定的硫化物存在于油中，起天然抗氧剂的作用；也可能以不安定硫化物和游离状态的形式存在于油中，后两者统称腐蚀性硫。腐蚀性硫一般包括元素硫、硫化氢、低分子硫醇、二氧化硫、三氧化硫、磺酸和酸性硫酸酯。这些物质中的大多数是石油的天然成分，但二氧化硫是因硫酸精制及再蒸馏时残留的硫酸酯分解生成的。腐蚀性硫的存在会促使有害皂类的形成和油的酸性反应以及对金属和非金属产生很强的腐蚀作用，在变压器中会对铜线、铁材及绝缘材料造成腐蚀，危害性极大。因此要求变压器油完全脱除腐蚀性硫。

腐蚀性硫检测方法我国是参照ISO 5662《电器绝缘油腐蚀性硫试验法》制定

的，IEC 60296《变压器和断路器用的未使用过的矿物绝缘油》则采用了更为精确的检测方法，称为 DIN51353 方法。

（五）溶解气体（含气量）

油中溶解气体是指变压器内部以分子状态溶解在油中的气体，油中含气量（总含气量）为油中所有溶解气体含量的总和，用体积百分率表示。变压器油中溶解的气体主要有 N_2、O_2、H_2、CH_4、C_2H_2、C_2H_4、C_2H_6、C_3H_6、C_3H_8、CO、CO_2 等。油中溶解的气体来源主要为空气的溶解、正常运行产气和内部故障产气三方面。

一般来说，溶解的气体主要是空气，只要油中不存在占有一定几何位置的气泡，油中含气量的大小不影响油的击穿电压。气体在油中的溶解度具有饱和临界值，随气体的组分、油温和油面压力不同而异。限制油中含气量，主要为避免油中气体在一定条件下超过饱和溶解量而析出气泡，从而降低绝缘的耐局部放电性能。当油中含气量小时，油很容易吸收（溶解）因油面的压力下降或局部放电产生的气体，使气泡不容易形成，放电不易发展。另外，减少油中含气量，也同时减小了氧气对绝缘的氧化作用，对防止老化有利。影响油中气体溶解度的主要因素是压力和温度：①气体在油中的溶解度随压力的变化而变化，即压力增大时，气体溶解度增大；反之，则减少；②温度的变化对气体的溶解也有一定的影响。单温度改变时，对不同气体的溶解度产生不同的影响。如空气和氧气随温度的升高对气体的溶解度增大，而大部分故障气体如甲烷、乙烷和乙烯等则随温度增高对气体的溶解度减小。

油中含气量主要是指油中空气的含量，即空气在油中的饱和含量。常温、常压下，经脱气处理的变压器油暴露于空气中，经过一定的时间，其含气量达饱和状态，油中溶解空气的量约为10%（体积比）。

（六）糠醛含量

糠醛是一种五环化合物，常温下为液态，不易挥发，是固体绝缘纸板降解（老化）的特征性产物，并且在油中有很好的稳定性和很好的积累效果。

变压器器身绝缘材料——绝缘纸的拉伸强度与其聚合度（DP）成线性关系，糠醛质量浓度对数值与 DP 成负线性关系。通过实验室和大量变压器油中糠醛取样测定数据的统计分析，发现绝缘纸纤维素分子链断裂生成物中，糠醛比碳氧化物更能表征绝缘纸的老化。为此，可依据分析变压器油中糠醛含量来判断绝缘纸劣化程度，IEC 1198 标准采纳了这一方法。我国于 2000 年 7 月正式颁布了 DL/T 702《矿物绝缘油中糠醛含量测试方法（分光光度法）》，BS 148《变压器和开关设备用未用过的和回收的矿物绝缘油》中要求糠醛含量小于 1.0μg/g。

（七）多环芳香烃含量

对于不加氧抑制剂的变压器油，一定量多环芳香烃作为天然抗氧剂在变压器油中起着重要作用，但以二甲基亚砜不溶物（IP346）定义的多环芳香烃又是致癌物质，在变压器油中应控制其含量。如 BS 148 中要求多环芳香烃含量小于 3.0%。2003 年生效的 IEC 60296 增加了按照 IP346 方法测定的多环芳香烃的含量不超过 3.0%。

（八）颗粒度

颗粒度是指存在于油品单位体积内不同粒径的固体颗粒的数目浓度。在变压器油中，小颗粒能悬浮在油中不易沉降，从而影响油品的电气性能；大颗粒易于沉降到线圈及绝缘纸上，会造成更大的影响。如果变压器油颗粒污染太大，会使注油前的处理难度加大。随着变压器电压等级和容量的提高，对油的颗粒度也提出了更加苛刻的要求。IEC 296《变压器和断路器用的未使用过的矿物绝缘油》修订稿中增加了颗粒污染物的测定，提出每 100μL 油样中，大于 15μm 的颗粒总数不得超过 8500 个，作为 500kV 新油的推荐控制指标。

三、绝缘油的电气性能

矿物绝缘油是电气设备较普遍采用的液体绝缘油，需具有优良的电气性能。表征电气性能的参数有很多，通常主要有介电强度（或击穿电压）和介质损耗因数，但随着电压等级的提高和容量的增大，又增加了油的体积电阻率、析气性等参数。此外，微水、微粒杂质也是变压器油的严格控制指标。

（一）介电强度（或击穿电压）

击穿电压是检验变压器油耐受极限电应力情况的非常重要的一项指标，可用来判断变压器油含水和其他悬浮物污染的程度，以及对注入设备前油品干燥和过滤程度的检验。研究表明，绝缘油的火花放电过程与其纯净程度有关。例如，高纯度的变压器油具有很高的介电强度（可达 10^6V/cm），常用的变压器油在工频下介电强度为 10^4～2×10^4V/cm，介电强度不同说明放电机理有区别。纯净变压器油的本征放电理论还不完善，很多研究者认为，这种油的放电过程主要由电因素引起。也就是说，它的放电过程和气体放电过程相似，同样是电子崩和流注的形成与发展的过程，所不同的是在变压器油中引起电子崩的点火电子是强电场从阴极表面拉出来的。拉出来的电子在液体中产生碰撞游离，从而导致整个间隙击穿。

常用的变压器油不是很纯净，其中含有各是各样的杂质，如水和老化而产生的一些聚合物。由于水和固体物的导电性均比油大，若油中有水或固体物存在，则会使击穿电压变小。研究含有杂质的变压器油的放电过程理论很多，应用最广泛的是“小桥理论”。

1. 油（工程用液体电介质）击穿的“小桥理论”

工程用变压器放电的主要原因在于杂质的影响，杂质由水分、纤维质（主要是受潮的纤维）等构成，杂质的介电系数比变压器油大很多（杂质的介电系数为80，变压器油的介电系数约为2.3）。①未加电压时，变压器油中的杂质是杂乱无章的。②加电压后，杂质在电场中被极化，极化的杂质被吸引到场强最强的电极附近，并按电力线分布，在电极附近形成杂质“小桥”，沿小桥流过较大泄漏电流。小桥发热，使水分和变压器油汽化形成气泡。③气泡中场强高，发生电离并极化，形成贯穿间隙的导电性非常好的气泡小桥，间隙即被击穿。小桥理论如图6-2所示。

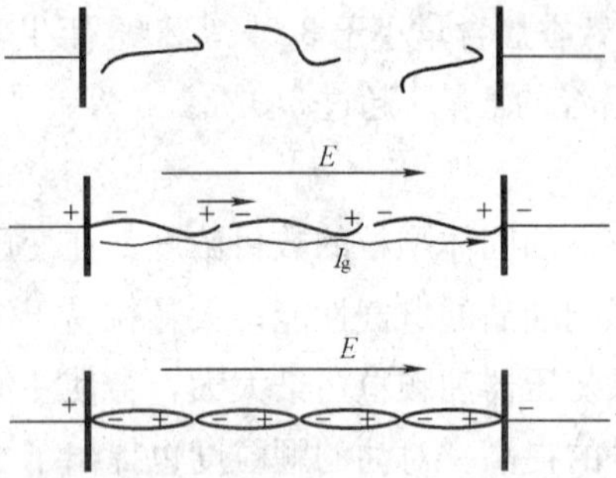

图6-2　小桥理论

2. 影响变压器油击穿电压的主要因素

影响变压器油击穿电压的主要因素有杂质、油中含有微量的气泡、温度、电场均匀程度和电压作用时间。杂质主要指混合在油中的水分、气体、纤维。

当油中含有带水分的纤维时，引起油中电场畸变，造成局部电场强度增大，从而引起油中放电和击穿。油中的杂质和溶解于油并与油分子紧密结合的水分子，在纯净的油分子远未在电极之间极化和电离之前，就沿电场强度方向排列、聚集，进而电离形成微小通路，即所谓“小桥”，小通路连接贯穿两极，导致油迅速击穿。油中杂质越多，越易形成小桥，则击穿电压越低。测定绝缘油的击穿电压，实际上是在衡量绝缘油中杂质含量的多少，即判断绝缘油被污染的程度。变压器油击穿电压与含水量的关系如图6-3所示。

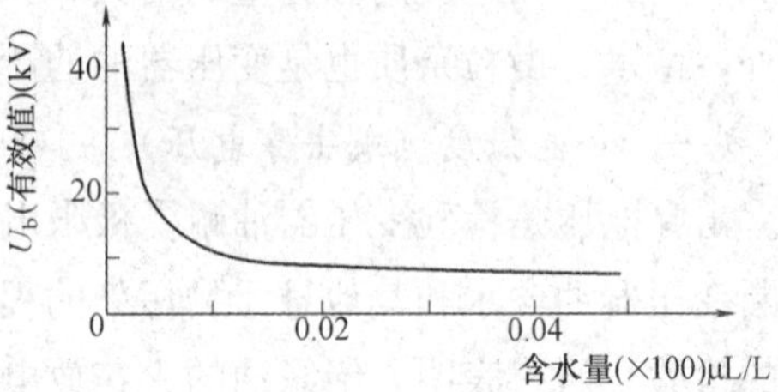

图6-3　变压器油击穿电压与含水量的关系

油中存在的气泡，会在较低电压下游离，并在电场力的作用下，在电极间形成导电小桥，将油击穿，从而降低油的击穿电压。在均匀电场下，温度影响较大，因为0℃附近水分开始凝固，易成为小桥，而在60℃左右时水分从乳胶状态转变成溶解状态。在极不均匀的电场下，温度影响较小，因为作用时间较短，不易形成小桥。变压器油击穿电压与温度和时间的关系如图6-4～图6-6所示。

3. 提高液体电介质击穿电压的方法

（1）提高及保持油的品质。除杂、除汽（真空滤油）。

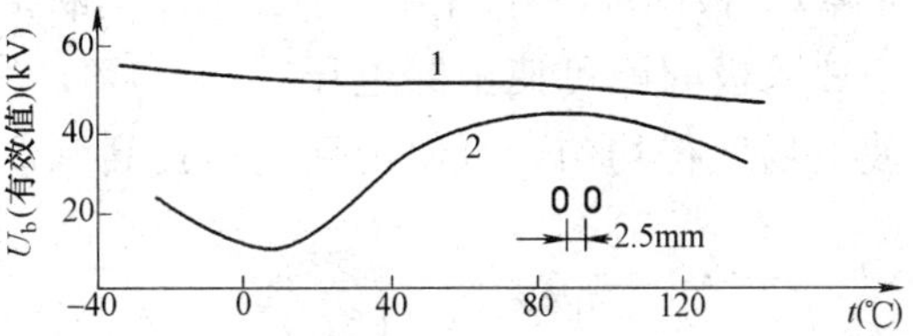

图 6-4　变压器油击穿电压和温度的关系

1—干燥的油；2—受潮的油

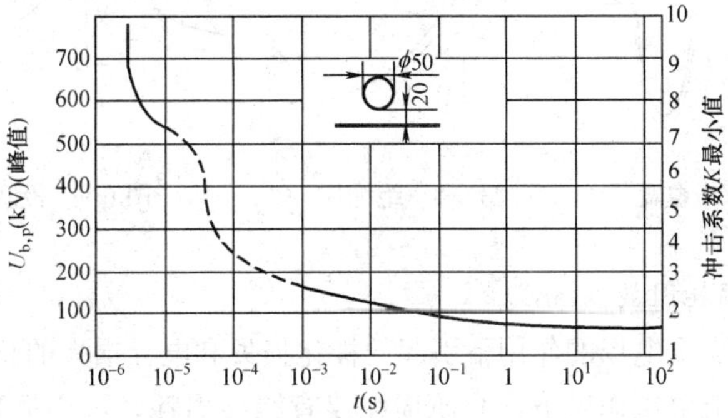

图 6-5　稍不均匀电场中变压器油击穿电压与时间的特性曲线

（虚线表示未经研究过的区域）

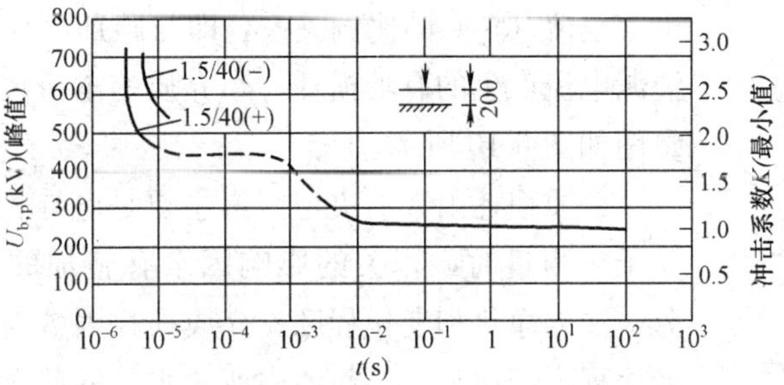

图 6-6　极不均匀电场中变压器油击穿电压与时间的特性曲线

（虚线表示未经研究过的区域）

（2）覆盖。覆盖是包在电极表面的固体绝缘薄层。均匀电场中可提高油间隙击穿电压 70%～100%；不均匀电场中可提高油间隙击穿电压 25%～35%；极不均匀电场中仅提高油间隙击穿电压 10%～15%或更少，如图 6-7 所示。

（3）绝缘层。绝缘层是包在高压引线上的较厚的固体绝缘，起改变油间隙电场分布的作用，如图 6-8 所示。

（4）极间障（屏障）。极间障的作用有两个：①能割断杂质小桥，限制泄漏电流，在均匀电场中放入极间障可使击穿电压提高50%；②在不均匀电场中，能阻挡空间电荷，使电场变得均匀，可使击穿电压提高到2.5倍，如图6-9所示。

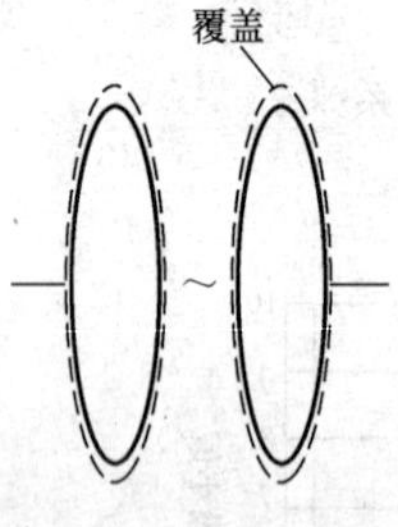

图6-7 覆盖

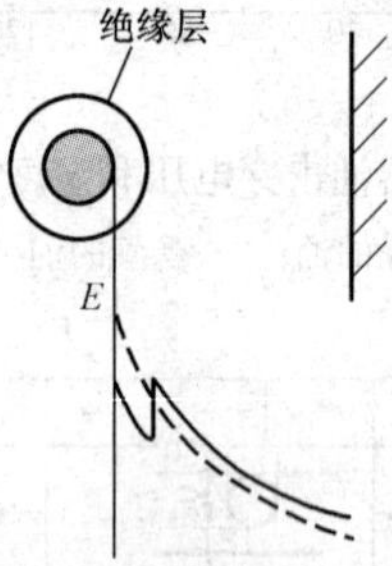

图6-8 绝缘层

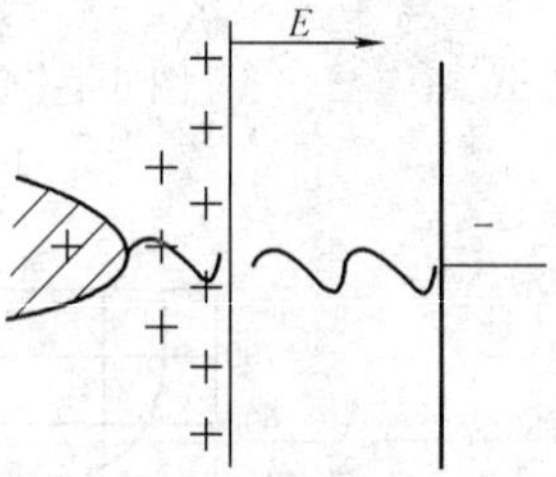

图6-9 极间障

（二）介质损耗因数（tanδ）

变压器油在交变电场的作用下引起的极化损失和电导损失的总和，统称为介质损耗因数。在直流电压作用下，介质损耗仅有漏导损耗，可用体积电阻率 ρ_v 或表面电阻率 ρ_s 表征。在交流电压作用下，介质损耗除了漏导损耗外，还有极化损耗，需用另外的特征量表示，即介质损耗因数 tanδ。介质损耗因数反映的是交变电场下电导电流和极化电流（I_R）两者相对电容电流（I_C）的比例关系，即与施加电压同相位的电阻性泄漏电流产生的有功损耗，与介质的本身尺寸无关。tanδ 相量图如图6-10所示。

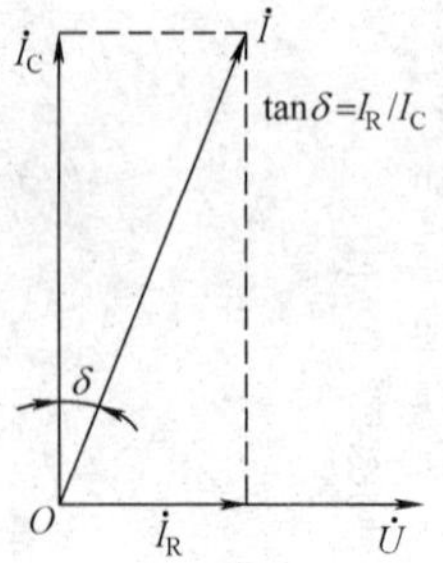

图6-10 tanδ 相量图

介质损耗因数的决定因素主要是电导、空间电荷、偶极分子。测量时，相关的影响因素有施加的电压和频率、水分、油的净化和老化程度。介质损耗因数与油的净化程度和老化程度密切相关，与油中所含水分的状态有关。实践中发现，水在油中呈游离水或乳化水状态时，对介质损耗因数造成的影响明显。tanδ 不应大于0.5%（90℃时）。

介质损耗因数试验作为一种有效手段，在很大程度上能反映变压器绝缘特性的好坏；反映变压器油在电场、氧化、高温等作用下的老化程度；也能反映油中极性杂质和带电胶体等污染的程度。变压器油在长期使用过程中，由于各种因素的影响和氧化作用，使油品受到不同程度的污染和劣化，因此，通过介质损耗因数试验，可清楚地反映变压器油的运行状况。

（三）体积电阻率

体积电阻率 ρ_v 是两电极间变压器油单位体积电阻的大小，反映电导电流通过两极的能力。一般情况下，变压器油体积电阻率越高，其介质损耗因数越小，击穿电压就越高。测量体积电阻率比测量绝缘油的火花放电电压精确，同时比测量绝缘油的介质损耗因数简单，而且能够表征绝缘油的绝缘性能。

1. 影响体积电阻率的因素

影响体积电阻率的因素主要有杂质（水分）和温度。体积电阻率与油中的极性分子，即油本身的分子或杂质分了离解成离子形成的电导有关，与油自身的黏度有关，与油的离子传导损耗密切相关。另外，油中弥漫状态水分（溶解水）的存在会明显地降低体积电阻率，但只有当溶解的水接近饱和程度时才会对体积电阻率有明显的影响。体积电阻率与绝对温度倒数成指数关系。介质损耗因数 $\tan\delta$ 和体积电阻率 ρ_v 都是反映油质劣化程度的指标。

2. 体积电阻率和介质损耗因数的关系

从理论上说，在一般情况下，当电力用油的介质损耗因数较小时，应该有较大的体积电阻率。但介质损耗因数反映的是交变电场下电导电流、极化电流两者相对电容电流的比例关系，而体积电阻率反映的是直流电场下电导电流的大小。对于不同的试样，在某些情况下，在测量 ρ_v 时施加直流电场的短时间内，极化电流在电导电流的基础上先上升而后下降，最后消失，即两电极上极化电荷量不再变化，仅剩下电导电流。当电导电流很小时，测出的 ρ_v 很大，而在此电导电流变化过程中测出的 $\tan\delta$ 也可能较大。由这一机理可以看出：电阻率极大，即电导电流极小的变压器油，其介质损耗因数也可能较大，两者在某些情况下，存在反映趋势不同的可能。所以，对体积电阻率试验的充电时间必须有明确的规定，且严格执行。对变压器施加直流电压时，流过绝缘介质的泄漏电流就是绝缘介质内部或表面移动的带电粒子所产生的传导电流，其值不随时间而变化；绝缘电导率的大小取决于材料分子和杂质分子离解的电子数。作为变压器主要绝缘介质的变压器油，其传导电流的大小，对设备绝缘电阻和泄漏电流的测量结果有较大的影响。因此，当变压器绝缘电阻值下降，而泄漏电流上升时，有必要测量绝缘油的体积电阻率。需要了解电导电流对介质损耗的影响有多大时，也有必要测量绝缘油的体积电阻率。

（四）析气性

绝缘油在高电场强度下发生瞬间放电或边缘放电，绝缘油中部分烃分子会发生裂解而产生气体，它以微小气泡的形态从油中释放出来，绝缘油的这种属性称为绝缘油的析气性，又称气稳定性。气体的主要成分是 H_2，还有部分 CH_4、C_2H_6 等低分子烷烃及烯烃，在此过程中也会产生高分子聚合物，即X蜡。在相同条件下油中芳香烃成分可以吸收氢气变成不饱和烃。另外，绝缘油本身不吸收氢气，但具有一定黏度的大容量绝缘油会阻碍氢气脱离油相。如果绝缘油中存在游离状态的微小氢气泡数量增多，互相连接而形成大气泡，在高电场作用下，有可能导致绝缘的破坏。为了保证充油电气设备的安全运行，不但要求绝缘油具有一定的析气性指标，而且要求绝缘油具有溶解和吸收气体的能力。各类绝缘油析气性指标见表6-1。

表6-1　　各类绝缘油析气性指标

油品名称	指标（μL/min）	分析方法	质量标准
充油电缆油	≤−2	IEC 628—B	IEC 465
电容器油	≤−20	IEC 628—A	IEC 867
变压器和断路器油	≤5	—	BS 148
超高压变压器油	≤5	GB/T 11142	SH 0040

1. 析气性对绝缘油的影响

析气性对绝缘油影响非常大，析气性好的绝缘油有良好的吸气性，使油中的含气量大大减少，从而减少因气体导致的油质劣化，主要表现在以下几个方面：①一般情况下，电极附近的场强最强，因此附近的电气元件产生气体最多。气泡附着在电气元件周围或游离于电气元件附近，由于气体导热性能差而降低了绝缘油的冷却效果，有可能会产生过热现象。②气泡是造成局部放电的一大原因，而局部放电会影响绝缘的长期寿命；另外，气泡减弱了绝缘油的绝缘和消弧作用，当气泡聚集过多时会发生短路击穿的现象。③绝缘油中析出和积累的气体，会使封闭体系内压力增高，严重时造成设备爆裂。研究表明，绝缘油的析气过程可能是自持性的。因此，要求油品在高电压电场下，不仅不放出气体，而且还能溶解和吸收气体。

2. 绝缘油的析气机理

油的析气性是由电气缺陷供给油能量使之降解所致。打开sigma共价键所需的能量大约是4eV，能量来源除了过热和局部放电引起之外，还有一个潜在的能量源，即导体金属导带逸出的电子。在强电场作用下，烷烃最易发生脱氢反应，产生高分子聚合物（蜡），因此烷烃析气性指标最差。芳香烃具有良好的吸氢性能，并且在绝缘油中可起到天然抗氧剂的作用，对改善绝缘油的耐电晕性有重要意义。单环芳香烃抗氧化性能差，但是电气性能好，吸氢性能强，对抗氧剂的感受性稍优于其他芳香烃。随着环数的增加，芳香烃的吸氢能力降低，氧化时易生成有色沉淀物，对抗氧化剂感受性变差，电气性能也变差。双环芳香烃与饱和烃在一起时，有抗氧剂的作用，但与单环芳香烃共同存在时，抗氧剂作用变小。三环以上芳香烃虽是良好的天然抗氧剂，但氧化后沉淀多，且有颜色深、对抗氧剂感受性差、介质损耗因数大等缺点，使其成为应当除去的组分。少环芳香烃具有良好的析气性指标，饱和烃具有良好的抗氧剂感受性和优良的电气性能，但吸氢性能差。绝缘油中芳香烃含量过低则油的析气性指标变差，并且绝缘油的抗氧化性能差，增加芳香烃含量可以提高油的吸氢性能和耐电晕性能，但含量过高会降低油的电气性能。就析气性而言，在高电场强度下，芳香烃和不饱和烃是吸氢的，而烷烃是放氢的，环烷烃则是不吸不放氢的。因此需要控制绝缘油的精制深度，绝缘油中应含有一定量的芳香烃，特别是单环、双环芳香烃。

第三节 绝缘油质量标准和监督

我国炼制电力绝缘油的原料有石蜡基、环烷基和混合基（中间基）原油三种，首选环烷基原油，以凝固点高低来划分为三个牌号，分别是 10、25 号和 45 号变压器油。通常用石蜡基油生产 10 号、中间基油生产 25 号、环烷基油生产 25 号和 45 号变压器油。

一、绝缘油标准

（一）我国绝缘油标准

1. 变压器油标准

变压器油标准见表 6-2。

表 6-2　　变压器油标准

项目	质量指标						
	GB 2536			SH 0040		SH/T 0351	试验方法
牌号	10 号	25 号	45 号	25 号	45 号	—	
外观	透明无悬浮物和机械杂质			透明无悬浮物和机械杂质			目测①
密度（kg/m³）(20℃)	≤895			≤895		≤895	GB/T 1884《原油和液体石油产品密度实验室测定法(密度计法)》 GB/T 1885《石油计量表》

续表

项目		质量指标						
		GB 2536			SH 0040		SH/T 0351	试验方法
运动黏度 (mm^2/s)	40℃	≤13	≤13	≤11	≤13	≤12	≤5	GB 265
	−10℃	—	≤200	—	报告		—	
	−30℃	—	—	≤1800	—		≤200	
	0℃	—	—	—	报告		—	
	100℃	—	—	—	—		—	
色度		—			1		—	GB/T 6540
苯胺点(℃)		—			报告		—	GB/T 262《石油产品苯胺点测定法》
倾点(℃)		≤−7	≤−22		≤−22	报告	≤−45	GB/T 3535《石油产品倾点测定法》②
凝点(℃)			—	≤−45	报告	≤−45	—	GB 510《石油产品凝点测定法》
闪点(闭口)(℃)			≥140	≥135	≥−140	≥−135	≥−95	GB/T 261《闪点的测定 宾斯基—马丁闭口杯法》
中和值(mgKOH/g)			—		≤0.01		—	GB/T 4945《石油产品和润滑剂酸值和碱值测定法(颜色指示剂法)》
腐蚀性硫			非腐蚀性		非腐蚀性		—	SH/T 0304《电气绝缘油腐蚀性硫试验法》
氧化后酸值(mgKOH/g)			≤0.2		≤0.4		—	SH/T 0206《变压器油氧化安定性测定法》
氧化后沉淀③(%)			≤0.05		≤0.2		—	
水溶性酸或碱			无		无		—	GB 259《石油产品水溶性及碱测定法》
击穿电压间距④(kV/2.5mm)			≥35		≥40		≥40	GB/T 507《绝缘油击穿电压测定法》⑤

续表

项　目	质　量　指　标					
	GB 2536			SH 0040	SH/T 0351	试验方法
介质损耗因数(90℃)		≤0.005		≤0.002	≤0.003	GB/T 5654《液体绝缘材料　相对电容率、介质损耗因数和体积电阻率的测量》
界面张力(mN/m)		≥40	≥38	≥40	≥35	GB/T 6541《石油产品油对水界面张力测定法(圆环法)》
水分(mg/kg)		报告		≥50	≥35	SH/T 0207《绝缘油水含量测定法(卡尔·费休法)》
析气性		—		≤50	—	
比色散		—		报告	—	

① 把产品注入100mL量筒中，在(20±5)℃下目测，如有争议，按GB/T 511《石油产品和添加剂机械杂质测定法(重量法)》测定机械杂质含量为无。

② 以新疆原油和大港原油生产的变压器油测定倾点时，允许用定性滤纸过滤。倾点指标，根据生产和使用实际经与用户协商可不受本标准限制。

③ 氧化安定性为保证项目每年至少测定一次。

④ 击穿电压为保证项目每年至少测定一次，用户使用前必须进行过滤并重新测定。

⑤ 测定击穿电压允许用定性滤纸过滤。

2. 电缆油和电容器油标准

电缆油和电容器油标准见表6-3。

表6-3　　电缆油和电容器油标准

项　　目		电缆油 SY 1536(企业标准)	电容器油 GB 4624
运动黏度(mm^2/s)	50℃	3.5～3.8	≤11.4
	20℃	3.5～3.8	≤40
	0℃	3.5～3.8	—
凝点(℃)		≤−60	≤−45
闪点(闭口)(℃)		≥125	≥135
酸值(mgKOH/g)		≤0.008	≤0.02
机械杂质		无	无

续表

项　　目	电缆油 SY 1536(企业标准)	电容器油 GB 4624
透明度	透明	透明
氢氧化钠试验(级)	—	1
水溶性酸或碱	无	无
击穿电压间距(kV/cm)	≥200	≥200
介质损耗因数(50Hz，90℃)	≤0.001 5	≤0.004
水分(%)	无	无
比色散(25℃，$\times10^{-4}$)	—	1
老化试验(115℃×96h，介质损耗)	—	无铜 0.006，有铜 0.35
电阻率	—	20℃时，$\geq1\times10^{-14}$ 100℃时，$\geq1\times10^{-13}$
热老化试验(115℃×96h)	酸值≤0.015mgKOH/g；介质损耗因数(100℃)≤0.004 0	—

3. 运行中变压器油质量标准

运行中变压器油质量标准(GB/T 7595)见表 6-4。

表 6-4　　运行中变压器油质量标准(GB/T 7595)

序号	项目	设备电压等级(kV)	质量指标		检验方法
			投入运行前的油	运行油	
1	外状		透明、无杂质或悬浮物		外观目视加标准号
2	水溶性酸(pH 值)		>5.4	≥4.2	GB/T 7598
3	闪点(闭口)(℃)		≥135		GB/T 261
4	水分①(mg/L)	330～1000 220 ≤110 及以下	≤10 ≤15 ≤20	≤15 ≤25 ≤35	GB/T 7600 或 GB/T 7601
5	界面张力(25℃)(mN/m)		≥35	≥19	GB/T 6541
6	介质损耗因数(90℃)	500～1000 ≤330	≤0.005 ≤0.010	≤0.020 ≤0.040	GB/T 5654

续表

序号	项目	设备电压等级(kV)	质量指标		检验方法
			投入运行前的油	运行油	
7	击穿电压②(kV)	750～1000 500 330 66～220 35及以下	≥70 ≥60 ≥50 ≥40 ≥35	≥60 ≥50 ≥45 ≥35 ≥30	DL/T 429.9③
8	体积电阻率(90℃)(Ω·m)	500～1000 ≤330	$\geqslant 6\times 10^{10}$	$\geqslant 1\times 10^{10}$ $\geqslant 5\times 10^{9}$	GB/T 5654 或 DL/T 421
9	油中含气量(%)(体积分数)	750～1000 330～500 (电抗器)	≤1	≤2 ≤3 ≤5	DL/T 423 或 DL/T 450
10	油泥与沉淀物(%)(质量分数)		＜0.02(以下可忽略不计)		GB/T 511
11	析气性	≥500	报告		GB/T 11142
12	带电倾向		报告		DL/T 1905
13	腐蚀性硫		非腐蚀性		DIN 51353 或 SH/T 0804、ASTM D1275B
14	油中颗粒度	≥500	报告		DL/T 432

① 取样油温为40～60℃。

② 750～1000kV设备运行经验不足，本标准参考西北电网750kV设备运行规程提出此值，供参考，以积累经验。

③ DL/T 429.9方法是采用平板电极。

4. 运行中断路器油质量标准

运行中断路器油质量标准见表6-5。

表6-5　　运行中断路器油质量标准

序号	项　目	质　量　指　标	检验方法
1	外状	透明、无游离水分、无杂质或悬浮物	外观目视
2	水溶性酸(pH值)	≥4.2	GB/T 7598
3	击穿电压(kV)	110kV以上：投运前或大修后≥40；运行中≥35 110kV及以下：投运前或大修后≥35；运行中≥30 必要时	GB/T 507 或 DL/T 429.9

（二）国外绝缘油标准

1. ASTM D3487 变压器油质量标准

ASTM D3487 变压器油质量标准见表 6-6。

表 6-6　变压器油质量标准（ASTM D3487）

<table>
<tr><th colspan="2" rowspan="2">项　目</th><th colspan="2">质量指标</th><th rowspan="2">ASTM
试验方法</th></tr>
<tr><th>Ⅰ类</th><th>Ⅱ类</th></tr>
<tr><td colspan="5">物理性能</td></tr>
<tr><td colspan="2">苯胺点（℃）</td><td>（63～84）</td><td>（63～84）</td><td>D611</td></tr>
<tr><td colspan="2">颜色</td><td>≤0.5</td><td>≤0.5</td><td>D1500</td></tr>
<tr><td colspan="2">闪点（℃）</td><td>≥145</td><td>≥145</td><td>D92</td></tr>
<tr><td colspan="2">界面张力（mN/m）</td><td>≥40</td><td>≥40</td><td>D971</td></tr>
<tr><td colspan="2">倾点（℃）</td><td>≤−40B</td><td>≤−40B</td><td>D97</td></tr>
<tr><td colspan="2">相对密度</td><td>≤0.91</td><td>≤0.91</td><td>D1298</td></tr>
<tr><td rowspan="3">运动黏度（mm²/s）</td><td>100℃</td><td>≤3.0(36)</td><td>≤3.0(36)</td><td rowspan="3">D445
或
D88</td></tr>
<tr><td>40℃</td><td>≤12.0(66)</td><td>≤12.0(66)</td></tr>
<tr><td>0℃</td><td>≤76.0(350)</td><td>≤76.0(350)</td></tr>
<tr><td colspan="2">目测</td><td>透明、光亮</td><td>透明、光亮</td><td>D1524</td></tr>
<tr><td colspan="5">电气性能</td></tr>
<tr><td colspan="2">击穿电压（60Hz，圆盘电极）（kV）</td><td>≥30</td><td>≥30</td><td>D877</td></tr>
<tr><td rowspan="2">击穿电压（kV）（60Hz，VDE 电极）</td><td>间隙 0.080in(2.03mm)</td><td>≥20</td><td>≥20</td><td rowspan="2">D1816</td></tr>
<tr><td>间隙 0.040in(1.02mm)</td><td>≥35</td><td>≥35</td></tr>
<tr><td colspan="2">击穿电压（26℃，脉冲下）（kV）［针负极到球面间隙 1in(25.4mm)］</td><td>≥145</td><td>≥145</td><td>D3300</td></tr>
<tr><td colspan="2">析气性（μL/min）</td><td>≤30</td><td>≤30</td><td>D2300</td></tr>
<tr><td rowspan="2">介质损耗因数（60Hz）（%）</td><td>25℃</td><td>≤0.05</td><td>≤0.05</td><td rowspan="2">D924</td></tr>
<tr><td>100℃</td><td>≤0.30</td><td>≤0.30</td></tr>
</table>

续表

项目			质量指标		ASTM试验方法
			Ⅰ类	Ⅱ类	
化学性能					
氧化安定性	72h	油泥(%)(质量分数)	≤0.15	≤0.15	D2440
		总酸值(mgKOH/g)	≤0.5	≤0.5	
	164h	油泥(%)(质量分数)	≤0.3	≤0.3	
		总酸值(mgKOH/g)	≤0.6	≤0.6	
氧化安定性(旋转氧弹)(min)			—	≤195	D2112
抗氧剂含量(%)			≤0.08	≤0.3	D4768或D2668
腐蚀性硫			非腐蚀性	非腐蚀性	D1275
水含量(μL/L)			≤35	≤35	D1533
中和值(mgKOH/g)			≤0.03	≤0.03	D974
PCB含量(μL/L)			未检测出	未检测出	D4058

2. IEC 60296变压器油质量标准(通用规格)标准

IEC 60296变压器油质量标准(通用规格)标准见表6-7。

表6-7　IEC 60296变压器油质量标准(通用规格)

性质		试验方法	指标	
			变压器油	低温断路器油
功能性				
运动黏度(mm^2/s)	40℃	ISO 3104	≤12	≤3.5
	−30℃	ISO 3104	≤1800	—
	−40℃	IEC 61868	—	≤400
倾点(℃)		ISO 3016	≤−40	≤−60
水含量(mg/kg)		IEC 60814	≤30	≤40
击穿电压(kV)		IEC 60156	≤30	≤70
密度(g/mL)(20℃)		ISO 3675/ISO 12185	≤0.895	
聚合度(90℃)		IEC 60274/IEC 61620	≤0.005	
精制/稳定性				
外观		—	透明无沉淀和悬浮物质	
酸值(mgKOH/g)		IEC 62020—1	≤0.1	
界面张力		ISO 6295	无通用要求	
总硫含量		BS 2000第373部分或ISO 14596	无通用要求	

续表

性 质	试验方法	指 标	
		变压器油	低温断路器油
腐蚀性硫	DIN 51353	无腐蚀性	
抗氧化剂(%)	IEC 60666	U(未加抗氧剂油)	检测不出
		T(加微量抗氧剂油)	≤0.08
		I(加抗氧剂油)	0.08～0.40
糠醛含量(mg/kg)	IEC 61198	≤0.1	
氧化性能			
总酸值(mgKOH/g)	—	≤1.2	
沉淀(%)	—	≤0.8	
氧化安定性(h)	IEC 61125C 法	U(未加抗氧剂油)	164
		T(加微量抗氧剂油)	332
		I(加抗氧剂油)	500
介质损耗因数(90℃)(%)	IEC 60247	≤0.500	
析气性	IEC 60628	无通用要求	
健康、安全和环境			
闪点(℃)	ISO 2719	≥135	≥100
PAC 含量(%)	BS 2000 第 346 部分	≤3	

3. IEC 60422 充入新电力变压器的未用过的矿物绝缘油质量标准

IEC 60422 充入新电力变压器的未用过的矿物绝缘油质量标准见表 6-8。

表 6-8　　IEC 60422 充入新电力变压器的未用过的矿物绝缘油质量标准

性 能	设备的最高电压(kV)		
	<72.5	72.5～170	>175
外观	透明，无沉淀物和悬浮物		
颜色	≤2.0		
密度(kg/m^3)(20℃)	按 IEC 296 类		
运动黏度(mm^2/s)(40℃)	按 IEC 296 类		
闪点(℃)	按 IEC 296 类		
倾点(℃)	按 IEC 296 类		
中和值(mgKOH/g)	≤0.03		
含水量(mg/kg)	≤10	≤5	≤5
界面张力(mN/m)	≥35		

续表

性　能	设备的最高电压(kV)		
	<72.5	72.5～170	>175
介质损耗因数(90℃，40～60Hz)	≤0.015	≤0.015	≤0.010
体积电阻率(GΩ·m)(90℃)	≥60	≥60	≥60
击穿电压(kV)	≥55(30)	≥55(40)	≥60(50)
未阻化油的氧化稳定性	—	—	—
中和值(mgKOH/g)	≤0.40		
油泥(%)(质量)	≤0.10		
诱导期(h)	与充入设备前相似		

4. IEC 296 Ⅱ类不加抑制剂变压器油质量标准

IEC 296 Ⅱ类不加抑制剂变压器油质量标准见表 6-9。

表 6-9　　IEC 296 Ⅱ类不加抑制剂变压器油质量标准

项　目		质量指标		ASTM 试验方法
		Ⅱ	Ⅱ	
运动黏度(mm^2/s)	40℃	≤11.0	9.746	ISO 3104
	−30℃	≤1800	1538	
闪点(闭口)(℃)		≥130	141	ISO 2719
倾点(℃)		≤−45	<−45	ISO 3016
抗氧剂含量		检测不出	检测不出	IEC 666
外观		清洁、透明、无悬浮物和沉淀	清洁、透明、无悬浮物和沉淀	IEC 296
密度(kg/m^3)(20℃)		≤895	884	ISO 3675
界面张力(mN/m)		≥40	45	ISO 6295
中和值(mgKOH/g)		≤0.03	0.007	IEC 296
腐蚀性硫		非腐蚀性	非腐蚀性	ISO 5662
水分(出厂)(mg/kg)		30	23	IEC 713
氧化安定性	酸值(mgKOH/g)	≤0.40	0.026 6	IEC 1125A
	沉淀(%)	≤0.10	0.025	
击穿电压(kV)	交货时	≥30	69	IEC 156
	处理酸值后	≥50	—	
介质损耗因数(90℃，40～60Hz)		≤0.005	0.000 75	IEC 247

5. BS 148Ⅱ类不加抑制剂变压器油质量标准

BS 148Ⅱ类不加抑制剂变压器油质量标准见表 6-10。

表 6-10　　BS 148Ⅱ类不加抑制剂变压器油质量标准

项目		质量指标		试验方法
		Ⅱ	Ⅱ	
黏度 (mm^2/s)	40℃	≤11.0	9.746	BS EN ISO 3104
	−30℃	≤1800	1538	
闪点(闭口)(℃)		≥130	141	BS EN 22719
倾点(℃)		≤−45	<−45	BS 2000 第 15 部分
抗氧剂含量		检测不出	检测不出	BS 5984
外观		清洁、透明、无悬浮物和沉淀	清洁、透明、无悬浮物和沉淀	BS 148
密度(kg/m^3)(20℃)		≤895	884	BS 148
中和值(mgKOH/g)		≤0.03	0.007	BS 148
腐蚀性硫		非腐蚀性	非腐蚀性	BS 5680
水分(出厂)(mg/kg)	桶装交货	≤20	—	IEC 814
	散装交货	≤30	23	
氧化安定性(164h)	酸值(mgKOH/g)	≤1.2	0.295 3	BS EN 61125
	沉淀(%)	≤0.8	0.12	
击穿电压(交付时)(kV)		≥30	69	BS EN 60156
介质损耗因数(90℃，40～60Hz)		≤0.005	0.000 75	BS 5737
析气性(50Hz，120min)(mm^3/min)		≤5	2.9	BS 5797
总 PCB 含量(mg/kg)		检测不出	检测不出	BS EN 61619
总呋喃含量(mg/kg)		<1.0	<1.0	BS EN 61198
多芳香烃含量(%)		<3.0	<3.0	BS 2000 第 346 部分

6. ASRM D3487Ⅰ类不加抑制剂变压器油质量标准

ASRM D3487Ⅰ类不加抑制剂变压器油质量标准见表 6-11。

表 6-11　　ASTM D3487 Ⅰ类不加抑制剂变压器油质量标准

项　　目		质量指标		试验方法
		Ⅰ	Ⅰ	
苯胺点(℃)		63～84	75.0	D611
颜色		≤0.5	<0.5	D1500
闪点(闭口)(℃)		≥145	145	D92
倾点(℃)		≤−40	<−45	D97
相对密度		≤0.91	0.884	D1298
运动黏度(mm^2/s)	100℃	≤3.0	2.402	D445 或 D88
	40℃	≤12.0	9.746	
	0℃	≤76	73.25	
目测		透明、光亮	透明、光亮	D1524
击穿电压(kV)				
圆盘电极(间隙 2.5mm)		≥30	49	D877
VDE 电极(间隙 1.02mm)		≥28	36	D1816
VDE 电极(间隙 2.03mm)		≥56	64	
击穿电压(25℃，脉冲下)(kV)(针负极到球面间隙 25.4mm)		≥145	>145	D3300
析气性(μL/min)		≤30	3.2	D2300(B 法)
介质损耗因数(60Hz)(%)	25℃	≤0.05	0.002	D924
	100℃	≤0.30	0.08	
氧化安定性				D2440
72h	油泥(%)	≤0.15	0.014 4	
	酸值(mgKOH/g)	≤0.5	0.048	
164h	油泥(%)	≤0.3	0.033 2	
	酸值(mgKOH/g)	≤0.6	0.021 3	
抗氧剂含量(%)		≤0.08	检测不出	D2668
腐蚀性硫		非腐蚀性	非腐蚀性	D1275
水含量(μg/g)		≤35	20	D1533
中和值(mgKOH/g)		≤0.03	<0.01	D974
PCB 含量(mg/kg)		未检测出	未检测出	D4069

7. IEC 60296 高等级变压器油氧化性能指标

IEC 60296 高等级变压器油氧化性能指标见表 6-12。

表 6-12　　IEC 60296 高等级变压器油氧化性能指标

项　目	指　标	项　目	指　标
总酸值(mgKOH/g)	≤0.3	介质损耗因数(90℃)(%)	≤0.050
沉淀(%)	≤0.05	总硫含量(%)	≤0.15

（三）国际上一些主要制造商的绝缘油标准

SIEMENS、ABB公司有自己的绝缘油规范，均依据变压器油抗氧化性能的强弱来区分变压器油的优劣，主要参数分别见表6-13～表6-15。

表 6-13　　SIEMENS 公司对变压器油的要求

<table>
<tr><th>级别</th><th>不加抗氧剂代号</th><th>加抗氧剂代号</th><th>用　途</th><th>典型寿命</th><th>符合标准</th></tr>
<tr><td rowspan="2">高级别</td><td>HG-N</td><td></td><td>容量不大于200MVA的电力变压器</td><td rowspan="2">与变压器同寿命</td><td rowspan="4">DIN/IEC 标准</td></tr>
<tr><td></td><td>HG-I</td><td>容量大于200MVA的电力变压器，用于高温变压器，如电炉变压器、整流变压器、牵引变压器</td></tr>
<tr><td rowspan="2">标准级别</td><td>ST-N</td><td></td><td>配电变压器</td><td rowspan="2"><15 年</td></tr>
<tr><td></td><td>ST-I</td><td>客户要求加抗氧剂油的配电变压器</td></tr>
<tr><td rowspan="2">BS 标准级别</td><td>BG-N</td><td></td><td>客户要求符合BS 148油的电力、配电变压器</td><td rowspan="2"><15 年</td><td rowspan="2">使用BS标准的市场有效</td></tr>
<tr><td></td><td>BG-I</td><td>客户要求符合BS 148加抗氧剂油的电力、配电变压器</td></tr>
<tr><td rowspan="2">ASTM 标准级别</td><td>AG-N</td><td></td><td>客户要求符合ASTM D3487油的电力、配电变压器</td><td rowspan="2"><10 年</td><td rowspan="2">使用BS标准的市场有效</td></tr>
<tr><td></td><td>AG-I</td><td>客户要求符合ASTM D3487加抗氧剂油的电力、配电变压器</td></tr>
<tr><td rowspan="2">气体吸收级别</td><td>GG-N</td><td></td><td>HVDC(高压直流输电)变压器</td><td rowspan="2">与变压器同寿命</td><td>—</td></tr>
<tr><td></td><td>GG-I</td><td>HVDC(高压直流输电)变压器</td><td>—</td></tr>
</table>

表 6-14　　ABB 公司对不加抗氧剂变压器油的要求

<table>
<tr><th colspan="2">性能</th><th rowspan="2">试验方法</th><th colspan="3">标准级别</th><th colspan="3">高级别</th></tr>
<tr><th colspan="2">分类</th><th>SU-A</th><th>SU-B</th><th>SU-C</th><th>HU-A</th><th>HU-B</th><th>HU-C</th></tr>
<tr><td rowspan="3">运动黏度 (mm²/s)</td><td>40℃</td><td rowspan="3">ISO 3104</td><td>≤11.0</td><td>≤11.0</td><td>≤16.5</td><td>≤11.0</td><td>≤11.0</td><td>≤16.5</td></tr>
<tr><td>−15℃</td><td>—</td><td>—</td><td>≤800</td><td>—</td><td>—</td><td>≤800</td></tr>
<tr><td>−30℃</td><td>≤800</td><td>≤1800</td><td>—</td><td>≤800</td><td>≤1800</td><td>—</td></tr>
</table>

续表

性能 分类	试验方法	标准级别			高级别		
		SU-A	SU-B	SU-C	HU-A	HU-B	HU-C
闪点(闭口)(℃)	ISO 2719	≥130	≥130	≥140	≥130	≥130	≥140
倾点(℃)	ISO 3016	≤−45	≤−30	≤−20	≤−45	≤−30	≤−20
浊点(℃)	ISO 3015	≤−45	≤−30	≤−20	≤−45	≤−30	≤−20
密度(kg/m^3)(20℃)	ISO 3675	≤895					
界面张力(mN/m)(25℃)	ISO 6295	≥40					
水含量(mg/kg)	IEC 60814	散装：≤40					
		桶装：≤30					
介质损耗因数(90℃)	IEC 60247	≤0.005					
击穿电压(kV) 交货	IEC 60156	≥30			≥30		
击穿电压(kV) 处理后		≥50			≥70		
脉冲击穿电压(kV)	IEC 60897A	—			≥160		
析气性(μL/min)	IEC 60628A	供应商和用户协商					
总芳香烃含量(%)	IEC 60590	—			≤13		
极性芳香烃含量(%)	ABB	—			≤0.7		
总硫含量(%)	ASTM D2622	—			≤0.15		
腐蚀性硫	DIN 51353	通过					
酸值(mgKOH/g)	IEC 60296	≤0.03					
抗氧剂含量(%)	IEC 60666	检测不出					
氧化安定性 酸值(mgKOH/g)	IEC 61125A	≤0.30			≤0.15		
氧化安定性 沉淀(%)		≤0.06			≤0.03		

表 6-15　　ABB公司对加抗氧剂变压器油的要求

性能 分类	试验方法	标准级别			高级别		
		SU-A	SU-B	SU-C	HU-A	HU-B	HU-C
运动黏度(mm^2/s) 40℃	ISO 3104	≤11.0	≤11.0	≤16.5	≤11.0	≤11.0	≤16.5
运动黏度(mm^2/s) −15℃		—	—	≤800	—	—	≤800
运动黏度(mm^2/s) −30℃		≤800	≤1800	—	≤800	≤1800	—
闪点(闭口)(℃)	ISO 2719	≥130	≥130	≥140	≥130	≥130	≥140

续表

性能 / 分类	试验方法	标准级别			高级别		
		SU-A	SU-B	SU-C	HU-A	HU-B	HU-C
倾点(℃)	ISO 3016	≤−45	≤−30	≤−20	≤−45	≤−30	≤−20
浊点(℃)	ISO 3015	≤−45	≤−30	≤−20	≤−45	≤−30	≤−20
密度(kg/m³)(20℃)	ISO 3675	≤895					
界面张力(mN/m)(25℃)	ISO 6295	≥40					
水含量(mg/kg)	IEC 60814	散装：≤40 桶装：≤30					
介质损耗因数(90℃)	IEC 60247	≤0.005					
击穿电压 交货	IEC 60156	≥30			≥30		
击穿电压 处理后	IEC 60156	≥50			≥70		
脉冲击穿电压(kV)	IEC 60897A	—			≥180		
析气性(μL/min)	IEC 60628A	供应商和用户协商					
总芳香烃含量(%)	IEC 60590	—			≤11		
极性芳香烃含量(%)	ABB	—			≤0.35		
总硫含量(%)	ASTM D2622	—			≤0.15		
腐蚀性硫	DIN 51353	通过					
酸值(mgKOH/g)	IEC 60296	≤0.03					
抗氧剂含量(%)	IEC 60666	≥0.3					
氧化安定性 酸值(mgKOH/g) 沉淀(%)	IEC 61125B	≥120			≥140		

(四)国内外绝缘油典型数据

绝缘油生产依据相应的标准执行，在具体参数上也存在一定的差别。

1. 昆仑环烷基型25号和45号变压器油典型数据

昆仑环烷基型25号和45号变压器油典型数据见表6-16。

表 6-16　　昆仑环烷基型 25 号和 45 号变压器油典型数据

项　　目		质量指标		典型数据		试验方法
牌号		25	45	25	45	
外观		透明、无悬浮物和机械杂质				目测
密度（kg/m³）（20℃）		≤895		884	880	GB/T 1884 和 GB/T 1885
运动黏度（mm²/s）	40℃	≤13	≤11	10.3	9.85	GB/T 265
	−10℃	≤200	—	160	145	
	−30℃	—	≤1800	—	1500	
倾点（℃）		≤−22		<−24	−45	GB/T 3535
凝点（℃）			≤−45		<−45	GB/T 501
闪点（开口）（℃）		≥140	≥135	142	140	GB/T 261
腐蚀性硫		非腐蚀性		非腐蚀性		SH/T 0304
氧化安定性	氧化后酸值（mgKOH/g）	≤0.2		0.068	0.07	SH/T 0206
	氧化后沉淀（%）	≤0.05		0.02	0.02	
击穿电压（间隔 2.5mm 交货时）（kV）		≥35		42	42	GB/T 507
介质损耗因数（90℃）		≤0.005		0.02	0.02	GB/T 5654
界面张力（mN/m）		≥40	≥38	42	42	GB/T 6541
水分（mg/kg）		报告		20	20	SH/T 0207

2. 昆仑中间基型 25 号变压器油典型数据

昆仑中间基型 25 号变压器油典型数据见表 6-17。

表 6-17　　　　　　昆仑中间基型 25 号变压器油典型数据

项　　目		质量指标	典型数据	试验方法
牌号		25	CHPE T 25L	目测
外观		透明、无悬浮物和机械杂质		GB/T 1884
密度(kg/m³)(20℃)		≤895	871	GB/T 265
运动黏度(mm^2/s)	40℃	≤13	9.62	GB/T 1885
	−10℃	≤200	126.5	
倾点(℃)		≤−22	−24	GB/T 3535 GB/T 501
闪点(开口)(℃)		≥140	149	GB/T 261
腐蚀性硫		非腐蚀性	非腐蚀性	SH/T 0304
氧化安定性	氧化后酸值(mgKOH/g)	≤0.2	0.011	SH/T 0206
	氧化后沉淀(%)	≤0.05	0.081	
水溶性酸或碱		无	无	GB/T 259
击穿电压(间隔 2.5mm 交货时)(kV)		≥35	>35	GB/T 507
介质损耗因数(90℃)		≤0.005	0.000 56	GB/T 5654
界面张力(mN/m)		≥40	41.14	GB/T 6541
水分(mg/kg)		报告	无	SH/T 0207

3. 昆仑环烷基型 25 号和 45 号超高压变压器油典型数据

昆仑环烷基型 25 号和 45 号超高压变压器油典型数据见表 6-18。

表 6-18　　　昆仑环烷基型 25 号和 45 号超高压变压器油典型数据

项　目		质量指标		典型数据		试验方法
牌号		25	45	25	45	
外观		透明、无悬浮物和机械杂质		透明、无机械杂质		目测
色度(号)		≤1	≤1	1	<0.5	GB/T 6540
密度(kg/m³)(20℃)		≤895	≤895	888	884.0	GB/T 1884 GB/T 1885
运动黏度(mm^2/s)	100℃	报告	报告	2.66	2.402	GB/T 265
	40℃	≤13	≤12	11.69	9.746	
	0℃	报告	报告	103.8	73.25	
苯胺点(℃)		报告	报告	72.4	75.0	GB/T 262
凝点(℃)		—	≤45		<−45	GB/T 510
倾点(℃)		≤−22	报告	<−24	<−45	GB/T 3535
闪点(闭口)(℃)		≥140	≥135	144	141	GB/T 261
中和值(mgKOH/g)		0.013 3	≤0.01	0.008	0.007	GB/T 4945
腐蚀性硫		非腐蚀性	非腐蚀性	无蚀性	非腐蚀性	SH/T 0304
氧化安定性	氧化后酸值(mgKOH/g)	≤0.4	≤0.4	0.027	0.005 3	SH/T 0206
	氧化后沉淀(%)	≤0.2	≤0.2	0.052	0.008 5	
水溶性酸碱		无	无	无	无	GB/T 259
击穿电压(间隔 2.5mm 交货时)(kV)		≥40	≥40	43.6	69	GB/T 507
介质损耗因数(90℃)		≤0.002	≤0.002	0.001 6	0.000 75	GB/T 5654
界面张力($\times10^{-2}$mN/m)		≥40	≥40	40.5	45	GB/T 6541
析气性(μL/min)		≤5	≤5	2.8	3.2	GB/T 11142
水分(出厂)(mg/kg)		≤50	≤50	13.5	23.0	SH/T 0207
比色散		报告	报告	117	111	SH/T 0205《电气绝缘液体的折射率和比色散测定法》

4. SHELLDlalaDX 超高压变压器油典型数据

SHELLDlalaDX 超高压变压器油典型数据见表 6-19。

表 6-19　　SHELLDlalaDX 超高压变压器油典型数据

项　　目	单　　位	试验方法	质量指标
外观		DIN 57370	清澈透明
密度		ISO 3675	
15℃	kg/m^3		877
20℃	kg/m^3		847
运动黏度		DIN 51562-1	
40℃	mm^2/s		8.11
−30℃	mm^2/s		780
闭口闪点	℃	ASTM D93	138
开口闪点	℃	ASTM D92	148
倾点	℃	ISO 3016	−60
中和值	mgKOH/g	DIN 51558-2	<0.03
腐蚀性硫		DIN 51353	非腐蚀性
击穿电压	kV	IEC 156	>60
介质损耗因数（90℃）		IEC 247	0.001
水含量	μg/g	IEC 733	25
表面张力	mN/m	IEC 6295	50
氧化稳定性		IEC 74	
酸值	mgKOH/g		0.01
油泥	%		0.01
氧化稳定性			
Baader 试验（28 天/110℃）		DIN 51554	
酸值	mgKOH/g		0.1
油泥	%		0.02
介质损耗因数（90℃）			0.02

5. 西容 500kV CVTTYD/$\sqrt{6}$-0.005H 用绝缘油典型数据

西容 500kV CVTTYD/$\sqrt{6}$-0.005H 用绝缘油典型数据见表 6-20。

表 6-20　　西容 500kV CVTTYD/$\sqrt{6}$-0.005H 用绝缘油典型数据

性能	变压器油		电容器油 十二烷基苯（AB）	电容器油 二芳基乙烷（PXE）
密度（g/cm^3）（20℃）	0.84～0.88		0.87	0.99
运动黏度（$\times10^{-6}m^2/s$）	20℃		9	9.6
	−30℃			800
凝固点（℃）	−40℃		−60	−45
闪点（℃）			135	148
芳香度（%）			17	44
ε（25℃）	2.2（20℃）		2.17	2.51
tanδ（%）（80℃）	0.005（90℃）		0.02	0.03
ρ_v（Ω·cm）	20℃		5×10^{14}	
	90℃	5×10^{12}	2×10^{14}	2.6×10^{14}
比色散			128	190
击穿电压（kV/2.5mm）			70	65
与 PP 膜的相容性			较差	较好
放气性（μL/min）	30℃			−120
	−40℃			−66
热胀（1/K）	8.3×10^{-4}		7.8×10^{-4}	7.0×10^{-4}

二、绝缘油质量监督

（一）绝缘油质量监督试验方法

评定绝缘油质量是否符合相应的技术标准，建立、采用相对统一的检验方法是非常必要的。我国及有关行业建立一些常用的标准试验方法，见表 6-21。

表 6-21　　我国及有关行业建立一些常用的标准试验方法

序号	性　能	标准编号	标　准　名　称
1	取样方法	GB 7597	电力用油（变压器油、汽轮机油）取样方法
2	物理性能	GB/T 261	石油产品闪点测定法（闭口杯法）
3		GB/T 510	石油产品凝点测定法
4		GB/T 3535	石油倾点测定法
5		GB/T 6541	石油产品油对水界面张力测定法（圆环法）
6		DL 429.2	颜色测定法

续表

序号	性能	标准编号	标准名称
7	化学性能	GB/T 7598—2008	运行中变压器油、汽轮机油水溶性酸测定法（比色法）
8		GB 7600	运行中变压器油水分含量测定法（库仑法）
9		GB/T 7601—2008	运行中变压器油水分测定法（气相色谱法）
10		GB/T 7602—2008	运行中汽轮机油、变压器油 T501 抗氧化剂含量测定法（分光光度法）
11		SH/T 0206	变压器油氧化安定性测定法
12		SD 304	绝缘油中溶解气体组分含量测定法（气相色谱法）
13		DL/T 423—2009	绝缘油中含气量测定（真空压差法）
14		DL 429.7—1991	油泥析出测定法
15		DL 450—1991	绝缘油中含气量的测定法（二氧化碳法）
16		DL 428.6	运行油开口杯老化测定法
17	电气性能	GB/T 507	绝缘油介电强度测定法
18		GB/T 5654	液体绝缘材料工频相对介电常数、介质损耗因数和体积电阻率的测量
19		GB/T 11142	绝缘油在电场和电离作用下析气性测定法
20		DL 421	绝缘油体积电阻率测定法
21		DL 429.9	绝缘强度测定法
22	规程	GB 2536	变压器油
23		GB 7252	变压器油中溶解气体分析和判断导则
24		GB 7595	运行中变压器油质量标准
25		DL/T 596—1996	电力设备预防性试验规程
26		SH 351—1992	断路器油

（二）运行中绝缘油正常检测周期和试验项目

1. 运行中变压器油气体组分含量正常检测周期

运行中变压器油气体组分含量正常检测周期见表 6-22。

表 6-22　　运行中变压器油气体组分含量正常检测周期

设备名称	电压等级	检测周期
变压器电抗器	330kV 及以上发电厂主变压器，容量在 240 000 kVA 及以上	3 个月至少一次
	220kV 发电厂主变压器，容量在 120 000 kVA 及以上	6 个月至少一次
	63～110kV 发电厂主变压器，容量在 8000 kVA 及以上	每年至少一次
互感器	220kV 及以上	每年至少一次
	63～110kV	2～3 年至少一次
套管	自行规定	自行规定

2. 运行中变压器油检验项目和周期

运行中变压器油检验项目和周期见表6-23。

表6-23　　运行中变压器油检验项目和周期

设备等级分类		检验项目											检验周期
		水溶性酸	酸值	闪点	机械杂质	游离碳	水分	界面张力	介质损耗因数	击穿电压	含气量	体积电阻率	
互感器	≥220kV	0				0	0			0		0	每年至少一次
	35～110kV												3年至少一次
油断路器	≥110kV	0			0					0		0	每年至少一次
	<110kV												3年至少一次
	少油开关												3年至少一次或换油
套管	110kV及以上	0				0	0			0		0	3年至少一次
电力变压器	220～500kV	0	0	0	0	0	0	0	0	0	0	0	半年至少一次
	≤110kV或>630kVA												每年至少一次
配电变压器	≤630kVA	0	0	0		0				0			3年至少一次
厂所用变压器	≥35kV或1000kVA及以上	0	0	0	0	0	0			0		0	每年至少一次

3. 电力变压器油、电抗器油中溶解气体组分含量色谱分析

电力变压器油、电抗器油中溶解气体组分含量色谱分析见表6-24。

表6-24　　电力变压器、电抗器油中溶解气体组分含量色谱分析

周　　期	要　　求	说　　明
(1) 220kV及以上的所有变压器、容量120MVA及以上的发电厂主变压器和330kV及以上的电抗器在投入运行后的4、10、30天（500kV设备还应在投运后1天增加1次）。 (2) 运行中。①330kV及以上变压器和电抗器为3个月；②220kV变压器为6个月；③120MVA及以上发电厂主变压器为6个月；④其余8MVA及以上的变压器为1年；⑤8MVA以下的油浸式变压器自行规定。 (3) 大修后。 (4) 必要时	(1) 运行设备的油中H_2与烃类气体含量超过下列任何一项值时应引起注意： 总烃含量大于150μL/L H_2含量大于150μL/L C_2H_2含量大于5μL/L (500kV变压器为1μL/L) (2) 烃类气体总和的产气速率大于0.25mL/h（开放式）和0.5mL/h（密封式），或相对产气速率大于10%/月，则认为设备有异常。 (3) 对330kV及以上的电抗器，当出现痕量（小于5μL/L）乙炔时应引起注意	(1) 总烃包括CH_4、C_2H_6、C_2H_4和C_2H_2四种气体。 (2) 溶解气体组分含量有增长趋势时，可结合产气速率判断，必要时缩短周期进行追踪分析。 (3) 总烃含量低的设备不宜采用相对产气速率进行判断。 (4) 新投运的变压器应有投运前的测试数据，不应含有C_2H_2。 (5) 测试周期中(1)项的规定适用于大修后的变压器

4. 互感器、套管油中溶解气体组分含量色谱分析

互感器、套管油中溶解气体组分含量色谱分析见表6-25。

表6-25　　互感器、套管油中溶解气体组分含量色谱分析

<table>
<tr><th>设备名称</th><th>周　　期</th><th>要　　求</th><th>说　　明</th></tr>
<tr><td>电流互感器</td><td>(1) 投运前。
(2) 66kV及以上1～3年。
(3) 大修后。
(4) 必要时</td><td>油中溶解气体组分含量超过下列任一值时应引起注意：总烃为100μL/L，H_2为150μL/L，C_2H_2为2μL/L（110kV及以下）、1μL/L（220～500kV）</td><td rowspan="3">(1) 新投运互感器或套管的油中不应含C_2H_2。
(2) 全密封互感器按制造厂要求（如果有）进行</td></tr>
<tr><td>电压互感器</td><td>(1) 投运前。
(2) 66kV及以上1～3年。
(3) 大修后。
(4) 必要时</td><td>油中溶解气体组分含量超过下列任一值时应引起注意：总烃为100μL/L，H_2为150μL/L，C_2H_2为2μL/L</td></tr>
<tr><td>套管</td><td>(1) 投运前。
(2) 大修后。
(3) 110kV及以上1～3年。
(4) 必要时</td><td>油中溶解气体组分含量超过下列任一值时应引起注意：H_2为500μL/L，CH_4为100μL/L，C_2H_2为2μL/L（110kV及以下）、1μL/L（220～500kV）</td></tr>
</table>

三、变压器油检测项目的内在联系

随着油浸变压器类设备电压等级的不断提高、容量的不断增大，对油的品质要求也越来越高，增加了油的检测项目，检测的要求也更加严格。变压器油的含水量、体积电阻率、界面张力均属油的物理性能，酸值属油的化学性能，击穿电压及介质损耗因数属油的电气性能。油的各项指标是变压器油固有特性的客观反映，各项检测指标之间必然存在着内在联系。

（一）变压器油的温度

温度是变压器油劣化的最重要因素之一，油浸变压器类设备运行都要控制油的温度。变压器油的劣化速度取决于温度，因为变压器油是多种烃类的混合物，而各种烃类的抗氧化性规律各不相同，特别是油中的杂质，在温度作用下对油的劣化起着加速的作用。试验证明，油氧化的起始温度是60～70℃，在此温度下，油很少发生质变，当温度达到120℃时，氧化较激烈，温度达到160℃时，氧化最激烈。油在温度的作用下，氧化后的主要生成物就是有机酸，即酸性劣化物，为极性物质。随着油的氧化程度的加深，对水的溶解能力也就越强，当油中的水分与劣化物的极性物质相结合时，使油的电气性能恶化，具体表现在油的检测数据会陡然变异。

（二）变压器油的含水量对击穿电压的影响

水分溶解于变压器油中，对击穿电压有不利影响。高度精制的油，杂质清除得彻底，水分溶解的可能性就很小。如果油中含有其他杂质，如纤维、碳微粒、微生

物等，它们与水微粒结合后，油的击穿电压会更低，在电场的作用下，电极间的桥路就会接通。检测油样时，油的含水量与击穿电压的检测有相互验证的关系。

（三）变压器油的体积电阻率、击穿电压和介质损耗因数三者的关系

1. 油的介质损耗因数与体积电阻率的关系

在含有杂质的变压器油中，杂质在电场作用下将形成耦极化损耗，从而导致油的介质损耗因数增加。品质非常纯净的油为非极性分子，其介质损耗因数主要取决于油的电导率，而其电导率又取决于体积电阻率。在相同的试验条件下，从介质损耗因数的决定因素可知，测量介质损耗因数比只测量体积电阻率更能全面反映油的品质。在较高温度下，介质损耗因数与体积电阻率有较好的相关性，介质损耗因数增加，体积电阻率降低。在很多情况下，测量油的体积电阻率与测量介质损耗因数几乎具有同样的意义。

2. 油的击穿电压与介质损耗因数（体积电阻率）的关系

油的介质损耗因数（体积电阻率）与击穿电压没有内在关系，介质损耗因数很大（或体积电阻率小）的油可能击穿电压很高。因为介质损耗因数和体积电阻率的大小表征油质的变化，而击穿电压的高低主要反映油的污染情况。

（四）变压器油的界面张力和酸值的关系

界面张力是油的物理属性，而酸值是油的化学成分变化的实际标志。油的界面张力和酸值是油的固有品质从不同的角度的客观反映，实为同一事物的两个不同方面，故两者间必然存在着内在的联系。油的界面张力的现代化检测手段高明，易于检测，误差较小；而油的酸值检测比较繁琐，再加上各种客观因素的干扰，检测数据的误差较大。大量试验数据表明，变压器油的界面张力和酸值间存在着近似的直线函数关系。

第四节 绝缘油的老化与污染

绝缘油的劣化是指油的化学组分发生变化和油中杂质含量增加，又称为绝缘油的老化（氧化）和污染。

一、绝缘油的老化

（一）绝缘油的老化机理

绝缘油老化过程是指绝缘油在光、热、氧、电磁场、电弧、辐射以及铜、铁等催化剂诸因素的作用下，发生速度缓慢的氧化、裂解与碳化等化学反应，生成某些氧化产物及其缩合物（油泥），产生氢及低分子烃类气体和固体X蜡等的过程。伴随绝缘油的老化，绝缘油的颜色、气味、运动黏度、界面张力等物化性能发生变

化，其介电性能逐渐下降或变坏。绝缘油的老化可分为热氧老化和电气老化两种。

1. 热氧老化

热氧老化是指绝缘油在光、热、金属、电磁场及各种金属的作用下发生的老化，热氧老化的机理一般可用过氧化理论和链式反应两种理论来解释。

(1) 过氧化理论。过氧化理论将氧分子视为不饱和的化合物，它不需经过解离成原子而直接用整个分子去同被氧化的物质（烃分子）相结合生成过氧化物，这种过氧化物本身极不稳定且具有更强的氧化能力，能进一步氧化其他难以氧化的物质。

(2) 链式反应理论。烃类分子中C—H键的键能为33.5～42kJ/mol，而O_2中O═O双键的断裂需要较大的能量（490kJ/mol），因此油的氧化反应需要在很高的温度下才能进行。烃类的氧化在较低的温度下就能发生，这主要是因为O═O双键首先断裂一个键，并与烃类分子作用产生活性自由基，进而发生链式反应。自由基发生反应只需消耗很少的能量就能够产生和发展。链式反应理论认为：油品烃类与氧分子进行的氧化反应为自由基链式反应，可分为三个阶段，即链的引发、链的延续和发展、链的终止和反应的熄火。首先从自由基的出现开始，自由基与烃类反应生成氧化中间产物，其分解产生新的自由基，使得氧化反应能不断进行和发展，直至阻碍自由基发展的因素出现为止。

2. 电气老化

电气老化是指绝缘油在运行过程中由于电场、磁场、电弧或者电晕等游离放电的电离作用，导致液体电介质电性能下降或物理、化学性能逐渐变坏的过程。

电气老化主要是由于电介质内部微观游离放电对绝缘油的作用和影响造成的。其次，一般的电导电流引起的焦耳热效应、介质损耗引起的热效应、高场强下电子冷发射对介质的微观放电作用、高场强下电介质内部带电质点的剧烈运动所引发的微观碰撞轰击和微观游离放电，都是引起电气老化的重要原因。而浸渍在油中固体的发热和电磁场共同的作用，也加速了绝缘油的电气老化过程。电介质内部微观游离放电的老化机理主要是在绝缘油承受高电压的作用下，油中气体杂质、水分等汽化，在高电场强度下导致微观电击穿；或者由于绝缘内部高场强下电子冷发射，进一步导致电介质内部分解或气化。同时，电介质的游离基在强电场中的极化现象也导致电介质内的微观游离放电。

液体电介质在高电压、高场强的作用下，出现游离放电是不可避免的。它虽不会导致介质立即击穿，但长期受到这种内部微观上的放电作用，电介质的老化或破坏会逐渐加深，绝缘性能逐渐下降，临界击穿电压逐渐下降，最终导致油的击穿和设备绝缘故障。也就是说，微观游离放电所产生的电气老化在很大程度上决定了液体电介质的寿命。

（二）绝缘油的氧化规律

绝缘油的氧化过程一般可分为诱导期、发展期、迟滞期三个阶段。

1. 诱导期（链的引发阶段）

诱导期是指从油开始和氧接触到产生氧化物为止。在此期间，化学键发生变化较为困难，这是因为原始分子分解产生自由基需要足够破坏一个C—H键的能量，加之油中含有天然和人工抗氧剂，能与最初生成的自由基反应阻止链式反应进行。诱导期时间的长短取决于油的精制深度、油温、油中催化剂、氧气浓度及是否加入催化剂等。若油精制深度不够或油中含有微量杂质就容易产生自由基，从而发生连锁反应。变压器内有铜存在，油的氧化速度加快。铁的活性比铜低，它仅在有水存在的情况下，会加速油的氧化。但铜和铁同时作为催化剂对绝缘油氧化所起的催化作用要比任何一种催化剂单独作用强得多。油温对诱导期的影响也较大，油温越高，烃化学键获得的离解能就越高，越容易分离出烃的自由基，油就越容易氧化。油温在60～70℃以上，一般每提高10℃，氧化速度会增加一倍，抗氧剂的存在能终止自由基连锁反应，提高诱导期时间。

2. 发展期（链的发展阶段）

油品氧化的诱导期过后，便是油氧化的发展期，抗氧剂逐渐降解，失去作用，油内逐渐开始生成稳定的氧化产物，如低分子酸、水和某些过氧化物，其后氧化过程在不断地进行着，并越来越加剧，作用的氧化产物起初都可溶于油和水，并具有强烈的腐蚀作用。如果再继续氧化，便会生成固体聚合物和缩合物，它们在油中达到饱和状态后，便从油中析出来，这称为油泥沉淀物，同时油色逐渐变深。

3. 迟滞期（链的终止阶段或称钝化期）

迟滞期阶段的氧化速度变慢。这是由于发展期油氧化发生进行较为激烈，其中产生有类似抗氧剂的酚类、醛类氧化产物，对氧化作用有一定的抑制作用，故迟滞期油的氧化速度比氧化期放慢，氧化产物也比前期减少。

（三）氧化产物

油氧化过程的主要生成物是过氧化物、酸类、醇类、酮类和油泥。在早期氧化阶段，一般生成一系列的过氧化物。

由于油中烃类组分结构的差异，其氧化方向和产物也各不相同，一般认为烃类的氧化方向及产物大致可分为两类：第一类，烷烃、环烷烃及带长侧链的环烷烃。随着氧化程度的加深，其氧化方向及产物基本是：烃→过氧化物→醇、醛、酮等→酸→羟基酸→半胶质→胶质、沥青质等。第二类，无侧链或短侧链的芳香烃。随着氧化深度的加深，其氧化方向和产物基本是：芳香烃→过氧化烃→酚→胶质→沥青质→油焦质等。

油品烃类的氧化产物，按性质大致可分为三类：第一类，酸类产物。如羧酸、羟基酸、酚类和沥青质酸等。第二类，中性产物。如过氧化物、醇、醛、酮、酯、胶质、沥青质等。其中，过氧化物不稳定，容易分解成醇、醛、酮等。而醇、醛、酮类物质，也会进一步氧化生成部分酸性物质。胶质、沥青质等易从油中析出，而形成油泥和沉淀物。第三类，水和挥发性产物。油品氧化时常伴有微量水分生成，还有一氧化碳、二氧化碳、低分子酸和低沸点烃挥发性产物生成。

（四）油品氧化的主要影响因素

1. 油品的化学性能

油品的化学性能与基础油的化学组成、炼制工艺及精制深度有关。油品的化学性能可随环境而变化，或随自身的氧化而变化。在绝缘油的烃类组分中，以芳香烃最不易被氧化，环烷烃次之，烷烃在高温时抗氧化安定性最小。

（1）芳香烃。带侧链的芳香烃比无侧链的芳香烃更易氧化，随芳香烃环数、侧链和侧链碳原子数目的增加，芳香烃被氧化的倾向增大。无侧链芳香烃氧化产物为酸及其聚合物，带侧链芳香烃随着侧链长度的增加而聚合产物减少，生成的酸性和中性产物，如酸、醇、醛、酮、酯等的数量增加。

（2）环烷烃。环烷烃的氧化倾向也随其分子体积增大和结构复杂而增强，如有侧链也会增强氧化倾向。氧化产物的大部分生成羧酸和羟基酸，少部分生成胶质和沥青质。

（3）烷烃。烷烃在低温下比较稳定，其氧化过程随温度升高而急剧加快，氧化产物为酸、醇、醛、酮、酯等。烷烃只有在深度氧化并有分支时才生成羟基酸，以及羟基酸缩合的产物和少量的胶质。

油品是各种烃类的混合物，混合烃的氧化情况较为复杂，但有大致的氧化趋势。如环烷烃、烷烃中加入芳香烃，其氧化速度大为减缓。这是由于芳香烃氧化后，生成的部分酚类物质有抗氧剂的作用，从而减缓了整个油品的氧化。

2. 温度

温度是影响油品氧化的重要因素之一，温度对油品的氧化速度、氧化曲线和氧化产物都有不同程度的影响。

（1）对氧化速度的影响。油品的氧化速度与温度的关系是非线性的。试验表明，当油温为60～70℃时，油品氧化极为缓慢；油温超过70℃时，氧化速度逐渐加快，一般温度每增高10℃，氧化速度将增加1倍；当油温超过120℃时，氧化速度加剧，油分子内部开始裂解，这个温度称为临界温度；当油温达到135℃时，遇火即可发生闪燃现象，这个温度即为绝缘油的闪点。

(2) 对氧化产物的影响。随着温度的升高，油品氧化产生的过氧化物和醇、醛、酮等不饱和中间产物，可进一步发生氧化、缩合、聚合反应，生成胶质、树脂质、焦炭、油泥等终产物。

(3) 对氧化曲线的影响。同一油品在温度较低时，多为自动抑制型氧化，曲线上升比较缓慢；而在较高的温度下，油品为自动催化型氧化，曲线几乎是直线上升的。

3. 氧气

氧气是油品发生氧化的根本因素。由于氧的存在，加上热、催化剂及其他因素的作用，油品的氧化反应就不可避免地发生。油品中氧气的浓度增加，油品的氧化速度明显加快。同样，增大油与空气的接触面积，也会加速油品的氧化。另外，油品与氧接触的时间越长，油品的氧化程度越深，在同一条件下，油品的氧化随时间的增大而加深。

4. 水分

水分与有机酸类相结合，加速了有机酸对金属部件的腐蚀能力，生成盐类和金属皂化物。金属皂化物是油氧化的高效催化剂，会促使油品迅速老化。

5. 催化作用

铜、铁等金属及盐类和皂类等物质，对油品的氧化起催化加速作用。充油电气设备为金属组合体，油中含有某些金属元素，使得油品的催化氧化不可避免地发生。

6. 电场和光及辐射

试验表明，油品在电场作用下吸收氧的能力显著提高，其氧化沉淀物和皂化物均有增加，油品的酸值和介质损耗因数都有明显增大。

7. 设备因素

设备设计和绝缘材料选用，如选用与油的相容性不好的固体材料，局部过热，都会加速油的氧化速度。变压器类设备若严密性不好，漏气、进水、吸湿器干燥剂没有及时更换等都会导致油品氧化过程加快。设备超负荷运行，变压器内部发生故障，例如发生线圈及匝间绝缘击穿、局部绝缘过热而发生放电、拉弧等现象时，在强电场、电弧及高温的作用下，都会加速油的氧化过程。

二、绝缘油老化对其相关性能的影响

绝缘油老化直接影响其理化和电气性能。其中，介质损耗因数、电导率（或电阻率）、酸值和界面张力对绝缘油老化和老化产物的反应非常灵敏。测试上述绝缘油性能指标可判别油是否老化及老化程度。

（一）绝缘油老化对其介质损耗因数的影响

绝缘油的老化使介质损耗因数有所增大，这种变化非常微小。油的老化程度越严重，在高电压下的介电性能就越差。随着温度和电压的升高，介质损耗会更加严重，单位电介质在交变电场中产生的热量就越大，介质在运行过程中产生的热氧老化也越严重，因老化引发的电击穿和电气老化也越严重。当油中老化产物甚微，用化学方法尚不能有效检测时，介质损耗因数就能将其明显地识别出来。

（二）绝缘油老化对其电导率的影响

绝缘油老化产生的杂质、老化产物均会导致电导率的增高，电导率同介质损耗因数一样，可以判断绝缘油的老化程度和污染程度。绝缘材料的最终寿命取决于绝缘材料的击穿电压，液体电介质也是如此。试验证明，大多数绝缘材料都存在微弱的导电性，其导电的载流子应是离子而不是电子，这和金属导体有本质的区别，绝缘油也不例外。表征电导大小的物理量是电导率，即电阻率的倒数。绝缘电介质的电导率来源于离子电导，离子电导又可分为本征离子电导和杂质离子电导。前者的离子来源于绝缘电介质本身分子的离解作用，后者的离子则来源于介质中的杂质。对于绝缘油，其电导率来源于混在油中的各类杂质引起的热离子电导效应。纯净的绝缘油中有一定的杂质离子存在，随着绝缘油的老化，混在油中的杂质就会增多，而杂质又使绝缘油的绝缘电导率下降。在试验室中，纯净的绝缘油在80℃时，绝缘油电导率低于$0.5\times10^{-15}\Omega\cdot cm$，而在实际使用的新变压器油中总存在杂质，其电导率一般为$10^{-135}\sim10^{-15}\Omega\cdot cm$。随着绝缘油老化程度的加深，油中杂质也增多，载流子密度和迁移率增大，导致绝缘油电导率急剧上升。

（三）绝缘油老化对其酸值和水溶性酸的影响

运行中绝缘油发生老化将产生酸性物质，如低分子的甲酸、乙酸、高分子脂肪酸、环烷酸、羟基酸等，导致其酸性增加和水溶性酸成分增大。绝缘油的导电性增强，油品的绝缘性能降低，对油品的介电性能也有较大影响。当酸值达到0.10mg KOH/g时，就明显地损害了固体纤维质绝缘材料；当酸值达到0.2mgKOH/g后，油和绝缘材料的老化降解过程加速并析出油泥。酸值的升高与否，可用来判断运行油的老化程度。绝缘油氧化的各阶段，其酸值大小呈现以下变化规律：在诱导期，由于酸性氧化物聚集，导致酸值增加；在发展期，酸性氧化物到达一定数值时，随着氧化进程的继续，会进一步生成固体聚合物和缩合物，此时油仍在氧化，但酸值的增长速度已明显趋缓，甚至还有减小的趋势；在迟滞期，绝缘油已深度氧化，此时有机酸产生沉淀，酸值也在一定程度上表现出周期性的减小。因此对绝缘油在运行时作酸性分析，不可凭一两次的测定值就得出结论，最好是在较长时间内数次测定，全面分析后，方可确定油的氧化程度。

（四）绝缘油老化对界面张力的影响

绝缘油老化和被浸于其中的固体绝缘材料污染均会产生可溶性杂质，油中存在可溶性极性杂质，将导致油品界面张力变小。油在初期老化阶段，界面张力变化相当迅速，到老化中期，其变化速度相应趋缓。油水之间界面张力的测定是检查油品早期氧化的一种间接有效方法。

三、绝缘油的污染

绝缘油的污染是指油中混入了水分和杂质。这些不是油氧化的产物，而是其内部不洁净，混入或产生杂质所致，可为变压器内部条件直接造成，也可为变压器外部条件间接造成。被污染的绝缘油绝缘性能会变坏，击穿电压降低，介质损耗增大。

（一）水分

由于水分容易浸入油中，而且也容易被纤维质吸收，因此水分是杂质中危害性最大的一种。水分的存在使油的介电常数变小，绝缘电阻降低，从而使击穿电压下降。水分的存在也可使绝缘油中发生电离电晕，产生硝酸、亚硝酸、臭氧离子等物质，从而加速油的老化。因此，水分对热氧老化起加速作用。

（二）固体杂质

当绝缘油中含有固态杂质时，根据小桥理论，认为变压器运行过程中，油中纤维、金属颗粒、碳颗粒等固态杂质，会在高场强电场的作用下，按电场方向极化定向，沿电场方向排列，从而在电极间形成导电小桥，导致绝缘油的绝缘击穿电压显著降低，开始形成漏电通道，最终发展成击穿通道。

（三）气体杂质

气体杂质对变压器的介电性能有很大影响。气体的介电常数很小（一般在1～1.000 2之间，一般不超过1.001），绝缘油中气体在一定条件下超过饱和溶解量而析出气泡，气泡的存在对绝缘油非常有害。

（四）金属

绝缘油中的金属是指滤过性金属粉尘微粒，在油中呈悬浮状态，难以从油中分离出来。因此，油中金属微粒构成了对油的潜伏性污染。

（1）油中金属的来源。①绝缘油的白土补充精制会对油产生金属污染；②变压器本体金属构件的磨损或腐蚀，如油泵轴承磨损、裸露的铜引线腐蚀；③线圈铜导线严重过热或烧损致使铜溶入；④检修作业焊接时少量铜屑混入油中。

（2）金属对油劣化的催化作用。裸金属与氧在运行条件下会发生反应。另外，溶解在油品中的金属盐类、金属皂类也能加速油品的氧化。此外，油中的微量金属含量构成了油中微生物繁衍条件，可使浸入油中的微生物得以孳生，进而产生微生物对油的污染。

四、变压器油的防劣措施

油在运行使用条件下会逐渐地老化（氧化）变质，生成一系列有害物质，对设备的安全运行构成威胁。应针对油老化的因素，相应地采取防老化措施，减缓老化，保证设备长期安全经济运行。

（一）油中添加抗氧剂，以提高油的氧化安定性

T501是目前我国较广泛采用的一种抗氧剂，添加的T501抗氧剂在运行中会逐渐消耗。因此应做好油质的监督和维护工作，保证抗氧剂的作用，除按GB/T 7595中规定的试验项目和检验周期进行油质监督外，还应监督运行中油的T501的含量，必要时进行补加。

（二）安装净油器

净油器是一种利用颗粒状吸附剂对运行中的油进行连续吸附净化的装置，对油品有防劣作用。净油器是一个由钢板焊接成的圆筒形金属容器，其内部有一定量的颗粒状吸附剂，它的上下两端用管道和阀门同变压器油箱的上部和下部相连，构成油循环的回路。由于变压器油在运行中上下有温差，因此促使油从温度较高的油箱上部进入热虹吸器，再从净油器下部返回变压器。在油的循环流动中，油中的劣化产物如过氧化物、有机酸及部分水分等在经过热虹吸器时被吸附剂吸附，油质得以净化。

（三）充氮保护

在开放式变压器储油柜的油面上充入高纯氮气，使油面与大气隔绝，消除空气中氧气、其他有害气体及水分侵入，减缓油品与其他绝缘材料的接触，可以有效地防止油质劣化，但长期使用后油中析出的气体会污染氮气。目前，这个措施国内变压器用得较少。

（四）采用全密封油保护系统

阻止水分、空气的侵入，防止变压器油受潮及氧化的最有效措施为采用全密封油保护系统，大型变压器采用储油柜来实现变压器的全密封。当前密封式储油柜采用隔膜、胶囊、波纹膨胀器补偿、自动隔热干燥器及充氮保护等结构形式。其中，自动隔热干燥器和充氮保护较少采用。

第五节　绝缘油故障特征气体性质

绝缘油是由许多不同分子质量的碳氢化合物分子组成的混合物，分子中含有—CH_3—、—CH_2—和—CH—化学基团，并由C—C键键合在一起。当充油设备内部存在某种故障时，故障点附近的油和固体绝缘材料在热性（电流效应）或电性故障（电压效应）应力作用下，可以使某些C—H键和C—C键断裂，伴随生成少量活泼的氢原子和不稳定的碳氢化合物的自由基，这些氢原子或自由基通过复杂的化

学反应重新化合，形成氢气和低烃类气体，故障点产生气体的组分和含量取决于故障类型、故障能量级别及其固体绝缘材料。油和固体绝缘材料在热性或电性故障的作用下分解产生的各种气体中，对变压器故障诊断有价值的气体有 H_2、CH_4、C_2H_2、C_2H_4、C_2H_6、CO、CO_2。

一、绝缘油中的溶解气体

溶解气体是指以分子状态溶解在油中的气体，油中含气量（总含气量）为油中所有溶解其他含量的总和，用体积百分率表示。油中溶解气体组分主要有 N_2、O_2、H_2、CH_4、C_2H_2、C_2H_4、C_2H_6、C_3H_6、C_3H_8、CO、CO_2 等气体。

（一）空气的溶解

油在其炼制、运输和储藏等过程中会与大气接触，可吸收空气。对于强油循环的变压器，因油泵的空穴作用和管路密封不严等会使空气混入。在 101.3kPa、25℃时，空气在油中溶解饱和含量约为10%（体积比），但其组成与空气不一样。油中溶解气体的主要成分是 O_2 和 N_2，都来源于空气，O_2 在变压器油中的溶解度比 N_2 大。空气在变压器油中溶解量与设备的密封有极大的关系，若密封不良，油中含气量会随着时间的推移而增长，甚至达到饱和状态，即油中含气量可达到10%左右。

（二）正常运行中产生的气体

正常运行的变压器油中溶解气体主要成分是 O_2 和 N_2，以及一定量的故障特征气体。

（1）变压器在正常运行过程中，内部的绝缘油和固体绝缘材料由于受温度、电场、氧气及水分和铜、铁等材料的催化作用，随运行时间的延伸发生速度缓慢的老化和分解，除产生一定量的酸、酯、油泥等劣化物外，还产生少量的氢、低分子烃类气体（CH_4、C_2H_2、C_2H_4、C_2H_6、C_3H_6、C_3H_8）和碳的氧化物（CO、CO_2）等。其中，碳的氧化物成分最多，其次是氢和烃类气体。纤维纸板正常老化分解产生的主要气体是 CO_2 和少量的 CO。油中 CO、CO_2 含量与变压器的绝缘材料性质、运行年限、负荷及油的保护方式有关，开放式变压器 CO 含量一般在 $300\mu L/L$ 以下。对储油柜中带有隔膜（或胶囊）的密封式变压器，油中 CO 含量一般均高于开放式变压器。

（2）油在精炼过程中可能形成少量气体，在脱气时未完全除去。

（3）在制造厂干燥、浸渍及电气试验过程中，绝缘材料受热和电应力的作用产生气体被多孔性纤维材料吸附，残留在线圈和纸板内，运行时溶解在油中。此外，金属材料如奥氏体不锈钢、碳素钢等还可能吸藏一定量的氢气，而且不锈钢吸藏的氢气在真空处理时也不一定能除去。许多新变压器（特别是中、小型变压器）投运前油中氢气含量较高，在投运后逐步增长，一般大约在半年至一年达到最大含量之后才逐渐降低。这是制造过程中残余气体在运行中逐渐释放到油中，使其浓度达到最大值之后，气体逸散损失而逐渐降低的缘故。

（4）安装时，热油循环处理过程中也会产生一定量的CO_2，有时甚至产生少量的CH_4。

（5）脱气合格后，以前发生故障所产生的气体仍有少量被纤维材料吸收并渐渐释放到油中。

（6）在变压器本体油箱或辅助设备上施焊时，即使不带油，箱壁残油受热也会分解产气。

基于上述原因，变压器在投入运行前，就可能含有少量故障特征气体。据有关统计资料表明，新变压器在72h试运行期内，特征气体含量大致与投运前相同。DL/T 722《变压器油中溶解气体分析和判断导则》中，对于出厂和新投运的变压器及电抗器提出了明确的要求：出厂试验前后的两次试验分析结果及投运前后的两次分析结果，不应有明显区别；除此之外，出厂和新投运的充油设备气体的浓度见表6-26。

表6-26　出厂和新投运的充油设备气体的浓度　μL/L

气　体	变压器和电抗器	互感器	套　管
H_2	<10	<50	<150
CH_4	0	0	0
总烃	<20	<10	<10

一般而言，运行中正常的变压器，其油中气体的产气量速率最大值和平均值在运行第一年都是最高的，以后逐年降低，其平均值第二年仅为第一年的1/3左右，第四年后油中气体浓度趋于稳定；最大值第二年仅为第一年的1/5左右，第四年以后仅为第一年的1/10左右，且基本保持不变。变压器油中气体含量一般较低，且在较长时间间隔内也难观察到油中气体增量的大小，油中溶解气体的正常值见表6-27。

表6-27　油中溶解气体的正常值　μL/L

气体组分	H_2	CH_4	C_2H_6	C_2H_4	C_2H_2	总烃（C_1+C_2）
正常极限值	100	45	35	55	5	100

注　500kV设备C_2H_2为1μL/L。

（三）变压器油的裂解

变压器油是由许多不同分子质量的碳氢化合物分子组成的混合物。变压器油的热解产气取决于具有不同化学键结构的碳氢化合物分子在高温下的不同稳定性，一般规律：产生烃类气体的不饱和度随裂解能量密度（温度）的增加而增加；不同的化学键具有不同的键能，则裂解产物的出现依次为烷烃、烯烃、炔烃、焦炭。最终生成氢气和低分子烃类气体，如甲烷、乙烷、乙烯、乙炔等，也可能生成碳的固体颗粒及碳氢聚合物（X蜡），碳的固体颗粒及碳氢聚合物可沉积在设备的底部。在故障初期，所形成的气体溶解于油中；当故障能量较大时，也可能聚集成游离气体。

在300℃以下，变压器油只产生少量的CO_2；400℃时，除产生CO_2外，还有相当量的CH_4。油在起氧化反应时，也会生成少量的CO、CO_2。当温度在500℃以上时，则产生大量的低分子烷烃和烯烃及H_2，且随温度的升高而急剧增加。乙烯在较低的温度时也有少量产生，但主要是在高于生成甲烷和乙烷的温度，即大约为500℃下生成。乙炔一般在800～1200℃的温度下生成，而且当温度较低时，反应迅速被抑制，作为重新化合的稳定产物而积累。因此，在较低的温度下（低于800℃）也会有少量乙炔生成，但大量乙炔是在电弧的弧道中产生的。油碳化生成碳粒的温度为500～800℃。

在变压器油的裂解过程中，氧气是基本因素，而水分、铜、铁是主要的催化剂，电、热、机械应力则起了加速剂的作用。

（四）固体绝缘材料的分解

固体绝缘材料包括绝缘纸、层压纸板等，均以木浆为原料制成，从化学组成上讲，固体绝缘材料为纤维素、木质素、半纤维素及各种微量金属等物质，其中主要成分是纤维素。绝缘纸的主要成分是α-纤维素，它是聚合度达2000的链状高聚合碳氢化合物。绝缘纸的第二种主要成分是半纤维素，它是聚合度小于250的碳氢化合物。一般新纸平均聚合度可达1300，极度老化以致寿命终止的绝缘纸的聚合度约为200。试验表明，当聚合度降至300左右时，油中糠醛浓度就已很高，达到5mg/L以上，此时绝缘纸已严重脆化。

聚合物裂解的有效温度高于105℃。纤维纸板在密封条件下过热时，在140℃时，分解的主要气体是CO、CO_2，但CO_2含量比CO高；在250℃时，分解的CO含量比CO_2高，CO的体积可能为CO_2体积的4倍，甚至更高；温度高于300℃，聚合物热解（完全裂解和碳化），在生成水的同时，生成大量的CO和CO_2及少量烃类气体和糠醛化合物，同时油被氧化。CO和CO_2的生成不仅随温度升高而加快，而且随油中氧的含量和纸的湿度增大而增加。纤维素热解过程中温度和氧起主要作用，水分极大地加速其分解，金属触媒也对分解起到加速作用。

总的来讲，变压器油在较低温度下可生成氢气、甲烷、乙烷，乙烯的形成温度在500℃以上，而乙炔组分只有在800～1200℃才会形成。绝缘纸、绝缘纸板分解温度比油还低，大于105℃时聚合链就会快速断裂，高于300℃就会完全分解和碳化。绝缘纸、绝缘纸板分解的主要产物是CO和CO_2，其形成量随氧含量和水分含量的增加而增加。在相同的温度下，纸、纸板劣化产生的CO、CO_2远比油劣化所产生的量大，因此油中CO、CO_2气体主要是反映绝缘纸、绝缘纸板的指标。利用油中溶解气体分析进行设备内部故障判断的原理正是基于绝缘材料的这种产气特点。不同的故障由于故障点能量不同、温度不同及涉及的绝缘材料不同，其产气情况也不同，即不同的故障具有不同的特征气体。例如：①过热故障的主要特征气体是CH_4、C_2H_4。随着故障点温度的增高，C_2H_4含量将大大增加，当温度高于800℃时还会出现少量的C_2H_2。②放电故障的主要特征气体是H_2、C_2H_2，当故障点能量较大（如电弧放电）时还会产生大量的C_2H_4。③当故障涉及绝缘纸和绝缘纸板时，还会产生大量的CO、CO_2。

（五）其他产气途径

在某些情况下，有些其他产气途径可能不是设备故障造成的，有时这种原因所产生的特征气体浓度甚至远远超过DL/T 722中的规定值。例如，油中含有水，可以与铁作用生成氨。过热的铁芯层间油膜裂解也可以产生H_2。新的不锈钢中也可能在加工过程中或焊接时吸附氢而又慢慢释放到油中。特别是在温度较高、油中有溶解氧时，设备中某些油漆（醇酸树脂），在某些不锈钢的催化下，甚至可能生成大量的H_2。某些改型的聚酰亚胺型的绝缘材料也可生成故障气体。油在阳光的照射下也可以生成某些气体。设备检修时，暴露在空气中的油可以吸收空气中的CO_2等。这时，如果不进行真空滤油，则油中CO_2的含量约为300μL/L（与周围环境的空气有关）。另外，某些操作也可生成故障气体，例如，有载调压变压器中切换开关油室的油向变压器主油箱渗漏，或选择开关在某个位置动作时，悬浮电位放电的影响；设备曾经有过故障，而故障排除后绝缘油未经彻底脱气，部分残余气体仍留在油中；设备油箱带油补焊；原注入的油就含有某些气体等。这些气体的存在一般不影响设备的正常运行，但当利用气体分析结果确定设备内部是否存在故障及其严重程度时，要加以区分。

二、气体在变压器油中溶解的传质及损失

（一）传质过程

正常运行的变压器油中往往会溶解一部分“正常气体”，运行过程中溶解气体的增长是油和固体绝缘材料的正常老化及内部潜伏性故障所致。在一定的温度和压力下，绝缘材料分解产生的气体形成气泡，在油中经扩散和对流，不断溶解于油中。当气体在油中的溶解速度等于气体从油中析出的速度时，则气—油液两相处于动态平衡，此时一定量的油中溶解的气体量，即为气体在油中的溶解度。在气—油液两相的密闭体系中，气体溶解于液体，最终在某一压力、温度下，达到溶解与释

放平衡。

气体在变压器油中的溶解度与气体的化学结构、油的化学组成和油温密切相关；另外，还受到油黏度影响，黏度小的油其溶解能力大于黏度大的油。例如，烃类气体的溶解度随分子质量增加而增加，N_2、CO 和 H_2 等气体的溶解度随温度上升而增加，低分子烃类气体、CO_2 溶解度则随温度升高而下降。如果变压器油与空气接触，最终达到饱和或接近饱和状态，空气的溶解量约占油体积的 10%，主要是 N_2 和 O_2。一般情况下，变压器油中都含有溶解气体，新油中含有的气体最大值，CO 约为 100μL/L，CO_2 约为 35μL/L，H_2 约为 15μL/L，CH_4 约为 2.5μL/L。

当变压器内部存在潜伏性故障时，若热分解产生气体的产气速度很慢，气体仍以分子的形态扩散并溶解于周围油中，即使油中气体含量很高，只要尚未过饱和，就不会有自由气体释放出来。如果故障存在的时间较长，油中溶解气体已达到饱和状态，则会释放出自由气体，进入气体继电器中。

当产气速率很高时，分解气体除一部分溶于油中之外，还会有一小部分称为气泡上浮，在其上浮过程中，溶解度较大的故障气体组分将原来油中溶解度较小的气体组分（H_2、空气等）从油中置换出一部分，直至所有的气体组分达到溶解平衡为止。特别是对于溶解度大，且尚未被油溶解饱和的气体，气泡可能完全溶于油中，最终进入气体继电器内的几乎只有空气成分和少量溶解度小的气体，如 H_2、CH_4 等。因此在变压器故障的初始阶段，由于故障点温度较低，绝缘材料分解较缓慢，产气速率也较缓慢，形成的气泡较小，因此只有溶解度低的气体才会聚积于气体继电器中，而溶解度高的气体仍在油中。相反，当变压器发生突发性故障时，因气泡大，上升快，与油接触时间短，溶解和置换过程来不及充分进行，分解气体就以气泡的形态进入气体继电器中，导致气体继电器中积存的故障特征气体往往比油中含量高得多。

充油电气设备的固体绝缘对热分解气体存在吸附现象。当油温在 80℃以下时，随着温度的降低，绝缘纸对 CO、CO_2 及烃类气体的吸附量会随之增加，使油中这些气体组分含量不断减少，称为热的隐藏；当油温大于 80℃后，吸附现象消失，绝缘纸中吸附的气体又会重新释放出来，称为热的重现。因此，在对充油电气设备故障的发展进行追踪观察时，应密切注意变压器的油温、负荷等运行状况，如遇油中气体含量异常变化，应考虑热分解气体的隐藏与重现。

热分解气体在油中的溶解度与压力和温度有关。在一定的压力和温度下达到饱和后，如果压力降低或温度升高，会导致一部分热分解气体以分子的形态释放出来，形成游离气体。另外，温度升高时，空气在油中的溶解度增加。因此，对于空气溶解饱和的油，若温度降低，将会有空气释放出来；当设备负荷或环境温度突然下降时，油中溶解的空气也会释放出来。所以正常运行的变压器，有时压力和温度下降时，油中空气因过饱和而逸出，严重时甚至可引起气体继电器报警。

变压器内部绝缘材料热分解产生气体时，即使有游离气体进入气体继电器，但其成分并非完全是热分解气体。如在含有饱和氮气或空气的油中发生热分解，产生某些可燃性气泡时，这种气泡将与已溶解的氮气或空气发生溶解与游离交换，交换将一直进行到新的平衡状态为止。这样热分解的可燃性气体各组分，依其分压和溶解度的大小而溶解于油中，被置换的 N_2 或空气游离出来，进入气体继电器中，随同进入气体继电器中的热分解气体只有溶解度小的组分。如果此时仅分析气体继电器中的积存气体，就不能正确判断故障，必须对油中溶解气体加以分析。

除此之外，气体在油中溶解或释放还与机械振动等有关，机械振动将使饱和溶解度降低。如强迫油循环系统常会产生湍流而引起空穴并析出气泡；变压器过励磁时，因铁芯强烈振动，也会使饱和溶解度降低而释放出气体。

（二）传质损失

充油电气设备各部位油的温差导致油的连续自然循环，即对流。通过对流，溶解于油中的气体可以转移到充油电气设备的各个部位，对于强迫油循环的变压器，这种对流的速度更快。对流促使气体从变压器本体油箱向储油柜连续转移，从而造成气体损失。

变压器内部固体材料的吸附作用也可能使油中溶解气体减少，其机理是固体材料表面分子能够吸附外界分子，吸附的容量取决于被吸附物质的化学组成和表面结构。某些故障气体，特别是 CO、CO_2，由于其分子结构类似于纤维素，因而易被绝缘纸吸附。此外，某些金属材料如碳素钢和奥氏体不锈钢，则易吸附氢。因此对于新投入运行的变压器油中某些气体，如 CO、CO_2 或 H_2 的含量较高，应考虑制造过程中干燥工艺或电气试验时所产生的气体被固体绝缘材料或不锈钢吸附，而在运行中重新释放于油中的可能性。另外，在运行中变压器的故障初期，油中某些气体浓度绝对值很低，甚至计算得到的产气速率也不太高，则应考虑由于固体绝缘材料的吸附作用而导致油中气体含量降低的可能性。

采用开启式储油柜的变压器，因负荷增减变化导致变压油的呼吸作用，也会使油中气体逸散而减少。当油温上升时，油膨胀进入储油柜与油面空气相接触，使油中气体含量和气相达到平衡而逸散到油面上，并逸出储油柜之外；反之，当油温下降时，刚进入储油柜的含气量已降低的油在大气压的作用下又返回油箱本体，同时有相当量的新鲜空气吸入储油柜中，降低了油面上气体的气相含量，从而又加速了储油柜油中溶解气体向气相的释放。

三、变压器油中溶解气体故障分析

油浸式变压器采用油—纸绝缘结构，其主要绝缘材料是油、绝缘纸和绝缘纸板。当变压器内部发生、存在潜伏性故障时，在热和电的作用下，变压器油和有机绝缘材料将逐渐老化和分解，产生少量的各种低分子烃类及 CO、CO_2 等气体。把判断变压器内部故障有价值的气体如 H_2、CH_4、C_2H_6、C_2H_4、C_2H_2、CO、CO_2 称为特征气体，而把 CH_4、C_2H_6、C_2H_4 和 C_2H_2 含量的总和简称为总烃（C_1+C_2）。

（一）故障的分类

变压器的内部故障主要有热性故障、电性故障，变压器的机械性故障最终将以热性或电性故障形式表现出来。变压器内部进水受潮作为一种内部潜伏性故障，最终也会发展成电性故障。1999 年，IEC 新的导则 IEC 60599《运行中矿物油浸电气设备溶解气体和游离气体分析的解释向导》将原来 8 种典型故障改为 6 种，即局部放电、低能量放电、高能量放电、低温过热（$t<300$℃）、中温过热（300℃$<t<$700℃）、高温（$t>700$℃）过热，而将过去的高、低能量局部放电合并为局部放电，将 150℃的低温过热、t 为 150～300℃的低温过热统称为低温过热。

国内对 359 台故障变压器故障类型的不完全统计分析中，过热性故障变压器为 226 台，占故障总台数的 63％；高能量放电故障变压器为 65 台，占故障总台数的 18.1％；过热兼高能量放电故障变压器为 36 台，占故障总台数的 10％；火花放电故障变压器为 25 台，占故障总台数的 7％；其余 7 台变压器为受潮或局部放电故障，占故障总台数的 1.9％。

（二）不同类型故障的产气特征

1. 变压器的过热故障及其产气特征

过热故障的有效热应力可造成绝缘加速裂化，过热指局部过热，是由变压器内部故障引起的，局部温度超过了变压器的正常运行温度，并使绝缘材料分解出气体。变压器的过热故障区别于变压器正常运行因铜损和铁损而转化的发热。在正常运行下，由于铜损和铁损转化而来的热量，一般上层油温不大于 85℃。变压器过热故障促使绝缘材料老化分解，甚至烧坏附近的金属部件和破坏附近的绝缘材料。一般认为，过热故障除某些特殊故障（如在绕组内部有较大的涡流发热源）外，一般它的发展不是很快危及设备的安全运行。过热故障按出现在变压器的导电或磁路回路区分，可分为导电回路过热故障、磁路回路过热故障和其他部位过热故障等。①导电回路过热故障按部位可分为分接开关故障、引线连接部分故障、高低压绕组故障和漏磁环流引起的局部过热。②磁回路过热故障按原因和部位可分为铁芯故障及零序磁通引起的局部过热。③其他部位过热故障有局部油道堵塞致使局部散热不良引起过热，潜油泵、油冷却器故障等。据有关统计数据分析，导致变压器过热故障的各种原因所占的比例为：一般分接开关接触不良引起的为50%，铁芯多点接地和局部短路或漏磁环流占33%，导致过热和接头不良或紧固件松动占14.4%，因局部油道堵塞造成局部散热不良约占2.6%。

(1) 过热故障的产气特征。①热应力只影响到热源处变压器油的分解而不涉及固体绝缘时，产生的气体主要是低分子烃类气体，其中CH_4、C_2H_4为特征气体，一般两者之和占总烃的80%以上。当故障点温度较低时，CH_4占的比例大；随着热点温度的升高（500℃以上），C_2H_4组分急剧增加，比例增大。H_2含量与热源温度也有密切的关系，一般来说，高、中温过热时，H_2占总烃的27%以上，一般为30%左右。分析其原因可能是当温度升高时，烃类气体增长速度很快，尽管H_2的绝对含量也有所增长，但其比例却相对降低了。通常过热故障是不会产生C_2H_2的，一般低于500℃的过热，C_2H_2的含量不会超过总烃的2%；严重过热（800℃以上）时，也会产生少量的C_2H_2，但其最大含量也不超过总烃含量的6%。②涉及固体绝缘的过热故障时，除产生上述低分子烃类气体外，还产生较多的CO、CO_2，并随着温度的升高，CO与CO_2比值逐渐增大。变压器内油浸绝缘纸开始热解时产生的主要气体是CO_2，随温度的升高，产生的CO含量也增多，使CO与CO_2比值升高，到800℃时，比值可高达2.5。③对只限于局部油区堵塞或散热不良的过热故障，由于过热温度降低且过热面积较大，此时对变压器油的热解作用不大，因而低分子烃类气体不一定多。

(2) 过热故障发生的部位。①变压器内常发生的故障主要有载流导线和接头不良引起的过热故障。如分接开关动静触头接触不良、引线接头虚焊、线圈股间短路、引线过长或包扎绝缘损伤引起导体相接触产生环流发热、超负荷运行发热、线圈绝缘膨胀、油道堵塞而引起的散热不良等。另一种是磁路故障，如铁芯多点接地、铁芯片间短路、铁芯与穿芯螺栓短路、漏磁引起的油箱、夹件、压环等局部过热。②过热故障占少油设备（互感器和电容套管）故障比例的较小，发生的部位主要是：电流互感器的一次引线紧固螺母松动及分流比抽头紧固螺母松动等；电容套管的穿缆线鼻与引线接头焊接不良及导管与将军帽等连接螺母配合不当等。

2. 电性故障及其产气特征

电性故障是在高电应力作用下所造成的绝缘劣化，由于能量密度的不同，可分为高能量放电、低能量放电（局部放电和火花放电）等不同的故障类型，在变压器、互感器、套管中均有发生。高能量放电将导致绝缘电弧击穿。局部放电的能量密度最低，常常发生在气隙和悬浮带电体的空间。火花放电是一种间歇性的放电。

(1) 电弧放电。电弧放电又称高能量放电，以线圈匝、层间击穿为主要故障模式，其次是引线断裂或对地闪络和分接断路器飞弧等。电弧放电的特点是产气急剧而且量大，尤其是匝、层间绝缘故障，故障气体来不及溶解于油中而聚集到气体继电器引起瓦斯保护动作。

电弧放电故障时，其故障特征气体主要是C_2H_2、H_2，其次是大量的C_2H_4、CH_4。由于电弧放电故障速度发展很快，往往气体还来不及溶解于油中就聚集到气体继电器内，因此，油中溶解气体组分含量往往与故障点位置、油流速度和故障持续时间有很大关系。一般C_2H_2占总烃的20%～70%，H_2占总烃的30%～90%，绝大多数情况下C_2H_2高于CH_4。在涉及固体绝缘时，气体继电器中的气体和油中气体的CO含量较高。当油中气体组分中C_2H_2含量占主要成分且超标时，很可能是变压器线圈短路或分接开关切换产生弧光放电所致；如果其他成分没有超标，而C_2H_2超标且增长速率较快，则可能是变压器内部存在高能量放电故障。

在变压器的固体绝缘材料中发生高能量电弧放电时，不仅产生较多的CO、CO_2，而且因电弧放电的能量密度高，在电场力作用下会产生高速电子流，固体绝缘材料遭受这些电子轰击后，将受到严重破坏；同时，产生的大量气体一方面会进一步降低绝缘，另一方面还含有较多的可燃性气体。因此，若不及时处理电弧放电故障，严重时有可能造成变压器的重大损坏或爆炸事故。

（2）火花放电。火花放电一般是低能量放电，即一种间歇性放电故障。火花放电常发生在不同电位的导体与导体、绝缘体与绝缘体之间及不固定电位的悬浮体中，在电场极不均匀或畸变及感应电位下，都可能引起火花放电。

火花放电时，其特征气体以C_2H_2、H_2为主，因故障能量小，一般总烃含量不高，但油中溶解的C_2H_2在总烃中所占比例可达25%～90%，C_2H_4含量约占总烃的20%以下，H_2含量占总烃的30%以上。当H_2和CH_4的增长不能忽视，接着又出现C_2H_4时，可能存在着由低能量放电发展成高能量放电的危险。因此，当出现这种情况时，即使是C_2H_2未达到注意值，也应给予高度重视。

火花放电除了产生总烃类气体外，与热故障一样，只要有固体绝缘介入，都会产生CO和CO_2，但总的来看，电性故障产气速率比热性故障的产气速率高。

（3）局部放电。局部放电是指油—纸绝缘结构中的气隙（泡）和尖端，因绝缘薄弱、电场集中而发生局部和重复性的击穿现象。局部放电往往发生在一个和几个很小的空间内，放电的能量很小，局部放电的存在短时并不影响设备的绝缘强度。但设备在运行电压下，如在不可恢复的绝缘中存在局部放电呈不断蔓延与发展趋势，这些微弱的放电能量和由此产生的不良效应，可以缓慢损坏绝缘，最终发展到整个绝缘被击穿。电力变压器中引起局部放电的原因一般有两个：①变压器中存在局部电场强度的集中，由此引起变压器油的放电；②绝缘材料或油中存在气体（一般是空气），由于气体的介电系数小，其击穿电压比油和固体绝缘材料都低，当运行过程中绝缘材料内部气体中的电场强度超过其允许承受的电场强度而引起气体放电时，绝缘材料内部的气体将成为变压器发生局部放电的发源地。一般气隙刚放电时放电量不超过几百皮库，但发展到油中也出现局部放电时，放电量可达几千皮库甚至几十万皮库，往往引起绝缘纸层损坏而逐渐引发严重事故。从产生局部放电的原因和部位分析，引起局部放电的关键因素有四个：①导电体和非导电体的尖角毛刺；②固体绝缘的空穴和缝隙中的空气及油中的微量气泡；③在高电场下产生悬浮电位的金属物；④绝缘体表面的灰尘和脏污。

设备在运行过程中，由于负荷变化所引起的热胀和冷缩，油泵循环油所引起的湍流，以及铁芯的磁滞伸缩效应所引起的机械振动等，都会导致形成空穴和油释放溶解气体。如果产生的气泡集在设备绝缘结构的高电压应力区域内，在较高电场下会引起气隙放电（一般称为局部放电），而放电本身又能进一步引起油的分解和附近固体绝缘材料的分解，产生气体，这些气体在电应力作用下会更有利于放电并产生气体。这种放电使油分解产生的气体主要是 H_2 和少量 CH_4。

局部放电，尤其是匝、层间和围屏这些部位由于局部放电导致其绝缘受损后，沿面放电电压降低，在受到内部或外部过电压的冲击后，绝缘性能迅速下降，引起局部放电乃至发展成电弧放电而被烧毁。电流互感器和电容套管的电容芯绕包工艺不良或真空干燥工艺不良等，都会造成局部放电。

一般认为，局部放电对绝缘的破坏有三种作用：①局部放电产生的电子和离子轰击绝缘材料表面，造成表面侵蚀和局部过热，使高聚物裂解；②局部放电产生的臭氧、硝酸及其他产物与绝缘材料起化学反应，使绝缘材料劣化；③局部放电产生的紫外线、软 X 射线等辐射，促使绝缘材料老化。实际上，这三种破坏形式可能同时存在。变压器内部局部放电，也有一个从电晕发展到爬电、火花放电，最后形成电弧放电的过程，其发展速度取决于故障部位和故障能量的大小。

发生局部放电时，其特征气体组分含量依放电能量密度不同而不同，主要成分是 H_2，其次是 CH_4。当放电能量密度增高时也可能出现 C_2H_2，但其在总烃中所占比例一般不超过 2%。这是与电弧放电和火花放电区别的主要标志。

（4）变压器受潮。变压器内部进水受潮后，油中水分和含湿气的杂质易形成“小桥”，能引起局部放电而产生 H_2；水分在电场作用下的电解作用和水与铁的化学反应，也可产生大量 H_2。因此在进水受潮的设备里，H_2 的含量在总烃中占的比例更高。由于变压器油正常劣化时也产生少量的 CH_4，因此在受潮的变压器油中，也有 CH_4，但其比例有所下降。受潮的变压器中，有时局部放电和受潮两种异常现象共存，且特征气体基本相同，单靠油中气体分析结构往往难以区分，必要时可根据外部检查和其他试验结果加以综合判断，如局部放电和油中微量水分测试分析等。当 C_2H_2 含量较大时，往往表现为绝缘介质内部存在严重的局部放电故障；同时常伴有电弧烧伤与过热，C_2H_2 含量明显增大，而且在总烃中所占比例也较大。

综上所述，不同类型的变压器故障，其产生的气体具有如下特征：电弧放电的电流大，变压器主要分解出 C_2H_2、H_2 及较少的 CH_4；局部放电的电流较小，变压器油主要分解出 H_2 和 CH_4；变压器油过热时分解出 H_2 和 CH_4、C_2H_4、C_3H_6 等；纸、层压板或木块等固体绝缘材料生成大量的 CO 和 CO_2 及少量烃类气体和呋喃化合物，同时被油氧化。CO 和 CO_2 的形成不仅随温度而且随油中氧的含量和纸的湿度增加而增加。变压器油中气体组分与内部状况的关系是特征气体判断法的基本依据，见表 6-28，不同故障类型产生的气体见表 6-29。

表 6-28　　变压器油中气体组分与内部状况的关系

N_2 和 5%或更少的 O_2	密封变压器处于正常运行状态
N_2 和大于 5%的 O_2	检查变压器的密封情况
N_2、CO 或 CO_2，或 CO、CO_2 同时存在	变压器过载或过热，引起绝缘纸热裂解，检查运行条件
H_2 和 N_2	电晕放电、水电解或铁锈
H_2、N_2、CO 和 CO_2	电晕放电涉及绝缘纸或变压器严重过载
H_2、N_2、C_2H_4 和少量的 C_2H_4、C_2H_6	火花放电或其他不严重故障，在油中引起放电
H_2、N_2、C_2H_4、CO、CO_2 和少量的其他烃类气体，通常不存在 C_2H_2	火花放电或其他不严重故障，涉及固体绝缘
N_2 和大量的 H_2 及其他烃类气体，包括 C_2H_2	内部存在高能量的电弧放电，引起油快速劣化
N_2 和大量的 H_2、CH_4、C_2H_4，少量的 C_2H_2	小区域的高温过热，通常由于接触不良引起，故障未涉及固体绝缘
N_2 和大量的 H_2、CH_4、C_2H_4 及少量的 C_2H_2，另外还有 CO、CO_2 存在	小区域的高温过热，通常由于接触不良引起，故障未涉及固体绝缘

表 6-29　　不同故障类型产生的气体

故　障　类　型	主要气体组分	次要气体组分
油过热	CH_4，C_2H_4	H_2，C_2H_6
油和纸过热	CH_4，C_2H_4，CO，CO_2	H_2，C_2H_6
油纸绝缘中局部放电	H_2，CH_4，CO	C_2H_2，C_2H_6，CO_2
油中火花放电	H_2，C_2H_2	
油中电弧	H_2，C_2H_2	CH_4，C_2H_4，C_2H_6
油和纸中电弧	H_2，C_2H_2，CO，CO_2	CH_4，C_2H_4，C_2H_6

注　进水受潮或油中气泡可能使 H_2 含量升高。

第六节　绝缘油的检修与维护

高压电气设备中最普遍使用的绝缘油是多种烃类化合物的复杂混合物，包括石蜡烃、环烷烃和芳香烃，各类烃中又包含各种不同含碳量的烃，并具有其特有的物理、化学和电气性能。新油注入电气设备之前，必须进行检验。在运行过程中，由于绝缘油受到氧气、湿度、高温、紫外线及电场等的作用，容易裂解变质，其物理、化学和电气性能也会逐渐变坏，因此必须定期进行各项分析检验，保证电气设备能安全运行。另外，也可增补在线检测设备，如变压器油的油中特征气体在线检测，它将在很多方面弥补仅靠定期停电预试的不足，也利于推广从定期维修过渡到更合理的状态维修。通过对被试设备的当前试验数据（包括停电及带电监测），结合过去的数据和经验，大致了解充油电气设备的绝缘状况，并及时发现设备可能存在某种类型的缺陷，特别是分析油中溶解的气体，作为检查和处理设备的内部故障，目前已被广泛应用。

一、油中溶解气体的色谱分析（DGA）

（一）故障类型的判断

1. 特征气体法

根据产气特征和表 6-29 所列的不同故障类型产生的气体可推断设备的故障类型。

2. 三比值法

在热动力学和实践的基础上，推荐改良的三比值（五种气体的三种比值）作为判断充油电气设备故障类型的主要方法。根据编码规则形成编码组合再对设备的故障类型进行分析判断，故障类型判断方法见表 6-30。改良三比值法是三比值以不同的编码表示，编码规则见表 6-31。三比值法的应用原则：①只有根据气体各组分含量的注意值或气体增长率的注意值有理由判断设备可能存在故障时，气体比值才是有效的，并应予以计算。对气体含量正常，且无增长趋势的设备，气体比值没有意义。②假如气体的比值与以前的不同，可能有新的故障重叠在老故障和正常老化上。为了得到仅仅相应于新故障的气体比值，要从最后一次的分析结果中减去上一次的分析数据，并重新计算比值（尤其是在 CO 和 CO_2 含量较大的情况下）。在进行比较时，要注意在相同的负荷、温度等情况下，并在相同的位置取样。③由于溶解气体其他分析本身存在的误差试验，导致气体比值也存在某些不确定性。利用本导则所述的方法分析油中溶解气体结果的重复性和再现性，对气体浓度大于 10μL/L 的气体，两次的测试误差不应大于平均值的 10%，而在计算气体比值时，误差提高到20%。当气体浓度低于10μL/L时，误差会更大，使气体比值的精确度迅速降低。因此，在使用比值法判断设备故障性质时，应注意各种可能降低精确度的因素，尤其是正常值普遍较低的电压互感器、电流互感器和套管。

表 6-30　　故障类型判断方法

编码组合			故障类型判断	故障实例（参考）
C_2H_2/C_2H_4	CH_4/H_2	C_2H_4/C_2H_6		
0	0	1	低温过热（低于150℃）	绝缘导线过热，注意CO和CO_2的含量及CO_2/CO值
	2	0	低温过热（150～300℃）	分接开关接触不良，引起夹件螺栓松动或接头焊接不良，涡流引起铜过热，铁芯漏磁，局部短路，层间绝缘不良，铁芯多点接地等
	2	1	中温过热（300～700℃）	
	0，1，2	2	高温过热（高于700℃）	
	1	0	局部放电	高湿度、高含气量引起油中低能量密度的局部放电
1	0，1	0，1，2	低能放电	引线对电位未固定的部件之间连续火花放电，分接抽头引线和油隙闪络，不同电位之间的油中火花放电或悬浮电位之间的火花放电
	2	0，1，2	低能放电兼过热	
2	0，1	0，1，2	电弧放电	线圈匝间、层间短路、相间闪络、分接头引线间油隙闪络引起对箱壳放电、线圈熔断、分接开关飞弧，因环路电流引起对其他接地体放电等
	2	0，1，2	电弧放电兼过热	

表 6-31　　编码规则

气体比值范围	比值范围的编码		
	C_2H_2/C_2H_4	CH_4/H_2	C_2H_4/C_2H_6
<0.1	0	1	0
≥0.1且<1	1	0	0
≥0.1且<3	1	2	1
≥0.1	2	2	2

3. CO和CO_2的判断法

当故障涉及固体绝缘时，会引起CO和CO_2含量的明显增长。根据现有的统计资料，固体绝缘的正常老化过程与故障情况下的劣化分解，表现在CO和CO_2的含量上，一般没有严格的界限，规律也不明显。这主要是由于从空气中吸收的CO_2、固体绝缘老化及油的长期氧化形成CO、CO_2的基值过高造成的。开放式变压器溶解空气的饱和量为10%，油中可以含有来自空气中的300μL/L的CO_2。在密封设备里，空气也可能经泄漏而进入设备油中，这样油中的CO_2浓度将以空气的比率存在。经验证明，当怀疑设备固体绝缘材料老化时，一般$CO_2/CO>7$；当怀疑故障涉及固体绝缘材料时（高于200℃），可能$CO_2/CO<3$，必要时，应从最后一次的测试结果中减去上一次的测试数据，重新计算比值，以确定故障是否涉及固体绝缘；当怀疑纸或纸板过度老化时，应适当地测试油中糠醛含量，或在可能的情况下测试纸样的聚合度。

4. 判断故障类型的其他方法

（1）O_2/N_2值。一般在油中都溶解有O_2和N_2，这是油在开放式设备的储油罐中与空气作用的结果，或密封设备泄漏的结果。在设备里，考虑到O_2和N_2的相对溶解度，油中O_2/N_2的比值反映空气的组成，接近0.5。运行中由于油的氧化或纸的老化，这个比值可能降低，因为O_2的消耗比扩散更迅速。负荷和保护系统也可能影响这个比值。但当$O_2/N_2<0.3$时，一般认为是出现氧被极度消耗的迹象。

（2）C_2H_2/H_2值。在电力变压器中，有载调压操作产生的气体与低能量放电的情况相符。假如某些油或气体在有载调压油箱与主油箱之间相通，或在各自的储油罐之间相通，这些气体可能污染主油箱的油，并导致误判断。主油箱中$C_2H_2/H_2>2$，认为是有载调压污染的迹象。这种情况可利用比较主油箱和储油罐的油中溶解气体浓度来确定。气体比值和乙炔浓度值依赖有载调压的操作次数和产生污染的方式（通过油或气）。

（3）气体比值的图示法。利用气体的三比值，在立体坐标图上建立立体图示法可方便地直观不同类型故障的发展趋势。利用CH_4、C_2H_2和C_2H_4的相对含量，在三角形坐标图上判断故障类型的方法也可辅助这种判断。

近几年来，在三比值法的基础上，结合对故障变压器色谱数据的统计分析，又提出了新的分析、诊断方法，对确定变压器内部故障性质有很大帮助，如气体组分谱图法、T（过热）和D（放电）图法。

（二）油中溶解气体分析的不足

（1）目前在根据油中溶解气体分析（DGA）的结果判断充油电气设备故障类型方面，主要局限于总可燃性气体分析法、特征气体法和三比值法，从分析故障点的物理特性出发，最终的判断结果实际上仅能给出所表现的过热或放电结论。如果进一步诊断，乃至确定故障的具体位置，还需利用其他技术（如超声波定位）的分析结果进行更综合的诊断。

（2）受油中溶解气体的累积和取样分析时误差的影响，常规的DGA技术很难在溶解气体含量较小的情况下进行分析，只有当某些特征气体含量超过“注意值”时，根据DGA结果判断才认为是有意义的。同时设备运行时出现内部故障原因往往不是单一的，而是由于某一故障或前期征兆信息微弱的潜伏性故障引发的突发性故障。由于上述因素存在，导致DGA诊断有效率和准确率并不高。

（3）在判断设备有无故障及其严重程度时，要根设备运行情况、历史记录和设备特点及外部环境等因素进行综合判断。

（4）正常运行的变压器，在绝缘允许的温度下，也会产生缓慢的分解反应，产生气体，而故障产气与正常运行的非故障产气在技术上不可分离，加之不同类型故障（如局部放电与进水受潮）有类似的产气特征，这使得利用DGA技术进行设备状态诊断时可能得出错误的结果。

（5）对试验数据的解释可使用多种方法，由于各种诊断方法所依据的数据不同，因此对故障性质的分类也不同。同时各种诊断方法均有其局限性，因而影响了DGA技术在诊断时的准确率。

（6）各种DGA诊断方法是在大量数据的基础上统计出来的，虽然在形式上比较简单，但正是因为简化了故障因素的复杂性而使得其正确率只能达到80%左右。

基于上述客观原因，在运用DGA技术诊断充油电气设备状态时，需对其内部结构和运行状况、历次检修及辅助设备情况进行全面了解，并结合历年色谱数据和电气试验（直阻、绝缘、变比、泄漏、空载试验等）、油质分析试验，必要时还须与同类设备相比较，以便正确诊断充油电气设备有无故障。

（三）油中溶解气体故障分析因素

油中溶解气体分析的试验过程包括从变压器中取出油样，从油样中脱出溶解气体，利用色谱仪分析气体和数据处理四个环节。

1. 故障产气的累计性

充油电气设备的潜伏性故障所产生的可燃性气体大部分溶解于油。随着故障的持续，这些气体在油中不断积累，直至饱和甚至析出气泡。因此，油中故障气体的含量及其累计程度是诊断故障存在与发展的根据。

2. 故障产气的速率

正常情况下充油电气设备在热和电场的作用下也会老化分解出少量的可燃性气体，但产气速率很缓慢，当设备内部存在故障时，就会加快这些气体的产气速率。因此，故障气体的产气速率，也是诊断故障存在与发展的另一个依据。实践经验证明，变压器内不同类型的故障，其发展趋势不同，产气速率也不同。对于电性故障，其发展趋势相对热性故障要迅速。

3. 故障产气的特征性

变压器内部在不同故障下产生的气体有不同的特征。例如，局部放电时会有H_2，较高温度的过热时会有C_2H_4，而电弧放电时也会有C_2H_2。

4. 分析结果的分散性

由于变压器形式结构的多样性和运行环境的复杂性，导致发生绝缘故障后油中溶解气体分析结果有一定的分散性，特征气体分析数据的分散性易造成对某些故障识别并不敏感。如分析 CO_2 的含量，要防止油中特征气体逸散、回溶，外界气体的侵入。因为空气中本来就含有 0.3%的 CO_2。同时，由于存在测量随机误差的影响，因此在进行溶解气体分析时，分析结果因采样部位、方法、脱气方式和使用仪器的不同，不可避免地会有相当大的分散性。

二、运行中变压器油超极限值原因及对策

运行中变压器油超极限值的原因及对策见表 6-32。一般认为，无故障的变压器在运行 7～8 年后，油中的气体浓度已较稳定。但由于材料、工艺、密封结构等差异，无故障的设备中究竟可允许有多少含气量，需要经过调查分析后才能得出。国外对无故障变压器油中气体浓度的上限值举例见表 6-33。

表 6-32　　运行中变压器油超极限值的原因及对策

项　目	超极限值		超极限值的可能原因	采取对策
外观	不透明，有可见杂质或油泥沉淀物		油中含有水分或纤维、碳黑及其他固体物	检查含水量，与其他试验配合，决定措施
颜色	油色太深，有异常气味		可能过度劣化或污染	检查酸值、闪点、油泥，以决定措施
水分（μL/L）	500kV	>20	①密封不严，潮气侵入；②超温运行，导致固体绝缘老化或油质劣化较深	①更换呼吸器内干燥剂；②降低运行温度；③采用真空过滤处理
	22～330kV	>30		
	66～110kV	>40		
酸值（mgKOH/g）	>0.1		①超负荷运行；②抗氧化剂消耗；③补错油；④油被污染	调查原因增加试验次数，投入净油器或更换吸附剂，测定抗氧化剂含量，适当补加
水溶性酸	pH<4.2		①油质老化；②油被污染	与酸值进行比较查明原因，投入净油器
击穿电压（kV）	500kV	<50	①油中水分含量过大；②油中有杂质颗粒污染	检查水分含量，对大型变压器检测油中颗粒度，进行真空滤油或更换新油
	300kV	<45		
	220kV	<40		
	66～110kV	<35		
	35kV 及以下	<30		
介质损耗因数（90℃）	500kV	>0.02	①油质老化程度较深；②油被污染；③油中有极性胶体杂质	检查酸值、水分、界面张力，进行再生处理，或更换新油
	≤330kV	>0.04		

续表

项 目	超极限值	超极限值的可能原因	采取对策
界面张力（mN/m）	<19	①油质老化严重，油中有可溶性或油泥析出；②油质污染	结合酸值、油泥的测定采取对策进行再生处理或更换新油
油泥与沉淀物（质量分数）（%）	有油泥和沉淀物（含量在0.02%以下可忽略不计）	①油质深度老化；②杂质污染	进行油处理，如经济合理可换油
闪点（闭口）（℃）	①比新油标准低10℃；②比前次试验低5℃	①设备存在局部过热或电性故障；②补错油	查明原因消除故障，进行真空脱气处理或换油
溶解气体组分含量	见DL/T 7252《变压器油中溶解气体分析和判断导则》	设备存在局部过热或放电性故障	进行追迹分析，彻底检查设备，找出故障点，消除隐患，进行真空脱气处理
油中气体含量（体积百分数）（%）	330～500kV及以上设备	设备密封不严	与厂家联系，进行设备的严密性处理
体积电阻率（90℃）（Ω·cm）	500kV及以上 $<1\times10^{10}$	①油老化程度较深；②油被污染；③油中含有极性杂质	检查酸值、水分、界面张力，查明原因，再生或更换新油

表 6-33　国外对无故障变压器油中气体浓度的上限值举例　μL/L

气体组分	运行3年	运行7年	气体组分	运行3年	运行7年
H_2	200	250	C_2H_2	15	35
CH_4	100	200	CO	500	1000
C_2H_6	100	200			
C_2H_4	150	300	CO_2	6000	11 000

三、变压器含气量增高原因及处理

含气量是指以分子状态溶解在油中的气体所占油体积的百分含量，一般油中溶解的气体主要是空气。

（一）变压器含气量增高的原因

新装投运和检修后的变压器脱气和排气不彻底会造成含气量增高；干燥不彻底，在投运后从器身固体绝缘材料中逐渐释放出气体，导致变压器油含气量逐步增高。另外，变压器内部存在负压区，外界大气通过密封不严部位进入变压器内，气体在油流的冲击下形成气泡进入变压器本体。这些气体一部分溶解于油中，使油的含气量增高；另一部分则在强电场作用下呈气泡排列，最后导致电游离而使气泡破裂，分解产生C_2H_2、C_2H_4、CH_4和C_2H_6等可燃性故障气体，并使这些气体含量逐渐增高。变压器外界进气严重，还可能导致瓦斯保护信号触电动作。

（二）变压器进气的主要途径

1. 变压器本体在运行中造成的进气

变压器在运行过程中由于上、下层油循环，导致顶盖下面的上层油面存在一定的波动现象。变压器顶盖上密封接合面、焊接部位数量较多，当密封不良，油层向上波动时会把变压器油挤出，导致渗油现象；当油层向下波动时在器身顶盖和油层表面形成一定的真空，产生负压区，导致外界大气进入变压器本体内部。应该指出，人们一般把渗油点理解为正压区，况且有储油柜内油位落差的作用不会造成进气，但油的波动是局部正压区和负压区交替进行的，渗油点是要进气的，因此，发现渗油部位应及时处理。

2. 强迫油循环冷却造成进气

（1）流速过高造成进气。强迫油循环冷却的变压器，采用高速油泵，如果管路密封不严，外界大气会进入变压器油中，流速越大这种可能性越大。

（2）管径截面突然变化造成进气。由于主油流流动突然受到阻力而发生方向及流速变化，根据流体力学原理，主油流的外边形成涡流区，进入涡流区的油在涡流区范围内来回旋转产生涡流，涡流中心的压力又低于涡流外围的压力，因此在涡流区边缘，如存在密封和焊接不严的部位，就有可能导致外界大气进入变压器油流中。

（3）90°弯管造成进气。当油流进入弯管后流线发生弯曲，油流受到向心力的作用，油流外侧压力高于内侧压力，使油流向弯管内侧偏移，从而在弯管处形成油流盲区。在盲区中的油流也是涡流，因此这个部位如存在密封不严，会导致外界大气进入油流中。

（4）闸阀造成的进气。在变压器强迫油循环冷却方式中，很多部位采用闸阀。当油流绕过阀板时，表面的油流会发生脱离现象，结果在阀板前后形成涡流区，易导致进气。另外，闸阀的阀杆和阀座是动密封的，稍有密封不好，外界大气就会顺着阀杆被吸入油流中。因此，在使用闸阀时最好将闸阀置于全开位置，一方面避免形成涡流区而产生负压，另一方面减少油流损失。除加强密封外，在有条件时可将闸阀改装成性能良好的蝶阀。

（5）潜油泵造成的进气。变压器油进入潜油泵，在叶轮的作用下油被送入冷却器并建立油压。油流在高速转动的叶轮作用下做旋转运动，而旋转油流的中心压力又低于边缘压力，因此叶轮中心对外边有抽吸能力。在泵壳中，油流有相当一部分做不规则运动，在泵壳内壁不很光滑的情况下，形成局部负压区的可能性就更大。在泵壳拐脖处由于油流方向及流速突然变化，也可能形成负压区。油在这种情况下，若泵壳密封不严，极易造成进气。油泵进油量低于出油量，在油泵管道上相当一段会产生油填不满的负压区，从而造成进气，因此需做到进出油相匹配或者使进油量大于出油量，减小进气的可能性。

（6）冷却器本体造成的进气。通过潜油泵的油流，若流速过高，油流进入冷却器本体后在管路和冷却器交接面处会产生涡流区，从而产生负压，如管路连接法兰密封不良，能将外界大气吸入冷却器内。因此，确认是外界进气后，查找进气点并从气体继电器上排气，并迅速封堵查处的故障点；如果是潜油泵或冷却器造成的进气，应将其退出运行，启动备用冷却器。进气部位要进行焊接，或在各个可能形成负压区的密封面和焊接部位用凡士林或二硫化铝封堵。

3. 故障处理

（1）对泵壳进行改造，尽量使其成为流线型。泵壳如为翻砂体，应杜绝砂眼、气孔的存在，可采用浸环氧树脂处理。如是钢件，则焊接部位不得有孔眼。

（2）避免在泵壳上设计排气塞和放油塞，减少密封部位。选择适当容量的潜油泵和管径的管路。

（3）避免采用进油阀来调节油的流量和压力。

（4）潜油泵检修时，需对潜油泵和冷却器进行多次排气。

四、变压器本体油介质损耗升高原因的分析

（一）变压器油老化

变压器油老化是在极其复杂的条件下，发生化学复分解的结果，其主要产物是过氧化物、醇、醛、酮、有机酸和深度氧化聚合物，这些物质呈酸性特点，统称有机酸类。有机酸增多，促使油的离子电导增加，油的介质损耗变大。由于变压器油的老化进程是渐进式的，因此油的介质损耗增长也就比较缓慢。投入运行时间不长的变压器，出现变压器油介质损耗增大，一般非变压器油老化所致。

介质损耗因数对判断变压器油的老化与污染程度很敏感。新油中所含极性杂质少，所以介质损耗因数也很微小；但油质老化或混入其他杂质时，所生成的极性杂质和带电胶体物质逐渐增多，介质损耗因数就已能明显地分辨出来。

（二）可溶性极性杂质

以下途径使油中侵入可溶性极性杂质，导致介质损耗升高：①变压器制造、安装或检修中，器身绝缘材料可能吸附某种导致油介质损耗升高的可溶性杂质。②变压器出厂前残油存在着可溶性极性杂质，注油后杂质侵入油中，使油受到污染；在进行热油循环过程中，循环回路、储油罐内不洁净或储油罐内有被污染的残油，都

能使循环油受到污染，导致油中再次侵入可溶性极性杂质。③变压器油介质损耗因数超标，再生处理后，油中的极性杂质基本清除，但实际上变压器器身绝缘材料中仍吸附着一定量的可溶性极性杂质及大量未处理好的油。滤好的油进入变压器本体后，该杂质又再度进入好油中，导致油介质损耗反弹；该杂质与油反应到一定程度时，可能会出现类似“雪崩效应”的加速反应现象，加快生成某种物质，致使油介质损耗大幅升高。

（三）金属微粒

由于油浸电气设备多为金属组合体，油中难免含有某些金属元素。有人根据其试验结果提出，铜、铝和铁等金属元素含量较高是油介质损耗增大的主要原因。这是因为这些金属元素对变压器油的氧化起催化作用，使油产生酸性氧化物和油泥。酸性氧化物腐蚀金属，又使油中的金属含量增加，加速油的氧化，导致其介质损耗因数增大。

（四）混油

两种以上互不相溶的油混合后，一种油中的杂质就成为另一种油老化的催化剂，导致油的老化速度加快，油的介质损耗增长较快。所以，不同油基的油、相同油基不同炼制工艺的油原则上不能混用，特别值得注意的是在变压器油中不可混入少量机械油和润滑油。如果两种变压器油必须混用时，应严格按国家标准进行混油试验，根据试验结果来决定可否混用。

（五）水分

由于水分的极性较强，受电场作用很容易发生极化，导致油的电导电流增大，从而促使油的 $\tan\delta$ 值增大。对于纯净的油，当油中的水分含量较低时，对油的 $\tan\delta$ 值影响不大，只是当油中水分含量较高时才有明显的影响。水在纤维—空气与纤维—油中于一定温度下达到分布平衡，油和纸中所含的水分可相互转换。当温度较高时，油中含水率增高，而纸中含水率降低，纸中水分向油中扩散；当温度降低时，纸中含水率增高，油中含水率降低，绝缘纸将从油中吸收水分。运行变压器油中含水量与油温、季节（气温）的变化有关，油中含水量存在夏季高、冬季低的现象。但油和纸之间水分的平衡过程不能在短期内完成，大型变压器在运行温度较为稳定的情况下，这种平衡要几个月的时间。因此，变压器油高温介质损耗会因在不同季节测定而有所变化。

（六）光敏反应

油被日光照射后其 $\tan\delta$ 值会明显减小，该现象称为油的光敏反应。因此，在对变压器油取样时，为消除油的光敏反应对油品检测的干扰，应采取避光措施，包括油流避光和油样避光，样瓶应以茶色磨口玻璃瓶外加黑（红）布口袋避光。

五、变压器油的干燥脱气

变压器油的干燥脱气是指将变压器油中的水分降低到10～15μL/L以下，气体含量降低到1%以下，使变压器的性能达到国家标准要求。水溶解于变压器油中直到油的内部压力平衡为止，如果与平衡压力有关的压力、温度和饱和度等被破坏，变压器油或逸出水分或吸收水分，在新的条件下达到新的平衡。变压器油中的水分随着平衡压力下降而下降，若变压器油的平衡压力不变，油中的水分将随着温度的上升而下降。变压器油的干燥脱气需注意两个问题：①选择最佳的处理温度，进入真空罐的油流不易过高，否则容易老化，一般控制在65℃左右，此时油的黏度较稀，容易形成薄膜层，最有利于真空干燥脱气处理；②最大限度地降低变压器油的平衡压力，若罐内工作真空度相同，由于变压器油在罐内存在的状态不同，因此油的平衡压力也不同，在相同存在状态下，罐内的真空度越高，油的平衡压力越小。

六、变压器油中含乙炔的脱气处理

变压器油在正常状态下不可能有乙炔气体产生，一旦发现变压器油中出现乙炔，即使是痕量的乙炔，尤其是超出注意值范围的乙炔，则说明变压器油中已发生过放电或过热现象。但油中含乙炔气体，并不代表变压器本体中肯定发生放电或过热现象。

油中存在乙炔一般采用真空滤油机进行脱气处理。若油不排出就在变压器内循环过滤处理，吸附在器身固体材料中的乙炔无法脱除；同时，油箱内存在着油无法循环流动的盲区，盲区部分的油因缺少流动在处理结束时乙炔浓度要比其他部分油中乙炔的浓度高，变压器投运以后将缓慢向乙炔低浓度区域扩散，导致出现处理后油中乙炔含量又会缓慢上升的反弹现象。为彻底脱除油中的乙炔，建议采取变压器—储油柜单方向乙炔脱气处理工艺。此工艺应注意：①为防止变压器内部器身固体绝缘材料析出的乙炔在处理后缓慢释放到油中，同时考虑到氮气在油中溶解度比乙炔大和预防排油过程中器身绝缘受潮，油从变压器本体油箱经真空滤油机排入油罐时，边排油边往本体油箱中注入高纯氮气。②本体油箱内油排尽后，用真空滤油机对变压器本体抽真空，当真空泵达到实际可能的最高值（应不大于133.3Pa）后，在真空泵继续运行的条件下，保持真空度，真空泵继续开动时间应不少于24h。在抽真空的过程中，应监视变压器油箱无变形。③有载分接断路器油箱内可能存在气体，有载分接断路器筒体应与本体连通，同时抽真空，还应注意检查有载分接断路器的密封性能。④排至油罐中的油采用真空滤油机进行单方向滤油处理，直至合格。⑤油罐内的变压器油处理后，采用真空注油方式通过真空滤油机注入变压器内。

七、大型变压器安装现场油处理工艺

（一）变压器运抵现场后绝缘状况检查

1. 带油运输的变压器绝缘状况判断方法

（1）通过检查变压器本体有无漏油痕迹。

（2）取油样测试变压器油击穿电压、含水量，其指标应符合 GB 50150《电气装置安装工程　电气设备交接试验标准》的相应规定。

2. 充气运输的变压器绝缘状况判断方法

（1）内部气体压力要求维持正压。

（2）若残油能够取出，则应测试残油的击穿电压、含水量、介质损耗指标。

（二）运抵现场变压器油的检查

对于采用油罐或油桶运到安装现场的变压器油，应进行验收检查，内容包括：

（1）变压器油出厂试验报告。

（2）采用油罐储运的，检查油罐的密封和吸湿器的吸湿情况；采用油桶储运的，领用时目测检查各油桶的商标应一致，同时随机抽样检查油桶的密封情况。

（3）变压器油取样试验。

（4）核实变压器油的数量，一般为设备用油总量的 1.05～1.10 倍。

（三）现场变压器油的取样试验和处理

1. 变压器油的取样试验

变压器油运到现场滤油前、注入变压器前及变压器投运前应进行油试验。在变压器油取样时，必须严格按照 GBJ 148《电气装置安装工程电力变压器、油浸电抗器、互感器施工及验收规范》规定的方法进行取样。试验项目如下：

（1）变压器制造厂有全分析试验记录的，只需按 GB 50150 的规定对油样做简化分析，其中油的击穿电压不小于 350kV。

（2）对炼油厂直接来油或自行购置的商品油或对制造厂来油有怀疑时，应按 GB 2536 的规定做全面分析。

（3）对试验结果中介质损耗因数偏大的变压器油，一般情况下无法用真空滤油机处理的，应及时作退回处理。

2. 变压器油处理

（1）在器身吊检之前，用真空滤油机将油处理合格。在注油之前，提交油试验报告，由质量监督人员签字认可后，方可允许将油注入油箱。

（2）为提高变压器油的滤油效率，若条件具备，可采用单方向滤油工艺。

（3）油的一般性能分析可依据出厂资料进行，安装现场不再进行分析，但击穿电压、含水量、介质损耗和含气量(330～500kV 级)指标必须提供现场各油罐的实测数据。

（四）真空处理和注油

1. 抽真空脱水、脱气

（1）全部附件安装完后，打开各附件、组件通本体的所有阀门，连同本体一起抽真空。若有附件（如有载分接断路器、冷却器等）不能承受此真空度，则需另行考虑。

（2）在油箱顶进油阀处加一截止阀（真空阀）和真空表，再连接真空管道。在对油箱抽真空之前，先抽管道真空，查明真空系统本身实际能达到的真空度。若该真空度大于10Pa，应检查和修理真空处理系统（管道或真空泵）。

（3）真空度应符合变压器出厂说明书的要求。

（4）有载分接开关桶体应与本体连通，同时抽真空。

（5）抽真空速度要均匀，在抽真空的过程中应监视变压器油箱有无变形。

（6）在对油箱抽真空的过程中，应随时检查有无渗漏，为便于听清泄漏声响，必要时可暂时停运真空泵。当真空泵达到实际可能的最高值（应不大于133.3Pa）后，在真空泵继续运行的条件下，保持此真空度，真空度维持时间应符合有关规定和制造厂的要求，现场安装时可根据实际情况（如器身暴露时间过长、空气湿度高等）适当延长真空度保持时间。

2. 真空注油

（1）注油温度控制在40～60℃（真空滤油机出口平均油温），注油速度控制在4～5t/h。

（2）注油时，真空泵继续运行，通向油箱的阀门也保持与抽真空时相同，以便所有组件、附件连同本体同时注油。必须用真空滤油机从油箱下部的注油阀注油（油从线圈外面向线圈内溢，可减少油对围屏的张开力）。当油注入到油面距油箱顶盖200～300mm时（确保油淹没线圈绝缘），则停止注油，注油后保持真空阶段这一工序。220kV级变压器真空保持时间4h以上，110kV变压器真空保持时间2h以上。然后停止抽真空，继续注油，直到油位接近气体继电器处的封板时，停止真空滤油机。

（3）对于有载调压变压器，当油注到油面距油箱顶盖200～300mm时，即可解除真空，拆除有载分接断路器油室同本体油箱之间的连通管并加装封板；然后再抽真空1h，注油后保持真空阶段。

（4）松开装气体继电器处的封板，用大气直接解除真空。然后，拆除封板，安装气体继电器。

（5）关闭注油阀，拆下进油管，在储油柜的进油管上接上油管。关闭储油柜集气室的排气、排油阀门，用真空滤油机注油，向升高座和储油柜等处补油。

（6）在向储油柜注油时，要防止放气塞被胶囊阻挡。如有阻挡，用棍棒从放气塞的孔中插入，轻轻拨动胶囊。当放气塞溢出油时，说明储油柜中（胶囊以外）的空气已排除干净，当即将放气塞旋紧，同时关闭进油阀，停止注油。

(7) 打开集气室的排气阀门和套管升高座、上部管道、冷却器等上部的放气塞，进行多次放气，直至排尽，然后将放气孔密封，擦尽油迹。在储油柜的放气阀下接放油管道，打开放油阀排出储油柜中多余的油，使油位表指示的油位与当时实测油温下所要求的油位相符。

3. 变压器储油柜按全真空设计时的注油

如果变压器的储油柜是按全真空设计的，则可以将储油柜和变压器油箱一起进行抽真空注油。当注油的高度达到距真空口 200～300mm 时，停止抽真空，关闭真空阀门，用真空滤油机继续注油到储油柜应有的油面高度。

(五) 热油循环、补油和静放

1. 热油循环

变压器真空注油后，在器身绝缘上难免还有一些残留的水分和气体，对于电压等级高（如 500kV）的变压器，还需要进行热油循环，以进一步除去这些水分和气体。冷却器内的油应与油箱本体内的油同时进行热油循环（为保持油箱内的温度，可将潜油泵和阀门间断地开闭），打开油箱与储油柜之间的蝶阀，将油从油箱下排出，经真空滤油机加热到 (65±5)℃，再从油箱的上部回到油箱。每 4h 打开一组冷却器运行 10min，这样周而复始，进行热油循环。热油循环的时间很长，一般情况下需 2～3 天，时间的长短取决于油中的气体及水分的含量是否达到了控制的指标（500kV 变压器油中的含气量为 1%）。对于电压在 330kV 及以下的变压器，在抽真空注油后取样化验含水量、介质损耗、色谱分析和击穿电压均合格时，可以不再进行热油循环。

2. 补油

往变压器内加注补充油时，应通过储油柜上专用的添加阀，并经滤油机注入，注油至储油柜额定油位。注油时，应排尽变压器本体及附件内的空气，少量空气可自储油柜排尽。

3. 静放

抽真空注油、热油循环后的变压器要静放一段时间才能进行绝缘试验。在静放过程中，希望那些没有溶解于油的气体从油中溢出，或者完全被变压器油吸收。这个过程速度很慢，所需静放时间为：110kV 及以下，24h；220～330kV，48h；500kV，72h。静放时间的长短取决于变压器的真空干燥、浸油和抽真空注油的质量。

(六) 密封试验

密封试验方法有吊罐油柱法和充气加压法两种，目前现场一般采用充气加压法。进行密封试验时，打开油路系统内部所有阀门，通过呼吸器联管往储油柜内部皮囊充注氮气（干燥空气），其压力应在厂家要求的范围内，试验持续时间 24h 无渗漏。根据变压器检修作用情况，密封试验气压值可适当降低。进行密封试验时，为避免压力释放阀误动作，在压力释放阀上临时安装闭锁连接片；有载分接断路器中的变压器油不与油箱的油相通，这样可以同时对切换断路器进行密封检查；要注意观察有载分接断路器储油柜的油面，如果发现油面上升，说明分接断路器油室与油箱之间存在渗漏点；有载分接断路器至储油柜之间的蝶阀要开启。密封试验前，应擦拭干净油箱及部件如冷却边管、阀门、升高座、管、储油柜等的外表面，以便在密封试验过程中方便观察渗漏情况和渗漏点。密封试验充气过程中，应密切监视被试变压器承压部件的变形情况和压力表，发现异常，应停止充气，查明原因，并进行处理。

（七）变压器油试验

在完成安装中的静放程序后，将全部冷却器潜油泵轮流开动一遍（逐台开停，不要一起开动，每台 15min），再从油箱下部取油样，进行油化试验，结果作为运行前基准数据。63kV 及以上的变压器，应在升压或冲击合闸前及额定电压运行 24h 后，取油样各进行一次油中溶解气体的色谱分析，要求氢气含量不大于 10μL/L，乙炔含量为零，总烃不大于 20μL/L，否则应分析原因，进行脱气处理。

八、强油冷却式变压器油流带电分析

由于变压器的容量和电压等级不断增大，对强油循环冷却要求的提高，绝缘结构的紧凑化，材料干燥度的增加，使得绝缘油流过油道时，就会在油纸界面上产生电荷分离，进而形成油道中局部电荷的积累，即出现油流带电现象。这种积聚达到一定程度，在油中产生浮云状的直流势差，从而发生闪络放电，破坏油道的绝缘性能，因此油流带电成为引起变压器故障的因素之一。

（一）油流带电的机理

变压器中的流体带电不同于其他的流体带电，因为变压器通常由液体和固体两种材料承担电力绝缘，而且，它的流体带电是在一封闭的系统内进行的，也就是在一个气、水成分受控制的封闭循环系统内进行的。关于油流带电的机理目前尚有争论，现有的研究结果认为可以从油流的流动作用和交流电场的电动作用两方面来认识。就油流的流动作用而言，比较普遍的看法是，变压器固体绝缘材料（如绝缘纸和纸板）的化学组成是纤维素和木质素。在变压器油的不断流动下，油与绝缘纸板发生摩擦，使得这些基团发生电子云的偏移。纤维素和木质素分子就被 $-H^{\delta+}$ 的正电性所覆盖，绝缘纸板表面就如同覆盖着一层正极性的氢原子。带正电性的 $-H^{\delta+}$ 对油中负离子具有较强的亲和作用，进而吸附油中负离子，并在油—纸界面上形成偶电层。当变压器油以一定速度流动时，偶电层的电荷发生分离，负电荷仍附着在纸板表面，正电荷进入油中并随油流动，形成冲击电流，如图 6-11 所示。这样，油就带正电，而纸板表面带负电。随着油的循环流动，油中正电荷越积越多，当积聚到一程度后就可能向绝缘纸板放电。交流电场的电动作用是指外加交流电场能大大加剧静电起电的作用。

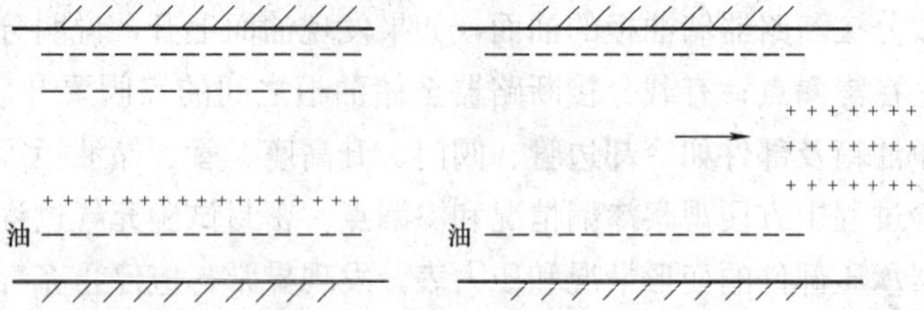

图 6-11　电荷分离机理

（二）影响油流带电的主要因素

1. 油流速度与温度的影响

油流速度增加，油流带电程度随之加重，通常认为在 2～4 倍的额定流速（平均流速）下，带电倾向较为明显。例如，西北某水电厂的 1～3 号主变压器油中乙炔、总烃含量超标，乙炔含量最高达 30μL/L，总烃最高达 164μL/L。经测试和综合分析判断，认为 1～3 号主变压器油中乙炔含量增高的重要原因是由于油流放电引起的。为此将原来运行的 4 台潜油泵减少为 3 台，使油流速度降低，半年的监测结果表明：乙炔含量明显降低，并一直趋于稳定。由于油流速度与温度有关，所以温度变化时，油流带电程度也随之变化。在不同流速下，绕组泄漏电流与温度的关系如图 6-12 所示。

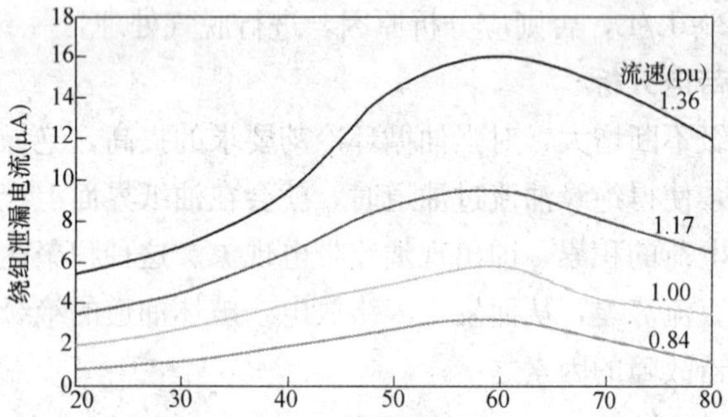

图 6-12　不同流速下绕组泄漏电流与温度的关系

由图 6-12 可知，当油温在 50～60℃之间时，油流所产生的泄漏电流达最大值。通常，变压器恰工作在这样的温度范围，显然是不利的。研究表明，油的流速在 0.29m/s 以下时，就不会发生放电现象，但为了安全要留有一定的格度。

2. 油流状态的影响

油的流动分为层流和湍流，油流状态通常以雷诺数表示。雷诺数与泄漏电流的关系如图 6-13 所示，当油流处在层流区时，泄漏电流与雷诺数成正比，且与温度有关；而在湍流区，与雷诺数的平方成正比。从层流到湍流的过渡区域，由于油流极不稳定，电荷的分离与雷诺数的 2～5 次方成正比。

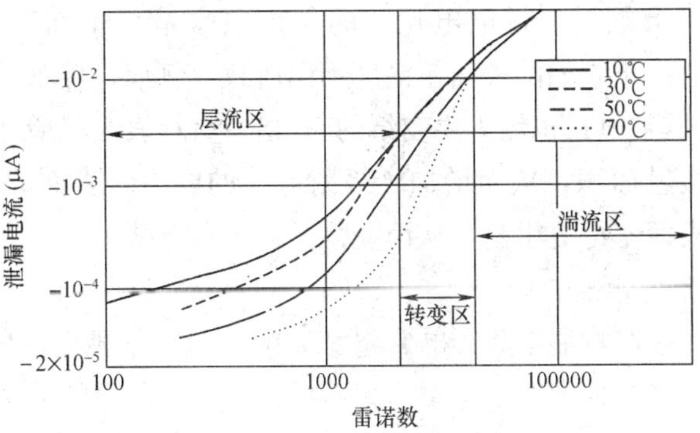

图 6-13 雷诺数与泄漏电流的关系

3. 励磁对油流带电的影响

图 6-14 所示为变压器励磁电压对泄漏电流的影响，由图可知，泄漏电流随励磁电压升高而增大，且与油温有关，泄漏电流的峰值效应明显。

4. 油系对油流带电的影响

当油泵突然启动时，由于油流的扰动，交界面的耦电荷快速被油流分离，会使油很快增加到一个较高的起始带电能，频繁启动油泵会加剧这种现象。因此，油泵的启动和切断应该逐步进行。

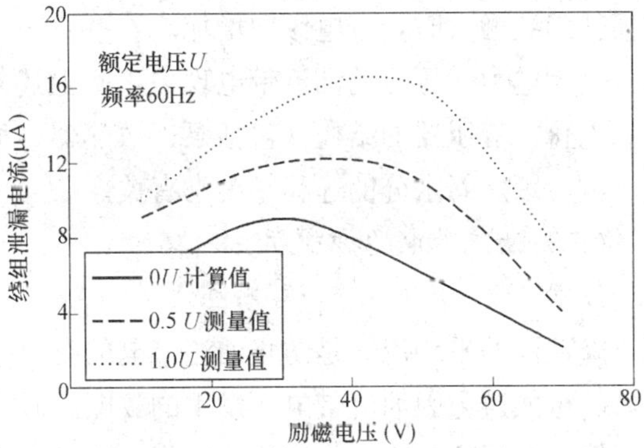

图 6-14 变压器励磁电压对泄漏电流的影响

5. 油中水分的影响

油中水分含量对油的流动带电倾向有明显的影响。随着油中微量水分的减少，油中的带电倾向将增加，当油中微水含量小于 15μg/g 时，油中电荷密度剧增。这与油的种类有关，电荷密度较高的是一种经水解处理后再用漂白土过滤的油种，电荷密度较低的是一种经水解处理后再以溶剂制取的油种。两者的区别是，前者无抑制剂，后者则添有抑制剂，也即油中的其他物质对电荷密度会有一定的影响。合格的大型变压器中绝缘油微水含量低（约 10μg/g），使得电荷泄放困难，故运行中的大型电力变压器油流带电问题较严重。

6. 固体纸绝缘材料表面状态的影响

固体纸质绝缘表面吸附电荷的能力，随着其表面的粗糙度增加而增加，即纸质材料表面的网状结构将直接影响电荷的分离。变压器内所使用的各种固体绝缘材料，在油流流过时带电量（带电电位）的大小顺序是：棉布带＞皱纹纸＞压制板＞牛皮纸，这是由于它们的表面粗糙度不同所致。例如，棉布带表面粗糙度约为牛皮纸的10倍，其带电量也约为牛皮纸的10倍。材料表面粗糙度增大，实际上是增加了与油质的接触面积，从而增加了吸附电荷的能力。表面的积累电荷一旦放电，将会使材料表面变得更粗糙，从而变得更易积累电荷。

7. 油的电导率的影响

油的电导率直接影响油中离子的含量和影响电荷的松弛时间常数。一般认为，当电导率较低时，带电程度随电导率增大而增强。但是，当电导率超过某一临界值时，油流带电程度则又随着电导率的增大而减小，且油流带电达到峰值时，电导率的区间一般是（2～5）$\times 10^{-8}$S/cm。

8. 介质损耗因数 $\tan\delta$ 的影响

介质损耗因数对油流带电的影响在一定范围内存在不确定性，但总的趋势是介质损耗因数增大时，带电倾向增加。

大型电力变压器的油流带电现象，除上述外，还与变压器油的加工精制工艺、油的老化、变压器的结构（包括泵、散热器、油箱等）、运行状况、油中杂质、光照、油—纸之间水分的迁移等因素有关。

（三）油流带电的抑制方法

1. 降低流速

降低油的平均流速是防止油流带电的有效措施，一般将流速控制在0.5m/s以下，就可能避免因油流带电而发生的放电。通常，降低流速的做法是改造原有的冷却系统，采用低流速、大流量的工作方式。对此，可借助于改进油泵设计、流速设计和对冷却系统采用自动控制来实现。

2. 换油

这是抑制油流带电的有效方法之一，并为多年的运行经验初步证实。具体做法是，将具有高带电趋势的油改换为具有低带电趋势的油。

3. 添加苯并三唑

这是日本研究出的抑制大型变压器油流带电的一种方法。具体做法是，在变压器油中添加苯共三唑（简称BTA），添加量一般为10～50μg/g。由于BTA中含有过剩电子，加入油中后，过剩电子一方面被吸附于固体绝缘材料上，使油流动摩擦时不再产生静电；另一方面，即使产生静电，也很容易被油溶解BTA的过剩电子所中和，使油保持不带电荷。添加5～10μg/g的BTA时，变压器油放电量的降低是很明显的。我国某单位对添加BTA的变压器跟踪了两年半，试验结果一直良好。

4. 改进变压器设计

合理设计油路结构及在油路中管径变化部分，为避免接头处的棱角，改为圆弧结构，以减少湍流效应的影响。

5. 加强在线监测或带电测量

（1）油中溶解气体的色谱分析。变压器内有静电放电时，如果长时间继续下去，同样会引起油中可燃性气体增加，特别是H_2和C_2H_2含量增加较明显。由于目前应用色谱分析较难区别油流静电放电和其他性质的电气放电，因此尚需作进一步研究。

（2）测量局部放电。变压器因油流带电而引起放电时，可同时产生局部放电信号和超声信号。研究表明，以超声—电气组合法测量油流带电引起的局部放电的效果甚佳，测量时可以改变该变压器励磁电压和油泵的启动组数，以区别于其他性质的放电，因为只有油流性质的放电才和油泵相关。由于电荷积累需要一定的时间，因此油流带电的局部放电试验时间较长。

（3）测量接地电流。铁芯和绕组对地的静电泄漏电流（或直流电压）也能反映出油流带电的情况，这种静电泄漏电流（或直流电压）与变压器结构有关。

（4）测量变压器油的带电倾向。若能直接在线监测或带电测量变压器油的带电倾向，无疑是避免变压器油流带电导致事故或故障的一种有效方法。

九、实例分析（330kV变压器过热故障）

西北某供电局330kV变压器型号为OSFPSZ7-240000/330，额定容量为240000kVA，额定电压为330kV/121kV/11kV，1990年5月出厂，西北某变压器厂生产，投运至1998年，定期电气试验正常，油色谱分析试验数据呈缓慢上升趋势，但增量不大。

1998年取样分析时，发现主变压器总烃增长较快，为110.8μL/L；1998年12月30日分析时，总烃已增至230.4μL/L，2000年6月16日分析总烃含量已上升为559.6μL/L。2002年4月30日分析时，发现主变压器总烃增长较快，为1748.2μL/L，在2002年4月30日之前，金变2号主变压器总烃相对稳定，为1300μL/L左右，故对其加强了跟踪分析。根据2002年5月1～8日的分析数据，总烃已增至2069.4μL/L，铁芯对地电流为0.3mA，比较稳定。因此，缩短跟踪分析周期，经过几天的跟踪分析，发现总烃含量随主变压器负荷的增大而增长。

（一）故障综合分析及结论

1. 产气速率

（1）2002年5月1～8日总烃的绝对产气速率为

$$\gamma_{a总}=\frac{2069.4-1705.1}{1.68}\times\frac{73.793}{0.85}=188.25(\mathrm{mL/h})$$

(2) 2002年5月1～8日总烃的相对产气速率为

$$\gamma=\frac{2069.4-1705.1}{1705.1}\times\frac{1}{0.23}\times100\%=92.9\%/月$$

(3) 2002年5月1～12日氢气的绝对产气速率为23mL/h＞10mL/h。

根据DL/T 722规定：隔膜式变压器总烃绝对产气速率大于12mL/h和相对产气速率大于10%/月时，认为设备内部存在异常。而5月1～8日总烃绝对产气速率远高于DL/T 722规定的“注意值”，认为内部故障在持续发展。

2. 三比值法分析

$2H_2/C_2H_4=0.5/706.1=0<0.1$；$CH_4/H_2=1182.4/213=5.55\geqslant3$；$C_2H_4/C_2H_6=706.1/180.4=3.9\geqslant3$，对5月1～8日的数据进行三比值分析，其比值范围编码都是0/2/2，根据编码确定为高于700℃的高温过热故障。

3. 特征气体分析

根据色谱分析的气体含量，CH_4、C_2H_4为主要气体组分，因此故障性质为油严重过热。

4. TD图分析

因$C_2H_4/C_2H_6=4.1\geqslant3$，$CH_4/H_2=5.55$，$C_2H_2/C_2H_4=0$，以$CH_4/H_2$作纵坐标，以$C_2H_2/C_2H_4$作横坐标，形成TD分析判断图，根据TD图分析判断，内部故障为局部过热。

5. 气体组分谱图法分析

根据气体组分谱图法分析，存在CH_4和C_2H_4峰值，而且有CO，因此，内部故障为高温过热故障，并涉及固体绝缘，如图6-15所示。

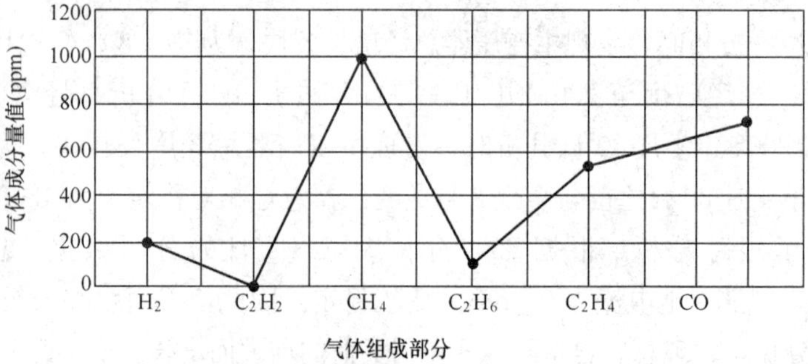

图6-15 气体组分图谱法

6. 根据负荷变化情况分析

变压器负荷与各组分气体的关系见表6-34。

表 6-34 变压器负荷与各组分气体的关系

时 间	H_2	CH_4	C_2H_6	C_2H_4	C_2H_2	总烃	负荷（MVA）
2002年5月1日	183	1302	115	557.8	0.3	1705.1	229.83
2002年5月1日	240	1086.9	123	556	0.3	1766.23	229.83
2002年5月3日	240	1031.4	57	176.7	0.3	1465.4	243.42
2002年5月5日	240	1067	127	556.7	0.3	1748	169.16
2002年5月7日	264	1234.2	163.1	715.8	0.5	2113.4	166.37
2002年5月8日	213	1182.4	180.4	706.1	0.6	2069.4	155.77
2002年5月10日	229	1195.3	174	722.1	0.6	2092	153.9
2002年5月12日	244	1145.4	171.2	722.8	0.6	2020	222.02
2002年5月14日	244	1109.9	169.8	712.6	0.5	1992.9	177.35
2002年5月16日	229	1201.3	190.3	770.9	0.6	2163.2	168
2002年5月18日	249	1132.3	169.8	685	0.6	1987.7	165
2002年5月20日	229	1073.5	147.7	563.5	0.6	1785.1	150
2002年5月22日	249	1133	131.1	652.2	0.5	1884.8	152
2002年5月24日	249	1139.3	134.3	589	0.6	1863.7	128
2002年5月26日	240	1099.4	139.5	572.6	0.6	1811.6	124
2002年5月28日	240	1119.6	120.1	524	0.6	1764	131
2002年5月30日	240	1048.1	109.2	483	0.5	1640.8	143

根据主变压器负荷与气体的关系，产气速率与负荷关系密切，随负荷增长而增大。结合以上综合分析，认为变压器存在严重故障，而且发展迅速，应采取必要的措施，尽快安排进行吊罩检修，查明故障原因和故障部位，并严禁主变压器过负荷运行。

（二）检查结果

2002年8月4～9日现场吊罩试验检查，发现铁芯第一极、第二极对地绝缘不良（铁芯极数从主变压器低压侧开始依次为第一、第二……），A相绕组与铁芯拉板处铁芯接地，经多次用多种办法处理未消除故障点，最后恢复大罩，返厂检修。2002年9月30日～10月5日在厂家装配车间将该主变压器解体，在解体检查过程中发现以下主要问题：①U相低压侧拉板中部拉板槽处有40mm×60mm过热点，对应部位绝缘烧穿。W相低压侧拉板中部拉板槽处有30mm×40mm的烧黑过热点，对应部位拉板绝缘烧伤，但未烧穿。②W相高压侧拉板中部拉板槽工艺垫块处有2个烧伤点，对应部位拉板绝缘轻度烧伤。V相高压侧拉板中部拉板槽工艺垫块处有1个烧伤点。③芯柱下部多处烧伤变色，U、V、W三相芯柱高、低压侧拉板及芯柱下部有明显过热，油漆变色，拉带变形。④U 相低压绕组外层纸筒绝缘下部表面有树枝状爬电现象。器身绝缘纸筒下部均有程度不同的类似于熏黑状的污染，由于返厂后先进行了喷煤油冲洗汽相干燥处理，因此原始状态难以辨认，主要还是集中在器身导油管口附近的绝缘件及绕组表面存在明显的污染现象，尤其是三相中、低压绕组下部出线头及其局部周围绝缘表面污染较为严重。

第三篇

水系统的检修与维护

第七章　水 系 统 概 述

第一节　技术供水系统概述

一、技术供水系统的任务及组成

技术供水又称生产供水，主要作用是对运行设备进行冷却，有时也用来进行润滑及水压操作。

（一）技术供水系统的任务

1. 冷却

（1）发电机冷却。发电机运行时将产生电磁损耗及机械损耗。这些损耗转化成热量，将影响发电机出力，甚至发生事故，需要及时加以冷却将热量散发出去。除小型发电机可采用开敞式或管道式通风外，大中型发电机普遍采用密闭式通风。发电机周围被封闭着一定体积的空气，利用发电机转子上装设的风扇（有的不带风扇，利用轮辐的风扇作用），强迫空气通过转子绕组，并经定子的通风沟排出。吸收了热量的热空气再经设置在发电机定子外围的空气冷却器，将热量传给冷却器中的冷却水，然后冷空气又重新进入发电机内循环工作。试验表明，空气冷却器的冷却效果对发电机的允许出力有影响，当进风温度较低时，发电机允许出力提高；当进风温度较高时，发电机允许出力降低。水轮发电机除上述定子与转子风冷外，还有采用转子风冷、定子纯水冷却或蒸发冷却等复合冷却形式。

（2）推力轴承和导轴承冷却。机组运行时轴承处产生的机械摩擦，以热能形式聚集在轴承中。轴承是浸在透平油中的，油温高将影响轴承寿命及机组安全，并加速油质劣化，因此，应将油冷却并带走热量。轴承油槽内油的冷却方式有两种：①内部冷却，即将冷却器浸在油槽内；②外部冷却，即将润滑油用油泵抽到外面的准用油槽内，再利用冷却器进行冷却。

（3）水冷式变压器冷却。内部水冷式变压器，其冷却器装在变压器的绝缘油箱内。外部水冷式变压器（强迫油循环水冷式），是利用油泵将变压器油箱内的油送至特殊的且浸入冷却水中的冷却器进行冷却。这种方式提高了散热能力，使变压器尺寸缩小。为防止冷却水进入变压器油中，应使油压大于水压70～150kPa。

（4）水冷式空气压缩机冷却。空气压缩机工作时将产生大量的热，为降低温度，提高效率，防止气缸活塞产生积碳及润滑油分解，通常在气缸体和气缸盖周围包以水套，流入冷却水以带走热量。

（5）其他冷却。如油压装置回油箱有时也设冷却器，以带走油在流动中因摩阻而产生的热量。

2. 润滑

有的水轮机导轴瓦采用橡胶轴瓦，需要用清洁水来润滑。此外，深井泵在启动前，其橡胶导轴承同样需要清洁水润滑。

3. 传递能量

水头较高的水电厂，有的用高压水来操作主阀、水力控制阀及其他液压阀，这样可以节省油压设备或使油系统简化。此外，射流泵的工作也是靠技术供水来传递能量的。

4. 主轴密封

水轮机的主轴密封用水一般为清洁水，技术供水为其提供备用水源。

（二）技术供水系统的组成

技术供水系统由水源、管网、用水设备，以及测量和控制元件等组成。

用水设备由取水设备、水处理设备等组成。

管网由取水干管、支管及管路附件等组成。

测量和控制元件有阀门、压力表、温度计、示流信号器、流量计等。

二、技术供水系统水源、取水方式与水的净化

（一）技术供水系统的水源与取水方式

技术供水的水源选择是很重要的，选择应考虑的总原则是，取水可靠、水量丰富、水温适当、水质较好、引水管路简单且操作维护检修方便。

通常采用水电厂所在河流（上有水库或下有尾水）作为技术供水水源。只有在河水不能满足用水设备的要求时，才考虑其他水源（如支流或地下水源）作为主水源、补充水源或备用水源。水源选择不当，不仅增加投资，还会给以后长期运行管理带来不便，因此应予以慎重比较论证。

1. 上游取水

上游取水常有以下两种方式：

（1）坝前取水。因坝前水库水量丰富，取水设备简单而且可靠，即使机组的进水阀门关闭或某一取水口堵塞，供水也不会中断。特别是库大水深的水电厂，除洪水季节外，水中含沙量及悬浮物都较少，易于满足用水设备对水质的要求。同时在一定水深下，水温低，温度变化也小（如水深在20～30m以下，水温变化已不大显著），可以提高冷却效果。坝前取水口的设置既要考虑水温和水深的关系，还要考虑水中泥沙含量及初期发电等要求。一般在不同高程和不同平面位置上布置几个取水口。在夏季水温较高时可取深层水，这有助于提高冷却效果；在洪水期可取表层水，这有助于减少水中含沙量。坝前取水一般在河床式或坝后式水电厂用得较多。当取水口距厂房较远时，引水管道将会很长。由于水源可靠，有时用它作备用水源。

（2）蜗壳（或钢管）取水。在蜗壳的侧壁或主阀前的钢管上设置取水口。这种方式引水管道短，控制设备可以集中布置，便于操作，基本建设投资和运行费用少，供水比较可靠（压力钢管发生故障时供水中断）。为防止取水管路进气或悬浮物流入，对金属蜗壳（或钢管），应将取水口设在圆形端面的斜上方；对混凝土蜗壳，则应设在侧面。

上游取水以中水头（20～80m）水电厂为宜。当水头太低时，水压将不能满足需要，需设置水泵增压；当水头过高、水压又太大时，需设置减压阀耗去大部分能量，很不经济。

此外，对高水头混流式机组，还可以从水轮机顶盖排水管上取水。这种取水方式利用水轮机上止漏环的漏水作为水源，其突出的优点是经济；开机时有水，停机时无水，供水比较可靠；水质、水温等也能满足要求。这种取水方式的缺点是机组作调相运行时无水供给，而且增加机组轴向水推力。该取水方式适用于中小型机组，大型机组则极少采用。

2. 下游尾水取水

当水电厂水头过高或过低时，可考虑自下游尾水取水，用水泵送至各用水设备。从尾水取水时应注意冲起的泥沙、水压脉动及水位的升降（在机组负荷变化时）等情况给供水水质和水泵带来的影响；应尽可能提高取水口的位置，但必须在最低尾水位时，取水口也能淹入水中至少0.5m。此外，取水口不要设在冷却水排水口附近，以免夏季水温太高。取水管（水泵吸水管）的进水管口应焊有法兰，并装设拦污栅，以防杂物吸入。这种取水方式与坝前取水方式比较，可靠性稍差，在断电或水泵故障时将中断供水，投资及运行费用较大。

3. 支流或地下取水

水电厂附近有可利用的支流或地下水源时，在水量和水质能够满足要求的条件下，也可用来作为技术供水水源。不少水电厂常以此作为水导轴承及深井泵轴承等用的清洁润滑水源。这种取水方式一般应设有足够大的水池，起储备、稳流和澄清作用。水池上部和下部分别设有溢流和排污通道，水池水位设自动装置加以监视。

地下水源一般都比较清洁，水质较好（但硬度较大），除个别具有较高的水压力外，大都需要用水泵从井中抽至水池，因而增大了投资和运行费用。

总之，选择水源时，决定供水系统是否经济可靠是关键，必须全面考虑，根据水电厂的具体条件进行分析论证，选择供水可靠、运行方便、经济合理的方案。

（二）水的净化

1. 除污物

（1）拦污栅（网）。用以阻拦较大的悬浮物。拦污栅多用平条形，分顺水平条形及正交条形两种。水平条形虽进草量多些，但水力损失较小，吹扫条件也比较有利，因而在蜗壳或钢管上引水的取水口采用这种拦污栅为宜。

（2）滤水器。滤水器的作用是清除水中的悬浮物，它分固定式和旋转式两种。固定式滤水器结构比较简单，在筒形外壳内的隔板上固定几个带滤网的鼓筒即成，但清污较难，不宜用在水中悬浮物较多的水电厂。旋转式滤水器可在运行中清污，对于手动操作转筒感到费力的大型旋转滤水器，可考虑设置变速机构或采用电动、液动、气动操作。滤水器的滤网一般是用钢板钻孔制成，滤网孔的有效面积至少应等于进出水管过流面积的 2 倍。当滤网堵塞到一定程度时（压差为 20～30kPa），可用差动压力继电器发出警报信号或用压力表进行监视。

旋转式滤水器工作时，水从下部进入具有网孔的鼓筒内部，经滤网过滤后，从筒形外壳与鼓筒之间的环形道流出。滤网固定在转筒上，转筒用铁板隔成几格，当转筒上的某一格滤网需要清洗时，可转动手柄使该格滤网与排污管相通，打开排污阀，采用反冲洗方式进行清洗。

滤水器安装的位置，应尽可能布置在靠近取水口，而且易于检查与检修的地方。

2. 除泥沙

技术供水系统常用的除泥沙装置有水力旋流器和沉淀池。

（1）水力旋流器。水力旋流器是利用离心力来分离泥沙的。当水流以 8～12m/s 的流速沿切线方向进入旋流器时，会产生较大的圆周速度，使水流高速旋转，在离心力的作用下，泥沙颗粒趋向器壁并旋转向下，排至储沙罐内；清水旋流到一定程度后产生二次涡流向上运动，徐徐进入清水出水管。

旋流器应满足耐压、耐磨和内表面光滑的要求，冲沙水量为进水量的 1/4～1/3。

水力旋流器的优点是：被分离的混合液体在器内停留时间短，效率高，结构简单，占用地少，投资低，易于制造、安装维护及自动控制。试验证明，粒度大于 15μm 的泥沙基本上能被清除。需要注意的是，应尽可能减少冲沙水量和水压损失。

（2）沉淀池。沉淀池用于分离水中颗粒和密度较大的物体。我国水电厂已采用的沉淀池有平流式和斜流式两种。

平流式沉淀池是一个矩形水池，水由进口慢慢流到出口，由于流速很小，水中的泥沙等推移质就沉于池底。平流式沉淀池的优点是施工较简单，处理效果稳定；缺点是占地面积大，人工排沙劳动强度大，需要设置排沙设备。

斜流式沉淀池是在沉淀池中设置斜板或斜管，可以加大水池过水断面湿周，减小了水力半径，在同样的水平流速时，大大降低了雷诺数 Re，从而减少水流的紊动，促进沉淀。同时因颗粒沉淀距离缩短，沉淀时间可以大为减少。据国内外运行经验，在平流式沉淀池中加装斜板，沉淀效果可提高 3～5 倍。如果将斜板换成斜管，由于斜管比斜板的湿周大，水力半径小，沉淀效果会更好。

斜流式沉淀池的结构及操作管路系统，投入运行以前应检查各阀门是否漏水及排泥管等是否堵塞。启动水泵向水池注水前，应先将电动阀及排泥阀打开。每台机组开停机前应事先通知沉淀池值班人员，以便提前调整水池的进出水量（包括开停水泵台数及调整阀门开度，使水池进出水量平衡）。当发现排泥浓度很大时，应打开排泥阀作短时辅助排泥，这时应加大进水量，以免水位聚降。当用水量不变，停泵电极水位计失灵、池水猛涨而大量溢水时，说明排泥斗淤堵，此时应立即手动停泵，并切换机组的供水水源，然后打开池体内高压水气阀进行冲淤，待疏通排泥系统后再切换为水池供水。当汛期过去库水变清时，水池即可停止运行。这时应将管道积水放空，并局部揭开顶盖，用软管接通池顶上的压力水管冲洗蜂窝表层的积泥污物等，然后盖上顶盖。

3. 防结垢

水中暂时硬度较高时，冷却器内常有结垢现象，影响冷却效果及设备使用寿命，其化学过程是重碳酸盐[$Ca(HCO_3)_2$ 或 $Mg(HCO_3)_2$]被分解，游离 CO_2 散失产生碳酸钙（碳酸镁）过饱和沉积，吸附于流道表面，经过一定结晶过程形成水垢，即

$$Ca(HCO_3)_2 \longrightarrow CO_2\uparrow + H_2O + CaCO_3\downarrow$$

$$Mg(HCO_3)_2 \longrightarrow CO_2\uparrow + H_2O + MgCO_3\downarrow$$

防结垢的措施有以下两种：

（1）化学处理。采用酸中和及磷化，增加水中电解质、有机质及表面活性物质，以保持碳酸盐的稳定性或改变结构的结晶。如条件许可，还可以向水中通入 CO_2。

（2）物理处理。采用电磁处理或超声波处理，改变结垢的结晶和过流表面吸附条件。通过结晶状态改变，由具有互相黏结特性的斜方六面体变成非结晶状的松散微粒。永磁磁水器，它用锶铁氧体的永磁磁铁排列成多层间隙，磁场强度达 135～

159kA/m，每次间隙约为12mm，从间隙中通过的水由于切割磁力线而得到处理，形成的水垢呈松散状，可定期加以排除。超声波处理的原理是：利用频率高于28kHz的超声波使硬水中含盐晶体发生附聚和沉淀而不结垢。

4. 水生物的防治

我国南方地区的一些水电厂，在供排水管道内、混凝土蜗壳壁上及进口拦污栅等处长满了一种蚌类、贝类水生动物，学名称淡水壳菜（简称壳菜）。由于这类水生物繁殖快，而且在管壁等处固结牢，因此使供水困难，甚至使机组安全运行受到威胁。

壳菜属于软体群栖性动物，它依靠自己分泌的足丝牢牢地附生在物体上，形成层层堆积的群体。它最适宜的生活条件是水流速度不大（如阀门背向水流的一面、管路转弯处及进口拦污栅处等）和水温在16～25℃的地方。因此，同一地区，对于高坝水深的水电厂，采取深层取水就无此类生物；同一水电厂因排水管内水温较高，生长的壳菜就比供水管少。

防治水生物的方法：①供排水管互相倒换使用，即通过切换阀门将供水管改为排水管，而排水管改为供水管，由于排水管内水温较高（一般当水温超过32℃时，壳菜便不易生存）壳菜就会逐渐死亡脱落。②投放药物杀灭。③提高水流速度，如低水头水电厂采用水泵供水，流速加大，可防治壳菜生长；还有管内涂船底漆，虽能毒死壳菜，但因涂漆困难且有效时间只能维持一年左右，所以不如前几种方法好。

5. 除盐

为了提高水轮发电机的极限容量，可采用双水内冷水轮发电机供水系统，它包括一次冷却水（通过空心导线内部）和二次冷却水（机组一般的工业用水）。一次冷却水水质好坏直接影响到发电机的安全经济运行和线棒的寿命。当水的电导率增大时，泄漏电流也相应增加，降低发电机效率，线棒被击穿的可能性增大，对线棒的电腐蚀也越厉害（特别是导线的接头处）。

为保证一次水的纯度，当前广泛采用离子交换法除盐，除盐装置由机组制造厂统一供货。

三、技术供水系统的供水方式与系统布置

（一）技术供水系统的供水方式

1. 供水方式

通常，供水方式按水电厂水头范围确定。目前常用的供水方式如下：

(1) 自流供水。水头为15～40m的水电厂，当水温、水质符合要求时，一般采用自流供水。水压由水电厂的自然水头保证。这种供水方式简单可靠，操作方

便，易于维护。

水头为40～50m的水电厂采用自流供水时，为了保证各冷却器进口水压符合制造厂的规定，应通过减压装置减压。削减掉一部分多余水压，实际上是能量的浪费。当水头为80～90m时，由于减压，过多地增加了水能损耗，这就需要把浪费的水能和装设水泵供水时耗用的电能及设备费用等进行比较，以确定经济合理的供水方式。国内已运行的水电厂，有的水头已达130m，由于库容小，溢流几率多，仍采用自流减压供水。

(2) 水泵供水。当水电厂水头低于15m时，自流供水水压难以满足要求；当水电厂水头为80～90m时，采用自流减压供水往往不经济。因此，在这两种情况下，一般都采用水泵供水。

水泵供水有单元供水与集中供水两种方式。单元供水即每台机组各有一台（组）工作水泵，每台机组或2～3台机组共用一台备用水泵。这种方式虽然所用水泵可能多些，但运行灵活，可靠性高，便于自动控制。集中供水是几台机组或全厂共用一组水泵，这种方式水泵台数少，便于维护管理，但自动控制复杂，且运行机组台数改变时会引起供水水压波动。

水电厂水头为80～170m时，为减少自流供水水能的损失，可采用射流泵供水。这种供水方式宜用单元供水并采用自流减压供水作为备用。射流泵供水方式设备简单，便于操作维护；但工作范围较窄，目前尚无定型产品。

(3) 混合供水。当水电厂最高水头高于150m，而最低水头又不能满足自流供水水压要求，或水电厂最低水头低于80m而最高水头采用减压装置又不经济时，可考虑采用自流和水泵混合供水方式。

在确定供水方式时，除水头条件外，还应考虑水质和水温等因素的影响。例如，当水中含沙量较大需进行水处理时，则应根据水处理的方法和要求选择相应的供水方式。

(4) 循环冷却供水。循环冷却供水系统为半封闭式循环系统，由循环水泵、机组冷却器、尾水冷却器、循环水池、供回水管道、控制阀门和PLC水泵电控柜等组成。

1）优点。可以彻底解决目前水电厂机组技术供水方式均不同程度存在漂浮物、泥沙、结垢、水生物及腐蚀等不可回避的技术难题；有效延长设备使用寿命；供水压力稳定，对机组运行安全；节约水电厂用水；简化机组技术供水系统，取消反向供水管道及阀门组（多泥沙河流）、安全阀；冷却水循环使用，可确保水质清洁有效，延长冷却器、水泵设备使用寿命，降低维护检修成本。

2）缺点。外围管道长，尾水冷却器检修较复杂。

循环冷却供水流程：循环水泵（加压）→机组冷却器（吸收热量）→尾水冷却器（尾水浪涌散热）→循环水池→循环水泵。

（二）技术供水系统的设计原则和基本要求

技术供水系统的优劣，可按运行可靠、操作维护方便、网路简单经济、能自动可靠地进行检测与控制等原则来衡量，设计时应做到下列各项：

1. 取水至少应有两路

从上游取水时，通常自本机蜗壳或压力管道引水作主供水，从坝前引水作备用水；也可将几台机组的主供水管道连接起来互为备用。当主供水中断时，备用水能及时投入。如采用水泵供水又无其他备用水源，应有并联且能自动启停的备用泵。

2. 贯穿全厂的供水总管可为单管、双管及环管

双管和环管比单管供水可靠性高，但管路复杂，多占场地，可根据机组台数及水电厂在电力系统中的重要程度确定。总管应设分段隔离阀，以利安全并便于维护检修，一般每台（或两台）机组设一个。按供水备用要求，分段隔离阀可为常开或常闭阀。

3. 含沙量较大或有防水生物要求

对含沙量较大或有防水生物要求的供水系统，为使泥沙或水生物不易存积在管路和用水设备中，可采用反冲管路的设计方案。反冲管路上的示流信号器应为双向式。

4. 滤水器设计要求

每台机组的总供水管应设自动启闭的阀门，该阀门的上游侧应设检修断水阀。滤水器一般设在自动给水阀后面。滤水器的进出水管上通常装有压力表或压差继电器，当进出水压差达到一定值时，发出信号以便随时清污。旋转式滤水器通常只设一个，当过水量大于 $1000m^3/h$ 时，可并联设置两个。固定式滤水器一般设两个，互为备用，也可在一个滤水器前后设置带隔离阀的旁路管作为备用通路。

5. 减压供水设计要求

对设有减压阀或射流泵的供水系统，在减压阀（或射流泵）后应配有安全泄压装置，并在减压阀（或射流泵）前后装设监视用的电接点压力表或压力信号器。

6. 机组各冷却器进出水管设计要求

机组各冷却器的进出水管口附近应设阀门及压力表（当出水管有可能出现负压时，则应设压力真空表），以便调节水压和分配水量。各机组进水总管上及各冷却器出口处设温度计。

7. 各轴承油冷却器的排水管上应设示流继电器

如需测定各用水设备所通过的水量，可在有关管路合适的管段上装设流量计或

留出装设流量计的位置。

8. 技术供水系统的机组总排水管设计要求

在技术供水系统的机组总排水管末端，一般不设阀门，以防误关闭造成事故。但有时为了调节排水管真空度或尾水位较高必须设置时，方可装设，并应调节到需要的开度，且有防止误操作的措施。

9. 水泵供水设计要求

采用水泵供水方式时，水泵应能自动启停。水泵出水管应装有止回阀和闸阀，水泵吸水管侧和压力管侧应分别装设真空表和压力表。

10. 备用水源

水轮机导轴承润滑水、主轴密封润滑水以及推力轴承水冷瓦的冷却水应有可靠的备用水源。进水管路应装有示流继电器和压力表。备用水源能自动投入。

11. 水冷变压器冷却水设计要求

水冷变压器的进口水压有严格限制，因此需有可靠的减压安全泄压装置。当水电厂尾水位较高，妨碍变压器冷却器正常排水时，应另外考虑排水出路。冷却器进水口应有自动启闭的阀门和监视水压的电接点压力表；排水管应设示流继电器。

12. 水冷空气压缩机冷却水设计要求

水冷空气压缩机进水管上的给水阀门宜自动启闭，阀后设压力表，排水管上有示流继电器。

13. 取水口设计要求

取水口应设拦污栅（网）并附有吹气清污的管接头或采取其他清污措施。为检修或更换取水口后的第一个阀门，可采用插板、法兰盖或其他措施临时封堵取水口，以防造成事故。

（三）技术供水系统的布置

1. 设备及管件的布置

（1）水泵布置。

1）相邻两台水泵机组突出基础的净距或机组突出部位与墙壁之间的净距，应保证能拆卸水泵轴或电动机转子。当电动机容量小于 55kW 时，其净距不小于 0.8m；电动机容量大于 55kW 时，其净距不小于 1.2m。

2）水电厂建有水泵房时，房内主要通道宽度为 1.0～1.2m。

3）真空泵可布置在它所服务的卧式水泵附近。

当采用水泵单元供水方式时，应尽可能地将水泵布置在机组段内，以减少水力损失，便于运行和检修。当采用水泵集中供水时，则根据水电厂具体情况，可将水泵集中布置在水泵房内。当采用立式深井泵时，其平面位置可根据集水井可能开挖的部位及可以起吊水泵进行检修的条件来确定；其高程应考虑电动机防潮并便于维护检查，大多布置在水轮机层。当采用卧式离心泵时，应按其吸程要求确定位置。当水电厂无专设的排水廊道时，常将检修排水泵布置在两台水轮机尾水管之间偏上游侧的地方。水轮机顶盖排水泵可布置在水轮机顶盖上、机坑壁笼内或水轮机机墩附近。

射流泵本身无转动部件和电器元件，布置时除在安装高程上要考虑气蚀条件的限制外，只要便于操作、检修，可与管路管件同样铺设。

如水泵台数较多，容量较大，在泵房内应安排拆修的场地。一般在泵房顶埋设吊环，当水泵台数较多且单件重量大于 2000N 时，可考虑设置起重设备，以便水泵的安装和检修。

(2) 阀门布置。布置阀门时应注意以下几点：

1) 经常操作的阀门应布置在便于操作和拆卸的地方；高于地面 2m 以上的操作阀门，其下方应设有固定式或移动式操作平台。对电动操作阀门，要考虑防潮问题；对液压操作阀门，应尽量缩短液压操作管路。这两种阀门一般设在水平管路上。

2) 旋启式止回阀可水平或垂直安装。安装在垂直管路上时，其水流方向应自下而上。升降式止回阀只能装在水平管路上。

3) 装设减压阀时，应分清高低压侧，其安全阀应设在低压侧。

4) 阀门一般不能倒置，大口径（300mm 以上）闸阀或长柄盘形阀附近应有足够的操作和拆装场地。

(3) 滤水器的布置。滤水器应布置在操作、检修方便的地方，其排污阀在操作时应不受支墩或支架的妨碍，为便于就地进行检修，附近要有足够的场地。

(4) 伸缩节的布置。由于温度的变化引起管路胀缩，使管壁产生应力，当管壁应力因温度变化而超过管材允许应力时，则应设伸缩节，常见的有 Π 形、L 形、Z 形及套管式伸缩节。

2. 管路布置

(1) 水泵吸水管的布置。水泵一般设有各自的吸水管，当三台水泵合用吸水管时，吸水管不得少于两条。在连通管上应装设阀门，如一条吸水管发生故障，另一条吸水管仍能满足吸水要求。为防止吸水管内存气使水泵运行发生故障，当水泵吸程为正值时，吸水管应有向水泵方向不断上升的坡度（$i>0.005$）；当水泵吸程为负值时，吸水管应按反坡度要求布置。注意：水泵附近的管路及管件重量不宜由泵体承受。

(2) 厂内供（排）水总管布置。从水库引水或钢管取水的技术供水管，在厂内连成全场技术供水总管，一般布置在主厂房水轮机层上游侧，有时为了不与电气母线及其他电气设备发生干扰，也可将贯通全场的供水总管布置在下游侧。从机组引出的总排水管，一般均直通到下游。

供水总管应尽可能明设，如因布置上的要求必须设在沟内时，应符合如下条件：

1）管沟的宽度和深度满足检修的需要，管与沟底的净距应不小于300mm。

2）沟底应有0.001～0.005的坡度，坡向排水口或集水井。

3）管沟应有活动盖板。

互相平行敷设的管路，布置要紧凑，但应拆修方便，沿墙布置的管路、管件和墙间的净距不小于100mm，管与管之间的净距不小于25mm（当管壁外包有隔热防结露层时，应将隔热材料包扎厚度计算在内）。跨越混凝土浇筑分缝处的埋设管路，在分缝的两侧管段应设弹性垫层，以防浇筑分块的位移不同对管路产生影响。

（3）机墩附近供排水管路布置。主机机墩附近是管路集中的地方，为机组服务的油水气管路均在这里进出，同时机墩钢筋和基础螺栓等在此密布，因此，管路布置应互相协调，防止干扰。

空气冷却器的供排水环管，是机墩管路中过水量最大的管路，一般可布置在下机架下面的机坑内壁面上，或埋设在机墩混凝土内，也可接合在机墩外围。设在机坑内壁面上的环管、支架及阀门，每当检修水轮机需要拆开顶盖时，首先要将它拆下，颇感不便。埋设在机墩混凝土内的环管，除管路锈蚀损坏难以处理外，可使外观整齐并避免了管子结露等问题，在机墩外围架设环管，外观显得拥挤，且应注意避免与机坑进人门互相干扰。

大容量机组因其空气冷却器较多，用水量大，考虑到水量分配的均衡问题，应先由半环管分两路和环管相接，这是要处理好各层环管之间和机墩钢筋等埋设件之间的干扰问题。

推力及上、下导轴承油冷却器供排水管一般沿机架进出，大部分为明设。发电机上部的水管如有结露情况，应考虑在管路上包敷隔热防结露层。管路上的示流器、压力表、温度计等布置在容易观察的地方。水轮机导轴承及主轴密封等润滑冷却水管从机坑脚踏板与水轮机顶盖之间的空间通过，由于地方狭小，管路拆装不便，因此，管路布置时应尽量减少机坑内安装量，可在必要的部位设置活接头和耐油承压的橡胶管段，以利于管路的连接。

（4）管路的支撑。水电厂技术供排水系统管路数量较大，种类较多，除埋设管外，均应设置适当的支架或吊架妥善地支撑。

常用的管路支架有滑动支架和固定支架。滑动支架是由当管路温度变化引起膨胀或收缩时，管子能够在支架上滑动；固定支架是为了均匀分配伸缩管件的管路膨胀（或收缩）量而设置的。吊架在管子沿棚顶下方敷设而又没有墙柱等支靠物时采用，它分固定高度式和可调高度式两种。

3. 水管路的防腐蚀及防结露措施

（1）水管路的防腐蚀措施。供排水管路大多采用普通钢管，少量埋设的排水管路也有采用铸铁管的。钢管的防锈措施通常是在钢管外表面涂防锈漆，防锈漆有底漆和面漆两层。底漆常用红丹漆，对经常处于水下的管路宜用 L44-1 型铝粉沥青船底漆。面漆是在保护底漆的同时又起到装饰与色彩标志的作用，常用调和漆或磁漆。

对于经过简单清扫还带有少量氧化皮、锈蚀不太深的钢管，可直接涂刷带锈涂料（如 7148 稳定型带锈底漆等），待底漆膜干后再涂面漆。

（2）防结露措施。水电厂供排水管路经常出现管壁结露的情况。露水集聚下滴不仅造成地面积水，而且有碍自动化元件和设备的正常运行。因此，除加强通风防潮外，可在某些水管路上采取隔热措施，使其表面不结露。常用的保温材料有橡塑、稀土、蛭石等。为防止潮气侵入影响保温材料性能，通常在隔热层外表面涂漆防潮。

第二节　排水系统概述

一、排水系统的任务及其工作方式

在水电厂生产过程中，需要排除各种各样的水。排水系统虽比较简单，但却非常重要，有的水电厂曾发生过水淹厂房及人身伤亡事故，应引起设计、施工和运行人员的重视。排水系统由厂房渗漏排水和机组检修排水两部分组成。

1. 厂房渗漏排水

（1）厂房渗漏排水通常包括厂内水工建筑物的渗水，机组顶盖与主轴密封漏水（轴流式水轮机的顶盖与主轴密封漏水单独设泵排至下游），钢管伸缩节漏水及各供排水阀门、管件漏水，汽水分离器及储气罐的排水等。有些水电厂将水冷式变压器的冷却水也排至厂内集水井。

（2）渗漏排水的特点是排水量小，高程较低，不能靠自流排至下游。因此，一般水电厂都设有集水井，将上述渗漏排水集中起来，然后用水泵抽出。

2. 机组检修排水

机组检修排水包括尾水管内的积水、低于尾水位的蜗壳和压力管道内的积水（高于尾水位的大量积水应先自流排走）、上下游闸门的漏水等。

机组检修排水的特点是排水量大，高程很低，需用水泵在较短时间内排除。

总之，无论是渗漏排水、检修排水还是冷却器等生产用水的排水，只要能靠自压排至下游的，应尽量采用自流排水方式，这样既可靠又经济。否则，可将其先排至高程较低的集水井（或积水廊道），再用水泵抽出。

二、渗漏排水（厂内、大坝及廊道排水）

（一）渗漏水量的估计

厂房渗漏水量与水电厂地质条件、枢纽布置、施工质量及设备制造、安装水平有关，难以用计算方法确定。因此，在确定厂内渗漏水量时，应先由水工专业组提出厂房水工建筑物的渗漏水量估计值，再参考已运行的同类水电厂渗漏水量的大小，并结合水电厂实际情况，确定一个渗漏水量值作为渗漏排水系统的设计依据。

（二）集水井容积的确定

厂内的渗漏水通过排水管或排水沟，引至集水井，然后由渗漏排水泵排至下游。

集水井工作水泵的启动水位与停止水位之间的容积，称为集水井有效容积（V_{jx}），集水井的有效容积可按30～60min的渗漏水量的容积来考虑，即渗漏排水泵每隔0.5～1h启动1次

$$V_{jx}=(30\sim60)q_{zh}\quad(m^3)\tag{7-1}$$

式中 q_{zh}——厂内渗漏排水量，m^3/min。

根据厂房布置情况，并考虑施工初期排水量较大等各种因素，容积可适当加大。

渗漏集水井的总容积除有效容积外，还包括死容积和备用容积。死容积取决于水泵的吸水底阀与井底的距离，以及吸水底阀所要求的淹没深度（深井泵第一级叶轮需浸在水下1～3m）。备用容积一般按工作泵启动水位与备用泵启动水位之间有0.5m左右的距离确定。备用泵启动水位一般应低于厂房最低排水地面的高程。报警水位可按高出备用泵启动水位0.1～0.2m考虑。

集水井布置在厂房底层，能把最低一层设备及该层地面的渗漏水，依靠自流排入集水井，采用卧式离心泵时，按此要求确定集水井井顶高程。

（三）渗漏排水泵选择

1. 水泵生产率（Q）计算

水泵生产率根据集水井有效容积（V_{jx}）和水泵工作时间，可按式（7-2）计算，即

$$Q=\frac{V_{jx}}{T}+q_{zh}\quad(m^3/h)\tag{7-2}$$

式中 T——水泵工作时间，h。

渗漏排水泵应不少于两台，其中一台工作，一台备用。

2. 水泵扬程计算

水泵扬程等于集水井最低水位与最高尾水位之差再加上管路损失。

3. 水泵类型的选择

渗漏排水泵工作的可靠性，直接关系到厂房的安全。国内已建成的大、中型水电厂渗漏排水泵多采用卧式离心泵和立式深井泵，也有采用射流泵与立式潜水泵的。

由于立式深井泵叶轮在水下，没有吸程和启动充水的问题，而它的电动机又在井上，没有受潮和淹没的问题，优点较为突出。运行证明，它的工作是可靠的，因此近年来投产的大、中型水电厂，绝大部分都选用立式深井泵。

立式潜水泵具有与立式深井泵相同的优点，且效率高及安装方便；但目前已生产的立式潜水泵容量较小，造价较高，且电动机浸在水中，因而对密封要求较严格，维护检查不方便。

射流泵具有结构简单、运行可靠、造价低廉等优点，但效率低（常在30%以下），可用作渗漏排水的备用泵，特别是在厂用电消失的紧急情况下，可以保证渗漏水的正常排除。若水电厂水量丰富，不存在用水的经济问题，也可将射流泵作工作泵使用。

4. 渗漏排水泵的操作方式

由于渗漏排水泵启停频繁，而渗漏水的来水情况又很难预计，稍有不慎，水泵未及时启动将造成水淹事故。因此，渗漏排水泵一般都采用自动化操作，由液位信号器控制工作泵与备用泵的启停，并在水位过高时发出警报信号。如果立式深井泵采用橡胶轴承，则在水泵启动前，应先自动给上清洁润滑水。

三、检修排水

（一）检修排水量的计算

检修排水量的大小取决于蜗壳、尾水管和压力管道内的积水量和下游尾水位的高低，以及上、下游闸门的漏水量。一般应在蜗壳的最低处设有排水阀，与尾水管相连通，使压力管道和蜗壳内高于下游尾水位的大量存水尽量自流排出。这样，下游尾水位以下需排除的存水容积（V）计算公式为

$$V = V_1 + V_2 + V_3 \tag{7-3}$$

式中 V_1——压力管道存水容积，m^3；

V_2——蜗壳存水容积，m^3；

V_3——尾水管存水容积，m^3。

注意：机组检修时的下游尾水位，通常按一台机组检修，其余机组按在额定负

荷下运行时的尾水位来考虑。也有些水电厂需要考虑上游有泄洪流量或其他水工建筑物有下泄流量（如船闸等）时，下游尾水位应按实际情况加以确定。V_1 按压力管道的结构尺寸和布置情况进行计算；V_2、V_3 按制造厂提供的蜗壳和尾水管的尺寸计算，也可查设计手册图中的曲线进行估算。

闸门漏水量和闸门止水方式、密封形式、制造工业水平及安装质量等因素有关。根据钢闸门规范规定，大、中型水电厂进水口和尾水管的钢闸门止水顶、侧止水采用P型橡胶止水；底止水采用矩形或刀形橡胶止水。

闸门单位时间的漏水量计算公式为

$$\Sigma q = q_1 L_1 + q_2 L_2 \quad (\text{L/s}) \tag{7-4}$$

式中　q_1、q_2——上、下游闸门水封每米长单位时间的漏水量，L/(s·m)；

L_1、L_2——上、下游闸门水封长度，m。

（二）检修排水方式的选择

检修排水方式可分两类：一类为直接排水，即水泵直接由尾水管内抽水排至下游；另一类为间接排水，就是需排除的积水流到排水廊道，再由检修排水泵从排水廊道集水井抽水排出。

排水廊道尺寸应以人能进去进行检修、清污等工作为准，其顶部高程低于尾水管底板高程。对多泥沙河流，应考虑排水廊道清淤的措施。由于排水廊道容积足够大，开始排水时，尾水管向廊道排水，使尾水管内水位迅速下降，在尾水闸门内外侧产生水压差（一般为1.5～2m），将闸门紧压在门槽上，因此使闸门的漏水量减少，可缩短排水时间。是否采用排水廊道的排水方式，应考虑厂房水下部分有无设置廊道的位置等。

（三）检修排水泵的选择

1. 水泵生产率计算

水泵必需的总生产率计算公式为

$$Q = \frac{V}{T} + \Sigma q \ (\text{m}^3/\text{h}) \tag{7-5}$$

式中　V——蜗壳、尾水管及压力管道的存水容积，m^3；

T——检修排水时间，h，一般为4～6h，对大型水电厂及长输水隧洞或长尾水隧洞的水电厂，可取8～16h；

Σq——上、下游闸门漏水量，m^3/h。

检修排水泵应不少于两台，不需备用，每一台泵的生产率（Q_B）为

$$Q_B = \frac{Q}{Z_B} \tag{7-6}$$

式中　Q——水泵总的生产率，m^3/h；

Z_B——水泵台数。

选用两台水泵时，每一台泵的生产率应大于上、下游闸门的漏水量。这样，就可以保证抽完水后，由一台泵来承担排除上、下游闸门漏水的任务，保持检修时尾水管内无积水。

2. 水泵扬程计算

检修排水泵的扬程（H_B）计算公式为

$$H_B = \nabla_2 - \nabla_1 + h_w + \frac{v^2}{2g} \tag{7-7}$$

式中　∇_1——水泵吸水底阀高程，m；

∇_2——下游尾水位，m；

h_w——管路的水头损失，m；

$\frac{v^2}{2g}$——管路出口流速水头，m。

3. 水泵类型选择

机组检修排水量较大，一般采用卧式离心泵与立式深井泵两种。对水斗式水轮机，也可采用移动式潜水泵，当机组检修时，临时放在尾水坑内进行排水。

检修排水泵的类型应根据水电厂的具体情况和各类水泵的特点，进行技术、经济比较后确定。

（四）检修排水阀门的选择

检修排水阀门主要指蜗壳排水阀、尾水管排水阀等大型阀门。阀门形式应尽量选用闸阀，为避免一般阀门易被泥沙淤积造成关闭不严等问题，制造厂常为蜗壳和尾水管的排水配有专用的盘形阀。

金属蜗壳(或钢管)的排水阀公称直径一般按钢管直径的1/10选用。当钢管很长时，排水阀直径可适当加大。对混凝土蜗壳排水阀，直径可按其面积比例酌情确定。

尾水管排水阀采用盘形阀时，为确保排水的可靠性，每台机组宜设两个，并按式（7-8）计算阀门口径能否满足检修排水泵排除流量的要求，即

$$Q_F = \mu A_F \sqrt{2gH_F} \tag{7-8}$$

式中　Q_F——盘形阀通过的流量，m^3/s；

μ——流量系数，可取0.6～0.8；

A_F——阀门孔口面积，m^2；

H_F——作用于孔口上的水头，m，可取平均值计算。

当排水阀口径在400mm以上时，应尽量采用液压、电动或机械传动等操作方式。当全厂液压操作阀门数量较多时，可考虑单独设一台小油压装置，以免干扰主机调速器系统的工作和影响调速器系统的油质。

第三节　技术供水系统主要设备及其工作原理

一、机组及主变压器供水减压阀（以720S-FFI型为例）

（一）概述

技术供水系统减压阀采用水控减压阀，机组及主变压器供水减压阀结构、原理均相同，只在规格上有区别，机组用减压阀为DN400，而主变压器用减压阀为DN250。减压阀是一种自动控制阀门（利用管道压力驱动阀门开关运行），无论上游压力和用水需求如何变化，都能将较高的上游压力降低到一个恒定的下游压力值。减压阀是一种导阀控制、水力操作、隔膜传动的球形阀门，阀体结构为Y型结构，为防止水体中淤泥等杂质进入导阀内，下游压力通过压力隔膜传导至导阀。

（二）设备参数及特性

机组和主变压器用减压阀参数分别见表7-1和表7-2。

表7-1　机组用减压阀参数

特　性	参　数	特　性	参　数
最大工作流量	2200m³/h	出口最大工作压力	0.45MPa
设计工作流量	1800m³/h	出口设计压力	0.32MPa
最小工作流量	1400m³/h	出口最小工作压力	0.20MPa
进口最大工作压力	1.14MPa	公称压力	1.6MPa
进口最小工作压力	0.74MPa	公称直径	DN400

表7-2　主变压器用减压阀参数

特　性	参　数	特　性	参　数
最大工作流量	800m³/h	出口最大工作压力	0.42MPa
设计工作流量	500m³/h	出口设计压力	0.36MPa
最小工作流量	300m³/h	出口最小工作压力	0.32MPa
进口最大工作压力	1.14MPa	公称压力	1.6MPa
进口最小工作压力	0.74MPa	公称直径	DN250

（三）工作原理

1. 结构组成

减压阀由主阀、压差减压导阀（先导阀）和自动反冲洗过滤装置组成，如图7-1所示。

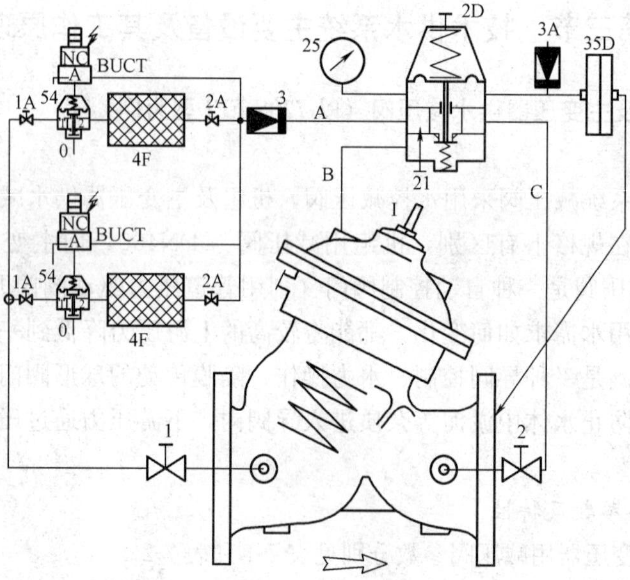

图 7-1　减压阀原理图

1—常开开关阀；1A—常开开关阀；2—常开开关阀；2D—2 向压差减压导阀；4F—大过滤器；3、3A—止回阀；25—压力表；35D—隔离隔膜；21—针阀；54—3 向水力导阀 W/顶端弹簧；BUCT—3 向常开电磁计时器

主阀由壳体、主阀隔膜（E）、主阀盘（D）和阀盘座（F）等组成。

导阀由调节螺栓、隔膜、导阀轴、针阀、导阀密封塞、隔膜感应装置组成。

自动反冲洗过滤装置由两组蝶片滤过器及常开型电磁阀、水力导阀构成两组互为备用的过滤、反冲洗系统。

2. 工作原理

（1）在图 7-1 中，A 管为连通进口的压力管，B 管为连通减压阀控制腔的控制管，压力表通过隔膜感应装置反映出口压力，C 管为先导阀的排水管。减压阀导阀顶部有一调节螺栓，通过调节螺栓长度设定减压阀出口压力（系统压力）。

（2）减压阀在正常情况下运行时，从 A 管流入的水流经针阀节流后，通过导阀密封塞上部流入 C 管排走。当流经针阀的水流（固定流量）与通过导阀密封塞上部经 C 管排走的水流（变动流量）相等时，减压阀处于稳定状态，即出口压力为设定值。

(3) 当用水量增加导致系统压力降低时，先导阀隔膜的下腔压力下降，隔膜会在先导阀弹簧力的作用下向下移动，并带动导阀轴、导阀密封塞下移，导阀密封塞上部开口增大（流量增加）。此时流经针阀的水流小于导阀密封塞上部排走的水流，通过B管使主阀隔膜上腔压力下降，主阀盘在主阀隔膜的带动下向上移动，主阀盘与阀盘座之间的开口增大，通过主阀的流量增加，反之亦然。

3. 反馈及自动反冲清污装置

长江水质多年平均含沙量为1.20kg/m³，汛期多年平均含沙量为1.61kg/m³，实测最大含沙量为10.5kg/m³。

采用以下两种措施防止泥沙堵塞反馈装置管路，如图7-2所示。

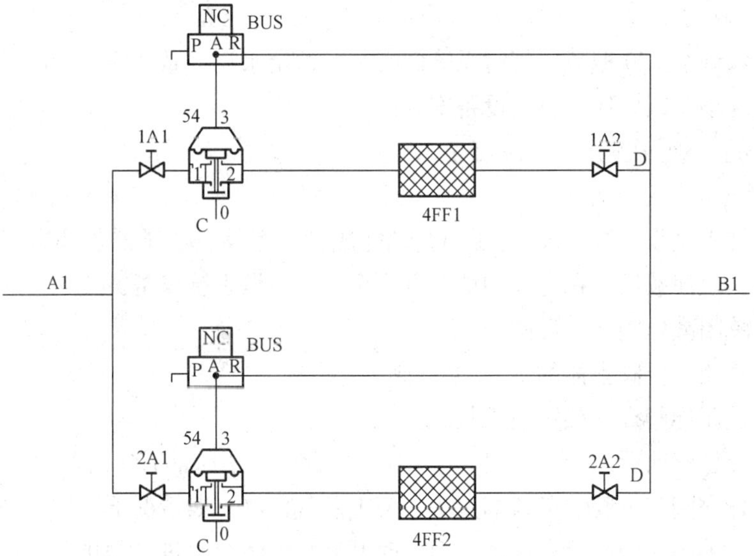

图7-2 减压阀过滤系统图

措施一：前端压力感应回路中有自动反冲洗过滤系统，定时将杂质从过滤器排出。

措施二：后端压力感应回路中安装有压力感应隔膜装置，在确保导阀精确感应阀出口压力的情况下，阻止含杂质水进入导阀。

减压阀水力控制回路中设置两套过滤装置，在减压阀连续工作的前提下，能自动切换，自动清洗。

(1) 减压阀取水步骤。正常工作状态时，A1处流向B1处（两个过滤器均在工作），即水流自A1分流到1A1和2A1，再流经54（水流加速器）的1和2，通过4FF1/4FF2，进入1A2/2A2，然后经D处控制管路汇总到B1。

（2）反冲洗步骤。假设上部的4FF1过滤器需反冲洗。

1）上部过滤系统中BUS电磁阀得电，使54（水流加速器）中隔膜上部3原来接通大气转换成从D处引入管线上游压力，从而连通54（水流加速器）内部的0和2，正常工作时连通的1和2被切断，从而使4FF1原出口的水流改变流向。

2）D处压力从C处泄出，同时反冲洗进行。

3）计时完成，BUS电磁阀失电，使54（水流加速器）中隔膜上部压力失去而回位，使4FF1回归于原来工作状态。

注：两个BUS不能同时得电。得电指令由电子计时器发出（时间周期均可设定）。

如上所述，过滤装置自动切换，自动清污。

（四）调试

检查和调节720型减压阀时系统内必须有恒定水流。做好安全措施，建议无关人员远离现场，以确保人身及设备安全。

720减压阀首次调试方法如下：

1. 排气

（1）技术供水系统泄压/持压阀调试完成，机组及主变压器各部冷却器进出水阀门关闭，以使减压阀在全开的情况下不会损坏下游系统设备。

（2）关闭减压阀前、后阀门。

（3）关闭减压阀本体的1、2号球阀。

（4）减压导阀螺栓旋至最松状态。

（5）减压阀前阀门慢慢开启5%～10%，此时减压阀前有压力产生。

（6）拧松阀门上腔的最顶端接头，使上腔气体（一般情况下，如果阀门上腔有少量气体，关闭时阀门会有振动，但此时开启，气体会经过导阀排出）排出（因阀前有压力），阀门会开启至全开。

（7）打开1号球阀，阀前压力至上腔，待上腔余气全部排出后拧紧接头，阀门会逐渐关闭。

2. 调试

（1）减压阀前阀门逐渐全开，观察减压阀是否完全关闭（因水不可压缩，减压阀可能无法完全关闭）。

（2）减压阀后阀门开启5%～20%，观察减压阀反应（减压阀应完全关闭）。

（3）打开2号球阀，观察减压阀反应（仍关闭）。

（4）顺时针调节导阀螺栓，减压阀逐渐打开，调节至设定值锁定螺母。

（5）缓慢开启减压阀后阀门至全开，观察压力变化。

(6) 关闭 2 号球阀，减压阀应关闭；然后开启 2 号球阀，减压阀应开启。

(7) 控制系统保持在自动位置。

3. 注意事项

(1) 机组运行期间，禁止对阀门上、下游侧的手阀进行调节。

(2) 机组运行期间，禁止对导阀一侧的针阀进行调节。

(3) 机组运行时，如必须对阀门进行压力调节，在不动作上、下游侧手阀的前提下，慎重缓慢地调节导阀调节杆，达到所需压力后停止调节，锁定螺母。

(4) 正常工况下，压力表显示为阀后压力，但在下游手阀关闭的情况下，则不能显示正常值。

4. 首次调试后减压阀压力波动的调试方法

当减压阀出口压力（系统压力）低于整定值时，按以下步骤调整减压阀出口压力：

(1) 松开减压导阀的调节螺栓。

(2) 顺时针小幅度（每次约 5°）旋转减压导阀的调节螺栓，观察下游压力的变化，直到得到预定的下游压力。

(3) 每次调整螺栓后都要暂停 5～10s（调整后出口压力有一定延时），以观察调节后的阀门反应。一旦达到预定下游压力值，旋紧锁定螺母。

当减压阀出口压力（系统压力）高于整定值时，逆时针旋转调节螺栓，其他步骤及注意事项同上。

（五）常见故障及处理

减压阀常见故障及处理方法见表 7-3。

表 7-3　　减压阀常见故障及处理方法

常见故障	原　因	处理方法
阀门无法开启	入口压力不足	核查/增加阀前压力
	系统水流太小	增加用水量/流量
	减压导阀弹簧压力不够	顺时针调节减压导阀上的螺栓，增加弹簧压力
	断路器阀关闭	打开断路器阀
阀门无法关闭	过滤器堵塞	对过滤器进行反冲洗
	针阀关闭或被堵塞	清洗或调节针阀
	断路器阀关闭	打开断路器阀
	减压导阀弹簧压力过大	逆时针调节减压导阀上的螺栓，减少弹簧压力
	杂质堵住了主阀	移开并检查传动装置，检查/清除杂质
	隔膜漏水	关闭断路器阀，打开阀盖，检查阀体。仍然存在水流，则说明隔膜损坏
阀门无法调节	针阀调节错误	出厂时针阀被调节在 1.5 圈开度，重新调节针阀
	隔膜和导阀感应腔有油	联系厂家处理

二、滤水器（以 ZLSG-400G 型为例）

（一）概述

（1）技术供水系统滤水器采用立式电动自动清污型滤水器，此全自动滤水器特别适用于含有大量漂浮物（如泡沫塑料、木屑、塑料袋、编织袋等）和沉积物的水质的自动过滤、自动清污和排污。

（2）该滤水器结构设计独特，与传统的滤水器进水方式有区别，它采用上进下出的方式，便于沉积物及部分悬浮物的彻底排放，而漂浮物悬浮于罐体上部进水腔，不进入过滤筒，从而避免了过滤筒的堵塞，过滤筒可通过设在罐体上部的检修孔直接取出清洗。

（3）该滤水器具有复合排污、过滤性能好等特点，它由电动行星摆线针轮减速机、滤水器本体、差压控制器、差压变送器、双电动排污阀及带 PLC 可编程控制器的电气控制柜等组成。滤水器本体由布置在滤芯法兰上的 6 个小过滤筒、自动反冲排污转动机构、主轴、转动挡板、排污转筒、排污孔架、漂浮物及沉积物排污管、进出水管及在罐体侧上部对开的检修门孔组成。它具备自动过滤、自动排污，且在清污、排污时不影响正常的供水量，电气控制采用 PLC 可编程控制器自动控制，也可手动控制，并设有差压过高、排污阀过力矩等故障报警装置，如图 7-3 所示。

（4）滤水器在要求的压力和流量变化范围内具有安全稳定和连续工作的能力。滤水器具有过流能力大、内压降小、自动排污能力强的功能。在规定的压力范围内，随着进口压力的正常波动，通过滤水器的流量变化最大不超过额定流量的 10%。滤水器的控制装置，具有在中控室利用计算机进行监控的失电信号、4～20mA DC 压差模拟信号、差压过高信号、排污阀过力矩信号及减速机故障信号等能力，并能自动控制清除水中机械杂物，全自动连续工作。

（二）滤水器参数

滤水器参数见表 7-4。

表 7-4　　滤水器参数

滤水器的形式	立式电动自动清污型
设计工作流量	1100m³/h
最小工作流量（堵塞发信号时最小流量值）	≥880m³/h
反冲洗额定流量	≤110m³/h
排污方式	运行时由控制装置自动操作排污（定时、差压）及手动排污
定时冲洗	5h
工作压力范围	0.80～1.25MPa

滤水器的形式	立式电动自动清污型
过滤精度（滤网孔径）	4mm
设备内压降最大值	≤0.02MPa
进、出管直径	400mm
排污管直径	100mm
减速机型号	XLED-74
减速机功率	1.5kW
减速机输出转速	1.0r/min
排污阀功率	0.25kW

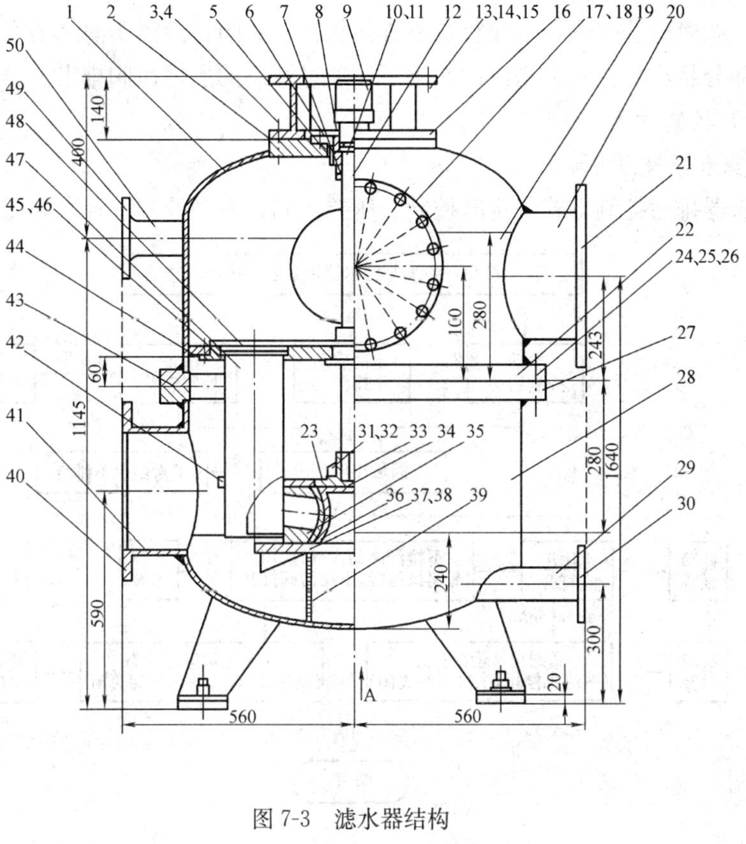

图 7-3 滤水器结构

1—封头；2—封头法兰；3、15、25、31、38、46—六角螺栓；4、14、26、32、39、45—平垫圈；5、43—密封圈；6—轴承座；7—O 型圈；8—轴承；9—联轴器套；10—止动垫圈；11—圆螺母；12—主轴；13、24—六角螺母；16—支架；17—滤网检修法兰盖；18—滤网检修法兰；19—上罐体；20、41—进水管；21—进口法兰；22—连接法兰套；23—上法兰；27—下法兰；28—下罐体；29—下排污管；30—排污法兰；33—平键；34—排污转筒；35—排污孔架；36—轴瓦；37—纳污筒；40—出口法兰；42—滤芯固定法兰；44—内法兰；47—过滤筒；48—冲洗转动机构；49—排污法兰；50—上排污管

（三）工作原理

正常过滤时，减速机不启动，漂浮物排污及沉积物排污阀均关闭。当达到清污状态时，将依次完成下列清污、排污工作：

(1) 下排污阀（沉积排污阀）打开，减速机启动，并带动上部挡板及下部排污转筒转动，依次使每一个过滤筒上部被挡板封住，底部侧面与排污开口则与排污孔相通，这样，滤筒与排污通道形成封闭通路，在清水腔过滤水压力的作用下，部分清洁水自动反冲进入滤筒，沉积于滤筒内的污物及卡阻在滤筒表面的污物被冲入排污腔内，随开启的排污阀排出。

(2) 滤筒清洗完毕，减速机及下排污阀自动关闭，漂浮于滤水器本体上部的漂浮物及部分悬浮物在压力水流的作用下，通过开启的上排污阀排出。

(四) 控制方式

1. 滤水器排污控制方式

滤水器排污控制方式有定时控制、压差控制、手动控制三种，如图 7-4 所示。

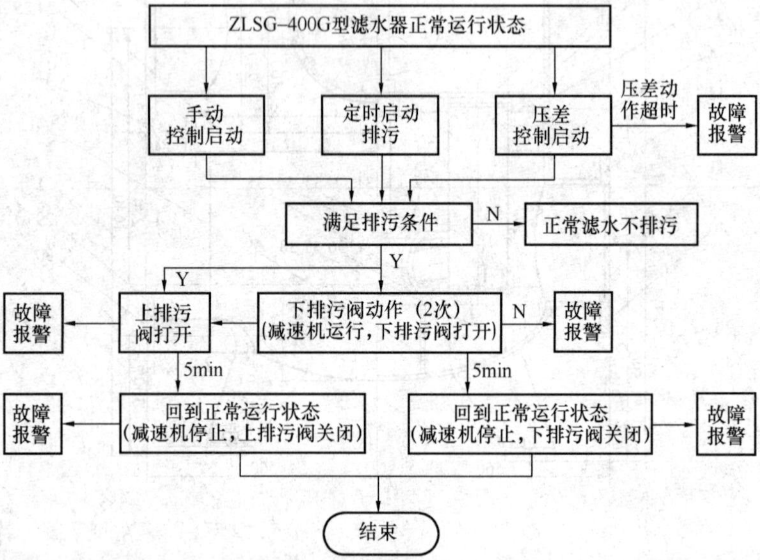

图 7-4　滤水器控制流程

(1) 定时控制。通过 PLC 所设定的排污时间周期，定时启动减速机进行排污，间隔时间及每次排污的时间长短可以根据季节、实际运行工况进行自由调整。某电厂滤水器排污定时设定值为 5h，每次工作时间为 5min。

(2) 压差控制。根据所设定的进出口压差自动控制减速机和排污阀的启动，自动进行清污、排污。一般情况下，按定时间隔进行自动排污，而当水中杂物较多，在定时清污的时间间隔内发生滤水器前后压差大于整定值时，压差控制方式启动，之后自动转回定时控制方式。

(3) 手动控制。由设在电气控制柜上的按钮手动控制减速机和排污阀的启动，也可由机组现地控制单元（LCU）及中控室进行远方手动控制。

2. 滤水器各个部件的自动控制工作原理

滤水器各个部件的自动控制工作原理见表 7-5。

表 7-5 滤水器各个部件的自动控制工作原理

设 备	控 制 方 式
减速机	可人工手动启动
	压差动作可自动启动
	每间隔 5h 可自动启动
	每次工作时间为 5min
下排污阀	与减速机同时工作，此时阀门全开
	当减速机停止工作时，阀门全关
	当关阀过程中发生过力矩，则阀将再次打开，延时 1min 后，再试关
上排污阀	可人工手动启动
	减速机工作两次可自动打开电动阀
	开阀 5min 后将自动关闭阀门
	当关阀过程中发生过力矩，则阀门将再次打开，延时 1min 后，再试关

滤水器倒换运行时，先全开备用滤水器出口电动蝶阀，全开备用滤水器进口电动蝶阀；然后全关工作滤水器进口电动蝶阀，最后全关工作滤水器出口电动蝶阀。

（五）常见故障及处理

1. 排污阀关闭不严

先手动全关到位，如此时漏水现象消除，则说明排污阀的全开/全关触点位置不对，调节全开/全关触点。将阀门关到位，断开现地控制柜电源，拆下排污阀电动装置顶部端盖，卸下开度指示盘，用一字螺丝刀调节开/关/中（1）/中（2）相应旋钮，使凸轮刚好压信微动开关触点。

如手动全关后，排污阀漏水现象未消除，则可能机械限位太紧，应调节机械限位螺栓。完全松开限位螺栓，手动全关阀门到位时拧入限位螺栓，顶到拨盘后，退回1～2 圈即可，锁紧限位螺栓上的螺母将限位螺栓固定。

如上述方法仍不能消除漏水现象，应检查阀门是否损坏。

处理完后应投电试验阀门是否启闭正常。

2. 滤水器前电动阀无法开启

在机组运行时，有时会碰到阀门无法开启的情况，这多数是因为阀板前后受压不同、压差大所致。如此时能够采取平压措施，则阀门开启将会比较顺利。当滤水器前电动阀打不开时，可先打开滤水器后电动阀。因此，滤水器倒换时应先关滤水器前阀门，先开滤水器后阀门。

3. 排污阀过力矩

杂物卡堵引起阀门过力矩：手动启闭阀门，杂物被冲走或剪断，消除引起阀门过力矩的因素。在频繁启闭排污阀的过程中要时刻注意电动机的温度，防止电动机烧坏。

排污阀机械限位与行程控制机构不协调，机械限位先于行程控制机构动作。当阀门全关过程中受到机械限位螺栓的限制，而行程控制机构的全关微动断路器未到位时，则阀门会继续往关方向动作，阀门会因机械限位螺栓的阻挡而发生过力矩。此时应调节机械限位螺栓，方法同前。

4. 排污阀故障

故障信号：监控系统、滤水器现地控制柜排污阀故障指示灯亮，现地控制柜上、下排污阀全开/全关四个指示灯均不亮。

造成排污阀故障的原因有很多，直接原因是电流过大引起空气开关跳闸，从而发出排污阀故障信号。

5. 减速机故障

故障信号：监控系统、滤水器现地控制柜减速机故障指示灯亮。

滤水器转动机构挡板卡阻、减速机电动机短路、三相接地、掉相等均会造成空气开关保护动作而跳闸，发出减速机故障信号。断开滤水器现地控制柜电源，对滤水器减速机进行手动盘车，检查滤水器转动机构是否卡阻。如挡板卡阻，则开滤水器检修孔清除杂物。如盘车轻松，则应检查减速机电动机是否工作正常。

6. 滤水器故障

故障信号：监控系统、滤水器现地控制柜排污阀全开/全关灯同亮。

检查阀门实际位置，断开滤水器现地控制柜电源，检查全开/全关微动开关触点是否卡死，更换微动开关。

三、泄压阀/持压阀（以 DY500X 型为例）

（一）概述

技术供水系统泄压阀/持压阀安装在减压阀之后的机组供水总管上，当减压阀故障，机组供水总管水压与主变压器供水总管水压超过定值时，泄压阀/持压阀自动向排水总管泄压，以降低用水设备供水管水压，保护用水设备安全。

（二）设备参数

（1）环境温度：—30～60℃。

（2）公称通径：DN50～1000mm。

（3）公称压力：PN1.0～4.0MPa。

（4）强度试验压力：公称压力的 1.5 倍。

（5）密封试验压力：公称压力的 1.1 倍。

(6) 渗漏量：不允许有任何渗漏。

(三) 工作原理

1. 结构组成

泄压阀/持压阀由阀体、阀盖、隔离盘、中心轴、铜套、阀座、阀瓣、膜片、膜片压板及先导阀和控制管路等主要零部件组成，通过控制阀瓣的上下运动来实现阀门的启闭，其配管如图 7-5 所示。

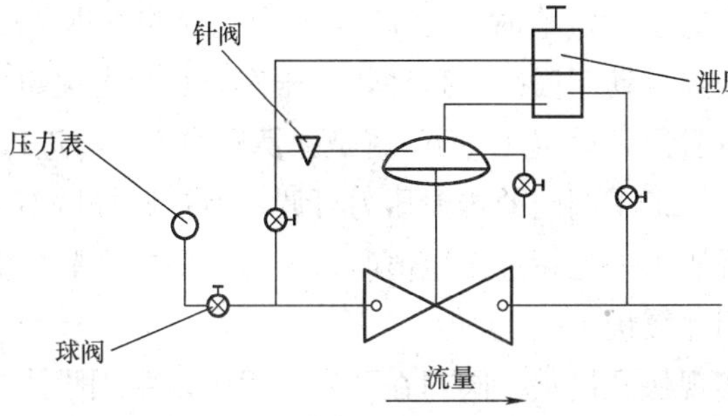

图 7-5　泄压阀/持压阀配管

2. 形式

泄压阀/持压阀主阀体是一种隔膜型水力控制阀，其工作受泄压导向阀支配，双腔液动控制，独特的可卸式安装，维修时不必移动主阀体；具有良好的开闭功能，橡胶弹性密封，流线型结构，水力损失低。阀前端管网压力一旦超过设定值，该阀立即打开紧急泄压，直到阀前压力达到设定值才以设定速度关闭。

3. 特点

与传统安全阀比较，泄压阀/持压阀有如下特点：

(1) 因其以小控大，所以调节简单、反应灵敏，能快速消除超高压及水击现象。

(2) 因其关闭速度可调，所以在保证阀前端设定压力值的前提下，能完全排除二次水击的可能性。

(3) 泄压阀应具有双重防水锤功能。

(4) 当管道内水压力超过设定值时，安全泄压；当管道内水压力低于设定值时，能自动缓慢关闭。

(5) 泄压阀的压力设定值能根据实际运行情况做调整。

(6) 泄压阀要求动作灵敏。主阀关闭时应先快后慢，以防止水锤现象产生。

4. 工作原理

泄压安全阀具有水力自动控制特点，不需外接动力源，由介质压力自动控制。

在正常状态下，阀门关闭。调整先导阀调节手柄，设定一弹簧压力 F，对应一压力设定值 F_1，$F_1>F_2$，先导阀关闭，泄压安全阀关闭。

当管网中压力增高超过设定值时，即 $F_1<F_2$，先导阀立即开启，因先导阀（通径为 13mm）直径比针阀（通径为 2～3mm）大很多，所以针阀流量很小，补充水量不足，上腔介质经先导阀排出，阀前压力高推动阀瓣向上移动，泄压安全阀迅速开启泄压。

当管网中压力减少低于设定值时，即 $F_1>F_2$，先导阀立即关闭，介质经针阀进入上腔，上腔压力增加推动阀瓣向下移动，泄压安全阀缓慢关闭。

由上述工作原理可看出，设定压力 F_1 就是弹簧压力 F，与进口介质压力无关，弹簧压力可线性调节，保证了阀门的排泄压力可调，但在调好后不随进口压力改变而改变；当阀前端管网压力一旦超过设定值时，阀门立即打开紧急泄压，直到阀前压力低于设定值，阀门才缓慢关闭。

泄压安全阀可以实现快开慢关。阀门在开启过程中，主阀膜片向上运动，扫过一定空间，该空间水从泄压先导阀排出，其排水时间即是开启时间。关闭过程中，主阀膜片向下运动，扫过一定空间，该空间水由针阀流入，其进水时间即是关闭时间。由于针阀孔小而关闭慢，泄压先导阀孔大而开启快（要求其快开的原因是：管网中压力开始超过设定值时，阀门应迅速开启泄压，保证管网安全。要求其慢关的原因是：阀门在泄压时，管网中介质以一定速度流动，如关闭太快易形成二次高压，并产生水锤现象）。

泄压先导阀设计合理，控制精度准确，对压力变化的反应灵敏，运行可靠。调节球阀 A、B 的开度可控制开、关阀门的时间。

阀门上腔设计有手动操作球阀，当出现异常时，可开启此球阀，排出上腔压力，使阀门开启而泄压。

泄压安全阀结构如图 7-6 所示。泄压安全阀的主要零部件名称及材料见表 7-6。

表 7-6　　泄压安全阀的主要零部件名称及材料

序　号	名　称	材　质	序　号	名　称	材　质
1	阀体	球墨铸铁	9	膜片	尼龙增强橡胶
2	阀座	不锈钢	10	膜片压板	碳钢（喷塑）
3	阀瓣压板	碳钢（喷塑）	11	阀盖	球墨铸铁
4	中心轴	不锈钢	12	针阀	黄铜
5	阀瓣	球墨铸铁	13	控制管路	铜件或镀锌管
6	弹簧	不锈钢	14	先导阀	黄铜
7	铜套	铸铝青铜	15	紧固件	A2-70 或碳钢镀锌
8	隔离盘	球墨铸铁	16	密封件	丁腈橡胶

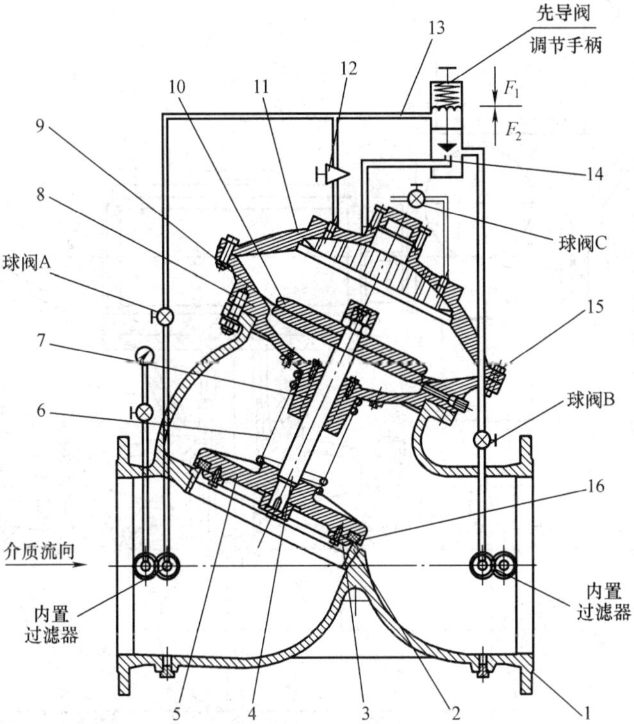

图 7-6　泄压安全阀结构

四、电动双向供水转阀（以 SZF 型为例）

（一）概述

电动双向供水转阀是一种四通球阀结构的阀门，如图 7-7 所示，由电动执行机构和四通球阀组成，电动执行机构带动球阀阀芯转动，实现设备冷却用水的正反向技术供水，防止单向供水引起冷却器堵塞而影响设备正常运行。

该阀的特点如下：

（1）以一个球阀代替四个调节阀，减少工作中故障环节，降低能耗，提高工作效率。

（2）节省阀门、管道，安装方便、省时。

（3）核心部分采用球阀结构，密封性能好，体积小，结构简单，维护检修方便。

（4）采用自补偿密封，密封面磨损后，不锈钢弹簧将密封面推向阀芯，产生足够的密封力。

（二）设备参数

电动双向供水转阀参数见表 7-7。

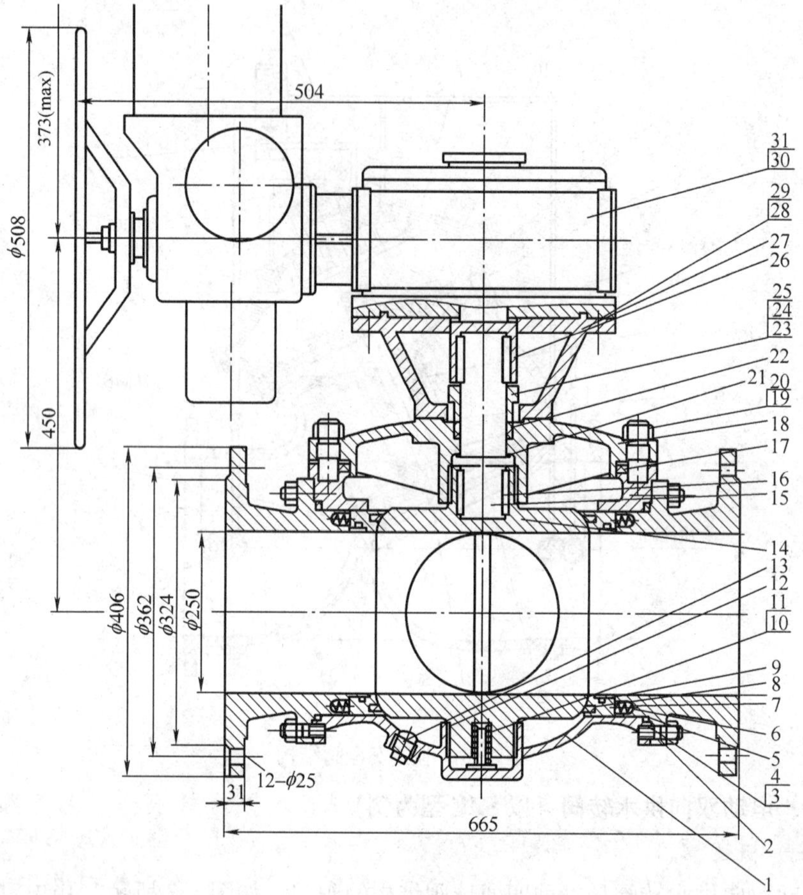

图 7-7　电动双向供水转阀

1—阀体；2—法兰盖；3、19、24、28—螺柱；4、20、25、29—螺母；5、8—O 型圈；6、11—弹簧；7—阀座；9—密封圈；10—弹簧座；12—衬套；13—堵头；14—球体；15—阀杆；16—键；17—密封垫；18—阀盖；21—止推垫；22—盘根；23—压盖；26—联轴器；27—支架；30—电动执行机构；31—平键

表 7-7　　电动双向供水转阀参数

项　目	参　数	项　目	参　数
通径	DN250	输出扭矩	1100N·m
工作压力	PN1.0	电动机功率	0.3kW
工作介质	水	控制器型号	LOGO230RCL
防护等级	IP65	工作流量	1100m^3/s
电动执行机构型号	SMC-04		

五、其他阀门、管道及附件

（一）电动执行器（以 AMP 型为例）

电动执行器（部分回转）结构如图 7-8 所示。

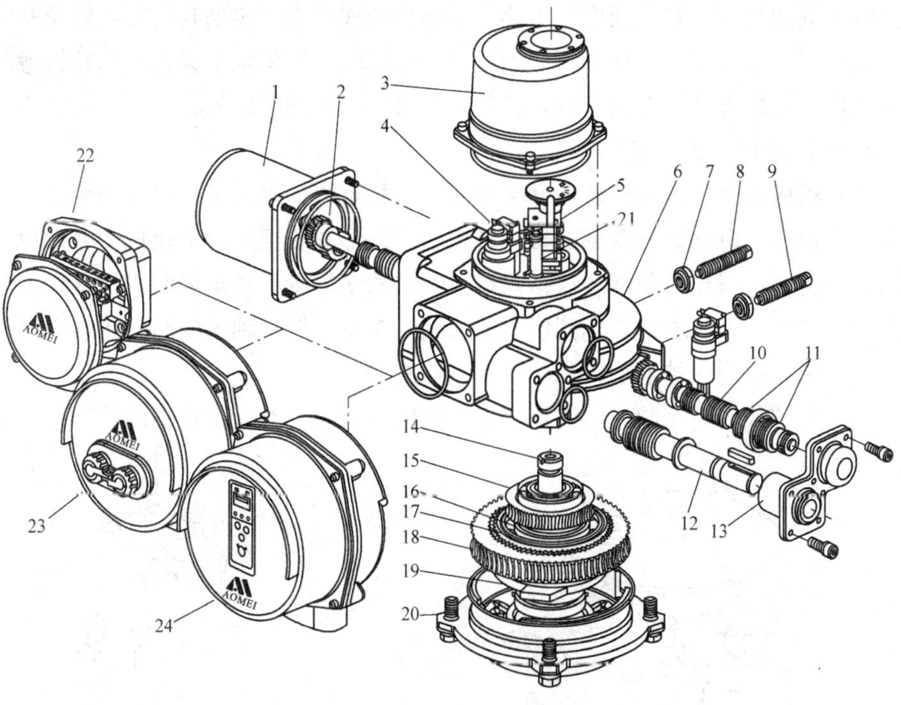

图 7-8　电动执行器（部分回转）结构

1—电动机；2—直齿轮副；3—开关腔罩；4—转矩限制机构；5—行程控制及开度指示机构；6—主箱体；7—限位螺栓密封圈；8—关向限位螺栓；9—开向限位螺栓；10—电动蜗杆；11—蝶形弹簧组；12—手动蜗杆；13—蜗杆端盖；14—输出轴；15—电动蜗轮；16—偏心轴；17—行星齿轮；18—手动蜗轮；19—拨盘；20—接盘；21—空间加热电阻；22—接线盒；23—整体控制箱；24—整体新型控制箱

1. 电动工作原理（部分回转结构）

电动机输出经一级直齿轮副驱动电动蜗杆和电动蜗轮，电动蜗轮与偏心轴通过键连接，偏心轴带动行星齿轮与手动蜗轮组成的少齿差行星轮系运行，行星齿轮通过十字滑块驱动拨盘，拨盘与输出轴通过键连接，从而使输出轴输出需要的力矩和转速。

2. 手动工作原理（部分回转结构）

部分回转系列产品为全自动切换结构，不需要手动/电动切换。当进行电动执行器的调整、修理及缺电应急等需要利用手动操作时，可以直接操作手轮，手轮与手动蜗杆通过键连接。当电动机静止时，行星轮系转变为定轴轮系，手动蜗轮驱动行星齿轮经拨盘连接输出轴输出转矩。

3. 行程控制工作原理

输出轴的行程（转动角度）由输出轴通过销连接直接传递到行程控制及开度指示机构的行程轴。当输出轴的行程到达要求位置时，行程轴上设置的凸轮将触动微动断路器，切断电动机电源达到行程控制的目的，如图 7-9 所示。

4. 转矩控制工作原理

（1）机械转矩。电动蜗杆在开关方向分别装有蝶形弹簧组，当电动蜗杆驱动蜗轮输出力矩时，电动蜗杆受到的轴向推力引起蝶形弹簧组产生成比例的变形量，转矩限制机构通过齿轮齿条啮合获得蝶形弹簧组的变形量。转矩限制机构开、关向均设置微动开关，当输出力矩达到设定的限制转矩时，转矩轴上的凸轮将触动微动开关切断电源，达到保护电动机和电动执行器的目的。

（2）电子式转矩控制。通过检测电动机电流经过计算获得精确的转矩值，如图 7-10 所示。

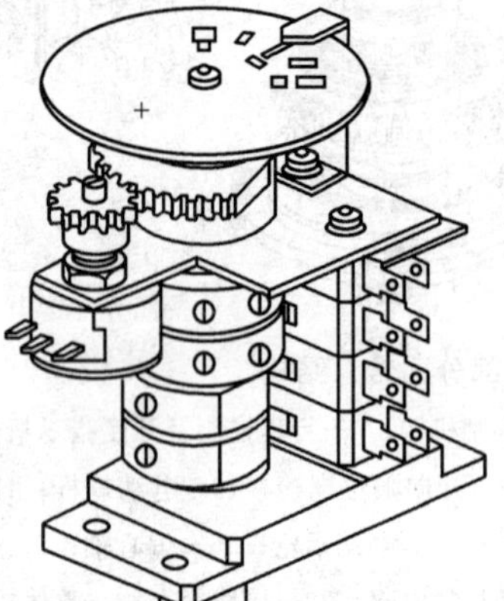

图 7-9　行程控制机构

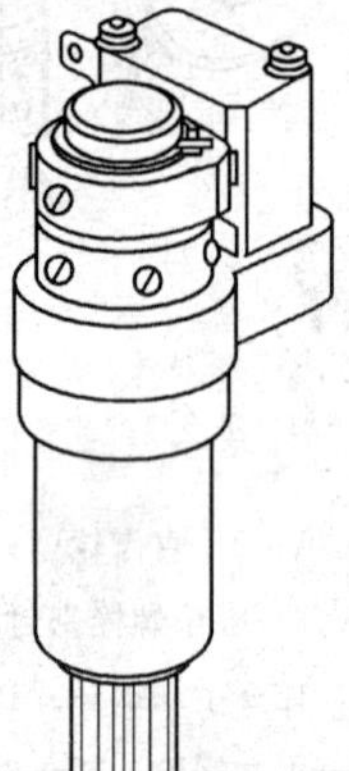

图 7-10　转矩控制机构（机械式）

5. 机械限位工作原理

在阀门的关和开方向各设置一个机械限位螺栓，当输出轴运行到机械限位时，与输出轴连接的拨盘上设计的凸缘将与限位螺栓接触，从而限制输出轴继续运行，达到保护阀门的目的，如图 7-11 所示。

（二）水电厂水系统常用阀门及管道附件

1. 闸阀

闸阀使用历史最久，至今世界各国仍在应用，特别是 DN300 以下的闸阀，在各类阀门中仍占主导地位。按阀板形状，闸阀可分为平行闸阀和楔形闸阀，楔形闸阀在国际上使用比较普遍。闸阀的特征是阀板前后压差使阀板强制压在出口侧的阀座上，密封性较好，且全开时，由于阀板不留在流路上，压力损失小，用于切断管道中介质；其缺点是操作力矩大，操作时易使阀体、阀杆损坏，特别是大口闸阀。闸阀外形尺寸和质量也大，DN1000 口径闸阀约高 3200mm，需要四个人操作，所以闸阀一般适于小口径。

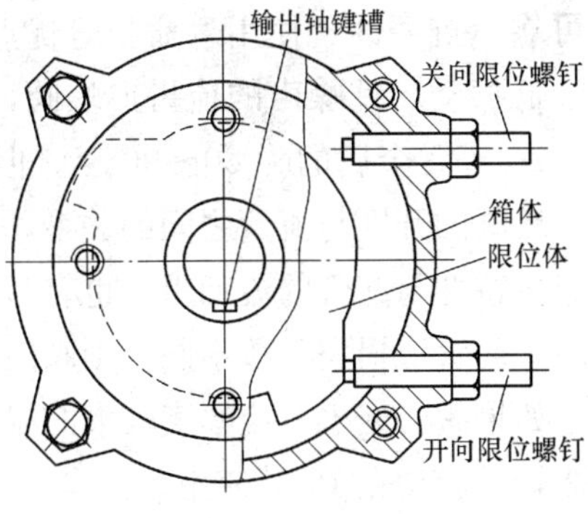

图 7-11　机械限位解析

闸阀从全开到中间开度，阀门的流动阻力较小，接近全闭时，流动阻力急剧增加。在较大的范围内，流动阻力变化较小，在接近全闭时，流量变化较大，一定不要在阀门接近关闭时使用，这时很难进行流量的微调。阀门若开度极小，开口处的流速极快，会使闸板下侧产生气蚀，并伴有激烈的振动噪声，长时间节流运转，往往会造成阀体和闸板的金属气蚀。闸阀工况若处在中间开度，阀板因为是靠两侧的导轨支撑，全关时配合紧密，而在中间位置时，阀板与导轨间隙大而产生振动。因此，即使在气蚀发生率较低的区域，长时间使阀门节流运转，导轨也会发生畸形、磨耗或损坏，且由于阀座不是全面接触，而接触部位表面压力很高，往往会产生咬蚀或粘连，因此，不宜用于流量控制。还应注意，闸阀在小开度时，流量变化大，如果对阀门紧急启闭，会造成压力急剧上升或产生负压，特别是关阀门时产生水锤现象。

在金属密封闸阀的基础上，近些年来开发了橡胶软密封闸阀，其特点如下：

（1）阀体底部无凹处，流体通过截面呈直线状，不易堆积和夹杂异物。

（2）闸板密封面是压在阀体上进行止水的，关阀力矩小。

（3）不因配管的弯曲和拉伸而影响密封性能。

（4）整个阀板衬橡胶，耐腐蚀，不出锈水。

（5）阀门可在全开通水的同时更换密封材料和 O 型圈。

2. 蝶阀

20 世纪 30 年代，美国发明了蝶阀，50 年代传入日本，到 60 年代才在日本普遍采用，在我国推广则是 70 年代以后的事了。目前，世界上 DN300 以上的蝶阀已逐渐代替了闸阀。蝶阀与闸阀相比，具有开闭时间短、操作力矩小、安装空间小和质量轻等特点。以 DN1000 的蝶阀为例，约重 2t，且蝶阀易与各种驱动装置组合，有良好的耐久性和可靠性。橡胶密封蝶阀的缺点是作节流使用时，由于使用不当会产生气蚀、橡胶座剥落、损伤等情况。目前，金属密封蝶阀凭借其密封可靠、抗磨蚀、使用寿命长等优点，被大量应用。在国外近年来还开发出耐气蚀、低振动、低噪声的梳齿形蝶阀，一般密封座的寿命在正常情况下，橡胶的为15～20年，金属的为80～90年。但如何正确选用蝶阀则要根据工况要求确定。

蝶阀的开度与流量之间的关系，基本上成线性比例变化。如果用于控制流量，其流量特性与配管的流动阻力也有密切关系，如两条管道安装阀门口径、形式等全相同，而管道损失系数不同，则阀门的流量差别会很大。

如果阀门处于节流幅度较大的状态，阀板的背面容易发生气蚀，有损坏阀门的可能，一般均在15°外使用。

蝶阀处于中开度时，阀体与阀板前端形成的开口形状以阀轴为中心，两侧形成完全不同的状态，一侧的阀板前端顺流水方向而动，另一侧逆流水方向而动。因此，一侧阀体与阀板形成似喷嘴形开口，另一侧类似节流孔形开口，喷嘴侧比节流侧流速快得多，而节流侧阀门下面会产生负压，往往会使橡胶密封件脱落。

蝶阀操作力矩因开度及阀门启闭方向不同其值各异，卧式蝶阀，特别是大口径阀，由于水深，阀轴上、下水头差所产生的力矩也不容忽视。另外，阀门进口侧装置弯头时，形成偏流，力矩会有所增加。

在普通蝶阀基础上，近些年来开发了三偏心蝶阀，其特点是：三偏心结构能真正达到密封面无理论摩擦，蝶阀的密封力直接来源于阀杆上驱动装置提供的扭矩。随着阀门公称通径和公称压力的变化，阀体、阀板密封圈锥角也随之变化，这样用最小的径向偏心、最小的启闭扭矩，保证了密封面之间无干涉现象和密封要求，节约了驱动能源，减小了阀门的阻力系数且启闭可靠，如图7-12所示。三偏心结构说明：①阀杆旋转中心偏离密封面；②阀杆旋转中心偏离流道中心；③阀杆旋转中心偏离斜锥角平分线a。

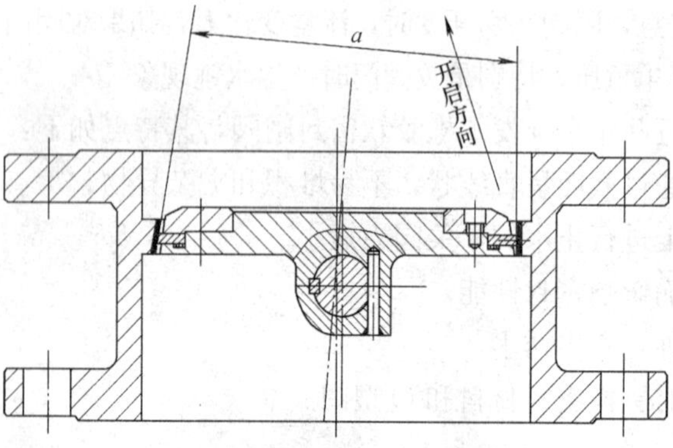

图7-12　三偏心蝶阀密封结构

3. 雨淋报警阀（以DY609X型为例）

雨淋报警阀一般水平安装在管网中，通过电动、机械或其他方法进行开启，使水能够自动单方向流入消防喷淋系统同时进行报警的一种单向阀。

(1) 结构及特点。

1) 雨淋报警阀主阀体采用Y型膜片式结构，密封副为非金属密封；阀门一般要求水平安装，与管道的连接形式为法兰连接。

2）雨淋报警阀由阀体、阀盖、隔离盘、中心轴、铜套、阀座、阀瓣、膜片、膜片压板及电磁阀、水力警铃、压力开关、防复位器、滴水球阀和控制管路等主要零部件组成，通过控制阀瓣的上下运动来实现阀门的启闭，其结构如图 7-13 所示。

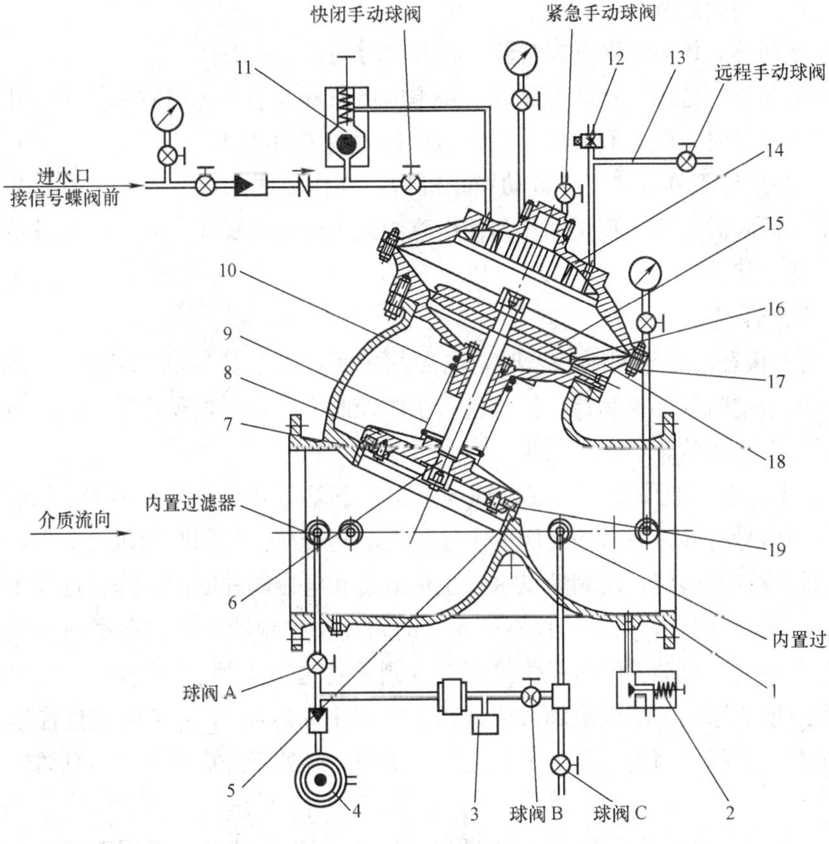

图 7-13　雨淋报警阀结构

1—阀体；2—滴水球阀；3—压力开关；4—水力警铃；5—阀座；6—中心轴；7—阀瓣压板；8—阀瓣；9—弹簧；10—铜套；11—防复位器；12—电磁阀；13—控制管路；14—阀盖；15—膜片压板；16—膜片；17—紧固件；18—隔离盘；19—密封件

3）雨淋报警阀有三种途径开启阀门。控制管路上设计有自动电磁阀开启、人工手动开启近距离球阀和远离火源开启远距离球阀，能保证特殊情况下雨淋报警阀开启。

雨淋报警阀具有远程控制、反应灵敏的特点。在正常状态下，电磁阀失电关闭，阀门关闭。当控制系统给出电信号，电磁阀得电立即开启，因电磁阀直径（通径为 15mm）比针阀直径（通径为 2～3mm）大很多，故针阀流量很小，补充水量不足，上腔介质经电磁阀排出，阀前压力推动阀瓣向上移动，阀门迅速开启。当控制系统停止电信号，电磁阀失电靠阀内弹簧复位立即关闭，介质经针阀进入上腔，上腔压力增加推动阀瓣向下移动，阀门缓慢关闭。

由上述工作原理可看出，阀门启闭由电信号控制，电信号可由远距离控制系统提供，实现阀门的远程控制功能。

调节球阀 A、B 的开度可控制开、关阀门时间。

特殊情况下，选用双稳态电磁阀，得电时电磁阀开启，失电后保持阀门开启状态；当再次得电时，电磁阀关闭，失电后保持阀门关闭状态。

4）雨淋报警阀具有防复位自动锁止机构，操作简便。在发生火灾时，开启电磁阀或手动球阀后，若出现误动作而使电磁阀或手动球阀关闭，则保证雨淋报警阀一直处于开启状态。

（2）工作原理。

1）伺服状态。处于伺服状态时，电磁阀关闭，防复位控制器处于开启状态，阀前的压力通过防复位控制器、针阀进入主阀控制上腔，压迫膜片带动阀板向下运动，主阀处于关闭状态，阀后无水。

2）工作状态。如果发生火灾，现场感温、感烟等传感器向中控器发出信号，电磁阀得到信号打开，主阀控制腔的水通过电磁阀释放，控制腔的压力消失，阀前压力推动阀板打开阀门，向阀后供水（也可通过和电磁阀并联的近程、远程手动球阀开启报警阀）；同时，与主阀控制腔相连的防复位控制器密封件在阀前水压的推动下，向上运动，自动关闭防复位控制器（阀前管道与主阀上腔隔断）。此时，即使误动作或事故原因关闭电磁阀（或近程、远程手动球阀），由于防复位控制器处于关闭状态，主阀控制腔的压力不会上升，主阀始终处于开启状态，达到防复位的目的。

3）灭火工作结束后，关闭电磁阀和近程、远程手动球阀，再用手按下防复位控制器的球形手柄，待控制腔的压力与进口压力相等时，阀门关闭后松开防复位控制器的球形手柄，此时主阀控制腔始终保持压力，防复位控制器始终处于开启位置，阀门返回伺服状态。

4. 流量计及传感器

机泵、压缩机的出口流量常常是生产装置的负荷（设备的处理量），必须进行严格检测和控制，以便为生产操作和控制提供依据。同时，为了进行经济核算，经常需要知道在一段时间（如一个小时、一天等）内流过的介质总量及温度压力等参数。所以，介质流量（液体、气体和蒸汽等）是控制生产过程达到优质高产和安全生产及进行经济核算所必需的一个重要参数。因此，测量流量的流量计及传感器就显得尤为重要。

（1）电磁流量计。当在进行流量测量时，如果被测介质具有导电性，则可以使用电磁流量计来测量。

1）测量原理和结构。电磁流量计是基于法拉第电磁感应原理制成的一种流量计。当被测导电流体在磁场中沿垂直磁力线方向流动而切割磁力线时，在对称安装在流通管道两侧的电极上将产生感应电动势 $E=BDu$，此电动势与流速成正比，如图 7-14 所示。

流体流量方程为

$$q_v=\frac{1}{4}\pi D^2u=\frac{\pi D}{4B}E=\frac{E}{K} \qquad (7\text{-}9)$$

式中 B——磁感应强度；

D——管道内径；

u——流体平均流速；

E——感应电动势。

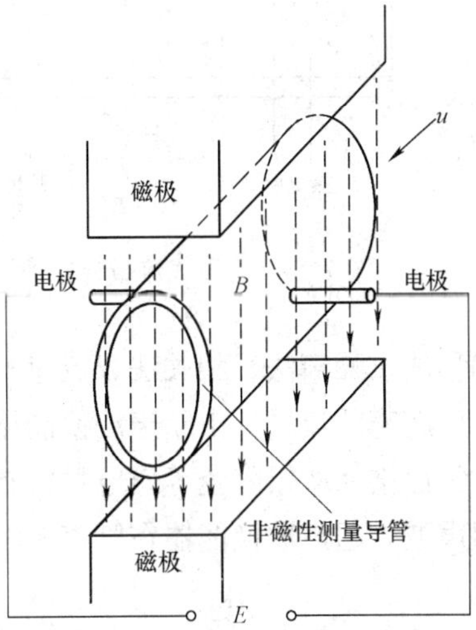

图 7-14 电磁流量计原理图

由式（7-9）可知，体积流量与感应电动势 E 和测量管内径 D 成线性关系，与磁场的磁感应强度 B 成反比，与其他物理参数无关。这就是电磁流量计的测量原理。需要说明的是，要使式（7-9）严格成立，必须满足下列假定：

a. 磁场是均匀分布的恒定磁场；

b. 被测流体的流速轴对称分布；

c. 被测流体是非磁性的；

d. 被测流体的电导率均匀且各向同性。

2）电磁流量计的特点及应用。

a. 优点。压力损失小，适用于含有颗粒、悬浮物等流体的流量测量；可以用来测量腐蚀性介质的流量；流量测量范围大；流量计的管径小到 1mm，大到 2m 以上；测量精度为 0.5～1.5 级；电磁流量计的输出与流量成线性关系；反应迅速，可以测量脉动流量。

b. 缺点。被测介质必须是导电的液体，不能用于气体、蒸汽及石油制品的流量测量；流速测量下限有一定限度；工作压力受到限制；结构比较复杂，成本高。

（2）热导式流量计。热导式流量计是基于热交换原理设计的，探头内置发热模块及感热模块，示流器的热量传导与被测流体流速密切相关。如果管道内没有介质流动，感热模块接收到发热模块的热量是一个固定值。而当流体介质流过示流器探

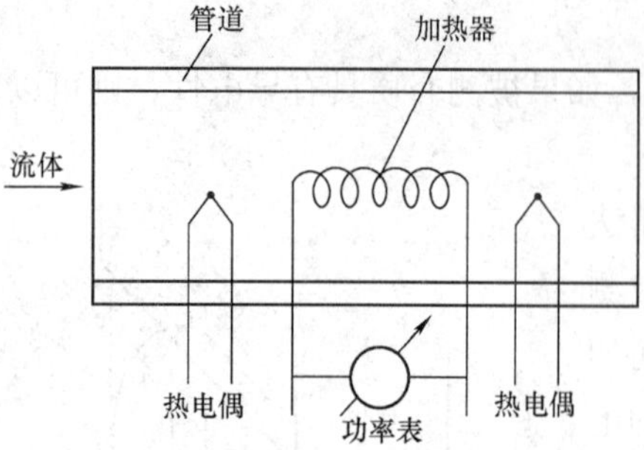

图 7-15 热导式流量计原理

头时，感热模块所接收到的热量随介质的流速变化而变化，如图 7-15 所示。

热导式流量计用得最多的有两类，即利用流动流体传递热量改变测量管壁温度分布的热传导分布效应的热分布式流量计；利用热消散（冷却）效应的金氏定律流量计。

（3）超声波流量计。超声波测流量的作用原理有传播速度法、多普勒法、波束偏移法、噪声法、相关法、流速—液面法等多种方法。

超声波流量计由超声波换能器、电子线路及流量显示系统组成。超声波换能器通常由锆钛酸铅陶瓷等压电材料制成，通过电致伸缩效应和压电效应，发射和接收超声波，超声波换能器在管道上的配置方式如图 7-16 所示。

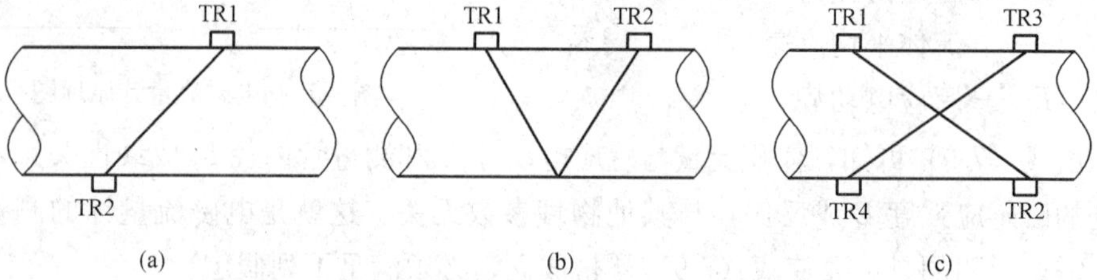

图 7-16 超声波换能器在管道上的配置方式

(a) Z式；(b) V式；(c) X式

时差法就是利用声波在流体中传播时因流体流动方向不同而传播速度不同的特点，测量它的顺流传播时间 t_1 和逆流传播时间 t_2 的差值，从而计算流体流动的速度和流量。

六、水泵

（一）原理

水泵是借动力设备和传动装置或利用自然能源将水由低处升至高处的水力机械，广泛应用于农田灌溉、排水及农牧业、工矿企业、城镇供水、排水等方面。

（二）类型

根据工作原理的不同，水泵可分为容积泵、叶片泵等类型。容积泵是利用其工作室容积的变化来传递能量的，主要有活塞泵、柱塞泵、齿轮泵、隔膜泵、螺杆泵等类型。叶片泵是利用回转叶片与水的相互作用来传递能量的，有离心泵、轴流泵和混流泵等类型。潜水电泵的泵体部分是叶片泵。其他类型的水泵有射流泵、水锤泵、内燃水泵等，分别利用射流水锤和燃料爆燃的原理进行工作。水轮泵是水轮机与叶片泵的结合体。

1. 离心泵

离心泵是利用离心力的作用增加水湾压力并使之流动的一种泵，由泵壳、叶轮、转轴等组成。动力机带动转轴，转轴带动叶轮在泵壳内高速旋转，泵内水体被迫随叶轮转动而产生离心力。离心力迫使液体自叶轮周边抛出，汇成高速高压水流经泵壳排出泵外，在叶轮中心处形成低压，从而吸入新的水流，构成不断的水流输送作用。叶轮具有逆旋转方向弯曲的叶片，其结构形式有封闭式、半封闭式和敞开式三种。农用的多为封闭式叶轮，叶片两侧由圆盘封闭，泵体沿出水管方向逐渐扩张成蜗壳形。水流自叶轮一面吸入的称单吸离心泵，自叶轮两面吸入的称双吸离心泵。为增加扬程，可将多个叶轮装在同一轴上成为多级离心泵。由前一叶轮排出的水进入后一叶轮的进水口，增压后再从后一叶轮排出，因而叶轮数越多，压力越高。有的离心泵带有能自动排除吸水管和泵体内空气的装置，在启动前无需向泵体灌水，这种泵称自吸离心泵，但其效率常低于一般离心泵。

离心泵在农田排灌和农牧业供水中应用最广，多用于扬程高而流量小的场合。单级离心泵的扬程为5～125m，排出的流量均匀，一般为6.3～400m^3/h，效率可达86％～94％。

2. 轴流泵

轴流泵，也称螺桨泵，由泵壳、叶轮和转轴等机件构成。叶轮上有螺旋桨状的叶片若干，当叶轮随转轴一起被动力机械驱动旋转时，各叶片将水推向一端，同时又在另一端从水源吸取水，使水产生沿着平行于转轴方向的连续流动，达到不断输送水流的目的，水流压力因叶轮转动作用而提高。由叶轮出来的旋转水流通过固定导叶后，消除了旋转分速度，并由于扩散作用而使其部分动能转换成压力能，推动泵壳内的水流沿轴向上升，由出水管流出。轴流泵多用于扬程低而流量大的场合，扬程范围为1～25m，流量为2.7～60.0m^3/s，效率可达85％～90.5％。轴流泵安装方式有立式、卧式和斜式三种，其中以立式轴流泵应用较多。大型轴流泵叶轮轮毂上的旋桨叶片的安装角度可以调节，或借液压传动的转轴在运行中随时调节，以适应扬程及流量变化的要求，获得较高的生产率，故称可调式轴流泵。

3. 贯流泵

贯流泵是卧式轴流泵的一种，由电动机、减速装置和水泵组成一整体，装设在水下堤坝内部的机坑内，其进出水流道位于一条直线上，近似直圆筒形，水力损失小，提水效率高，且结构紧凑，安装、检修方便，泵站工程简单。贯流泵是一种低扬程轴流泵，除叶轮及其外围的泵壳用金属材料制成以外，进水流道和出水流道均采用砖石或混凝土结构，其扬程在 2m 以下，流量大、结构简单、造价低、效率高，适用于低洼地区的排涝和灌溉。

4. 混流泵

混流泵的构造和工作原理兼有离心泵和轴流泵的特点。叶轮被动力机械带动旋转时，叶片一方面推动着水体，同时又驱使水体旋转产生离心作用。水体在叶片的推力和离心力的作用下产生流动和提高压力。水流由轴向流入叶轮后沿叶片斜向流出，常用于输送排量较大而压力中等的场合。混流泵通常有蜗壳式和导叶式两种类型。蜗壳式混流泵的结构同离心泵，利用蜗壳形流道将水流通过叶轮后获得的动能转换为压力能，一般中、小型混流泵多采用蜗壳式结构。导叶式混流泵也称斜流泵，其结构与轴流泵相似，具有径向尺寸较小、结构简单轻便等特点。大型混流泵以导叶式居多，其叶片的安装角度一般也能调节。混流泵的扬程范围一般为 3～10.5m，启动功率较低，能适应水位的变化，流量为 0.1～50m^3/s，效率可达64%～86%。自 20 世纪 70 年代以来，大型混流泵的发展速度较快，在许多场合有取代大型轴流泵的趋势。

5. 长轴深井泵

长轴深井泵多数是一个立式单吸离心泵，其叶轮装在井中动水位以下，动力机设置在井上，通过传动长轴驱动叶轮在导流壳内旋转，水流沿导流壳与叶轮之间的流道，经输水管向上提升到地面，扬程高时，可采用多个叶轮串联的多级离心泵。由于长轴深井泵传动长轴的制造和安装精度要求较高，效率随井深的增加而显著降低，因此一般只用于不超过 100m 的深井。

6. 潜水电泵

潜水电泵是泵体叶轮和驱动叶轮的电动机都潜入水中工作的一种水泵，有深井用和作业面用两种。深井用潜水电泵通过伸入井中的电缆向电动机供电，免去了传动长轴，因而结构紧凑，质量轻，安装、使用和转移方便，在有电源地区有取代长轴深井泵的趋势，但对含沙量大的水井和无电源地区不适用。潜水电泵用的电动机有干式（电动机全部密封）、半干式（电动机的定子密封，而转子在水中运转）、充油式（电动机内部充油以防水分侵入绕组）和湿式（电动机内部充水，定子和转子都在水中运转）等类型。前三种泵都需要密封且制造安装精度要求较高，因而农用深井潜水电泵通常采用湿式电动机，其定子绕组采用耐水绝缘导线或在定子绕组端部及槽内浇注合成树脂，水进入电动机内部影响不大，密封结构可大大简化，只要求防沙。有的深井潜水电泵扬程高达 1400m，最大流量达 1.4m^3/s。

7. 射流式深井泵

射流式深井泵通常是由射流泵和离心泵配以相应套管组成，用于从 30m 以内的深井中提水。射流式深井泵的工作原理是使压力通过喷嘴喷射到喉管的入口处，由于射流的横向紊动扩散作用，带走吸水管内的空气，使管内形成真空，井水被吸入并与射流水在喉管内混合，进行能量交换。在喉管的出口处两者的流速趋近一致，再通过扩散管将大部分动能转换为压力能，使水压进一步提高，最后从排水管排出。

射流式深井泵有两种组合类型：①将射流泵同离心泵并联，离心泵通过管路将压力水送入射流泵，射流泵将这部分水与被吸水一同向上提升，从而使小流量的高压水转换成大流量的低压水，主要用于地面灌溉和渠道清淤等。②将射流泵和离心泵串联，使射流泵给离心泵加压，提高其吸程，而将离心泵的出水量分出一部分提供给射流泵，其余部分送入压水池或压力管路，其出水压力较高，主要用于喷灌设备和农牧业供水。同潜水电泵和长轴深井泵相比，射流式深井泵具有结构简单、工作可靠、制造方便、成本低等特点；但效率较低，相同工况下的电耗较高。

8. 螺杆泵

螺杆泵依靠螺杆转动时泵腔容积的变化吸入和输送水体的一种容积泵，有单螺杆、双螺杆和多螺杆等类型。在农业中使用的是单螺杆泵，其泵腔由钢制螺杆和固定安装在泵壳内的橡胶套管组成。具有单螺距的螺杆在具有双螺距内螺旋的套管内转动，两者间形成的空腔由吸入端移动到出口端，从而形成连续的水流。螺杆泵结构简单、体积小、拆装容易、工作可靠、自吸性能好，多用于移动式喷灌系统。

9. 手动隔膜泵

手动隔膜泵用于低扬程、小流量的提水作业，由泵体、进出水管、进出水阀门、隔膜和推拉杆等组成。泵体可由一个或两个泵腔组成。具有两个泵腔的隔膜泵，其隔膜设置在泵体的中央，或两个隔膜分别装在分隔的两个泵腔外侧。工作时，由两人用手操纵与隔膜相连的推拉杆，推动隔膜做压进和张开的往复运动，使两个泵腔的容积交替扩大和缩小。当泵腔扩大时，压力减小，进水阀开启，出水阀关闭，水从进水管流入泵腔；当泵腔缩小时，压力加大，进水阀关闭，出水阀开启，泵腔内的水从排水管流出，两个泵腔交替吸水和排水，每小时可提水10～20t。

10. 拉杆式活塞泵

拉杆式活塞泵由蓄力原动机、风力机或内燃机等驱动，常在放牧场上从井中提水时使用。拉杆式活塞泵由泵缸、活塞、进出水管、进出水阀门、拉杆和传动装置等组成。活塞靠连接在它上面的拉杆带动，在泵缸内做上下往复运动。当活塞向上运动时，进水阀开启，进水管中的水进入泵缸，同时出水阀关闭，活塞上面的水被带动向上提升；当活塞向下运动时，进水阀关闭，出水阀开启，泵缸内的水由出水阀升到活塞上面，如此反复进水和提升，使水不断从排水管排出。

第四节 排水系统主要设备及其工作原理

一、深井泵（以450RJC900－30×2型为例）

（一）概述

该泵的结构形式为长轴立式，采用YLB系列深井泵用三相异步电动机直接传动，泵与电动机同轴。单根扬水管的长度为2.5m，每根管能互换。电动机绝缘采用F级绝缘，并具有良好的防潮特性。每台深井泵电动机内部两端绕组均装有两根并联的加热带，单根标称功率为80W，工作温度为80～90℃。

（二）设备参数及特性

深井泵设备参数及特性见表7-8。

表7-8 深井泵设备参数及特性

序号	参数名称	参数符号	参数值
1	额定流量	EDLL	$900m^3/h$
2	额定扬程	EDYC	60m
3	额定效率	EDXL	82%
4	最大扬程/相应流量	ZDYCLL	$70m/555m^3/h$
5	最小扬程/相应流量	ZXYCLL	$10m/1400m^3/h$
6	配套功率	PTGL	260kW

（三）工作原理

1. 结构组成

长轴深井泵由工作部分、扬水管部分和井上部分及润滑水系统组成。深井泵结构如图7-17所示。

（1）工作部分。工作部分由导流壳、叶轮、锥度套、壳轴承和叶轮轴等零件组成。叶轮为封闭式结构，壳体之间用螺栓（部分是螺纹）连接，在导流壳和叶轮上可配耐磨环。

（2）扬水管部分。该部分由扬水管、传动轴、联轴器和支架部件等组成。扬水管用法兰或管螺纹连接。传动轴材料为45号钢，轴承部位镀铬，传动轴轴承部分磨损后，如果是螺纹连接的扬水管，可调换两根短扬水管的安装位置，即可再次使用传动轴；如果是法兰连接的扬水管，可调换传动轴上下方向，即可再次使用传动轴。采用螺纹连接扬水管的深井泵在泵座与最上端的扬水管的连接处配有特制的锁紧环，可有效地防止扬水管脱落事故。

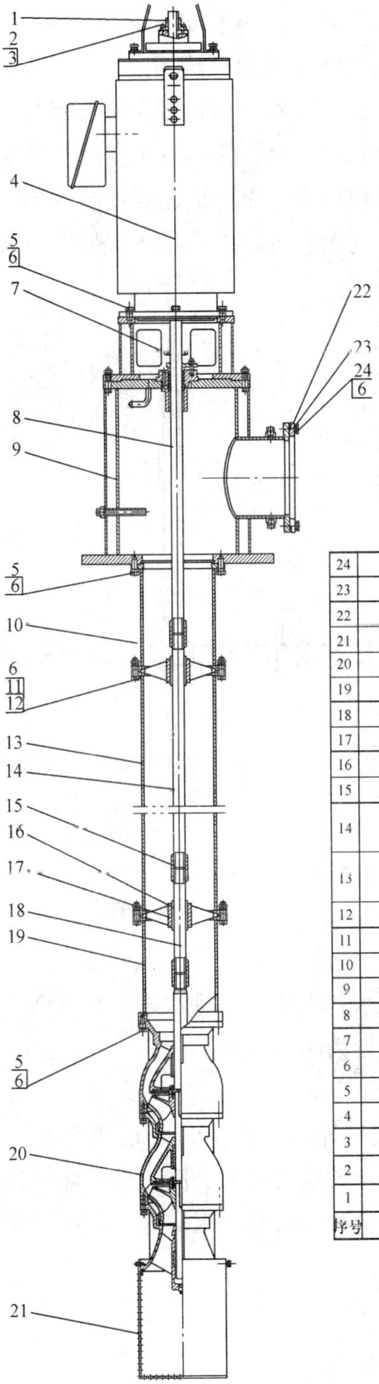

序号	代号	名 称	编码		材料	备注
24		螺栓 M20×65	g02500592	19	2Cr13	
23		垫429×380×0.5	g02520643	1	软钢纸板	
22		配对法兰	p10713541	1	Q235-A	
21		滤水器部件	p70006517	1	2Cr13	
20		工作部件	p60071900	1		
19		短管焊合（甲）	p40000270	1	Q235-A	402×500
18		短轴 60	p00420126	1	45	60×500
17		支架 402/60F	p30410841	19	HT250	
16		轴承 60	g02500621	19	橡胶	
15		联轴器 60	p00214916	20	45	
14		传动轴 60	p00370116 p00370126	17 1	45	60×2500 60×1644
13		扬水管焊合402F	p30000700 p30004620	17 1	Q235-A	402×2500 402×1644
12		螺母 M20	g04701244	304	2Cr13	
11		螺栓 M20×85	g04700621	304	2Cr13	
10		短管焊合 402F	p50000450	1	Q235-A	焊接件
9		泵座部件	p10001420	1		
8		电动机轴 60	p00111347	1	2Cr13	
7		挡水圈 60	g02520052	1	橡胶	
6		垫圈 20	g04701490	256	2Cr13	
5		螺栓 M20×55	g04700609	36	2Cr13	
4		电动机 260kW	s00020296	1		
3		垫圈 10	g04701452	3	2Cr13	
2		螺栓 M10×30	g04700261	3	2Cr13	
1		调整螺母 60	p00610271	1	45	

图 7-17 深井泵结构

(3) 井上部分。该部分由泵座部件、深井泵专用电动机（超过 260kW 时，是专门为深井泵设计的普通立式电动机）、电动机轴、联轴器等组成。

(4) 润滑水系统。进入深井泵的润滑水管共两根，小管接入填料箱润滑水，大管接入泵座润滑水，以保证水泵轴与轴承的润滑。填料箱润滑水在深井泵运转过程中必须一直投入，润滑水压力要大于水泵工作压力，以保证起到冲沙效果。轴承润滑水在水泵运转前必须投入，当出水管有水流出后可以停止供水，如图 7-18 所示。

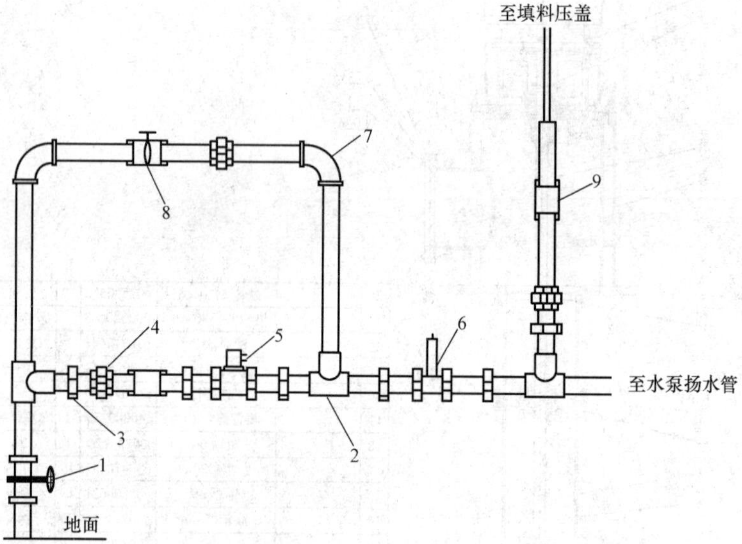

图 7-18　深井泵润滑水系统

1—弹性座闸阀；2—三通；3—外丝内接；4—活接头；5—电磁阀；6—示流信号计；7—弯头；8—手动球阀；9—内丝直接头

深井泵启动前，应先向其轴承供给润滑水。为此，各排水泵配有一个装于润滑水管上的示流信号计。深井泵轴承润滑水引自消防水管网。

2. 工作原理

通过长轴将电动机的机械能传递给水泵叶轮，叶轮进口处形成真空，吸入井水，叶轮的旋转使吸入水产生一定的离心力导致压力逐渐升高，然后经导流壳流入下一级叶轮入口。这样水逐级流过所有的叶轮和导流壳，水流压力也逐级增加，再经输水管提升送出。

(四) 启动运转及停机

1. 新安装或大修后启动前的准备工作

(1) 水泵转动部分提升窜量的调整。水泵工作时，由于受轴向水推力的作用使传动轴伸长，因此调整提升窜量的目的是消除这一影响，保证泵正常工作。调整的方法是：旋转安装在电动机轴上的调节螺母，将轴提升。传动轴因自重的作用由刚提升时受压而变为受拉状态，本身有一定伸长量，所以在旋转调节螺母的同时，不断向逆时针方向转动电动机轴，当转动由很沉变为较轻且无反弹力时，则可认为叶轮端面与壳体刚刚离开，这时调节螺母的位置即为调整轴向窜量的“起点”。从“起点”开始，再转动调节螺母将轴提升的量即为“提升窜量”，一般从“起点”开始，再转动调节螺母 2～4 圈（为 4～8mm）。应注意的是，“起点”不能一次确定，应反复找几次为妥。同时，在开机以后正常投入运行之前，窜量应重新调整。窜量调好后用螺栓将调节螺母固定。

（2）预润。水泵启动前，必须从泵座上的注水孔向扬水管内注入清水润滑和冲洗橡胶轴承。注入的水量不得少于 0.5m^3，从开机前 5min 进行预润和冲洗，到启动泵上水后停止供水。

（3）检查。①检查转向是否符合要求，正确的转向是：从电动机向下看，应为逆时针方向旋转；其转向应与铭牌箭头方向吻合。②电动机中润滑油或油脂是否按规定灌注完毕。③电气部分是否符合有关规定，是否与电动机容量相适应。

在以上工作完成后，将出口阀门稍稍开启，即可启动水泵。

2. 运转

新安装的泵开始运转时，应有不少于 4h 的试运转阶段。在这段时间内，要特别加强维护，注意观察，出现下列任何一种现象时都应停机检查：

（1）电流表波动较大或电流超过额定值。

（2）水泵有过度振动。

（3）电动机的轴承部位温度超过 95℃（环境温度不超过 40℃）。

（4）环境温度不超过 40℃、海拔不超过 1000m；电动机的温升限值用电阻法测量；B 级绝缘超过 80K，F 级绝缘超过 105K。

（5）水泵、电动机有异常现象。

新泵试运转以后，应停机检查，若无异常现象，即可投入正常使用。正常运转的水泵应做好如下维护并做运转记录：

（1）每天检查电流、电压表的数值和机组振动、声响情况。

（2）经常检查水泵的出水量，应尽量使泵在额定流量点运转，可用出口阀门调节。

（3）经常检查填料箱的密封情况，允许有少量的水漏出，可用拧动填料压盖上的螺母来实现，一般每 1～2 个月更换一次填料。

（4）检查电动机的轴承部位温度（不得超过 95℃）和润滑油量，一般每 3 个月更换一次油。

(5) 观察水中含沙量的变化情况，水中长期出沙较多，会使泵的磨损加快，降低水泵寿命。

(6) 停车时观察止逆装置是否正常动作，泵有无反转。

3. 停机

(1) 当水中含沙较多或水较浑浊时，停机后应立即从泵座上的注水孔向扬水管内注入清水冲洗橡胶轴承，注入的清水量不得少于 0.5m^3，冲洗时间不得少于 30min。

(2) 停机后不能立即再次启动水泵，防止电动机温升过高和水流产生冲击，再次启动间隔时间大于 30min。

(3) 若泵直接向远方或高处或水塔送水，而泵座出口处又没有安装止回阀时，则在停机之前必须先关闭闸阀，然后切断电源。

(五) 常见故障及处理

深井泵常见故障及处理方法见表 7-9。

表 7-9　深井泵常见故障及处理方法

故　障	原　因	处 理 方 法
电动机通电后不转且有异声	(1) 定子单相短路。 (2) 电源一相无电。 (3) 绕组的接头与接线板接得不对。 (4) 电动机转向不对。 (5) 橡胶轴承内孔变形	(1) 修理电动机。 (2) 查出断电原因并消除。 (3) 清理定子绕组相位，重新接好。 (4) 调换接头。 (5) 拆泵更换
电动机启动后转速低	(1) 相绕组首末接错。 (2) 电压过低	(1) 清理相绕组，重新接到线板上。 (2) 升高电压后再启动
电动机运转时有异声并发热	绕组短路	修理电动机绕组
电动机中的止逆装置失灵	(1) 止逆销磨损或有油污。 (2) 止逆盘槽孔磨损	(1) 更换止逆销或清洗。 (2) 加深槽孔或更换止逆盘
电动机中轴承部位温度过高	(1) 轴承负荷太大或轴承已损坏。 (2) 润滑油不足或过多。 (3) 润滑油不清洁或太稠	(1) 更换轴承。 (2) 补充或减少润滑油。 (3) 换合适的润滑油
电动机电流在泵运转时升高	(1) 电压降低。 (2) 电动机轴承损坏。 (3) 叶轮与壳体有摩擦。 (4) 泵吸入大量泥沙	(1) 停泵、升压后再启泵。 (2) 拆检、更换轴承。 (3) 停泵、重新调节轴向间隙。 (4) 拆泵、清理集水井

续表

故障	原因	处理方法
水泵不出水或出水不连续	(1)传动轴断裂。 (2)扬水管破裂	(1)拆泵，找出损坏原因。 (2)更换损坏件
水泵出水量显著降低	(1)转速不对。 (2)滤水网被异物堵塞。 (3)扬水管或壳体连接处漏水。 (4)个别叶轮松脱，转不动。 (5)电源频率太低。 (6)泵密封环磨损严重。 (7)叶轮与中壳斜面间隙过大	(1)调整使其满足额定转速。 (2)拆泵，清理滤水网。 (3)更换损坏零件。 (4)拆开泵体组装，重新装配。 (5)解决频率使之达到要求。 (6)更换密封环并修理叶轮口环。 (7)减少叶轮与中壳的轴向间隙
水泵剧烈振动	(1)启动时未加润滑水润滑轴承。 (2)运转中叶轮与壳体摩擦。 (3)传动轴及电动机轴弯曲。 (4)橡胶轴承磨损过量。 (5)电动机轴与传动轴不同心	(1)停机，检查润滑水投入预润滑情况，确保正常。 (2)停机，调整轴向间隙。 (3)拆泵，校直轴。 (4)拆泵，更换轴承。 (5)重新安装
填料箱漏水太多	(1)填料或电动机轴磨损。 (2)填料过硬。 (3)填料没压紧。 (4)轴弯	(1)更换填料或电动机轴。 (2)更换填料。 (3)压紧填料压盖。 (4)校直轴
填料箱处过热	(1)电动机轴弯曲。 (2)填料箱处漏水太少或不漏	(1)校直电动机轴。 (2)松动填料压盖放松填料
启动电流较大	(1)轴向间隙调整不当。 (2)电动机故障。 (3)橡胶轴承与传动轴配合过紧	(1)重新调整轴向间隙。 (2)检查电动机并处理。 (3)安装过程中控制好配合间隙
声音异常	(1)电动机轴承故障。 (2)扬水管连接螺栓松动。 (3)传动轴弯曲。 (4)轴承支架损坏。 (5)叶轮破碎	(1)检查电动机并处理。 (2)检查水泵，确定具体部位，做出相应处理方案
水泵效率低	(1)叶轮损坏或磨损严重。 (2)叶轮轴向间隙偏离标准值。 (3)滤水管堵塞	(1)大修处理。 (2)重新调整叶轮轴向间隙

二、潜水排污泵（以 WQS230-60-90 型为例）

（一）概述

潜水排污泵的作用是排除集水井井内的淤泥。该泵的特点：在排送泥沙或污水时，对固体颗粒和长纤维垃圾，具有无堵塞、防缠绕功效，结构紧凑，泵出口为自动耦合式，内部设有凝露、泄漏、轴承测温等报警系统；水泵具有宽运行范围，电动机为全密封、Y 系列、F 级绝缘，维护量小。潜水排污泵通过自耦变压器实现降压启动。

（二）设备参数及特性

潜水排污泵设备参数及特性见表 7-10。

表 7-10　　潜水排污泵设备参数及特性

序　号	参　数　名　称	参 数 符 号	参 数 值
1	额定流量	EDLL	$230m^3/h$
2	额定扬程	EDYC	60m
3	额定效率	EDXL	75%
4	最大扬程/相应流量	ZDYCLL	$70m/115m^3/h$
5	最小扬程/相应流量	ZXYCLL	$50m/325m^3/h$
6	配套功率	PTGL	90kW

（三）结构组成及工作原理

潜水排污泵由电动机、泵壳、叶轮、底座、自动耦合系统、机械密封、测控装置、动力及操作电缆等组成。潜水排污泵装配图如图 7-19 所示，潜水排污泵装配图部件对照表见表 7-11。

潜水排污泵是利用离心力原理进行工作的。当泵启动时，叶轮在泵壳内高速旋转，水在离心力的作用下甩向叶轮外缘，水被甩出后，在叶轮进口形成一定的真空，水源水面在大气压作用下，不断地进入叶轮。叶轮不停地旋转，水就不断地被甩出，又不断地被补充。如此循环往复，水就源源不断地被送到管道，排至下游。

潜水排污泵日常维护：定期检测定子绝缘及控制回路；定期启动潜水排污泵，防止淤泥沉积，每周至少启动两次；定期检查控制柜报警指示，当发现接线盒内有凝露现象后，应及时投入清除设施，消除凝露；降压启动时间应控制在 10s 内，以防止电动机绕组过热；间隔启动时间控制在 10～12s 内，以防止电动机绕组过热；无水启动时间最好控制在 30s 内，防止头道机械密封损坏。

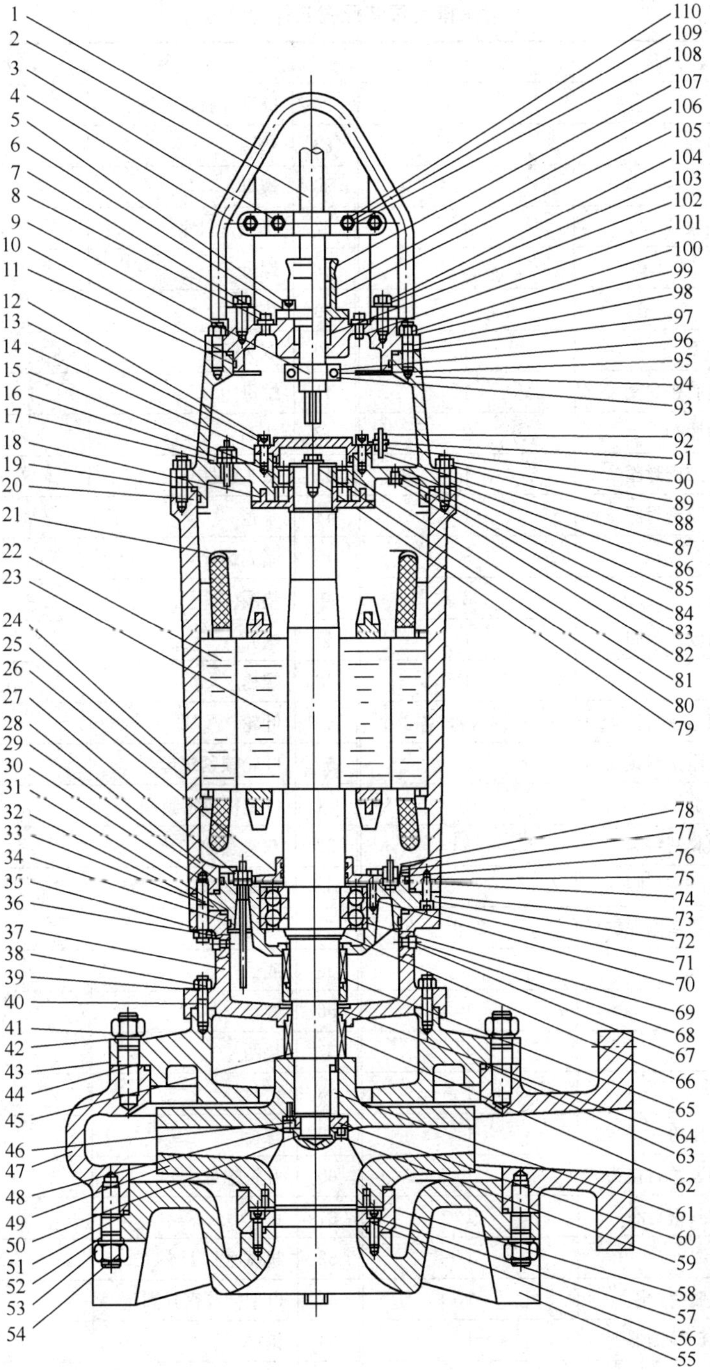

图 7-19　潜水排污泵装配图

表 7-11　　潜水排污泵装配图部件对照表

序号	名　称	数　　量	序号	名　称	数　　量
1	提把	1	34	O 型橡胶密封圈	1
2	阻水电缆	1	35	垫圈	16
3	电缆夹紧片	1	36	螺母	16
4	电缆夹紧片	1	37	机械密封座	1
5	螺栓	4	38	螺母	16
6	垫圈	4	39	垫圈	16
7	试气螺塞	1	40	双头螺柱	16
8	O 型橡胶密封圈	1	41	螺母	20
9	电缆防脱片	2	42	垫圈	20
10	O 型橡胶密封圈	1	43	双头螺柱	20
11	O 型橡胶密封圈	1	44	泵盖	1
12	螺栓	8	45	紧固螺栓	2
13	垫圈	8	46	垫圈	4
14	O 型橡胶密封圈	1	47	蜗壳	1
15	轴承	1	48	螺栓	4
16	电缆锁紧密封接头	3×4，4×4，各 1 个	49	叶轮	1
17	电缆锁紧密封接头	3	50	叶轮锁紧螺母	1
18	密封下盖	1	51	O 型橡胶密封圈	1
19	O 型橡胶密封圈	1	52	双头螺柱	20
20	O 型橡胶密封圈	1	53	垫圈	20
21	定子绕组超温保护	2 组	54	螺母	20
22	定子总成	1	55	底盖	1
23	转子总成	1	56	螺栓	4
24	铆钉	4	57	垫圈	4
25	铭牌	1	58	密封环	1
26	下轴承压盖	1	59	螺栓	2
27	电缆锁紧密封接头	1	60	叶轮螺母	1
28	O 型橡胶密封圈	1	61	键	1
29	挡圈	1	62	机械密封	1
30	O 型橡胶密封圈	1	63	O 型橡胶密封圈	1
31	油室泄漏检测器	1	64	销	1
32	双头螺柱	16	65	机械密封	1
33	O 型橡胶密封圈	1	66	弹簧挡圈	1

续表

序号	名　称	数　　量	序号	名　称	数　　量
67	螺塞	2	89	螺母	16
68	O型橡胶密封圈	2	90	泄漏检测器绝缘套	1
69	轴承	1	91	支撑板	1
70	轴承超温报警	1	92	接线盒腔泄漏检测器	1
71	螺栓	16	93	垫圈	2
72	垫圈	16	94	接线盒	1
73	下轴承座	1	95	螺母	2
74	电动机腔泄漏检测器	1	96	螺栓	2
75	泄漏检测器绝缘套	1	97	双头螺柱	12
76	支撑板	1	98	接线盒盖	1
77	垫圈	8	99	垫圈	12
78	螺栓	8	100	螺母	12
79	螺栓	1	101	螺栓	1
80	垫圈	1	102	V型密封圈	3～4
81	挡板	1	103	垫圈	4
82	O型橡胶密封圈	1	104	螺栓	4
83	防凝露装置	1	105	紧固螺栓	2
84	O型橡胶密封圈	1	106	电缆锁紧片	2
85	试气螺塞	1	107	电缆压盖	1
86	双头螺柱	16	108	垫圈	4
87	挡油盖	1	109	螺母	4
88	垫圈	16	110	螺栓	4

（四）启动和运行监视

(1) 合闸后，若电动机不转，应迅速果断地拉闸，以免烧坏电动机。

(2) 电动机启动后，应注意观察电动机及线路电压和电流表，若有异常现象，应立即停机查明故障，排除故障后，方能重新合闸启动。

(3) 按要求，限制电动机连续启动的次数。

(4) 几台电动机由同一台变压器供电时，不能同时启动，应由大到小逐台启动。

(5) 运行中电流监视。电动给水泵的电流不得超过铭牌上的额定电流；三相电流不平衡度，空载时不超过10%，中载时不超5%。

(6) 运行中电压监视。电源电压与额定电压的偏差不超过±5%，三相电压不平衡度不超过1%。

第五节　水系统实例介绍

一、简介

某水电厂水系统由以下四个部分组成：

（1）机组技术供水系统。

（2）渗漏及检修排水系统。包括厂房排水系统与大坝渗漏排水系统。

（3）清洁水系统。包括消防用水系统、生活用水系统、主轴密封用水系统与其他用水系统（深井泵润滑水、空调系统用水）。

（4）污水处理系统。

二、技术供水系统

（一）供水方式

水电厂机组技术供水系统采用单机单元自流减压供水方式。机组与主变压器设计流量分别为1800、500m^3/h。机组供水和主变压器供水分别设置减压阀，各选用2台减压阀，1台工作，1台备用。射流泵暂未安装，设备基础和预埋管路接口保留。

（二）水源和取水方式

水电厂机组技术供水系统水源取自水电厂上游水库，每台机组设一个取水口，取水口布置在水轮机蜗壳进口处，取水口设置拦污栅，栅距约为40mm。根据供水要求，将2台（3台）机组取水口用供水管路连通，机组之间的供水管路用电动阀门隔开，其取水口（水源）可互为备用，供水总管管径为$\phi600\times10$mm。

（三）系统组成

1. 水电厂机组技术供水系统的供水对象

供水对象主要有发电机上导轴承、发电机空气冷却器、发电机推力下导组合轴承、水轮机导轴承、发电机纯水供水装置二次水、调速器油压装置冷却水和水轮机主轴密封清洁水备用水源。

2. 系统组成

供水系统主要由3台全自动排污滤水器（2台工作，1台备用）、2台机组供水减压阀（1台工作，1台备用）、2台主变压器供水减压阀（1台工作，1台备用）和正反切换阀门组、纯水供水装置、主轴密封加压设备和主变压器供水转换阀门等组成。

全自动排污滤水器设在减压阀之前，防止杂物堵塞减压阀。机组供水减压阀和主变压器供水减压阀并联布置。

在减压阀出水管路上均设有安全阀泄放装置，当减压阀发生故障、管路水压力超过设备允许范围时，安全阀自动泄压，可降低供水管路的水压力值，保护机组和主变压器设备的安全。

机组的上导轴承、发电机空气冷却器、推力下导组合轴承，以及水轮机导轴承冷却器的供、排水设一套供水总管和一套排水总管，供水总管和排水总管通过 4 个电动阀门组相互切换使用，可防止管路泥沙堵塞。在用水设备的排水管道上设置电磁流量计、温度信号器和压力信号器，以监测各设备冷却水的流量、温度和压力值。

发电机纯水供水装置由厂家随机组配套供货。纯水系统补充清洁水源来自厂内消防供水管网。水轮机主轴密封采用清洁水，水源来自厂内消防供水管网。

主变压器油冷却器供水根据机组技术供水方式和主变压器供水要求确定，主变压器要求在机组停机检修时仍需要继续供水。主变压器供水选用单机单元供水作为主供水，分组集中供水作为备用供水。1～6 号机组分为一组，7～14 号机组分为另一组；15～20 号机组分为一组，21～26 号机组分为另一组，组内相邻机组主变压器供水总管以 223 手动阀分隔，正常时该阀全关。在技术供水室各组用干管连通各机组主变压器供水支管路，利用阀门切换，达到主变压器在机组检修停水时均能正常给主变压器供水。主变压器供水管路从技术供水室引至主变压器室，供排水总管上设置供水转换阀门，排水管路经主变压器室直接接至厂坝之间的排水沟内。

（四）系统设备布置

根据厂内机电设备总体布置和技术供水系统［见图 7-20（见文后插页）］的特点，该系统的设备分五层布置。

1. 高程 49.72m——射流泵层

此层布置的设备主要有 2 台射流泵（目前仅布置有管路出口阀门）、技术供水系统蜗壳取水阀 201、DF2 及技术供水系统蜗壳取水连通阀 DF1 和 1 套射流泵联合控制柜。

射流泵供水系统设 2 个下游尾水取水口均位于高程 56m，其在高程 49.72m 层的布局包括 2 台射流泵、2 台滤水器及相关管道和阀门等，目前暂未安装，因此射流泵联合控制柜只对 DF1、DF2 进行监控。

2. 高程 55.48m——滤水器室

此层布置的设备主要有 3 台滤水器及相关阀门、1 套滤水器联合控制柜、3 套排污阀现地控制柜。

正常运行时，三组滤水器两组运行，相应的进、出口水阀全开，另外一组备用。滤水器排污通过上下排污阀排至高程 55.10m 下游尾水。

3. 高程 61.24m——减压阀室

此层布置的设备主要有机组技术供水减压阀（两组）及相关阀门，主变压器技术供水减压阀（两组）及相关阀门；机组及主变压器技术供水主回路泄压阀/持压阀：手动阀220＋持压泄压阀AF1；手动阀222＋持压泄压阀AF2；机组技术供水正反向切换阀组DF16、DF17、DF18、DF19；水导轴承油冷却技术供水进、出口阀231、232；减压阀联合控制柜。

机组技术供水系统通过正反向供水阀门组DF16、DF17、DF18、DF19对各用水对象进行冷却以后，由总排水阀221排至高程59.84m下游尾水。

在下游副厂房下游侧承重墙上有一根主变压器供水总管，主变压器供水采用分组集中自流减压供水方式。1～6号机组、7～14号机组、15～20号机组、21～26号机组各分为一组。主变压器供水在下游副厂房供水室内每组分别用干管连通各机组主变压器供水管路，利用阀门切换，可互为备用。从供水室引至上游主变压器室，采用1台DN250双向供水电动转换阀，供排水可相互切换运行，减少冷却器泥沙沉积。

4. 高程67.00m——主轴密封层

此层布置的设备主要有水轮机主轴密封加压装置及电动阀门、手动阀门、纯水冷却器。

纯水二次冷却水和调速系统油冷却器二次冷却水汇合后通过手动阀230排向高程59.84m下游尾水。

5. 高程82m——主变压器双向供水阀层

此层布置的设备主要有主变压器双向供水阀DF30、六组主变压器油冷却器。

主变压器油冷却器二次冷却水直接排至高程82m主变压器排水沟内。

三、厂内排水系统

（一）概述

某水电厂厂房排水系统包括机组检修排水、厂房渗漏排水和抽排廊道渗漏排水3个系统，各系统分开设置。机组检修排水系统选用6台长轴立式深井水泵，厂房渗漏排水系统采用3台长轴立式深井水泵，均布置在安Ⅲ段67.0m高程的水泵房内；抽排廊道渗漏排水系统采用2台长轴立式深井水泵，布置在安Ⅲ段下游副厂房48.8m高程的水泵房内。

为便于机组检修集水井和厂房渗漏集水井排污，在集水井靠近底部的四周布置了高压水和压缩空气冲淤环管，在井底设有潜水排污泵。高压水引自水电厂消防系统，压缩空气引自厂内工业用气系统（p=0.8MPa）。当深井水泵排水至停泵水位后，即开始排污。排污时，先开启高压水和压缩空气，将井底淤泥充分搅拌，然后启动潜水排污泵将污水排向水电厂下游。

机组检修和厂房渗漏排水集水井排污采用潜水排污泵（WQ125-55-45型），每个集水井设一台（潜水排污泵仅机组检修排水和厂房渗漏排水系统有）。

1. 各排水系统

(1) 机组检修排水系统。机组检修排水深井水泵布置在安Ⅲ段高程为67.0m的排水泵房内。集水井平面尺寸为15m×4m，井底高程为19.0m。在高程为24.0m处设有贯穿全厂的排水廊道。机组检修时，压力钢管、蜗壳中的积水通过一个直径为800mm的盘形阀排至尾水管，尾水管中积水通过2个直径为800mm的盘形阀经排水廊道排至安Ⅲ段的检修集水井。机组正常运行时，尾水管盘形阀的漏水经排水廊道汇集于集水井，然后由深井泵排向水电厂下游。

机组检修集水井安装6台深井水泵、1台潜水排污泵和2套水位检测仪。深井水泵用于检修排水，潜水排污泵用于集水井清污。

机组检修排水采用集中排水方式。按左、右岸各一台机组同时检修，其余24台机组满负荷运行时的下泄流量对应的下游尾水位68.2m计算检修排水泵扬程，按千年一遇下游尾水位76.4m校核。

检修排水泵生产率按能排空1台机组的积水容积，上、下游闸门的漏水量，加上其余非检修机组盘形阀和排沙底孔盘形阀的漏水量的总和计算。排水时间取4～6h。

根据设计原则，检修排水系统选用6台500JCW900-30×2型立式深井水泵，机组检修时，6台水泵同时工作（间隔2min分时启动），尾水管内的积水排空后，闸门、盘形阀漏水只按2台水泵自动运行方式控制。

水电厂机组检修排水系统共设1套控制设备，由6个启动盘和1个控制盘及配套电缆组成，用于机组检修排水系统的6台深井水泵的控制。控制设备设1套S7-300可编程序控制器、操作控制器件、断路器电源装置及显示设备等，用于6台泵的联合控制和集水井的水位显示。

(2) 厂房渗漏排水系统。厂房渗漏排水深井泵布置在安Ⅲ段高程为67.0m的排水泵房内。集水井平面尺寸为7.7m×4m，井底高程为24.0m。

厂房渗漏排水系统通过各层廊道排水沟将厂房地面、各层廊道水沟积水、厂房各部位渗水、机组顶盖及主轴密封排水汇集于渗漏集水井后，经深井水泵排至下游（出水管高程为60m）。

厂内和抽排廊道渗漏排水系统，按千年一遇洪水下游最高尾水位为76.4m时，将厂房内渗漏水排至下游的原则进行设计，并按下游最高水位83.1m进行校核。

厂房渗漏排水系统选用3台400JCW550-17×3型立式深井水泵和1套水位传感器（2个），深井水泵按水位自动控制启停。运行时，2台工作，1台备用，工作泵与备用泵自动轮换运行（或者定期切换），工作泵分时启动，以防止启动瞬间电源母线压降太大。

2台水泵工作时间为18min，间隔时间为45min。当渗漏水位上升至工作泵启动水位时，2 台工作泵投入运行，水位下降至工作泵停泵水位时，工作泵停泵。

如果渗漏水量较大，水位达到备用泵启动水位时，备用泵投入。当水位高达报警水位时，发报警信号。

水电厂厂房渗漏排水系统共设 1 套控制设备，由 3 个启动盘和 1 个控制盘及配套电缆组成，用于厂房渗漏排水系统的 3 台深井水泵的控制。控制设备设 1 套 S7-300 可编程序控制器、操作控制器件、断路器电源装置及显示设备等，用于 3 台泵的联合控制和集水井的水位显示。

(3) 抽排廊道排水系统。水电厂安Ⅲ段 48.8m 高程处设有 1 个抽排水泵房，泵房内设有 1 个集水井。抽排水泵房安装 2 台深井水泵和 1 套水位传感器 (2 个)。

水电厂廊道抽排水系统共设 1 套控制设备，由 2 个启动盘、1 个控制盘和 1 个现地控制箱及配套电缆组成，用于廊道抽排水系统的 2 台深井水泵的控制。控制设备设 1 套 S7-300 可编程序控制器、操作控制器件、断路器电源装置及显示设备等，用于 2 台泵的联合控制和集水井的水位显示。

深井水泵控制盘布置在安Ⅲ段 67m 高程的空气压缩机室；现地控制箱设在 48.8m 高程的抽排水泵房内，设有简单的水泵启停按钮和水泵运行指示灯，便于现地紧急开停和安装调试。

2. 控制系统

(1) 深井泵故障自动保护和控制功能。

1) 水位保护控制 (PLC 自诊断及报警软件包实现)。

2) 过电流及过载保护 (进线断路器实现)。

3) 过电压、欠电压保护 (欠/过电压继电器实现)。

4) 控制系统自诊断报警及保护 (PLC 自诊断及报警软件包实现)。

5) 缺相、相位不平衡保护 (欠/过电压继电器实现)。

6) 多台水泵控制连锁保护 (PLC 水泵过程控制软件包实现)。

7) 防止水泵空抽保护 (PLC 水泵保护程序实现)。

8) 防止水锤现象保护 (软启动器的软停功能实现)。

9) 深井水泵的软启动、软停止保护 (软启动器参数设备实现)。

10) 水泵运行超时保护 (PLC 自诊断及报警软件包实现)。

(2) 深井水泵工作方式。

每台深井水泵均具备独立的手动、自动、备用和断开四种控制方式，通过一个独立的“手动/自动/备用/断开”工作方式切换断路器 CSX (X 为泵序号) 切换。

当集水井水位升至“工作泵启动水位”时，自动启动工作泵；当水位升至“备用泵启动水位”或“自动泵故障”时，自动启动备用泵并发声光报警；当水位降至

“停泵水位”时，停运各水泵。

同时启动 2 台以上水泵时，相互间有 2min（可整定）的时间间隔，以防止启动瞬间电源母线压降太大。

PLC 自动累计每台泵的运行时间和启动次数，并作为判断工作泵/备用泵的条件。水泵启动前，先判断润滑水示流器是否动作，延时 1～2min（可整定）启动水泵，在无润滑水的情况下，相应水泵无法手动或自动启动（紧急情况下可先开 P2Y3 阀给润滑水阀，再由维护人员瞬时动作 KMX1 接触器启动深井泵）。

1）手动工作方式。每台泵设有一组“启、停”手动操作按钮，由操作人员以手动工作方式直接控制水泵的启停。注意：在停泵水位以下启动深井水泵时，需加用控制柜切换连片 LPX（X 为泵序号）。

2）自动工作方式。深井水泵的自动工作方式启停由 PLC 依据工艺流程的要求自动控制，PLC 根据运行时间或启动轮换次数确定主用泵和备用泵。

机组检修排水系统设有两种工作状态：检修排水和渗漏排水，即机组检修时，通过“检修排水投入”按钮（进入检修排水工作状态，即达到“启泵水位”时，全部处于“自动”或“备用”控制方式下的水泵依次间隔 2min 启动运行）控制 6 台检修泵同时工作，各台泵启动时，相互间有 2min（可整定）的时间间隔，当水位降至“停泵水位”时，停运各水泵，控制系统返回到渗漏排水工作状态；渗漏排水状态下，控制系统只按 2 台工作泵、1 台备用泵自动运行方式控制（按水位控制）。

3）备用工作方式。由操作人员指定该泵为备用泵，由 PLC 依据工艺流程中对备用泵的控制要求自动启停。

4）断开工作方式。闭锁该泵任何控制命令，只有当泵处于检修状态或不需运行时，采用此运行方式。

厂房排水系统图如图 7-21 所示（见文后插页）。

3. 主要设备

（1）深井水泵。深井水泵由带有滤水管的泵体部分、装有传动轴的扬水管部分、泵座与电动机或间接传动装置三部分组成。其中前两部分位于井下，后一部分位于井上。

泵体部分：主要包括滤水网、半开式叶轮、锥套、泵壳（下导流壳、中导流壳、上导流壳）、轴承、叶轮轴及抛沙环等零件；泵体内下导流壳、中导流壳、上导流壳等零件之间用法兰连接，叶轮采用锥套固定在叶轮轴上。

扬水管部分：由扬水管、传动轴、橡胶轴承及轴承支架、支架及联轴器等零器件组成。管子与管子之间采用法兰连接，轴与轴之间采用螺纹连接。

泵座部分：由泵座、填料装置（密封）、引水管等零器件组成，用多个地脚螺栓将泵座固定在基础上。电动机安装在泵座上。水由泵体输出，通过扬水管部分、泵座到达地面。

（2）深井水泵电动机。YLB系列电动机为立式电动机，其防护形式为IP23，主要由定子、转子、上下端盖及防止电动机逆转装置组成，通风形式采用转子风叶鼓风。上端盖装有稀油润滑的单列（YLB315用双列）向心推力球轴承，承受电动机转子、水泵旋转零件的质量及水泵工作时的轴向作用力；还装有油标，并设有加、放油孔。下端盖装有油脂润滑单列向心球轴承。上端盖装有止退盘、上轴端装有防逆盘，通过圆柱销防止电动机逆向旋转。

（3）潜水排污泵。左厂房潜水排污泵型号为WQ125-55-45，采用固定湿式安装方式安装，额定流量为125m^3/h，额定扬程为55.0m，额定效率大于或等于75%，最大扬程为65.0m，最小扬程为40.0m。

（二）运行方式

检修集水井与渗漏集水井在高程44m操作廊道内通过ϕ800闸阀连通，正常情况下此联络阀关闭。

机组检修排水系统在有机组检修需排水的情况下，所有能投运的检修泵应设置2台泵自动，其余泵备用。在无机组检修的情况下，只需设置1台泵自动，1台泵备用，其余泵断开。

厂房抽排廊道排水泵应设置为1台自动，1台备用；抽排廊道渗漏排水现地控制箱控制断路器设有“手动/远控/断开”三种控制方式，正常情况下现地控制箱的水泵控制断路器应放“远控”方式，由布置在67m高程的控制系统对其进行控制。如需现地控制，则将现地控制箱上的控制断路器切换至手动位置，按现地控制箱上的启停按钮实现对水泵的现地控制。

潜水排污泵设有手动、自动、远程三种控制方式，正常情况下应放远程方式。

厂房渗漏排水系统正常情况下应设置2台泵自动，1台泵备用。

大坝排水系统各泵房正常情况下应设置2台泵自动，2台泵备用。

在非正常情况下，如PLC均出现故障，可根据集水井水位情况将深井水泵切换至现地手动方式运行或退出方式。

（三）水泵运行操作

1. 运行注意事项

（1）深井水泵电动机检修后，应单独做转向试验。

（2）深井水泵长期未运行或检修后，必须盘车无卡涩现象后方可使用。盘车前，必须先切断该泵动力电源。

（3）现地手动启动深井水泵时，必须投入润滑水至少5min后才允许启动深井水泵运行；深井水泵手动运行时现场应设专人监视，运行中出现故障应立即停泵，故障不排除不得重新启动泵。

(4) 禁止在轴承油位过低或集水井无水时启动深井水泵。

(5) 深井水泵停泵后不得有反转现象。若再次启动，必须间隔至少 5min 或扬水管中水全部流入井内。

(6) 发现水位测控仪有故障时，应立即通知维护人员处理并根据集水井水位手动控制深井水泵运行。

(7) 短接连片必须是深井水泵处于现地手动运行且现场有人监视集水井水位时方可投入。

(8) 正常情况下运行人员禁止操作深井水泵排气阀、补气阀。

(9) 机组检修排水时要注意防止水淹厂房。开尾水盘形阀前，应注意检修排水泵至少有 4 台以上处于良好备用状态，盘形阀的开度应与能投运排水泵的排水能力相适应。

(10) 深井水泵电动机绝缘值不能低于 1.0MΩ，否则应及时接通电动机加热带电源，对电动机进行加热去潮处理。

(11) 潜水排污泵电动机绝缘值不能低于 5.0MΩ，每停泵 48h 重新启动水泵前，必须测量电动机绝缘合格。

(12) 潜水排污泵必须在两星期内启动运行一次。潜水排污泵停泵后，再次启动间隔时间不能低于 10min。

(13) 深井水泵出口阀检修时，需先做好防止尾水倒灌封堵措施。

2. 启动前检查

电动机绝缘合格；集水井水位正常，无异常杂物；深井水泵推力轴承油位、油色正常；润滑水总阀（P2000）、各泵润滑水电磁阀进/出口阀（P2Y1、P2Y2）、水泵出口排气阀及出水阀（P2Y）全开；润滑水手动给水阀（P2Y3）全关；电动机周围无杂物，各连接螺栓坚固，接地线完好；深井水泵手动盘车转动灵活，无卡住、憋劲现象；启动柜上断路器 QFX 和 FSX1 合闸正常；控制柜上断路器 FS1、QF7、QF8、QFB、F1～FX 合闸正常，切换断路器 CSX、ST1 位置正确，熔断器 FUX、SFUX 均装上且正常；启动柜及控制柜上表计及信号指示正常。

3. 巡回检查

巡回检查内容：启动盘、控制盘内设备正常，无异味、无故障信号，断路器合上，熔断器装上；各切换断路器位置正确，有关表计及信号指示正常；水泵及电动机运行声音正常，无剧烈振动，运行电流正常；推力轴承油位、油色正常；电动机温度不超过规定值、轴承运行温度不超过 95℃；填料密封无过大甩水或冒烟现象；

各阀门位置正确，冷却和润滑水水压正常，水流畅通，无漏水现象；水泵周围无影响运行的异物，各连接螺栓坚固，接地线完好，排水沟畅通；集水井水位正常，无异常杂物；各水泵房除湿机投入运行正常；深井水泵排/补气阀运行正常。

4. 检修安全措施

工作方式：切换断路器 CSX 放“断开”位置；断开启动柜动力电源进线断路器 QFX；断开软启动器控制电源断路器 FSX1；取下电源熔断器；关闭水泵润滑水阀门（P2Y1、P2Y2、P2Y3）；关闭水泵出口阀门（P2Y）；视情况断开 400V 供电水泵动力电源断路器及其操作电源；在上述断路器及阀门上挂“禁止合闸，有人工作”的标识牌。

5. 定期工作

每周巡回检查一次，由运行人员配合逐台进行备用水泵启动试验。

（四）厂房与排水系统相关廊道

1. 抽排廊道

在厂房 1～6 号机组段尾水闸门槽底板内设置纵向（平行坝轴线）抽排廊道，在安Ⅱ段的右侧和安Ⅲ段的左侧布置有顺流向倾斜的横向抽排廊道。

廊道断面面积为 2.70m×3.00m，纵向廊道底板高程为 23.60m，全长 234.00m，横向廊道底板高程为 23.60～44.00m，与厂内上游高程 44.00m 交通廊道相接，全长 2×46.00m，廊道纵横互相交叉连通。廊道排水集水井布置在安Ⅲ段左侧，集水井底板高程为 10.00m，集水井断面尺寸为 3.00m×5.00m，相应井顶部高程 48.80m 处设置抽水泵房，尺寸为 5.00m×7.00m×5.50m，泵房出入口与 6 号机组下游副厂房高程 49.72m 层相通。

2. 检修排水廊道

排水廊道位于尾水管上游侧底板内，贯通 1～14 号机组，主要为尾水管检修时放空排水所用。

排水廊道底板高程为 24.00m，廊道断面面积为 2.00m×2.50m，全长 572.40m，与安Ⅲ段右侧检修集水井相连，集水井底板高程为 19.00m，断面尺寸为 4.00m×16.00m，井顶部高程 67.00m 处设有抽水泵房。

排水廊道与设在 2、7、14 号机组段右侧的 3 个安全通道连通，2、7 号机组段的安全通道采用台阶斜廊道，由高程 24.00m 升至 38.00m，再通过竖井升至高程 82.00m 尾水平台；14 号机组段的安全通道采用台阶斜廊道，由高程 24.00m 上升至 38.80m；从高程 38.80m 至 82.00m，由 12 号安全楼梯与尾水平台连通。

3. 操作廊道和交通廊道

操作廊道和交通廊道高程为 44.00m，下游侧为操作廊道，上游侧为交通廊道，两廊道通过设在各台机组段左侧的横向交通廊道连接。两廊道断面尺寸均为2.00m×2.50m，贯通1～14号机，操作廊道全长573.40m，交通廊道全长580.70m。

操作廊道内布置有各机组尾水管放空阀（2个）和尾水管扩散段进人孔（1个），交通廊道内布置有各机组蜗壳放空阀（1个），在安Ⅲ段布置有2、3号排沙孔放空阀。

交通廊道通过设在各机组段的2号楼梯与水轮机层连接，在7～14号机组段，通过伸缩节室进人廊道进入各机组段伸缩节室，廊道左端可通向1号排沙孔放空阀室。操作廊道通过设在2、6、9、13号机组段下游副厂房的3号楼梯及设在4、7、11号机组段下游副厂房的4号楼梯与下游副厂房各层连接。

操作廊道和交通廊道底板设有排水沟，用于将厂内渗漏水集中排放到渗漏集水井内。渗漏集水井设在安Ⅲ段右侧，与操作廊道连通，井底高程为24.00m，平面尺寸为4.00m×7.70m，井顶高程67.00m处设有抽水泵房。

4. 锥管进人廊道、蜗壳进人廊道、水车室进人廊道

锥管进人廊道设在各机组段锥管上、下游侧，高程为49.00m，断面尺寸为2.00m×2.20m，上游侧廊道与2号楼梯相连，下右侧廊道通向下游副厂房，高程为49.72m。

蜗壳进人廊道设在各机组段右上侧，高程为56.00m，断面尺寸为2.50m×2.50m，与2号楼梯相连。

水车室进人廊道设在各机组段上游侧，高程为61.00m，断面尺寸为2.00m×3.00m，与2号楼梯相连。

（五）清洁水系统

水电厂主供水源有低位水池（高程为160m）、中位水池（高程为215m）和高位水池（高程为247m）。除来自中位水池的供水干管供应升船机下部和永久船闸外，低位水池和高位水池共有5根供水干管直接供应左右岸水电厂和电源水电厂等生产区域，如图7-22所示（见文后插页）。

（1）坝顶消防干管（管道1）。布置在坝顶管线廊道内，水源取自高位水池。

供水对象：坝顶消防（高程130m以上）、左右岸电厂主变压器及电抗器消防（备用）、升船机（上部）用水、地下水电厂进水口、右岸开关站等。

水量计量位于高程215m水池处。

（2）高程130m廊道供水干管（管道2）。布置于坝内高程130m交通廊道中（其中泄洪坝段布置于高程116.5m电缆廊道内，管规格为377mm×8mm），水源取自左岸高程160m永久水厂。

供水对象：大坝（高程130m以下）和左、右岸水电厂生产、生活、消防

用水。

水量计量位于高程 160m 永久水厂。

(3) 左厂高程 82m 干管（管道 3）。布置于左岸水电厂左侧高程 82m 平台，水源取自左岸高程 160m 永久水厂，经过覃家沱大桥敷设到左厂高程 82m 处，与从高程 130m 交通廊道来的管道连通供左厂外环，互相备用。另外，在覃家沱大桥处和左厂高程 82m 处各有一支管通往电源水电厂，互相备用。

供水对象：左岸水电厂和电源水电厂生产、生活、消防用水。

水量计量位于左厂高程 82m 处和覃家沱大桥上游侧。

(4) 过江干管（管道 4、管道 5）。左岸布置于高程 130m 交通廊道中，右岸布置于高程 130m 马道，供水管贯穿整个大坝后到达右岸后接入到 AB 阀门井，并于右厂外环连通，互相备用。

供水对象：大坝坝内(下部)建筑物与左右岸及地下电厂的消防、生产、生活用水。

水量计量位于右岸 AB 阀门井内。

(六) 污水处理系统

1. 生产区域生活污水处理系统概况

生产区域生活污水处理系统共有 16 套，其中左岸水电厂厂房有 5 套，左岸大坝有 2 套，泄洪坝段有 3 套，电源水电厂有 1 套，右岸水电厂厂房有 3 套，右岸大坝有 2 套，与污水处理系统对应的卫生间共有 15 处。生活污水处理系统包括污水处理设备、污水排水井（沟）、污水处理室、风机及其附属设施。污水处理设备为无动力式处理设备，采用生化处理技术接触氧化法。

2. 生产区域生活污水排放统计

由于未安装用水量计量装置，污水处理系统控制系统潜水泵启停无显示查阅功能，因此生活污水排放量只能根据设计标准数据和经验测算。

根据行业惯例，人均污水排放量一般每天为 150～300L，按当地实际人均用水量进行分析，人均污水排放量按 90L/d 计算。污水处理设备选型是按人均污水排放量 250L/d 设计。

生产区域卫生间主要排放的是生活污水，主要构成为：①人员粪便；②人员清洁用水；③卫生清扫用水。某电厂生产区域生活污水处理设备主要是在生产办公区，人员人均污水排放量按 90L/d 计；其中流动人员人数按照近几年经验推算。卫生清扫用水量按一个水龙头排水量 0.2L/s，每分钟按 20L 计算，连续使用为 1200L/h，使用频率高的卫生间按一天连续使用 4h 计，其余卫生间按照近几年经验推算。

据测算，通常情况下，生产办公区生活污水处理设备每天处理生活污水量约为 77.52m^3。

3. 生产区域卫生间设备位置

(1) 大坝坝面。在坝面从左至右设置了工作用公共卫生间 2 处:

1) 左导墙坝段上游侧高程为 183m，设有 1 套 0.5m^3 的生活污水处理设备。

2) 纵向围堰坝段上游侧高程为 183m，设有 1 套 0.5m^3 的生活污水处理设备。

生活污水处理设备布置在卫生间的左侧、高程为 182.5m 的地下坑室中。

(2) 左岸大坝坝内。左岸大坝坝内设有工作用卫生间 3 处:

1) 左岸非溢流坝段 17 号坝段 2 号观光电梯井上游高程 178.80m 卫生间，设有 1 套 0.5m^3 的生活污水处理设备。

2) 左厂房 7 号坝段 3 号电梯井上游高程 178.80m 卫生间，设有 1 套 0.5m^3 的生活污水处理设备。

3) 泄洪 13 号坝段高程 116.5m 卫生间，设有 1 套 0.5m^3 的生活污水处理设备。

其中，左厂房 7 号坝段和左岸非溢流坝段 17 号坝段卫生间的污水处理设备布置在卫生间的下层，高程为 171.60m。泄洪 13 号坝段卫生间的污水处理设备布置在卫生间的上游侧，高程为 116.50m。

(3) 左岸水电厂厂房。左岸水电厂厂房内设有工作用卫生间 10 处:

1) 上游副厂房安Ⅰ扩建段共 4 层卫生间，设有 2 套生活污水处理设备 (0.5、1.0m^3 各 1 套)。

2) 上游副厂房安Ⅱ段高程 75.30、89.25m 卫生间，共用 1 套 1.0m^3 的生活污水处理设备。

3) 上游副厂房 7 号机组段高程 75.30、82.00、87.80m 卫生间，共用 1 套 1.0m^3 的生活污水处理设备。

4) 上游副厂房 14 号机组非钢管段高程 82.00m 卫生间，设有 1 套 1.0m^3 的生活污水处理设备。

污水处理设备均布置在厂坝平台高程为 78.50m 的地下坑室中。

(4) 电源水电厂。电源水电厂上游副厂房高程 59.00、66.70、70.54m 卫生间 3 处，卫生间下层高程 55.00m 设有 1 套 0.5m^3 的生活污水处理设备。

(5) 右岸大坝坝内。右岸大坝坝内设有工作用卫生间 2 处:

1) 右厂房 19 号坝段 6 号电梯井上游高程 178.80m 卫生间，设有 1 套 0.5m^3 的生活污水处理设备。

2) 右厂房 26 号坝段 7 号电梯井上游高程 178.80m 卫生间，设有 1 套 0.5m^3 的生活污水处理设备。

其中，右厂房 19 号坝段和 26 号坝段卫生间的污水处理设备布置在卫生间的下层，高程为 171.60m。

（6）右岸水电厂厂房。右岸水电厂厂房内设有工作用卫生间 12 处：

1）上游副厂房安Ⅱ段高程 75.30、82.00、90.00、98.40、102.80、107.20、111.60m 卫生间，共用 1 套 1.0m³ 的生活污水处理设备。

2）上游副厂房 15 号机组段高程 75.30、82.00m 卫生间，共用 1 套 1.0m³ 的生活污水处理设备。

3）上游副厂房 21 号机组非钢管段高程 75.30、82.00m 卫生间，设有 1 套 1.0m³ 的生活污水处理设备。

4. 污水处理设备位置

污水处理设备均布置在厂坝平台高程为 78.50m 的地下坑室中。

污水处理设备位置及编号见表 7-12。

表 7-12　　污水处理设备位置及编号

设备编号	设备名称	布置位置	
1	1 号—1 污水处理设备	左岸水电厂厂房	上游副厂房安Ⅰ扩建段高程 78.50m
	1 号—2 污水处理设备		上游副厂房安Ⅰ扩建段左侧高程 78.50m
2	2 号污水处理设备		上游副厂房安Ⅱ段高程 78.50m
3	3 号污水处理设备		上游副厂房 7 号机组段高程 78.50m
4	4 号污水处理设备		上游副厂房 14 号机组非钢管段高程 78.50m
5	5 号污水处理设备	泄洪坝段	左导墙坝段上游侧高程 182.5m
6	6 号污水处理设备		纵向围堰坝段上游侧高程 182.5m
7	7 号污水处理设备	左岸大坝坝内	左岸非溢流坝段 17 号坝段 2 号电梯井高程 171.60m
8	8 号污水处理设备		左厂房 7 号坝段 3 号观光电梯井高程 171.60m
9	9 号污水处理设备		泄洪 13 号坝段高程 116.5m 层
10	10 号污水处理设备	电源水电厂	上游副厂房高程 55.00m
11	11 号污水处理设备	右岸水电厂厂房	上游副厂房安Ⅱ段高程 78.50m
12	12 号污水处理设备		上游副厂房 15 号机组段高程 78.50m
13	13 号污水处理设备		上游副厂房 21 号机组段高程 78.50m
14	14 号污水处理设备	右岸大坝坝内	右厂房 19 号坝段 6 号电梯井高程 171.60m
15	15 号污水处理设备		右厂房 26 号坝段 7 号电梯井高程 171.60m

5. 卫生间的取水及污水处理后的流向

生产区域卫生间排污量计算见表 7-13。

表 7-13　　生产区域卫生间排污量计算

卫生间布置位置		常驻人数	流动人数	清扫用水 (m^3)	日排污量 (m^3)	卫生间的取水及污水处理后的流向
左岸水电厂厂房	上游副厂房安Ⅰ扩建段卫生间	150	10	4.8	(150+10)×0.09+4.8=19.2	卫生间取水自左岸水电厂厂房左侧护坡消防供水干管，系统最后出水经左岸水电厂厂前区专用排水井最终至长江
	上游副厂房安Ⅱ段卫生间	40	20	4.8	(40+20)×0.09+4.8=12	卫生间取水自左岸水电厂厂房安Ⅱ段高程 70.8m 廊道的上副消防供水干管，系统最后出水经左岸水电厂厂前区专用排水井最终至长江
	上游副厂房 7 号机组段卫生间	40	20	4.8	(40+20)×0.09+4.8=10.2	卫生间取水自左岸水电厂厂房安Ⅲ段高程 70.8m 廊道的上副消防供水干管，系统最后出水至左岸厂房主变压器排水沟
	上游副厂房 14 号机组非钢管段卫生间	30	5	4.8	(30+5)×0.09+4.8=7.95	卫生间取水自左岸水电厂厂房高程 67m 廊道的上副消防供水干管，系统最后出水至左岸厂房主变压器排水沟
泄洪坝段	左导墙坝段上游侧高程 182.5m 卫生间	5	2	0.2	(5+2)×0.09+0.2=0.83	卫生间取水自泄洪 1 号坝段高程 175m 电缆廊道的坝顶供水干管，系统最后出水至左导排漂孔事故门槽
	纵向围堰坝段上游侧高程 182.5m 卫生间	5	2	0.2	(5+2)×0.09+0.2=0.83	卫生间取水自泄洪 23 号坝段高程 175m 电缆廊道的坝顶供水干管，系统最后出水至右纵排漂孔事故门槽

续表

卫生间布置位置		常驻人数	流动人数	清扫用水（m^3）	日排污量（m^3）	卫生间的取水及污水处理后的流向
左岸大坝坝内	左岸非溢流坝段17号坝段2号电梯井高程171.60m卫生间	1	1	0.2	(1+1)×0.09+0.2=0.38	卫生间取水自左岸厂房坝段高程175.4m观测廊道的坝顶供水干管，系统最后出水至左岸厂房主变压器排水沟
	左厂房7号坝段3号观光电梯井高程171.60m卫生间	1	1	0.2	(1+1)×0.09+0.2=0.38	卫生间取水自左岸厂房坝段高程175.4m观测廊道的坝顶供水干管，系统最后出水至左岸厂房主变压器排水沟
	泄洪13号坝段高程116.5m层卫生间	1	1	0.2	(1+1)×0.09+0.2=0.38	卫生间取水自泄洪坝段高程116.5m电缆廊道的消防供水干管，系统最后出水至13号泄洪深孔流道
电源水电厂	上游副厂房高程55.00m卫生间	10	3	3	(10+3)×0.09+2=3.17	卫生间取水自电源水电厂高程55.00m消防供水干管，系统最后出水至电源水电厂排水泵站集水井
右岸水电厂厂房	上游副厂房安Ⅱ段卫生间	40	30	4.8	(40+30)×0.09+4.8=11.1	卫生间取水自右岸水电厂厂房上副26层高程67m消防供水干管，系统最后出水经右岸水电厂厂坝间平台专用排水井最终至长江
	上游副厂房21号机组段卫生间	40	30	4.8	(40+30)×0.09+4.8=11.1	卫生间取水自右岸水电厂厂房上副26层高程67m消防供水干管，系统最后出水经右岸水电厂厂坝间平台专用排水井最终至长江
	上游副厂房15号机组段高程78.50m	40	30	4.8	(40+30)×0.09+4.8=11.1	卫生间取水自右岸水电厂厂房上副15层高程67m消防供水干管，系统最后出水经右岸水电厂厂坝间平台专用排水井最终至长江

续表

卫生间布置位置		常驻人数	流动人数	清扫用水（m^3）	日排污量（m^3）	卫生间的取水及污水处理后的流向
右岸大坝坝内	右厂房 19 号坝段 6 号电梯井高程 171.60m	1	1	0.2	(1+1)×0.09+0.2=0.38	卫生间取水自右岸厂房坝段高程 175.4m 观测廊道的坝顶供水干管，系统最后出水至右岸厂房主变压器排水沟
	右厂房 26 号坝段 7 号电梯井高程 171.60m	1	1	0.2	(1+1)×0.09+0.2=0.38	卫生间取水自右岸厂房坝段高程 175.4m 观测廊道的坝顶供水干管，系统最后出水至右岸厂房主变排水沟

6. 污水处理设备结构及原理

(1)污水处理系统原理如图 7-23 和图 7-24 所示。

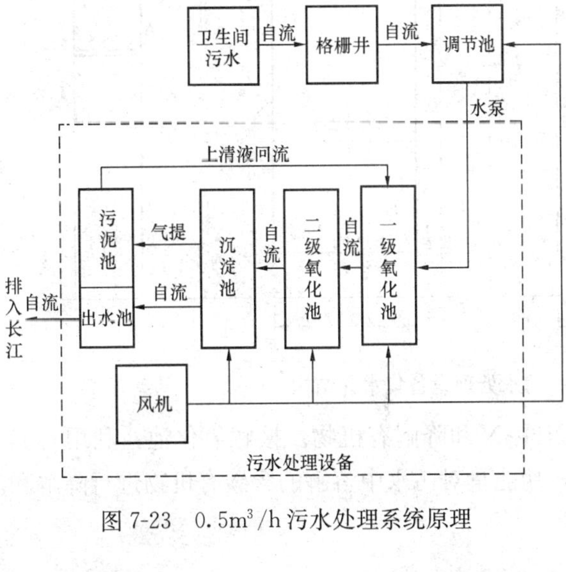

图 7-23　0.5m^3/h 污水处理系统原理

(2)污水处理设备集水井结构如图 7-25 所示。

(3)污水处理原理。生活污水经污水收集管线收集后自流至格栅井，格栅井内设置人工格栅，以去除污水中的漂浮物和大块杂质，确保后续污水处理设施及机泵设备的正常运行。污水经格栅井初步处理后自流进入调节池，污水经调节池充分匀质后由 2 台潜水排污泵轮流抽入缺氧池，流经接触氧化池、沉淀池后，上清液经氯片消毒达标排出。接触氧化池出水进入沉淀池进行泥水分离，沉淀池剩余污泥采用气提方式排入污泥池，污泥池内设置污泥好氧消化系统，经好氧消化后剩余污泥由环卫部门定期外运用作肥料，以达到无害化处理的目的。自控系统控制水泵、风机的运行，实现对污水处理设备的无人化操作。

污水的处理主要是在缺氧池和接触氧化池中进行的。缺氧池：以反硝化过程为

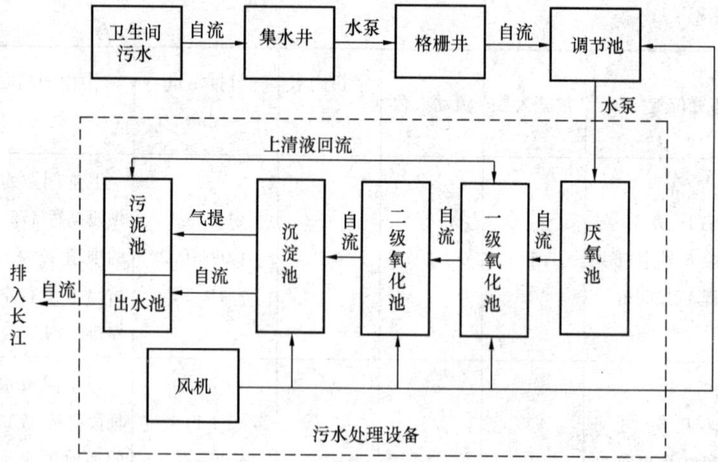

图 7-24　1.0m³/h 污水处理系统原理

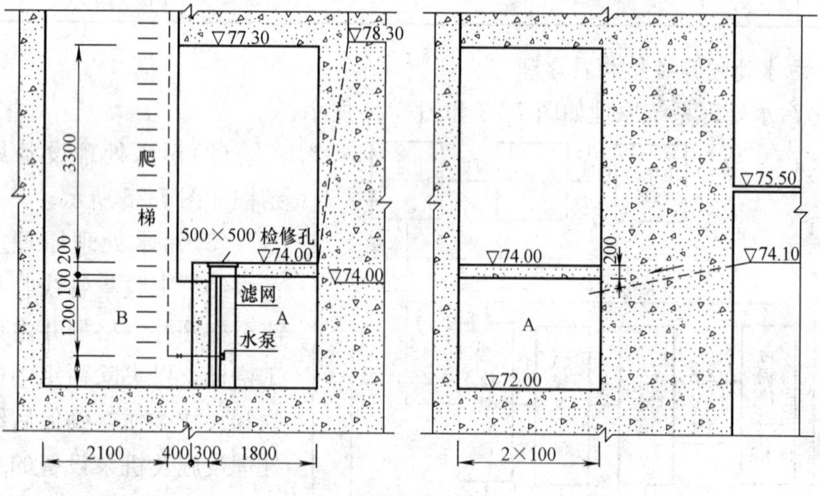

图 7-25　污水处理设备集水井结构

主的设施，功能是去除污水中的 NH_2-N 和降解有机物。接触氧化池：利用自养型好氧微生物进行生化处理的设施，功能是对污水中溶解的含碳有机物进行降解和对污水中的氨氮进行硝化。

第八章　技术供水系统检修与维护

第一节　技术供水系统的检修原则

一、设备检修等级

根据设备检修规模、停用时间和检修内容，将设备检修分为不同等级，见表8-1。

表8-1　设备检修等级

设备（系统）	检修等级	检修内容
技术供水系统	A	对技术供水设备进行全面的解体检查和修理，以保持、恢复或提高设备性能
	B	针对技术供水设备或组件存在的问题进行解体检查和修理，可根据状态评估结果实施部分A级检修项目
	C	根据技术供水设备的磨损、老化规律，有重点的对设备进行检查、评估、修理、清扫，可进行少量的零件更换、设备消缺、调整、预防性试验等作业，以及实施部分B级检修项目
	D	指技术供水设备总体运行状况良好，而对主要设备的附属系统和设备进行维护、保养与消缺

二、设备定期检修间隔与停用时间

技术供水设备定期检修间隔与停用时间见表8-2。

表8-2　技术供水设备定期检修间隔与停用时间

设备（系统）	C修		首次整顿性检修
	检修间隔	停用时间	停用时间
技术供水系统	1年	14天	14天

三、系统检修项目

技术供水系统检修项目见表8-3。

表8-3　技术供水系统检修项目

序号	检修项目	C修	首次整顿性检修
1	减压阀检修		

续表

序号	检修项目	C修	首次整顿性检修
1.1	连接管路检查	★	★
1.2	过滤器及反冲洗装置检修	★	★
2	滤水器检查		
2.1	电动机检查及绝缘测试	★	
2.2	滤水器本体检查	★	★
2.3	上部支架检查	★	
2.4	排污转筒检修	★	
2.5	排气阀检查	★	★
2.6	电动排污阀检查	★	★
2.7	滤水器控制柜检查	★	
3	泄压阀/持压阀检查		
3.1	过滤网清洗	★	★
3.2	控制管路及接头检查	★	★
4	电动双向供水转阀检查		
4.1	电动机绝缘检测	★	
4.2	电动装置检查	★	
5	测量仪器仪表校验		
5.1	电磁流量计校验（按定检周期）	★	
5.2	压力表校验（按定检周期）	★	
6	阀门		
6.1	外观检查	★	★
6.2	阀门电动装置检查	★	★
7	主管路及其附件检查		
7.1	波纹温度补偿器检查	★	★
7.2	连接法兰检查	★	★
8	检修后充水试验	★	★

第二节　减压阀的检修与维护

一、安全措施及注意事项

1. 安全措施

减压阀安全措施见表 8-4。

表 8-4 减压阀安全措施

序号	安全措施
1	全关__号减压阀进口电动阀 DF __
2	全关__号减压阀出口手动阀__
3	断开__号减压阀进口电动阀 DF __控制电源，挂“禁止合闸，有人工作”的标识牌
4	断开__号减压阀排污电磁阀电源，挂“禁止合闸，有人工作”的标识牌

2. 作业风险防范及环境因素控制

风险防范及环境因素控制见表 8-5。

表 8-5 风险防范及环境因素控制

序号	因素	控制措施
1	吊装时，吊具不合格导致伤人及损坏设备	吊装减压阀时，使用定期检查合格的吊具，由具有资质的起重工操作
2	检修时，减压阀前后腔未泄压造成人员伤害	表阀手动泄压，使减压阀阀体内压力为零
3	检修废弃物处理不当，污染环境	检修时的废弃物分类存放到指定地点，工停场清

二、工器具及材料准备

1. 工具准备

应准备的工具见表 8-6。

表 8-6 应准备的工具

序号	名称	规格型号	数量	序号	名称	规格型号	数量
1	活动扳手	300mm	2 把	10	棘轮套筒扳手	S24	2 把
2	布剪刀		1 把	11	三角锉刀	150mm	1 把
3	钢丝刷		1 把	12	尼龙吊索	1t× 5m	2 根
4	刨铁	45mm	2 把	13	手动葫芦	1t	1 副
5	手锤	2P	1 把	14	卡环	ϕ12	4 个
6	楔头撬棍	600mm	2 根	15	伸缩杆	3 节×2m	1 根
7	铜棒	ϕ30×300mm	1 根	16	尼龙绳	ϕ8	8m
8	呆扳手	S10-36	1 套	17	尼龙绳	ϕ12	8m
9	梅花扳手	S10-36	1 套	18	组合螺丝刀		1 套

2. 材料准备

应准备的材料见表 8-7。

表 8-7　　应准备的材料

序　号	材料名称	规格型号	数量
1	透明软管	ϕ12、ϕ18	各 10m
2	不锈钢面盆	ϕ300mm	1 个
3	毛刷	50mm	2 把
4	白布		2m
5	凡士林		0.5kg
6	金属修补剂		
7	机械油	20 号	0.1 kg

3. 劳动防护用品及其他

劳动防护用品见表 8-8。

表 8-8　　劳动防护用品

名　称	规格型号	数量
帆布手套		8 双

三、检修工艺工序

检修工艺工序见表 8-9。

表 8-9　　检修工艺工序

序号	作业内容	质量标准	检测记录	见证级别
1	检修人员准备；确认备品、材料和工具已准备齐全，熟悉作业指导书	按照检修项目准备充分、充足；检修人员熟悉设备检修工艺及相关技术要求，明确现场设备、人身安全防范措施		
2	办理检修工作票，运行人员做好安全措施	逐条检查安全措施，核对安全措施是否到位		
3	现场安全、技术、环境交底并签字	交底内容：现场安全注意事项、技术要求及 W/H 点、环境控制要求		
4	拆控制管路：关闭控制系统进出口球阀，拆各连接管路，管口用白布包好，防止碰伤不锈钢（铜）管及接头	管路及接头无裂纹、接头密封面无损伤、不锈钢（铜）管未碰瘪		1W1
5	拆下并分解隔膜感应装置：松连接螺栓，从导阀上拆下隔膜感应装置，分解隔膜感应装置，检查隔膜有无破损，取下隔膜压板检查隔膜中央的孔有无开裂	隔膜无裂纹、破损		

续表

序号	作业内容	质量标准	检测记录	见证级别
6	拆过滤器及反冲洗装置：松开过滤器与主阀的固定螺栓，拆下过滤器及反冲洗装置			
7	分解过滤器：将过滤器上部的紧固螺母松开，拆下上盖，取出过滤器碟片，检查碟片的堵塞情况并清洗，检查上下两道密封圈有无变形损坏	过滤器碟片洁净，无裂纹、破损，密封圈无变形损坏		
8	分解导阀：从主阀阀盖上拆下导阀，旋下导阀锁紧螺母，松开调节螺栓；松开导阀各部位连接螺栓，取出上下弹簧、隔膜、密封圈、针阀，并检查上述部件有无破损、变形，清洗各部件	隔膜无裂纹破损，导阀轴、弹簧及针阀无明显磨损、变形		
9	分解主阀：拆下主阀控制腔，将阀座与其分离，检查阀体过流部位的磨损和空蚀情况	阀座密封（不锈钢）应无明显磨损和空蚀现象，阀盘密封无开裂脱落，阀座密封的定位螺栓应无松动、脱落，阀体内腔及阀盘应无空蚀现象		
10	分解主阀控制腔：将上下控制腔的固定螺栓松开，检查隔膜上腔的淤泥情况并清洗；检查隔膜，各密封圈有无裂纹、破损，主轴及弹簧有无偏磨、弯曲、阀盘密封磨损情况，主轴套有无偏磨；松开隔膜压板，检查压板处隔膜有无开裂	主阀隔膜无裂纹破损，阀盘密封、主轴及弹簧无明显磨损，主轴套无偏磨		3H1
11	检查主阀盘密封：检查主阀盘橡胶密封垫有无损坏，阀体密封圈有无空蚀现象	如有损坏、空蚀，则需更换		
12	装主阀			
13	装阀体密封圈：密封圈、密封面清洗干净	密封面和密封圈清洁，无损伤		
14	装主阀盘：将密封垫、密封垫衬垫固定在主阀盘上；将密封圈、密封圈衬垫固定在主阀盘上，所有部件需清洗干净	密封圈无损伤		

续表

序号	作业内容	质量标准	检测记录	见证级别
15	装主阀执行机构：将上隔膜衬垫、垫圈、隔膜、O型圈、下隔膜衬垫用螺母锁紧在主阀轴的上部；主阀轴穿过轴套和控制腔下盖与主阀盘用固定螺母装在一起，最后用主阀盘锁紧螺栓锁紧主阀盘固定螺母。上述部件需清洗干净，主阀盘锁紧螺栓一定要锁紧主阀盘固定螺母	密封圈、主阀轴无损伤		
16	装主阀控制腔盖：对称拧紧控制腔盖连接螺栓			
17	装主阀控制腔：将主阀控制腔用螺栓紧固在主阀座上，螺栓要对称拧紧	主阀轴间隙均匀		
18	装导阀			
19	装针阀：将针阀及两个O型圈用螺母固定在针阀导杆上，再将此阀装到导阀上。所有部件需清洗干净，针阀的开度要调整适当	O型圈无损伤；针阀的开度调整：从全关位置回调2.5～3圈		
20	导阀隔膜装配：将隔膜衬垫、O型圈、隔膜、隔膜压板依次装在导阀轴上，隔膜挡板上部用螺母固定。所有部件需清洗干净	隔膜、O型圈无损伤，导阀轴无变形、损伤		1W2
21	导阀装配：将弹簧盖、弹簧、隔膜、O型圈依次装配在导阀上盖内；用盖塞体将O型圈、弹簧、导阀塞、导阀座、固定在导阀下盖，导阀上下盖用螺栓拧紧，再将调节螺栓拧进导阀上部并调整到位，最后用锁紧螺母把调节螺栓锁紧，所有部件需清洗干净，螺栓要对称用力拧紧，螺栓涂271胶；用丙酮清洗配合端面，用锁紧螺母锁紧调节螺栓，将导阀用螺栓固定在主阀上	导阀轴动作无卡阻		

续表

序号	作业内容	质量标准	检测记录	见证级别
22	装过滤器及反冲洗装置	接头对正后上紧，不锈钢管路及接头回装时不可别劲上紧，否则易滑丝		
23	将过滤器及反冲洗装置安装在主阀上	过滤器碟片要清洗干净，O 型圈无损伤		
24	装隔膜感应装置：装配完后，从单向阀向导阀注 20 号机械油，松开隔膜感应装置上端螺栓排气，直至油排出，拧紧螺栓	隔膜无损伤，隔膜感应装置及管道内应无空气		
25	控制管路回装			
26	调整减压阀			
27	检查控制管路及阀门：开启全部控制管路阀门，检查导阀调节螺栓是否在规定的调节位置，调节螺栓的锁紧螺母是否锁紧			
28	联系运行人员，开启减压阀进、出口阀门，检查减压阀本体及控制管路是否有漏点	无泄漏		
29	减压阀控制腔排气：拆下减压阀上腔排气丝堵，空气排完后关闭控制管路进、出口球阀，回装上腔排气丝堵			
30	调整减压阀出口压力：调整导阀上的调节螺栓，进行减压阀出口压力调整	机组供水减压阀出口压力稳定在 0.36～0.42MPa		2W1
31	检修结束后，对检修现场进行清理，检修人员撤离检修现场	现场杂物清理干净，检修余料回收入库，工具擦拭干净后入库摆放整齐		
32	完成检修报告，注销检修工单			

注　3H1 中 3 表示验收级别，1 表示第一个验证数，H 表示停工待检点；1W1、1W2 和 2W1 中的 W 表示见证点，工作可以继续，见证点的后续工作不影响见证的内容。

四、检验及检测记录

见证点及见证记录见表 8-10。

表 8-10　　　　见证点及见证记录

序号	见证点	见证记录	见证签名		
1	1W1	控制管路及接头无裂纹、密封面无损伤，隔膜感应装置的隔膜无破损			
2	1W2	导阀隔膜、O型圈无损伤，导阀轴无变形			
3	3H1	主阀隔膜无裂纹、破损，阀盘密封、主轴及弹簧无明显磨损			
4	2W1	机组供水减压阀出口压力稳定在0.36MPa			

五、日常维护

1. 运行巡检

（1）巡检时，对产品外观、附件、压力指示等进行检查。

（2）控制管路及接头无漏水，手动球阀均为全开状态。

（3）正常状态时各排水管路无水排出，过滤器排污时应有压力水排出。

（4）导阀上的压力表显示应与下游压力一致，如果下游无压力，此压力表指示为零。

（5）减压阀出口压力设定值为0.36～0.42MPa。

（6）隔膜感应装置的连接处无渗油。

（7）上游水位在小于或等于156m运行时，减压阀噪声为70～80dB；在156～175m运行时，一级减压噪声为80～110dB，二级减压噪声为70～85dB。

2. 日常维护

（1）定期对阀门过滤器进行清洗。Y型小过滤器每月清洗一次；大型过滤器汛期时每三个月清洗一次，非汛期每六个月清洗一次。根据各厂区水质不同，应适时增加清洗次数。

（2）当上游运行水位升降时，通过巡检或趋势分析系统注意减压阀出口压力的变化，超出定值范围时及时调整。

（3）导阀上的压力表显示与下游压力不一致时，及时补油。

第三节　滤水器的检修与维护

一、安全措施与注意事项

1. 安全措施

安全措施见表8-11。

表 8-11　　安全措施

序号	安全措施
1	全关__号滤水器进口电动阀__
2	全关__号滤水器出口电动阀__
3	全关__号滤水器排污总阀__
4	断开__号滤水器现地控制箱操作电源，操作把手挂“禁止合闸，有人工作”的标识牌
5	断开__号滤水器动力电源，控制柜操作把手挂“禁止合闸，有人工作”的标识牌

2. 作业风险防范及环境因素控制

风险防范及环境因素控制见表 8-12。

表 8-12　　风险防范及环境因素控制

序号	因素	控制措施
1	吊装时，吊具不合格导致伤人及损坏设备	吊装减压阀时，使用定期检查合格的吊具，由具有资质的起重工操作
2	检修时，滤水器罐体内未泄压造成人员伤害	放空阀手动泄压，使滤水器内压力为零
3	检修废弃物处理不当	检修时的废弃物分类存放到指定地点，工作现场清理干净

二、作业工具与材料准备

1. 工具准备

所需工具见表 8-13。

表 8-13　　所需工具

序号	工具名称	规格型号	数量
1	钢丝刷		2 把
2	扁铲		2 把
3	手锤	1.5P	1 把
4	楔头撬棍	1000mm	1 根
5	铜棒	ϕ30×300mm	2 根
6	内六角扳手	S6-8	各 1 根
7	轴承拆卸专用工具		1 套
8	活动扳手	200、300、400mm	各 1 把
9	梅花扳手	S10-42	1 套
10	双头呆扳手	S10-42	1 套
11	重力套筒扳手	54 件	1 套

续表

序号	工具名称	规格型号	数量
12	刨铁	44mm	1把
13	剪刀		2把
14	穿心一字螺丝刀	250mm	1把
15	尼龙吊索	3t×5m	2根
16	手动葫芦	3t	1副
17	卡环	$\phi18$	4个
18	伸缩杆	3节×2m	1根
19	尼龙绳	$\phi8$	8m
20	尼龙绳	$\phi12$	8m

2. 仪器及仪表准备

应准备的仪器及仪表见表8-14。

表8-14　应准备的仪器及仪表

序号	名　称	规　格	数　量
1	万用表		1台
2	绝缘电阻表	500V	1台
3	游标卡尺	0～200mm	1把
4	塞尺	200mm	2把

3. 材料准备

所需材料见表8-15。

表8-15　所　需　材　料

序号	材料名称	规格型号	数量
1	清洗油盆	400mm×300mm	2个
2	毛刷	4in,、2in	各4把
3	271螺纹锁固胶	271	2瓶
4	面粉		3kg
5	锂基润滑脂	3号	5kg
6	清洗剂		5kg
7	长方木	1000mm×200mm×100mm	4根
8	羊毛毡	1000mm×1000mm×6mm	2张
9	绸布		1m
10	白棉布		10m
11	406瞬干胶		1瓶
12	510平面密封胶	510	2瓶
13	金属缠绕石墨垫	DN400	4个

4. 劳动防护用品及其他

劳动防护用品见表 8-16。

表 8-16　劳动防护用品

名　称	规格型号	数　量
帆布手套		10 双

三、检修工艺工序

检修工艺工序见表 8-17。

表 8-17　检修工艺工序

序号	作业内容	质量标准	见证点	负责人签名
1	检修人员准备；确认备品、材料和工具已准备齐全	按照检修项目准备充分、充足；检修人员熟悉设备检修工艺及相关技术要求，明确现场设备、人身安全防范措施		
2	办理检修工作票，运行人员做好安全措施	逐条检查安全措施，核对安全措施是否到位		
3	现场安全、技术、环境交底并签字	现场安全注意事项、技术要求及 W/H 点、环境要求		
4	滤水器拆卸			
5	拆电动机、减速机、油泵			
6	拆电动机：先验电，确认无电后，松开电动机接线盒盖的紧固螺栓，取下接线盒盖，拆除电动机及油泵引线，拆下电动机。检查电动机绕组三相平衡电阻及绝缘	三相平衡电阻偏差小于或等于 2% 电动机绝缘阻值大于 0.5MΩ		1W1
7	拆减速器（摆线针轮行星减速器）：将滤水器上端的减速机卸下，分解减速器，检查减速机各部件有无磨损，润滑脂有无污染（若污染，则需用清洗剂清洗后重填充润滑脂）	减速机的销轴、销套、针齿销、针齿套、摆线轮无变形磨损，润滑脂未污染		
8	拆滤水器本体			
9	拆滤水器上部支架：松开滤水器上罐体与滤水器上部支架的连接螺栓，取下支架，取下联轴器套→止动垫圈→滚动轴承 212→松开轴承座与上罐体的连接螺栓，取下轴承座→取下轴承座与上罐体之间的密封圈→取下轴承座与主轴间的两道密封圈，并检查密封圈的磨损情况	滚动轴承 212 无磨损，转动平稳顺畅，密封圈无磨损变形		

续表

序号	作业内容	质量标准	见证点	负责人签名
10	拆上罐体：松开滤水器进水管与上排污管的法兰螺栓→拆下滤筒检修法兰盖→松开滤筒上部支架与上罐体内部的连接螺栓→松开上下罐体之间的连接螺栓→取下上罐体→取下上下罐体间的密封圈，并检查密封圈的磨损情况	密封圈无磨损变形		
11	拆滤筒：取下滤筒反冲洗盖板→松开滤筒的上部固定螺栓→取出滤筒→取出滤筒上部支架→取下滤筒上部支架与主轴的密封圈，并检查密封圈的磨损情况→拆下主轴下部平键→取出主轴→取出排污转筒	主轴无变形，滤筒无堵塞变形，密封圈无损坏，平键无磨损		1W2
12	滤水器回装			
13	装滤水器本体			
14	装滤筒：装排污转筒→装主轴，用平键与排污转筒相连→装滤筒上部支架与主轴的密封圈→装滤筒上部支架→用螺栓和压板将滤筒固定在上部支架上→装滤筒反冲洗盖板，上述部件需清洗干净	主轴无变形，更换密封圈		
15	装上罐体：清洗各配合端面，装上、下罐体间的密封圈→用螺栓将上罐体固定在下罐体上→装检修法兰盖→螺栓涂 271 胶，对称拧紧滤水器进水管与上排污管法兰螺栓	更换密封圈		
16	装滤水器减速器支座：装轴承座与主轴间的两道密封圈→装轴承座与上罐体之间的密封圈→装轴承座→装滚动轴承 212→装止动垫圈→装联轴器套→装滤水器减速器支座，清洗配合端面，对称拧紧螺栓	更换密封圈，滚动轴承 212 涂锂基润滑脂		
17	装电动机、减速器			
18	将减速器、电动机装在滤水器减速器支座上，电动机、减速器及其接合面用白布清洁干净，用面团将减速器各部件粘净	接合面无损伤		1W3
19	减速器填装锂基润滑脂	填装锂基润滑脂至减速器腔内 1/3～1/2		
20	滤水器充水检查			
21	联系运行人员开启滤水器进、出口阀门，从滤水器上罐体顶部排气阀排出滤水器内部的空气，检查滤水器各处密封是否有泄漏	滤水器各处密封无漏点		3H1

续表

序号	作业内容	质量标准	见证点	负责人签名
22	上、下排污阀试验：检查上、下电动阀开、关位置是否正常，检查下排污阀排污时电动机及减速器是否有无卡阻及异常响声	断路器位置正常，无卡阻及异常响声		
23	检修结束后，对检修现场进行清理，检修人员撤离检修现场	现场杂物清理干净，检修余料回收入库，工具擦拭干净后入库摆放整齐		
24	完成检修报告，注销检修工单			

四、检验及检测记录

见证点及见证记录见表8-18。

表8-18　　**见证点及见证记录**

序号	见证点	见证记录	见证签名		
1	1W1	检查电动机对地绝缘电阻及相间绝缘电阻值			
2	1W2	主轴无变形，滤筒无堵塞，密封圈无损坏，平键无磨损			
3	1W3	减速器检查无杂质			
4	3H1	滤水器各处密封无渗漏，上、下电动阀开、关位置正常，排污时电动机及减速器无卡阻及异常响声			

五、日常维护

1. 运行巡检

（1）巡检时，对产品外观、附件、压力指示、排气阀等进行检查。

（2）管路、接头、排气阀无漏水，压差表的压差值小于0.02MPa。

（3）现地控制柜指示灯正常，无报警信号。

（4）上下排污阀动作时应有过水噪声，若无过水噪声，则可能排污阀损坏或排污管道堵塞。

（5）若减速器为润滑油润滑，油位应在观察孔中间，各部应无渗油。

（6）排污时，油泵应正常供油，油通过油泵经过透明胶管流向油泵上方的减速器。

2. 日常维护

（1）若减速器为润滑油润滑，应定期对减速器加油。

（2）排气阀漏水时，需更换排气阀密封圈。

(3) 因排污阀运行工况恶劣，需经常关注排污阀的工作状况，如有损坏，及时更换排污阀或电动装置。

(4) 排污阀关闭不严时，手动关闭排污阀并调整电动装置的关闭节点。

(5) 排污阀频繁动作导致保护动作：检查排污阀是否排污时被异物卡阻并清除异物，检查压差控制器是否动作。

第四节　泄压阀/持压阀的检修与维护

一、安全措施与注意事项

1. 安全措施

安全措施见表 8-19。

表 8-19　　安　全　措　施

序号	措施内容
1	关闭泄压/持压阀进口阀
2	关闭泄压/持压阀出口阀

2. 作业风险防范及环境因素控制

风险防范及环境因素控制见表 8-20。

表 8-20　　风险防范及环境因素控制

序号	因　素	控制措施
1	吊装时，吊具不合格导致伤人及损坏设备	吊装减压阀时，使用定期检查合格的吊具，由具有资质的起重工操作
2	检修时，阀内未泄压造成人员伤害	试水阀手动泄压
3	检修废弃物处理不当	检修时的废弃物分类存放到指定地点，工作现场清理干净

二、作业工具与材料准备

1. 工器具准备

所需工器具见表 8-21。

表 8-21　　所　需　工　器　具

序号	名称	型号规格	单位	数量	用途
1	钢丝刷		把	2	
2	扁铲		把	2	
3	塞尺	200mm	把	1	

续表

序号	名称	型号规格	单位	数量	用途
4	手锤	1.5P	把	2	
5	楔头撬棍	1000mm	把	2	
6	铜棒	ϕ30mm×300mm	根	1	
7	内六角扳手	S6-8	把	各1把	
8	活动扳手	200、300、400mm	把	各1把	
9	梅花扳手	S10-42	套	1	
10	叉口扳手	S10-42	套	1	
11	重力套筒扳手	54件	套	1	
12	刨铁	44mm	把	3	
13	剪刀		把	1	
14	穿心一字螺丝刀		把	2	
15	尼龙吊索	1t× 5m	根	2	
16	手动葫芦	1t	副	1	
17	卡环	ϕ12	个	4	
18	伸缩杆	3节×2m	根	1	
19	尼龙绳	ϕ8	m	8	
20	尼龙绳	ϕ12	m	8	

2. 材料准备

所需材料见表8-22。

表8-22　　　　所　需　材　料

序号	名称	型号规格	单位	数量	用途
1	清洗油盆		个	2	
2	毛刷	4、2in	把	各4把	
3	271螺纹锁固胶	271	瓶	2	
4	长方木	1000mm×200mm×100mm	根	4	
5	羊毛毡	1000mm×1000mm×6mm	张	2	
6	绸布		m	1	清洗用
7	白棉布		m	10	清洗用
8	清洗剂		瓶	2	清洗用
9	510平面密封胶	510	瓶	2	
10	406瞬干胶		瓶	1	

3. 备品备件准备

所需备品备件见表 8-23。

表 8-23　所需备品备件

序号	名称	型号规格	厂家	单位	数量
1	导阀			个	1
2	滤网			个	2
3	铜管	1/2in		m	2
4	球阀	1/2in		个	2

三、泄压阀/持压阀的拆装步骤及工艺标准

泄压阀/持压阀拆装步骤、工艺要求及质量标准见表 8-24。

表 8-24　泄压阀/持压阀拆装步骤、工艺要求及质量标准

序号	拆卸步骤	工艺要求	质量标准
1	检修人员准备；确认备品、材料和工具已准备齐全	按照检修项目准备充分、充足；检修人员熟悉设备检修工艺及相关技术要求，明确现场设备、人身安全防范措施	备品、材料和工具已准备齐全，检修规程及作业指导书已到位
2	办理检修工作票，运行人员做好安全措施	逐条检查安全措施，核对安全措施是否到位	安全措施到位
3	现场安全、技术、环境交底并签字	现场安全注意事项、技术要求及 W/H 点、环境要求	现场安全注意事项、技术要求及 W/H 点、环境要求已经交代清楚
4	拆连接管路	打开主阀上腔的手动阀泄压，将所有连接铜管和接头松开，拆下各连接铜管和接头，管口用白布包好，防止碰伤铜管及接头，拆下过滤器，取出滤网，检查滤网的堵塞情况并清洁	管路及接头无裂纹、接头，密封面无损伤，铜管未碰瘪，滤网无堵塞
5	拆导阀		
5.1	拆下导阀	将导阀从主阀上拆下	接头密封面无损伤、铜管未碰瘪
5.2	分解导阀	导阀调节螺栓的压力调定位置做好标记，松开导阀调节手柄的锁定螺栓，将导阀调节手柄旋至最松，防止弹簧弹出，观察轴芯、弹簧、隔膜、导阀塞（活门）及 O 型圈是否有损坏	隔膜无裂纹破损，轴芯、弹簧无明显磨损，变形，O 型圈无损坏

续表

序号	拆卸步骤	工 艺 要 求	质 量 标 准
6	拆主阀		
6.1	拆主阀	将主阀执行机构的螺栓松开，取下主阀执行机构	勿碰伤阀体及阀盘密封
6.2	分解主阀	将主阀膜片压板上的螺母松开，从主轴上取下膜片压板、膜片、主阀盘、阀盘密封圈、主阀弹簧、密封圈压盖，检查膜片、密封圈有无损伤	阀座密封应无明显磨损，阀盘密封无开裂脱落，阀座密封的定位螺栓应无松动、脱落，主阀隔膜无裂纹破损，阀盘密封、主轴及弹簧无明显磨损，主轴套无偏磨
7	装主阀		
7.1	装主阀执行机构	在主阀轴上依次装上密封圈压板、密封圈、主阀盘、隔膜、隔膜压板，然后用锁紧螺母锁紧，所有部件需清洗干净	主阀轴无卡阻隔膜、密封圈无损伤
7.2	装主阀	在主阀轴上装上弹簧，然后将主阀盖用螺栓紧固在主阀上	螺栓要对称用力拧紧，螺栓涂 271 胶；丙酮清洗配合端面
8	装导阀	将轴芯、弹簧、膜片、导阀塞（活门）及O型圈装在导阀内，再将导阀装在主阀上，导阀调节螺栓的压力调定位置调整至标记处	弹簧、膜片、导阀塞无损伤，导阀轴无卡阻
9	装连接管	按照拆除时所做标记回装铜管	管路及接头无裂纹、接头，密封面无损伤，铜管未碰瘪，滤网无堵塞
10	检修结束后，对检修现场进行清理，检修人员撤离检修现场	现场杂物清理干净，检修余料回收入库，工具擦拭干净后入库摆放整齐	工完场清
11	联系运行人员，开启泄压阀/持压阀进、进口阀门	检查泄压阀/持压阀本体及控制管路是否有漏点	无泄漏
12	完成检修报告，注销检修工单		

四、泄压阀/持压阀的验收检查及试验步骤项目

泄压阀/持压阀的验收检查及试验步骤见表 8-25。

表 8-25　　泄压阀/持压阀的验收检查及试验步骤

序号	验收检查项目	试 验 步 骤	质 量 标 准
1	主阀上的球阀	主阀上腔手动紧急泄压球阀关闭，其他控制球阀打开	

续表

序号	验收检查项目	试验步骤	质量标准
2	导阀	检查导阀调节螺栓是否在规定的调节位置，调节螺栓的锁紧螺母是否锁紧	
3	控制管路	开启泄压阀前端蝶阀，检查控制管路是否有漏水，主阀、导阀是否有漏水	无渗漏
4	主阀	主阀上腔手动紧急泄压球阀开启时，主阀是否动作	主阀泄压
5	主阀	主阀上游升压至动作定值时（机组为0.52MPa，主变压器为0.42MPa），主阀是否动作，如不动作，则调整调节手柄直至动作	主阀泄压

五、日常维护

1. 运行巡检

（1）巡检时，对产品外观、附件、压力指示等进行检查。

（2）控制管路及接头无漏水，除主阀上腔手动紧急泄压球阀关闭以外，其他手动球阀均为全开状态。

（3）泄压阀/持压阀阀前压力小于动作值时，观察主阀有无动作。

2. 日常维护

（1）定期对阀门过滤器进行清洗。Y型小过滤器汛期时每三个月清洗一次，非汛期每六个月清洗一次。根据各厂区水质不同，应适时增加清洗次数。

（2）泄压阀/持压阀阀前压力小于动作值时动作。重新调整导阀，如调整导阀后主阀仍动作，则可能主阀卡涩、阀座密封脱落或导阀损坏。

第五节　电动双向供水转阀的检修与维护

一、安全措施与注意事项

1. 安全措施

安全措施见表8-26。

表8-26　安全措施

序号	安全措施
1	断开双向转阀动力电源和操作电源，取下操作保险，操作把手挂“禁止合闸，有人工作”的标识牌
2	关闭主变压器冷却水供水阀，并挂“禁止操作，有人工作”的标识牌

2. 作业风险防范及环境因素控制

风险防范及环境因素控制见表 8-27。

表 8-27　　风险防范及环境因素控制

序号	因　素	控制措施
1	吊装时，吊具不合格导致伤人及损坏设备	吊装双向转阀电动装置及阀盖时，使用定期检查合格的吊具，由具有资质的起重工操作
2	检修废弃物处理不当	检修废弃物分类存放到指定地点

二、作业工器具与材料准备

1. 工器具准备

所需工器具见表 8-28。

表 8-28　　所 需 工 器 具

序号	名称	规格型号	数量
1	钢丝刷		2 把
2	扁铲		1 把
3	手锤	1.5P	1 把
4	楔头撬棍	1000mm	2 把
5	铜棒	ϕ30×300mm	各 1 把
6	内六角扳手	S6-8	2 根
7	液压拉马		1 套
8	活动扳手	200、300、400mm	1 套
9	梅花扳手	S10-42	1 套
10	叉口扳手	S10-42	2 把
11	重力套筒扳手	54 件	1 把
12	刨铁	44mm	2 根
13	剪刀		1 副
14	穿心一字螺丝刀		4 个
15	三脚架或快装脚手架	2t	1 套
16	尼龙吊索	1t×3m	2 根
17	手动葫芦	1t	1 副
18	卡环	ϕ12	4 个
19	伸缩杆	3 节×2m	1 根
20	尼龙绳	ϕ8	8m
21	尼龙绳	ϕ12	8m

2. 仪器、仪表等准备

所需仪器、仪表见表 8-29。

表 8-29　　所需仪器、仪表

序号	名称	规格型号	数量
1	万用表		1 台
2	绝缘电阻表	500V	1 台
3	深度游标卡尺	0～200mm	1 把
4	游标卡尺	0～200mm	1 把
5	塞尺	300mm	1 把

3. 材料准备

所需材料见表 8-30。

表 8-30　　所需材料

序号	材料名称	规格型号	数量
1	清洗油盆		2 个
2	毛刷	50、100mm	各 2 把
3	聚四氟乙烯密封带		
4	锂基润滑脂	3 号	2kg
5	清洗剂	90 号	5kg
6	长方木	1000mm×200mm×200mm	2 根
7	羊毛毡	1000mm×1000mm×6mm	2 张
8	绸布		1m
9	白棉布		5m
10	无水乙醇	500mL	2 瓶
11	盘根	聚四氟乙烯	1m
12	止推垫	聚四氟乙烯	1 个
13	弹簧	65Mn	1 个
14	弹簧	1Cr18Ni9Ti	4 个
15	O 型圈	氟橡胶 GB3452 1-92ϕ208×5.7	4 个
16	O 型圈	氟橡胶 GB3452 1-92ϕ252×8.6	4 个

4. 劳动防护用品准备

所需劳动防护用品见表 8-31。

表 8-31　　所需劳动防护用品

名　称	规格型号	数量
帆布手套		8 双

三、检修工艺工序

检修工艺工序见表8-32。

表8-32　　**检修工艺工序**

序号	作业内容	质量标准	检测记录	见证级别
1	检修人员准备，确认备品、材料和工具已准备齐全	按照检修项目准备充分、充足；检修人员熟悉设备检修工艺及相关技术要求，明确现场设备、人身安全防范措施		
2	办理检修工作票，运行人员做好安全措施	逐条检查安全措施，核对安全措施是否到位		
3	现场安全、技术、环境交底并签字	现场安全注意事项、技术要求及W/H点、环境要求		
4	拆线、检查电动装置：先验电，确认无电后拆卸电动装置动力电缆和控制电缆。将电动装置吊装可靠，再松开电动装置与阀门的连接螺栓，将其从阀门上取下。检查电动装置。使用绝缘电阻表检查电动机绝缘	电动机绝缘值不小于0.5MΩ		1W1
5	拆下联轴器、支架、填料函压盖，取出填料			
6	拆卸上阀盖：拆下上阀盖，取出止推垫、密封圈、键、主轴并检查磨损情况	无变形、磨损		
7	拆卸下阀盖：拆下下阀盖，取出弹簧、密封圈，检查各密封圈磨损情况及弹簧有无损坏	无变形、磨损		
8	分离阀芯和两端法兰盖：分离阀芯和两端法兰盖，取出密封圈及阀芯和法兰盖之间的压紧弹簧，检查各密封圈磨损情况，检查弹簧有无损坏	无变形、磨损		
9	清洗、检查：对拆卸的各部件进行清洗，检查各零部件，更换已损坏零部件			
10	回装阀体			
11	安装阀芯和两端法兰盖：安装新密封圈、压紧弹簧、阀芯，安装两端法兰盖			

续表

序号	作业内容	质量标准	检测记录	见证级别
12	安装下阀盖：按顺序安装新密封圈、压紧弹簧、阀芯			
13	安装上阀盖：按顺序安装新密封圈、止推垫、键、主轴			
14	回装电动装置			
15	安装填料，再按顺序安装填料函压盖、下联轴器、支架			
16	安装电动装置、接线：检查电动装置。吊装电动装置，紧固电动装置与阀门的连接螺栓。安装电动装置动力电缆和控制电缆			
17	双向转阀充水检查：联系运行人员，开启阀门DF27，双向转阀进、出口阀门，检查双向转阀各处密封有无泄漏	无漏点		1W2
18	双向转阀进、出口阀门试验：检查双向转阀开关位置是否正常，检查双向转阀电动机有无卡阻及异常响声	开关位置正常，无卡阻及异常响声		2H1
19	检修结束后，对检修现场进行清理，检修人员撤离检修现场	现场杂物清理干净，检修余料回收入库，工具擦拭干净后入库摆放整齐		
20	完成检修报告，注销检修工单			

四、检验及检测记录

见证点及见证记录见表8-33。

表8-33　见证点及见证记录

序号	见证点	见证记录	见证签名	
1	1W1	电动机绝缘值不小于0.5MΩ		
2	1W2	检查双向转阀各处密封是否有泄漏		
3	2H1	检查双向转阀开关位置是否正常，检查双向转阀电动机有无卡阻及异常响声		

五、日常维护

1. 运行巡检

盘根有无漏水，转阀操作是否灵活。

2. 日常维护

盘根漏水需紧固压盖螺栓，转阀卡涩需对称均匀拧松转阀自补偿密封的紧固螺栓。

第九章　排水系统检修与维护

第一节　排水系统的检修原则

一、设备检修等级

根据设备检修规模、停用时间和检修内容，将设备检修分为不同等级，见表9-1。

表9-1　　设备检修等级

设备（系统）	检修等级	检　修　内　容
排水系统	整体维护	对设备设施进行全面检查、维护、清扫，包括电气或机械特性试验、功能试验，设备全面解体检查和保养，电气预防性试验，水工建筑物的修补等
	部分维护	对设备设施进行全面检查、评估、维护、清扫，设备部分解体检查和保养等
	年度维护	对设备设施进行外观检查、评估、清扫等

二、定期检修间隔与停用时间

排水系统定期检修间隔与停用时间见表9-2。

表9-2　　排水系统定期检修间隔与停用时间

设备（系统）	整体维护		部分维护		年度维护
	检修间隔	停用时间	检修间隔	停用时间	停用时间
排水系统	8年	20天/台套			7天/泵站

三、标准检修项目

排水系统标准检修项目见表9-3。

表9-3　　排水系统标准检修项目

序号	检　修　项　目	整体维护	年度维护
1	深井水泵电动机		
1.1	电动机绝缘检查	★	★
1.2	推力轴承的检查、油质检查	★	★
1.3	电动机轴承检查	★	

续表

序号	检 修 项 目	整体维护	年度维护
1.4	泵座及轴承支架的检修	★	
1.5	止逆盘及止逆销检查	★	★
1.6	止逆盘及止逆销检修	★	
1.7	扬水管的检修	★	
1.8	传动轴的检修	★	
1.9	导流壳检查	★	
1.10	泵轴及橡胶轴承的检修	★	
1.11	叶轮的检修	★	
1.12	抛沙环的检修	★	
1.13	滤网检查	★	
1.14	手动盘车	★	★
1.15	泵及电动机振动检查	★	★
1.16	启动和运转的电流及电压检查	★	
1.17	电动机检查	★	
1.18	油质检查及更换	★	
2	管路及其附件		
2.1	管路检查	★	★
2.2	闸阀及排气阀检查	★	★
2.3	止回阀检查	★	★
2.4	管路防腐	★	
3	潜水排污泵检修		
3.1	机械密封检查	★	
3.2	泵壳、叶轮、底座检修	★	
3.3	自动耦合装置（包括导杆）检查	★	
3.4	动力及控制电缆检查	★	★
3.5	启动、运转的电流、电压检查	★	★
3.6	测控装置检查	★	★
4	集水井		
4.1	检修排水集水井检查	★	
4.2	渗漏排水集水井检查	★	
4.3	水位计检查	★	★

第二节　深井泵的检修与维护

一、安全措施与注意事项

1. 安全措施

安全措施见表 9-4

表 9-4　　安　全　措　施

序号	安　全　措　施
1	__号深井水泵操作把手放切除位置，挂“禁止合闸，有人工作”的标识牌
2	断开__号深井水泵操作电源及动力电源，挂“禁止合闸，有人工作”的标识牌
3	全关__号深井水泵出口阀____阀，挂“禁止操作，有人工作”的标识牌
4	全关__号深井水泵润滑水阀____阀、____阀，挂“禁止操作，有人工作”的标识牌

2. 作业风险防范及环境因素控制

风险防范及环境因素控制见表 9-5。

表 9-5　　风险防范及环境因素控制

序号	因　　素	控制措施
1	钢丝绳选择不当，断裂，导致人身及设备损伤	按水泵总质量选用钢丝绳（泵机总质量为 8690kg）
2	吊装扬水管过程中，扬水管法兰与井口上下端面接触，导致人身及设备严重损伤	吊装扬水管过程中应由专业起重工负责作业，并随时观察扬水管法兰与井口上下端面的相对位置
3	检修废弃物处理不当	检修时的废弃物分类存放到指定地点，工作现场清理干净
4	吊物孔与井口未装设围栏及警示标识，导致人员坠落或落物伤人	装设牢固的围栏及警示标识

二、作业工具与材料准备

1. 工具准备

所需工具见表 9-6。

表 9-6　　所　需　工　具

序号	工具名称	规格型号	数量
1	活动扳手	300～450mm	4 把

续表

序号	工具名称	规格型号	数量
2	梅花扳手	S24-S27	2把
3	管钳	600～1200mm	2把
4	安装板	500号SSG5-95-377/70	1套
5	管子夹板		2套
6	长方木（或枕木）	100mm×100mm×700mm	2根
7	方木		
8	手锤	2P	1把
9	冲筒	70SSG2-95-70	1个
10	撬杠	1000mm	2根
11	穿心螺丝刀	250mm	2把
12	尼龙吊索	5t×5m	2根
13	手动葫芦	5t	1副
14	卡环	ϕ20	4个
15	尼龙绳	ϕ12	8m
16	卷扬机		1台

2. 仪器、仪表准备

所需仪器、仪表见表9-7。

表9-7　所需仪器、仪表

序号	名称	规格型号	数量
1	绝缘电阻表	500V	1块
2	电流表		1块
3	电压表		1块
4	振动仪		1块
5	塞尺	300mm	1把
6	深度游标卡尺	300mm	1把
7	框式水平仪	250mm×250mm	1把

3. 材料准备

所需材料见表9-8。

表 9-8　　　　**所　需　材　料**

序号	材料名称	规格型号	数量	序号	材料名称	规格型号	数量
1	砂纸	2 号	20 张	7	锂基润滑脂	ZL-3	5kg
2	清洗剂		20kg	8	塑料薄膜	δ=2mm	5kg
3	钙基润滑脂	3 号	5kg	9	机械油	20 号	10kg
4	橡皮垫	δ=3mm	5kg	10	YS450 盘根（油浸石棉）	F13×13	2kg
5	橡皮垫	δ=2mm	5kg	11	石棉密封垫	δ=1mm	5kg
6	白厚漆		5kg	12	钢丝刷		2 把

4. 备品、备件准备

所需备品、备件见表 9-9。

表 9-9　　　　**所需备品、备件**

序号	名　称	规格型号	单位	序号	名　称	规格型号	单位
1	传动轴		1 套	6	联轴器		1 套
2	轴承及轴承支架		1 套	7	电动机轴		1 根
3	止逆盘		1 个	8	叶轮轴		1 根
4	止逆销		6 个	9	短传动轴		1 根
5	叶轮		2 副				

5. 劳动防护用品准备

所需劳动防护用品见表 9-10。

表 9-10　　　　**所需劳动防护用品**

名　称	规格型号	数　量
帆布手套		60 双

三、检修工艺工序

检修工艺工序见表 9-11。

表 9-11　　　　**检修工艺工序**

序号	作业内容	质量标准	检测记录	见证级别
1	检修人员准备；确认备品、材料和工具已准备齐全	按照检修项目准备充分、充足；检修人员熟悉设备检修工艺及相关技术要求，明确现场设备、人身安全防范措施		

续表

序号	作业内容	质量标准	检测记录	见证级别
2	办理检修工作票，运行人员做好安全措施	逐条检查安全措施，核对安全措施是否到位		
3	现场安全、技术、环境交底并签字	现场安全注意事项、技术要求及W/H点、环境要求		
4	拆除电动机引线：松开电动机接线盒盖的紧固螺栓，取下接线盒盖，拆除电动机引线，并做好标记			
5	起吊电动机：将电动机上端的防护罩卸下，测量检修前传动轴端面与调节螺母端面之间的距离并记录，拆下调节螺母的定位螺栓；卸下调节螺母，用铜棒敲击传动轴使叶轮下降至最低端，测量并记录传动轴下降高度			1W1
6	拆下联轴器的紧固螺栓，取下联轴器和止逆盘，分别检查止逆盘、止逆底盘、止逆销的磨损情况。松开电动机与泵座的连接螺栓，吊起电动机，放置在指定位置，用500V绝缘电阻表测量电动机绝缘电阻	止逆底盘、止逆销无磨损，电动机绝缘电阻不低于1.0MΩ		
7	拆除水泵出口管路、润滑水管路			
8	松开泵座的填料压盖螺母，取出填料			
9	扬水管解体：松开泵座地脚螺栓，吊起泵座至最上一根扬水管的法兰盘露出井口。用夹板夹在扬水管法兰盘的一端，在井口处放置两根枕木，将夹板落在枕木上。松开短扬水管与泵座的连接螺栓，吊走泵座，放置在规定位置。吊起扬水管一定高度，用另一副夹板夹住下一根扬水管法兰盘的一端，将夹板落在枕木上。松开扬水管的法兰连接螺栓，吊出短扬水管。松开电动机实心轴与传动轴连接的联轴器，取下电动机轴和联轴器，然后再取出安放在扬水管法兰凹止口内的支架。分别检查电动机轴、联轴器、扬水管支架的磨损情况，并做好记录			

续表

序号	作　业　内　容	质量标准	检测记录	见证级别
10	将泵的扬水管、传动轴、联轴器和支架依次拆除。将传动轴平放在枕木上，螺纹部分涂上3号钙基润滑脂，以防止生锈，注意保护螺纹不要碰伤。扬水管和支架相互配合的端面要涂油保护，注意不要碰伤			
11	工作部分吊出后，拆下下端的滤筒，工作部件放置在指定的检修地点			
12	工作部件解体检修			
13	测量叶轮轴的轴向窜量并记录。泵体拆卸从下导流壳开始，松开下导流壳连接螺栓，取下最下一节导流壳，并拆除叶轮轴上的抛砂环及定位螺栓。从叶轮的进水口用冲筒撞击锥套的小头，使锥套和叶轮松开，然后取出锥套和叶轮			1W2
14	用上述相同的方法拆卸下一级导流壳、叶轮和锥套，直到全部拆完为止，最后取下叶轮轴			
15	清扫叶轮、导流壳、壳轴承、抛砂环、叶轮轴、传动轴、电动机轴、锥套，检查各部件的磨损及变形情况	各部件无磨损、裂纹、变形		
16	拆掉电动机排油丝堵，排尽润滑油。拆除止逆底盘，用汽油清洗向心推力球轴承、向心球轴承及油室，拧紧排油丝堵。轴承如有磨损，则应更换			
17	向心球轴承加入锂基润滑脂，向心推力球轴承加入20号机械油。加油完毕后，安装止逆底盘	润滑脂量应为轴承内外圈之间空隙的2/3，电动机润滑油面在油位观察孔中间位置		
18	用500V绝缘电阻表测量电动机绝缘电阻	阻值不低于1.0MΩ	1W3	
19	工作部件回装：将壳轴承分别压入到导流壳中，将抛砂环装到叶轮轴上，并用定位螺栓固定牢固。让叶轮轴穿过下壳轴承，用安装螺母将安装板固定在下导流壳上，使叶轮轴不能上下移动			

续表

序号	作业内容	质量标准	检测记录	见证级别
20	装上叶轮和锥套，用冲筒撞击锥套，使叶轮固定在叶轮轴上。在导流壳接合面涂油脂加纸垫，装入另一节导流壳，用螺栓固定牢固。以此方法安装下一级叶轮、锥套、导流壳			
21	拆下安装螺母和安装板，并测量叶轮轴的轴向窜量是否符合要求	轴向窜量为6～12mm		1W4
22	安装轴承支架、联轴器、传动轴、扬水管：在短扬水管上端法兰止口内装上轴承支架，在传动轴螺纹处涂白厚漆，用联轴器将两传动轴连接紧固，用夹板夹紧下一根扬水管法兰的一头，吊装扬水管			
23	使法兰止口与短扬水管上的轴承支架对齐，用螺栓紧固两法兰。略微吊起扬水管，将夹板拆除，再将扬水管吊入井内，检查传动轴是否在扬水管的中间。然后用同样方法安装全部轴承支架、联轴器、传动轴、扬水管，待最后一节扬水管安装完毕后，装电动机轴	泵轴在扬水管中间		
24	井上部分的安装：吊起泵座，对准电动机轴慢慢下降，使电动机轴穿过泵座填料函孔，套入填料压盖。对称紧固扬水管与泵座短管法兰			
25	吊起泵座，拆掉夹板，将螺孔对准地脚螺栓，将泵坐落至基础上，用框式水平仪检测泵座表面是否水平。如不水平，则需通过增减紫铜垫来调平，调平后将泵座紧固	泵座水平度小于或等于0.02mm/m		2H1
26	将新填料逐条压入填料函内，直至填料口，相邻填料接口位置错开，对称拧紧压盖螺母，压盖两边受力均匀。连接水泵出口管路、润滑水管路	相邻填料接口应错开90°～120°，填料压盖与填料函端面平行		
27	吊起电动机安放在泵座上，用塞尺检查电动机与泵座四周的间隙。如有间隙，则加紫铜垫，然后将电动机紧固			
28	电动机接线，联系运行人员，启动电动机，检查转向是否正确。检查完毕，断开电动机动力电源	电动机转向应与铭牌箭头方向吻合		

续表

序号	作业内容	质量标准	检测记录	见证级别
29	安装止逆盘、止逆销、电动机联轴器及平键，然后进行轴向间隙的调整			
30	旋动调节螺母，使泵轴上升直至调节点，手动盘车灵活即可。轴向间隙调整完毕后，紧固调节螺母的定位螺栓。安装电动机防护罩	泵轴提升量为泵体实测窜动量的 1/2		2H2
31	联系运行人员，开启出口阀，开启润滑水阀以保证轴与轴承的预润，准备深井水泵试运转	5min 预润滑		
32	试运转：试运转应不少于 10min。在这段时间内，要注意观察，并检查深井水泵的振动是否符合要求。出现以下任何一种现象都应停机检查： (1) 电流表波动较大或电流超过额定值。 (2) 水泵有明显的噪声和振动。 (3) 水泵、电动机有异常现象	电动机工作电流为 340A，噪声小于或等于 103 dB (A)，振动速度小于或等于 4.5μm/s		3H1
33	检修结束后，对检修现场进行清理，检修人员撤离检修现场	现场杂物清理干净，检修余料回收入库，工具擦拭干净后入库摆放整齐		
34	完成检修报告，注销检修工单			

四、检验及检测记录

见证点及见证记录见表 9-12。

表 9-12　　见证点及见证记录

序号	见证点	见证记录	见证签名		
1	1W1	检修前传动轴提升量			
2	1W2	检修前叶轮轴的轴向窜量			
3	1W3	电动机绝缘电阻			
4	1W4	叶轮轴的轴向窜量			
5	2H1	泵座表面水平度			
6	2H2	传动轴提升量			
7	3H1	水泵工作电流水泵噪声和振动			

五、日常维护

运行巡检维护内容如下：

(1) 巡检时，检查电流、电压表的数值和机组振动、声响情况。

(2) 经常检查水泵的出水量，应尽量使泵在额定流量点运转，可用出口阀门调节。

(3) 经常检查填料箱的密封情况，允许有少量的水漏出；漏水量大时，可用拧动填料压盖上的螺母来实现。

(4) 检查电动机的轴承部位温度（不得超过95℃）和润滑油量。

(5) 停泵时观察止逆装置是否正常动作，泵有无反转。如反转，则检查止逆底盘、止逆销有无磨损。

(6) 运行3800h，应更换润滑油和润滑脂一次，封闭轴承在使用寿命期间，不必更换润滑脂，更换润滑油和润滑脂时，应清除旧润滑油和润滑脂，并用清洗剂清洗油室和轴承，向心球轴承加入的润滑脂量应为轴承内外圈空隙的1/2（2极电动机）或2/3（4极电动机）。

(7) 定期检查电动机的绝缘电阻。若电阻低于规定值，则需进行干燥处理，将电动机拆开放进烘房，烘房温度保持在100℃，保持12～24h。如无烘房设备，也可用白炽灯泡置于电动机的周围和内部进行干燥，还可用“堵转电流法”，即施加外力使转子制动，并以低压电源（约为额定电压值的10%）通过绕组，用电流产生热能干燥。采用后两种方法时防止绕组过热。

第三节 潜水排污泵的检修与维护

一、安全措施与注意事项

1. 安全措施

安全措施见表9-13。

表9-13　　安 全 措 施

序号	安全措施
1	__号潜水排污泵操作把手放切除位置，挂“禁止合闸，有人工作”的标识牌
2	断开__号潜水排污泵操作电源及动力电源，挂“禁止合闸，有人工作”的标识牌
3	全关__号潜水排污泵出口阀__阀，挂“禁止操作，有人工作”的标识牌

2. 作业风险防范及环境因素控制

风险防范及环境因素控制见表9-14。

表 9-14 风险防范及环境因素控制

序号	因素	控制措施
1	钢丝绳选择不当，断裂，导致人身及设备损伤	由专业起重工负责作业，按水泵总质量选用钢丝绳
2	检修废弃物处理不当	检修时的废弃物分类存放到指定地点，工作现场清理干净

二、作业工具与材料准备

1. 工具及仪器、仪表准备

所需工具及仪器、仪表见表 9-15。

表 9-15 所需工具及仪器、仪表

序号	名称	型号规格	单位	数量	用途
1	氮气试压装置		套	1	电动机密封检测
2	机械密封专用工具		台	1	安装机械密封
3	万用表		台	1	检查控制电缆
4	绝缘电阻表	500V	台	1	测量电动机及电缆绝缘
5	深度游标卡尺	0～200mm	把	1	
6	游标卡尺	0～200mm	把	1	
7	塞尺	200mm	把	1	测叶轮间隙
8	手锤	1P	把	1	
9	大锤	8P	把	1	
10	铜棒	ϕ40×300mm	根	1	
11	剥线钳	150mm	把	1	
12	轴承专用工具		套		安装轴承
13	扭力扳手	40～200N·m	把	1	
14	扭力扳手	110～550N·m	把	1	
15	活动扳手	200、300mm	把	2	
16	梅花呆扳手	9 件	套	2	
17	重力套筒扳手	54 件	套		
18	锉刀	200mm	把		
19	剪刀		把	1	

2. 材料准备

所需材料见表 9-16。

表 9-16　　　　所需材料

序号	名称	型号规格	单位	数量	用途
1	机械油	30号	kg	8	油室等处用油
2	271螺纹锁固胶	271	瓶	2	
3	510平面密封胶	510	瓶	2	
4	703硅橡胶	703	瓶	3	
5	406瞬干胶		瓶	1	
6	锂基润滑脂	3号	kg	2	轴承润滑
7	清洗剂		kg	5	清洗
8	长方木	2000mm×200mm×200mm	根	2	分解电动机
9	羊毛毡	1000mm×1000mm×6mm	张	2	分解电动机
10	绸布		m	1	清洗用
11	白布		m	4	清洗用
12	丙酮		瓶	2	清洗用

3. 备品备件

所需备品备件见表9-17。

表 9-17　　　　所需备品备件

序号	名称	型号规格	数量	单位
1	电动机	GGD-45	1	个
2	机械密封	70×60；75×80	1	套
3	叶轮		1	个
4	密封环		1	个
5	O型密封圈	11.8mm×2.65mm—G—S—GB/T 3452.1—2005	3	个
6	O型密封圈	258mm×7mm—G—S—GB/T 3452.1—2005	1	个
7	O型密封圈	243mm×7mm—G—S—GB/T 3452.1—2005	1	个
8	O型密封圈	118mm×5.30mm—G—S—GB/T 3452.1—2005	1	个
9	O型密封圈	375mm×7mm—G—S—GB/T 3452.1—2005	1	个
10	O型密封圈	355mm×7mm—G—S—GB/T 3452.1—2005	1	个
11	O型密封圈	280mm×7mm—G—S—GB/T 3452.1—2005	2	个
12	O型密封圈	300mm×7mm—G—S—GB/T 3452.1—2005	1	个
13	O型密封圈	265mm×7mm—G—S—GB/T 3452.1—2005	1	个
14	O型密封圈	530mm×7mm_G_S_GB/T 3452.1—2005	1	个
15	O型密封圈	20mm×3.55mm—G—S—GB/T 3452.1—2005	1	个
16	O型密封圈	600mm×7mm—G—S—GB/T 3452.1—2005	1	个

注　O型密封圈型号规格标识含义：

内径（d_1/mm）×截面直径（d_2/mm）—系列代号—等级代号—国标代号。

4. 劳动防护用品准备

所需劳动防护用品见表 9-18。

表 9-18　所需劳动防护用品

名　称	规格型号	数　量
帆布手套		60 双

三、检修工艺工序

（一）潜水排污泵检修流程、工艺、标准

（1）潜水排污泵的起吊过程。

1）将电缆从接线端子箱上拆下，接头做好标记并保护好；用临时钢丝绳将桥机吊钩与固定在井口支架处的潜水排污泵起吊钢丝绳吊环连接，缓慢起吊至钢丝绳受力，拆掉固定潜水排污泵钢丝绳吊环的卡环。

2）将水泵缓慢吊起，使潜水排污泵沿着导轨上升，逐个拆掉固定电缆的电缆夹（每隔 2m 一个），并将电缆盘在电缆卷筒上（若需要使用电缆卷筒）。

3）当潜水排污泵起吊钢丝绳上升至下一个吊环处（每隔 10m 一个）时，将吊环固定在井口支架上，缓缓降落，直至井口支架受力，取下临时钢丝绳再将其与固定在井口支架上的吊环连接。

4）多次重复起吊步骤，直至泵体吊出井口。将潜水泵竖直固定在检修平台上，取下吊钩。

5）拆电缆夹时应停止起吊；注意保护并清洁密封电缆，检查密封有无破损。

（2）潜水排污泵解体前清理和干燥。

（3）潜水排污泵解体步骤、工艺及标准。

1）将注油孔的密封螺塞取下，排出上油室油腔中的机械油。

2）松开电缆压盖的紧固螺栓，取出电缆压盖和 V 型密封圈。松开接线盒盖与接线盒的连接螺栓，取下接线盒盖。

3）松开电缆防脱片的紧固螺栓，取下电缆防脱片；松开各电缆接头并做好记号，取出电缆。

4）将潜水排污泵倒置放在检修平台上，并做好防倾倒措施。

5）拆下底盖与蜗壳的连接螺母，使两者分离，松开平密封环与底盖的连接螺栓，取下平密封环。测量平密封环与叶轮间隙值（1mm）是否符合要求，并做好记录。

6）用专用工具拆卸轴端叶轮锁紧螺母，将防松螺栓取下后，再用专用工具取下叶轮螺母，将叶轮从轴上取下，并取下叶轮与轴连接的键，检查叶轮、轴、键有无损坏，并做好记录。

7）拆下蜗壳与防沙盖的连接螺母，取下蜗壳，检查蜗壳的磨损情况，并做好记录。

8）防沙盖与机械密封座连接螺栓松开，使其与机械密封座分离，取下防沙盖，拆时要注意保护好机械密封。

9）将水泵平放在检修平台上，拆动环的紧固螺栓，逐步拆下动、静环密封，注意不得划伤动静环、轴表面和橡胶密封。测量好动、静环之间的间隙并记录，动、静环之间间隙应为0.24～0.45mm，机械密封最下部到端面为50mm。

10）拆机械密封座与下轴承座的连接螺栓，取出机械密封座。按第9）条的方法拆卸第二道机械密封。

11）拆卸上轴承盖螺栓，取下挡板螺栓等零部件，注意不损伤各信号线引线；拆除上轴承和上轴承座，测量密封下盖间隙值并记录，然后松开螺栓，取下接线盒，其值超过规定值时，应更换。密封间隙值应为2.0～2.8mm。

12）将转子连同下轴承座一起取出，依次拆除下轴承压盖、下轴承座、挡圈和下轴承。拆卸时，注意保护好油室泄漏器、电动机腔泄漏器和轴承测温器等装置，线接头处做好记号并注意保护。

(4) 对解体后的每个部件进行检查，针对缺陷进行相应的修复处理或更换零部件。

(5) 潜水排污泵泵体组装步骤、工艺及标准参照维护检修。

(6) 潜水排污泵安装及吊装过程。采用固定湿式安装，吊装过程与此相反。

（二）电动机检修

(1) 电动机的拆卸步骤及工艺、标准，见表9-19。

表9-19　　电动机的拆卸步骤及工艺、标准

序号	拆卸步骤	工艺要求	质量标准
1	将接线盒盖取下	将两根接地线取下，再取接线盒盖，注意保护接线	
2	取下电缆防脱片及夹紧片	将固定在提把上的电缆夹紧片松开，取出电缆，防止损伤电缆	
3	松开电缆密封接头	保护好引线，清洗密封面	
4	拆上轴承压盖	上轴承室、挡油盖等部位清洗干净	
5	拆上轴承	保护各端面	
6	拆上轴承座	保护各端面	
7	拆防凝露装置	保护好引线	

（2）电动机的安装步骤及工艺、标准，见表 9-20。

表 9-20　　　　电动机的安装步骤及工艺、标准

序号	安装步骤	工艺要求	质量标准
1	将轴承装入轴承室，测量迷宫间隙	接线盒上轴承位置配合面涂油，用专用工具装轴承	间隙为2.0～2.8mm
2	装湿度传感器	螺纹涂 703 胶	
3	将电动机引线、各保护元件引线从孔内穿出，将接线盒安装到位	配合止口端面用丙酮清洗。机壳止口端面涂 510 胶，O 型圈涂油后套在上轴承座上	配合面无损伤
4	安装上轴承压盖并固定	上轴承室填入占其空间 1/2～1/3 的 3 号锂基润滑脂，挡油盖内涂少许润滑脂后将 O 型圈涂油套在其上，端面涂 510 胶	
5	用堵板将轴承座机械密封位置封死	从接线盒螺孔处通入 1.2MPa 的氮气，将电动机潜入水中，应无冒气泡现象，取出电动机，关闭气源，擦干气嘴周围的水，拆除气嘴	保压 5min
6	装提把	用电缆夹紧片将电缆固定在提把上。装提把时，螺栓涂 271 胶固定	
7	连接控制线、动力电缆线	双头螺柱涂 271 胶；丙酮清洗配合端面，O 型圈涂油套在接线盒盖止口上	配合面无损伤
8	安装接线盒盖	清理接线室，端面涂 510 胶，径向密封处涂少许油脂；接线盒盖上的固定螺母涂 271 胶	

（3）电动机的验收检查项目、试验步骤及质量标准，见表 9-21。

表 9-21　　　　电动机的验收检查项目、试验步骤及质量标准

验收检查项目	试验步骤	质量标准
检查接线密封	从接线盒螺孔处通入 1.2MPa 的氮气，将电动机潜入水中，检查密封情况。取出电动机，关闭气源，擦干气嘴周围的水，拆除气嘴	保压 5min，应无冒气泡现象

（三）机械密封检修

（1）机械密封部分的拆卸步骤、工艺要求和质量标准，见表 9-22。

表 9-22　　机械密封部分的拆卸步骤、工艺要求和质量标准

序号	拆卸步骤	工艺要求	质量标准
1	拆泵盖	将机械密封座与泵盖分离	保护端面
2	拆机械密封	用专用工具拆动、静环	不能碰伤动、静环及轴表面等
3	拆机械密封座	取下密封试气螺孔，放油； 将机械密封座与轴承座分离	不能碰伤密封表面

（2）机械密封部分的安装步骤、工艺要求和质量标准，见表 9-23。

表 9-23　　机械密封部分的安装步骤、工艺要求和质量标准

序号	安装步骤	工艺要求	质量标准
一	装机械密封座		
1	将机械密封座装在轴承座上	用丙酮清洗配合端面，O 型圈涂油套在止口上，端面涂 510 胶	配合面无损伤锈蚀
2	将机械密封处完全密封	（1）用专用工具装机械密封。 （2）从下轴承座螺孔通入 1.2MPa 的氮气。电动机腔同时也通入氮气，将泵潜入水中。 （3）观察密封位置，承压零件表面有无气泡溢出，否则需重新安装或更换零件。 （4）将电动给水泵从水中提出，关闭气源，擦干气嘴周围的水，拆除气嘴	保压 5min，无泄漏
3	用压缩空气吹干机械密封腔	螺栓涂上 703 硅橡胶，封堵试气螺孔	密封完好
二	装机械密封		
1	将静环轻轻压入静环室，将动环轻推到位	擦净静环室，表面涂油，静环擦净涂油，动、静环及轴表面擦净涂油	不碰伤
2	装弹簧和机械密封挡圈，拧紧紧固螺栓	做 1.2MPa 油压试验。观察压力表，看压力有无变化，否则需重新安装	保压 5min，无泄漏
三	装泵盖		
	将泵盖固定在机械密封座上	用丙酮清洗端面	无损伤

（3）机械密封部分的验收检查项目、试验步骤及质量标准，见表 9-24。

表 9-24 机械密封部分的验收检查项目、试验步骤及质量标准

验收检查项目	试验步骤	质量标准
机械密封	从下轴承座螺孔通入 1.2MPa 的氮气，保压 5min。电动机腔同时也通入氮气，将泵潜入水中。各密封若完好，将泵从水中提出，关闭气源，擦干气嘴周围的水，拆除气嘴	观察密封位置、承压零件表面有无气泡溢出，否则需重新安装或更换零件

（四）水泵部分检修

（1）水泵部分的拆卸步骤、工艺要求及质量标准，见表 9-25。

表 9-25 水泵部分的拆卸步骤、工艺要求及质量标准

序号	拆卸步骤	工艺要求	质量标准
1	拆底盖	先将底盖与蜗壳分离，再将密封环与底盖分离	保护配合端面
2	拆叶轮	用专用工具将叶轮锁紧螺母取下，再将套在轴上的叶轮取出，拔键	用力要均匀，不要碰伤各配合面
3	拆蜗壳	将蜗壳与泵盖分离	注意保护配合面

（2）水泵部分的安装步骤、工艺要求及质量标准，见表 9-26。

表 9-26 水泵部分的安装步骤、工艺要求及质量标准

序号	安装步骤	工艺要求	质量标准
一	装蜗壳		
	双头螺柱旋紧在蜗壳上；将蜗壳装在泵盖上	双头螺柱涂 271 胶，螺母涂 271 胶	用丙酮清洗配合端面，端面涂 510 胶，涂油套在泵盖止口上
二	装叶轮		
	装键，再将叶轮套在轴上，轻推到位。锁紧螺母在轴端拧紧	叶轮配合处涂油，叶轮锁紧螺母涂 271 胶旋在轴端拧紧	手动盘车，叶轮应转动灵活
三	装底盖		
1	双头螺柱旋紧在蜗壳上	双头螺柱涂 271 胶	各接触表面无锈斑及毛刺
2	O 型圈套在止口上	用丙酮清洗配合端面，端面涂 510 胶	各接触表面无锈斑及毛刺
3	先将密封环装在底盖上，再将底盖装在蜗壳上	螺母涂 271 胶配弹垫并固定	各接触表面无锈斑及毛刺

（3）水泵部分的验收检查项目、试验步骤及质量标准，见表 9-27。

表 9-27　　水泵部分的验收检查项目、试验步骤及质量标准

验收检查项目	试验步骤	质量标准
叶轮转向	接上电源，瞬间启动水泵，观察叶轮旋转方向是否与铭牌指示一致，否则交换任意两相线的位置	启动时间不超过 5s

第十章　水系统常见故障及处理

第一节　技术供水系统常见故障及处理

减压阀常见故障现象、故障定位和处理方法见表10-1。

表10-1　减压阀常见故障现象、故障定位和处理方法

故障现象	故障定位	处理方法
主阀自调时间长	针阀调整开度过大	将针阀开度调小
	过滤器堵塞	清扫过滤器
	某一个过滤器反冲洗装置故障，不停地反冲	检修反冲洗装置
主阀出口压力过低，不能自调	导阀出口管堵塞	清扫出口管
	导阀出口管的球阀被关小或损坏	重新打开或更换球阀
	导阀隔膜上部的弹簧失效或疲乏	更换弹簧
	导阀轴或主阀轴卡阻	清扫导阀轴或主阀轴
主阀出口压力过高，不能自调	反馈装置堵塞或漏油	检查隔膜阀，清扫管道，处理漏油点并加油
	过滤器堵塞	清扫过滤器
	导阀轴或主阀轴卡阻	清扫导阀轴或主阀轴
	导阀进口管堵塞	清扫进口管
	导阀出口管的球阀被关小或损坏	重新打开或更换球阀

滤水器常见故障现象、故障定位和处理方法见表10-2。

表10-2　滤水器常见故障现象、故障定位和处理方法

故障现象	故障定位	处理方法
旋转机构不动	(1) 挡板与滤筒间卡有异物。 (2) 电动机故障或减速箱故障	(1) 清除异物。 (2) 检查电动机或减速箱
排污阀频繁开关	排污阀、传动机构故障或排污阀内卡有异物	检查排污阀及电动装置
进出口压差过大	部分滤网堵塞	清扫或更换堵塞滤筒

泄压阀/持压阀常见故障现象、故障定位和处理方法见表10-3。

表 10-3　　泄压阀/持压阀常见故障现象、故障定位和处理方法

故障现象	故障定位	处理方法
主阀打不开	主阀损坏或主阀有卡阻	检修或清洗主阀
	泄压阀泄压设定值有误	重新设定泄压值
	导阀膜片损坏，活门堵塞或损坏，轴芯卡阻	更换膜片、活门、轴芯
主阀关不严	主阀阀盘有杂物	清除杂物
	导阀阀盘有杂物	清除杂物
	导阀阀盘密封圈损坏	更换密封圈
	轴芯卡阻	更换轴芯
	导阀弹簧失效或疲乏	更换或旋紧弹簧

阀门常见故障现象、故障定位和处理方法见表 10-4。

表 10-4　　阀门常见故障现象、故障定位和处理方法

故障现象	故障定位	处理方法
电动阀开关运转中电动机停止	负荷过大，转矩开关动作	提高转矩设定值
	热继电器动作	更换热继电器或检查电动机绝缘
	阀门荷载大	检查阀门
		应定期操作阀门
电动阀拒动	断路器调整不良	重调
	控制电源故障	检查排除
	限位断路器齿轮破损	更换
电动阀全开、全关，指示灯不亮	转矩断路器动作，阀门没到位	调整转矩断路器
阀门操作装置漏油	密封损坏	修复密封
阀门填料函漏水	盘根磨损	更换盘根
	密封圈磨损	更换密封圈

电动双向供水转阀常见故障现象、故障定位和处理方法见表 10-5。

表 10-5　　电动双向供水转阀常见故障现象、故障定位和处理方法

故障现象	故障定位	处理方法
转阀	热继电器动作	等待热继电器恢复正常
	转矩开关动作	将转矩开关向增大转矩方向调整
		强制启动
	阀门操作转矩过大	检查阀门

续表

故障现象	故障定位	处理方法
断路器运转中电动机停止	负荷过大，转矩断路器动作	提高转矩设定值
	热继电器动作	更换热继电器或检查电动机绝缘
	阀门荷载大	检查阀门
		应定期操作阀门
	断路器调整不良	重调
	调整后调节螺杆没复位	复位
	控制电源故障	检查排除
	限位断路器齿轮破损	更换
电动阀全开、全关，指示灯不亮	转矩断路器动作，阀门没到位	调整转矩断路器
漏油	密封损坏	修复密封
	环境温度高，主箱体内压力高	松动一处不影响工作的螺栓（最好是油塞）排气
启动时阀杆振动	阀杆螺母松动	紧固螺母
手动不转动	离合器牙嵌与手轮体牙嵌没啮合	少许转动使牙嵌错开
电动机运转但阀门不动	手动切换机构不正常	解体检查
	锁紧螺母松动	拧紧
主阀漏水	盘根磨损	更换盘根
	密封圈磨损	更换密封圈

第二节　排水系统常见故障及处理

深井水泵常见故障现象、故障定位和处理方法见表10-6。

表10-6　　深井水泵常见故障现象、故障定位和处理方法

故障现象	故障定位	处理方法
电动机通电后不转，且有不正常响声	（1）定子单相短路。 （2）电源一相无电。 （3）绕组的接头与接线板接得不对。 （4）电动机转向不对。 （5）橡胶轴承内孔变形	（1）修理电动机。 （2）查出断电原因并消除。 （3）清理定子绕组相位，重新接好。 （4）调换接头。 （5）拆泵更换

续表

故障现象	故障定位	处理方法
电动机启动后转速低	(1)相绕组首末接错。 (2)电压过低	(1)清理相绕组,重新接到线板上。 (2)升高电压后再启动
电动机运转时有不正常响声并发热	绕组短路	修理电动机绕组
电动机中的止逆装置失灵	(1)止逆销磨损或有油污。 (2)止逆盘槽孔磨损	(1)更换止逆销或清洗。 (2)加深槽孔或更换止逆盘
电动机中轴承部位温度过高	(1)轴承负荷太大或轴承已损坏。 (2)润滑油不足或过多。 (3)润滑油不清洁或太稠	(1)更换轴承。 (2)补充或减少润滑油。 (3)换合适的润滑油
电动机电流在泵运转中升高	(1)电压降低。 (2)电动机轴承损坏。 (3)叶轮与壳体有摩擦。 (4)泵吸入大量泥沙	(1)停泵、升压后再启动泵。 (2)拆检、更换轴承。 (3)停泵、重新调节轴向间隙。 (4)拆泵、清理集水井
水泵不出水或出水不连续	(1)传动轴断轴。 (2)扬水管破裂	(1)拆泵,找出损坏原因。 (2)更换损坏件
水泵出水量显著降低	(1)转速不对。 (2)滤水网被异物堵塞。 (3)扬水管或壳体连接处漏水。 (4)个别叶轮松脱,转不动。 (5)电源频率太低。 (6)泵密封环磨损严重。 (7)叶轮与中壳斜面间隙过大	(1)调整使其满足额定转速。 (2)拆泵,清理滤水网。 (3)更换损坏零件。 (4)拆开泵体组装,重新装配。 (5)增加频率,使之达到要求。 (6)更换密封环并修理叶轮口环。 (7)减小叶轮与中壳的轴向间隙
水泵剧烈振动	(1)启动时未加润滑水润滑轴承。 (2)运转中叶轮与壳体摩擦。 (3)传动轴及电动机轴弯曲。 (4)橡胶轴承磨损过量。 (5)电动机轴与传动轴不同心	(1)停机,检查润滑水投入预润滑情况,确保正常。 (2)停机,调整轴向间隙。 (3)拆泵,校直轴。 (4)拆泵,更换轴承。 (5)重新安装
填料箱漏水太多	(1)填料或电动机轴磨损。 (2)填料过硬。 (3)填料没压紧。 (4)轴弯	(1)更换填料或电动机轴。 (2)更换填料。 (3)压紧填料压盖。 (4)校直轴

续表

故障现象	故障定位	处理方法
填料箱处过热	（1）电动机轴弯曲。 （2）填料箱处漏水太少或不漏	（1）校直电动机轴。 （2）松动填料压盖放松填料
启动电流较大	（1）轴向间隙调整不当。 （2）电动机故障。 （3）橡胶轴承与传动轴配合过紧	（1）重新调整轴向间隙。 （2）检查电动机并处理。 （3）安装过程中控制好配合间隙
声音异常	（1）电动机轴承故障。 （2）扬水管连接螺栓松动。 （3）传动轴弯曲。 （4）轴承支架损坏。 （5）叶轮破碎	（1）检查电动机并处理。 （2）检查水泵，确定具体部位做出相应处理方案
水泵效率低	（1）叶轮损坏或磨损严重。 （2）叶轮轴向间隙偏离标准值。 （3）滤水管堵塞	（1）大修处理。 （2）重新调整叶轮轴向间隙

潜水排污泵常见故障现象、故障定位和处理方法见表10-7。

表10-7　　潜水排污泵常见故障现象、故障定位和处理方法

故障现象	故障定位	处理方法
水泵不启动	（1）接线端子箱接头松动。 （2）电动机绕组短路	（1）检查并处理。 （2）检查并处理
水泵运行中非正常停泵	（1）保护器动作。 （2）缺相。 （3）叶轮缠绕。 （4）控制柜故障	（1）查找原因并处理。 （2）检查线路。 （3）清除杂物。 （4）检查并处理
流量或扬程下降	（1）出口管路泄漏。 （2）出口管路局部堵塞。 （3）水泵流道堵塞。 （4）叶轮、密封环磨损	（1）找出泄漏部位并处理。 （2）清理管路。 （3）清理水泵流道。 （4）按叶轮口环实际尺寸配密封环

第四篇

压缩空气系统的检修与维护

第十一章　压缩空气系统概述

第一节　压缩空气系统的用途

由于压缩空气具有极好的弹性（可压缩性），是储存压能的良好介质，因此，用它来储备能量作为操作能源是非常合适的。同时，压缩空气使用方便，不会变质，易于储存和输送，所需设备简单、经济，在水电厂中得到了广泛的应用。在机组的安装、检修与运行过程中，都要使用压缩空气。

一、压缩空气在水电厂中的用途

（1）油压装置压油槽用气。作为水轮机调节系统和机组控制系统的能源，额定压力一般为 2.5MPa，大型机组有的为 4.0MPa，为了达到干燥的目的，供气压力应更高。为保证油压装置有高品质的供气气源，我国目前最大型机组采用二级压力供气方式，即采用大于或等于 10MPa 的空气压缩机制气和储气罐储气，再经减压阀减压至 6.8～7.5MPa，向水轮机调节系统油压装置供气。

（2）变电站配电装置中空气断路器和气动操作的隔离开关的操作及灭弧用气。空气断路器用气的工作压力为 2.0～2.5MPa，气动隔离开关和少油断路器的操作压力一般为 0.7MPa，为了达到干燥的目的，压缩空气额定压力为工作压力的 2～4 倍，甚至更高。

（3）机组停机时制动装置用气。额定压力为 0.7～0.8MPa。

（4）机组做调相运行时向转轮室压水用气。额定压力为 0.7MPa。

（5）机组安装、维护检修时风动工具及吹污清扫用气。额定压力为0.7～0.8MPa。

（6）水轮机导轴承检修密封围带用气。额定压力为 0.7～0.8MPa。

（7）蝴蝶阀止水围带充气。额定压力视作用水头而定，一般比作用水头大 0.1～0.3MPa。

(8) 寒冷地区的水工建筑物、闸门、拦污栅及调压井等防冻吹冰用气。工作压力一般为0.3～0.4MPa，为了防止供气管凝水结冰，供气压力一般为0.7MPa。

(9) 高水头水电厂采用机组强迫补气系统。在水轮机转轮中，若产生严重叶道涡或转轮前无叶区出现频率高于转频且幅值较大的压力脉动，机组将产生剧烈的振动、部件损坏或使水电厂厂房产生共振。对于上述工况，从水轮机顶盖和底环向转轮叶片进口处补入压缩空气，对降低机组振动值和消除厂房共振有良好效果，工作压力一般为0.8MPa～1.3MPa。

(10) 其他用气。如采用压缩空气密封循环的发电机冷却用气、小型水电厂的橡胶坝用气，以及发达国家的高压空气蓄能汽轮机发电站用气等。

二、压缩空气系统的分类

根据上述用户的性质及对压缩空气压力的要求不同，在水电厂中，水轮机调节系统和机组控制系统的油压装置均设在水电厂主场房内，要求气压较高，工作压力一般为2.5MPa。目前，国内已采用工作压力为4MPa及大于4MPa的油压装置，因此，其组成的压缩空气系统称为厂内高压压缩空气系统。机组制动、机组调相压水、空气围带和风动工具及吹扫等，工作压力为0.7～0.8MPa，其所组成的系统称为厂内低压压缩空气系统。根据水电厂的具体情况，厂内高、低压压缩空气系统可组成联合压缩空气系统。空气断路器一般布置在厂外，其工作压力为2～2.5MPa。但为了使压缩空气干燥，要求压缩空气的压力在4MPa以上，其所组成的压缩空气系统称为厂外高压压缩空气系统。水工闸门、拦污栅和调压井等防冻吹冰用气都在厂外，要求压缩空气的压力为0.7MPa，其所组成的系统称为厂外低压压缩空气系统。

第二节　压缩空气系统的组成

一、压缩空气系统的任务

压缩空气系统的任务是及时满足用气设备对压缩空气的气量、质量（气压、干燥程度和清洁程度）要求。为此，必须正确地选择压缩空气设备，设计合理的压缩空气系统，并实行自动控制。

二、压缩空气系统的组成

(1) 空气压缩装置。空气压缩装置包括空气压缩机及其附属设备，水电厂中常用活塞式空气压缩机、螺杆式空气压缩机，其附属设备主要有储气罐、气水分离器和空气冷却器等。

（2）供气管网。由干管、支管和管件组成。管网将气源和用气设备联系起来，输送和分配压缩空气。

（3）测量和控制元件。包括各种类型的自动化测量和监控元件，如 PLC、压力继电器、温度信号器、电磁空气阀等，其主要作用是实现气系统的检测、控制，保证压缩空气的气量和质量要求，并确保设备安全运行。

（4）用气设备。包括油压装置压力油罐、制动阀、气动阀、风动工具等。

第十二章　压缩空气系统主要设备检修与维护

第一节　活塞式空气压缩机的检修与维护

一、活塞式空气压缩机的工作原理

电动机启动运转，带动曲轴做回转运动，通过连杆使高、低压活塞在缸体内做往复运动，当低压活塞向下移动时，气缸容积增大，压力降低，形成真空，吸气阀打开，吸进空气。随着活塞上移，空气被压缩，压力升高，当压力大于排气管压力时，排气阀打开，空气由管道经过中间冷却器、油水分离器（又称气水分离器）进入高压气缸被第二次压缩，压缩后气体又经过管道、中间冷却器、油水分离器进行下一级压缩，如此循环而实现多级压缩。

二、活塞式空气压缩机的日常维护与检修项目

活塞式空气压缩机的日常维护与检修项目见表 12-1。

表 12-1　活塞式空气压缩机的日常维护与检修项目

间隔/运行时间	维护与检修项目
每　周	（1）检查控制柜上指示灯指示是否正常。 （2）检查曲轴箱油位。 （3）检查油压表、各级压力表、气温表。 （4）检查油和气有无泄漏痕迹。 （5）检查运行声音是否正常
每 800h	（1）清洁空气过滤器。 （2）更换油过滤器。 （3）清洁和检查各级气阀。 （4）用高熔点润滑脂润滑风扇
每 1200h	（1）将曲轴箱的油排干净，加入新油。 （2）更换油过滤器。 （3）清洁空气过滤器。 （4）用高熔点润滑脂润滑风扇。 （5）清洁和更换压缩机 1～2 级气阀内零件，更换压缩机 3～4 级整个气阀。 （6）清洁和检查单向阀、排污阀

续表

间隔/运行时间	维护与检修项目
每 2400h	(1) 清洁空气过滤器，检查紧固螺母有无必要调整。 (2) 将曲轴箱的油排干净，加入新油。 (3) 更换油过滤器。 (4) 更换压缩机 1～2 级整个气阀
每 3600h	(1) 检查安全阀。 (2) 清洁冷却器、分离器和管路。 (3) 更换风扇皮带。 (4) 更换单向阀。 (5) 气缸解体大修。 (6) 检查活塞、活塞环、连杆组件和气缸，根据情况更换损坏部件。 (7) 更换活塞销的滚针轴承
每 6000h	(1) 清洁冷却器。 (2) 曲轴箱解体大修。 (3) 油泵组件检修。 (4) 检查传动皮带的对正
每　年	清洁整个压缩机组

三、活塞式空气压缩机的检修

以 V17/4518-L10 型空气压缩机为例进行介绍。

1. 检修内容

(1) 空气压缩机本体检修。

(2) 空气压缩机附属部件检修。

2. 检修周期

检修周期见表 12-2。

表 12-2　　检 修 周 期

设备型号	日常维护	小　修	大　修	巡　检	突发性故障
V17/4518-L10	巡检、消缺	1000～1200h (3～4 天)	20 000～26 000h (7～15 天)	每周一次	抢修

3. 检修对象及主要部件

检修对象及主要部件见表 12-3。

表 12-3　　检修对象及主要部件

设　　备	主 要 部 件
空气压缩机本体	活塞、连杆、气缸、曲轴等
电动机	定子、转子、轴承等
附属部件	气水分离器、空气冷却器等

4. 人力资源

人力资源见表12-4。

表12-4 人 力 资 源

<table>
<tr><th colspan="2">设备名称</th><th>人力资源（大修）</th><th>人力资源（小修）</th><th>人力资源（维护）</th></tr>
<tr><td>压缩机本体</td><td>曲轴箱部分、活塞、气缸等部件</td><td rowspan="2">检修人员4人</td><td rowspan="2">检修人员3人</td><td rowspan="4">检修人员2人</td></tr>
<tr><td>附属部件</td><td>空气冷却器等</td></tr>
<tr><td rowspan="2">附件</td><td>电动机</td><td>电气维修工2人</td><td rowspan="2">机械工2人、电气维修工1人</td></tr>
<tr><td>减压阀</td><td>机械工2人</td></tr>
</table>

注 《电力安全工作规程》规定：从事任何检修工作至少要有检修工作人员2人（或检修工作人员2人以上）参加。即使1人能独立完成的工作，也必须有2人（或检修工作人员2人以上）参加。

5. 所需工器具、所需材料及备品备件

(1) 所需工器具，见表12-5。

表12-5 所 需 工 器 具

工具名称	规格型号	数量
活动(可调节)扳手	150、200、300、450mm	各1把
组合扳手	8、9、10、12、13、14、17、19、22、24、27、30、32、36mm	1套
内六角扳手	4、5、6、8、10、12、14mm	1套
扭力扳手	100～300N·m、40～200N·m	各1把
紫铜棒	ϕ20×200mm	1根
一字螺丝刀	150、200mm	各1把
手锤	2P	1个
套筒扳手	8、10、11、12、13、15、16、17、18、20、21、22、24、27、30、32mm	1套
游标卡尺	0～150mm	1只
管钳	200、250、450mm	各1把
链钳	400～500mm	1只
内径百分表	0～100mm	1套
外径千分尺	0～25mm	1只
塞尺	200mm	1只
铅丝	0.1、0.5、1mm	各1卷

(2) 所需材料。清洗剂500mL、白棉（绸）布、白面粉2.5kg、耐油石棉板(0.5～2.0mm)各半张、ϕ35不锈钢盆2个。

(3) 所需备品备件，见表12-6。

表12-6 所需备品备件

序号	名 称	型号规格	单 位	数 量
1	空气过滤器	C17225/3	只	1
2	油过滤器	W940	只	1
3	一级进气阀维修包	98R130-025.112-A	套	2
4	一级排气阀维修包	98R135-025.112-A	套	2
5	二级进气阀维修包	88R131-093.718-A	套	1
6	二级排气阀维修包	88R136-093.718-A	套	1
7	三级进气阀维修包	52R231-090.622-A	套	1
8	三级排气阀维修包	52R237-090.622-A	套	1
9	四级进气阀维修包	41CD1042-401.194A	套	1
10	四级排气阀维修包	48CDD45-422.382-A	套	1
11	一级活塞环	ϕ185/170，6×4	套	2×2
12	二级活塞环	ϕ150/138，6×4	套	1
13	三级活塞环	ϕ85/77，6×2.5	套	1
14	四级活塞环	ϕ48/44，2×2.5	套	1
15	一级刮油环	ϕ185	套	2×2
16	二级刮油环	ϕ150	套	1
17	三级刮油环	ϕ85	套	1
18	一级进气阀组件	98R1，35-025112-A/34	套	1
19	一级排气阀组件	98R1，35-025112-A/32	套	1
20	二级进气阀组件	88R1，36-093718-A/34	套	1
21	二级排气阀组件	88R1，36-093718-A/32	套	1
22	三级进气阀组件	52R2，31-090622-A/34	套	1
23	三级排气阀组件	52R2，37-090622-A/32	套	1
24	四级进气阀组件	41CD10，42-401194-A	套	1
25	四级排气阀组件	48CDD，45-422382-A	套	1

续表

序号	名　称	型号规格	单 位	数　量
26	风扇皮带	SPA 900LW	根	2
27	传动皮带	SPB	根	4
28	高压软管	DN16 PN350 4SP-B5-1000	根	1
29	单向阀	PN250 RHD20SO. 5BITL71A3C	个	10
30	润滑油	Mobil Rarus827	升	9.5～16
31	各种密封垫	气阀、气缸、压盖等处	套	1

注　根据气阀磨损情况，更换气阀组件或更换气阀维修包里的零件。

6. 空气压缩机检修前的准备工作

空气压缩机检修前的准备工作见表12-7。

表 12-7　　空气压缩机检修前的准备工作

思想准备	工作人员明确检修的内容、流程、工艺
安全准备	做好一切必要的安全防护措施
资料准备	对检修设备的运行状况、以往的检修项目、发生的故障现象、设备的更改情况等要有详细的了解
工具准备	按照检修工艺的要求，备齐检修用的工器具，包括一些专用工具
材料准备	按检修的性质，准备相应的材料，包括清洗材料、保养材料等
备品准备	按检修的性质，准备相应的备品备件

7. 安全及技术措施

(1) 安全措施。

1) 空气压缩机退出运行。

2) 将空气压缩机联合控制柜上操作把手放“切除”位置，挂“禁止操作，有人工作”的标识牌。

3) 断开空气压缩机操作电源，挂“禁止合闸，有人工作”的标识牌。

4) 按下空气压缩机紧急停机按钮，挂“禁止操作，有人工作”的标识牌。

5) 断开空气压缩机动力电源，挂“禁止合闸，有人工作”的标识牌。

6) 全关空气压缩机出口阀，挂“禁止操作，有人工作”的标识牌。

(2) 技术措施。

1) 准备好所需工具、量具及备品备件。

2) 合理配置工作负责人及工作人员。

3）配合工种落实。

4）搞好准备工作，做好检修记录。

5）办好检修工作票并确认安全措施落实后，才能进行检修工作。

8. 空气压缩机主要检修流程、工艺、标准

（1）拆掉空气过滤器。

（2）排出曲轴箱润滑油，用专用容器把润滑油收集好，按环保要求处理。

（3）根据需要拆空气压缩机相应的管道，总的原则是从上至下，由外到里进行，并记好拆卸顺序，以便于回装。管口用白布包好防尘进入。

（4）拆1～4级气阀压盖及吸、排气阀和排污电磁阀、气动排污阀、油过滤器。

（5）拆除空气冷却器。

（6）拆除风扇保护罩，通过拧开风扇轴上的螺母55（如图12-1所示）和拆下紧固螺栓57（如图12-1所示）来松开风扇皮带70（如图12-1所示）。

（7）拆下风扇皮带和风扇，包括皮带轮和轮轴。

（8）从风扇上拆下皮带轮65（如图12-1所示），并从曲轴传动装置上拆下压缩机皮带轮。

（9）拆除气缸盖，从曲轴箱拆下全部气缸（给安装位置做记号），拆气缸时用木锤敲松气缸或用平口起子对着气缸与曲轴箱密封边缘轻敲，使其松动卸下气缸并用手托住连杆和活塞防碰伤，用内卡簧钳拆下活塞销限位挡圈，敲出活塞销，并从连杆上拆下活塞；根据活塞环、刮油环磨损情况决定是否拆掉更换。

（10）从曲轴处松开风扇侧的紧固螺栓，并且松开风扇皮带轮的固定轴及曲轴箱小端盖66（如图12-1所示）。

（11）通过曲轴箱的气缸孔，拆开平衡铁。

（12）拆开曲轴箱前端盖124（如图12-1所示），并拆下曲轴箱内的曲轴支撑，包括连杆。风扇侧气缸滚柱轴承的外环仍保留在曲轴箱内。

（13）连杆的拆卸要通过曲轴的自由端来完成。

（14）曲轴转动装置的装配必须按相反的次序进行。

（15）回装工作按拆卸步骤的反向进行。回装过程中，与机器连接的管道，安装前必须将内部处理干净，不应有浮锈、熔渣、焊珠及其他杂质，气阀、排污阀清洗干净，活塞、气缸、曲轴箱先用煤油或清洗剂清洗干净再用白面团粘干净，必须对各部间隙进行最后测量、调整，并做好记录。

（16）高压出口软管至少每5年更换一次，即使无任何损坏也要更换。

（17）安全阀检查。安全阀泄漏处理后要由有相关资质的人员检验、验收。

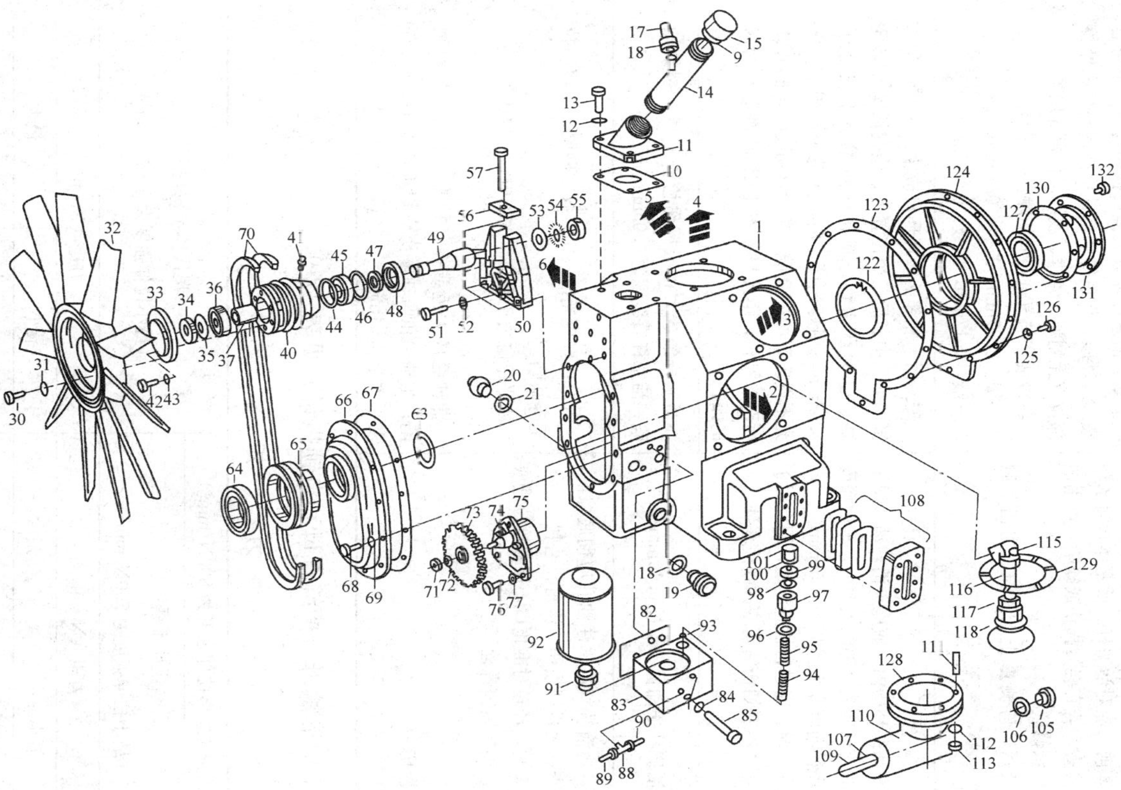

图 12-1　曲轴箱

1—曲轴箱；2～6—气缸；9～17—润滑油加入组件；18、21、106、123、130—密封垫；19、20—排油塞；30、51、55、57、68、85—六角螺母；31、69、84—弹簧垫；32—风扇；33—风扇毂适配器；34—主轴螺母；35、43、54—锁紧板；36、45—球轴承；37—隔离套筒；40—风扇毂；41—润滑喷嘴；42—圆头螺栓；44、46、122—锁紧环；47—隔离环；48—油封；49—风扇轴；50—风扇座；56—风扇支撑板；57—紧固螺栓；63—轴封；64—张力元件；65—皮带轮；66—曲轴箱小端盖；67—油泵室盖密封垫；70—风扇皮带；71～77—油泵；82、83、84、85、88、89、90、93—限压阀座组件；91—双头螺纹接头；92—油过滤器；94～101—限压阀；105—堵头；108—油视窗组件；110—底阀附件；111—双头螺栓；112、125—铜垫；113—锁紧螺母；115、116、117、118、129—底阀组件；124—曲轴箱前端盖；127—轴封；131—前轴承盖；133—沉头螺栓空气压缩机大修主要检修部件及要求见表12-8。

表12-8　　空气压缩机大修主要检修部件及要求

部件名称	工艺要求	质量标准
活塞	安装活塞前，应对活塞杆、活塞体和活塞环分别进行检查。若有轻微损伤或缺陷，可用油石或金相砂纸修整。 活塞安装后，应测量止点间隙（用铅条测量）	活塞、活塞环经放大镜或探伤检查：不得有裂纹、砂眼、伤痕等缺陷；检查活塞杆的摩擦部位有无划痕、磕碰、波纹、棱角等现象。 各级活塞与气缸径向间隙： 一级：0.37mm，二级：0.3mm； 三级：0.17mm，四级：0.048mm
活塞环	活塞环在活塞环槽内，应能灵活转动，用手按活塞环时，环应能全部沉入槽内，槽的深度应比活塞环径向厚度大0.25～0.50mm。 更换活塞环时，应进行检查测量，用专用工具装入活塞，不要划伤活塞或弄断活塞环	安装时，相邻活塞环环口应错开180°；在气缸的前、中、后三个位置上，检查活塞环与气缸贴合的严密性，其允许间隙小于或等于0.03mm，用灯光检验时，在整个圆周上，漏光不得多于两处缝隙，每处不超过45°圆心角所对的弧长；距开口处不小于30°圆心角所对的弧长
活塞杆	装机后活塞杆摆动量不超过0.10mm/m	活塞杆经放大镜或探伤检查不得有裂纹缺陷；活塞杆直线度为0.05mm/m
气缸	安装前，应清洗气缸。注油孔应彻底擦洗，并细心检查有无机械损伤、棱角、毛刺。 气缸安装时，轻轻对准止口，用螺栓拉进或轻敲到位，连接紧固螺栓	气缸内壁应光滑，无裂纹、砂眼、锈疤和拉毛等缺陷。 水平气缸由于受自重的影响，需要找平找正
曲轴	曲轴无损伤	曲轴经放大镜或探伤检查：不得有裂纹缺陷；主轴颈和曲轴擦伤面积不得大于2%，深度不大于0.01mm

力矩（适用于槽形螺母、槽缝螺母和自锁螺母）见表12-9。

表12-9　　力　矩

螺栓尺寸（mm）	碳钢（最小拉伸强度为800N/mm³） 马氏体不锈钢[①]（最小拉伸强度为750N/mm³）力矩（N·m）		奥氏体不锈钢[②]（最小拉伸强度为550N/mm³）力矩（N·m）	
	最小	最大	最小	最大
4	1.2	1.5	1.0	1.2
5	2.4	2.9	1.8	2.2
6	4.1	5.0	3.2	3.8
8	10.0	12.0	7.5	9.0

续表

螺栓尺寸（mm）	碳钢（最小拉伸强度为 800N/mm³）马氏体不锈钢①（最小拉伸强度为 750N/mm³）		奥氏体不锈钢②（最小拉伸强度为 550N/mm³）	
	力矩（N·m）		力矩（N·m）	
	最小	最大	最小	最大
10	20.0	24.5	15.5	18.5
12	36.0	44.0	28.0	33.0
14	57.0	69.0	43.0	52.0
16	90.0	110.0	70.0	85.0
20	178.0	215.0	135.0	160.0
22	245.0	295.0	185.0	220.0
24	305.0	370.0	230.0	280.0
27	330.0	400.0	330.0	400.0
30	450.0	540.0	450.0	540.0

① 马氏体不锈钢（磁性）适用于轻度腐蚀性气体。

② 奥氏体不锈钢（非磁性）适用于高腐蚀性气体。

9. 验收检查项目、试验步骤及质量标准

空气压缩机验收检查项目、试验步骤及质量标准见表 12-10。

表 12-10　　空气压缩机验收检查项目、试验步骤及质量标准

试验步骤	检查项目	质量标准
（1）手动盘车 （2）投入电源 （3）开启出口阀 （4）启动空气压缩机	（1）手动盘车是否灵活，有无卡阻现象。 （2）检查电动机旋转方向。 （3）检查皮带松紧程度。 （4）检查各级气压、气温及油压。 （5）检查各部位安装情况，泄漏情况。 （6）检查排污电磁阀、气动排污阀	（1）均匀用力盘车，应无忽轻忽重现象。 （2）电动机旋转方向应与机身上所标箭头方向一致。 （3）皮带松紧程度一致。 （4）各级气压、气温及油压正常。 （5）各部位安装完好，不漏气、漏油。 （6）排污电磁阀、气动排污阀等工作正常

四、活塞式空气压缩机部件的检修

（一）空气过滤器的检修

1. 安全措施

安全措施见表 12-11。

表 12-11 安全措施

序号	安全措施
1	空气压缩机联合控制柜上操作把手放“切除”位置，挂“禁止操作，有人工作”的标识牌
2	按下空气压缩机紧急停机按钮，挂“禁止操作，有人工作”的标识牌
3	断开高压空气压缩机操作电源，挂“禁止合闸，有人工作”的标识牌
4	全关高压空气压缩机出口阀，挂“禁止操作，有人工作”的标识牌

2. 检修风险防范及环境因素控制

环境因素及控制措施见表 12-12。

表 12-12 环境因素及控制措施

序号	因素	控制措施
1	空气压缩机带气压检修，造成人员伤害	空气压缩机电源已断开，出口阀已全关，手动泄压
2	检修废弃物处理不当	检修时的废弃物分类存放到指定地点，工作现场清理干净

3. 检修工具与材料准备

(1) 所需工具。150mm 活动扳手 1 把。

(2) 材料准备。毛刷 1 把、C17225/3 型空气过滤器滤芯 1 个、吸尘器 1 台、抹布 1kg。

4. 检修工艺工序

检修工艺工序见表 12-13。

表 12-13 检修工艺工序

序号	作业内容	质量标准
1	确认备品、材料和工具已准备齐全	按照检修项目准备充分、充足
2	检修人员准备	检修人员熟悉设备检修工艺及相关技术要求，明确现场设备、人身安全防范措施
3	办理检修工单并检查隔离措施是否已执行	逐条检查安全措施，核对安全措施是否到位
4	通过控制面板进行手动排污泄压	空气压缩机各级排气压力表指示为零
5	松开空气过滤器壳体顶部的翼形螺母，取下端盖，如图 12-2 所示	
6	拆下滤芯紧固螺母，取下滤芯、空气旋流器；清扫端盖、空气过滤器壳体内部	端盖、空气过滤器壳体无变形、裂纹
7	安装空气旋流器、新空气过滤器、滤芯、滤芯紧固螺母	用扳手拧紧滤芯紧固螺母

续表

序号	作业内容	质量标准
8	装上空气过滤器端盖，拧紧翼形螺母	
9	将空气压缩机计算机主显示屏报警信号复位	空气压缩机计算机主显示屏上无报警信号
10	启动空气压缩机至各级压力正常	空气压缩机无异声，显示屏上无过滤器压差报警信号
11	检修结束后，对检修现场进行清理，检修人员撤离检修现场	现场杂物清理干净，检修余料回收入库，工具擦拭干净后入库摆放整齐
12	完成检修报告，注销检修工单	

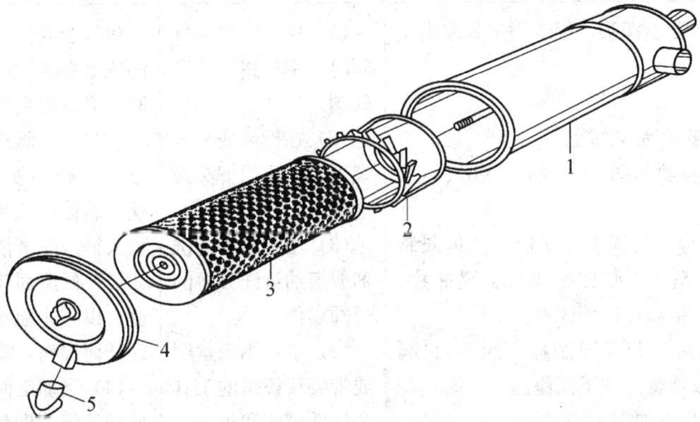

图 12-2　空气过滤器

1—壳体；2—空气旋流器；3　滤芯；4　端盖；5　灰尘收集器

（二）气阀的检修

1. 安全措施

检修安全措施见表 12-14。

表 12-14　　**检修安全措施**

序号	安全措施
1	联合控制柜上_号空气压缩机操作把手放“切除”位置，挂“禁止合闸，有人工作”的标识牌
2	按下__号空气压缩机紧急停机按钮，挂“禁止合闸，有人工作”的标识牌
3	断开__号空气压缩机操作电源，挂“禁止合闸，有人工作”的标识牌
4	断开__号空气压缩机动力电源，挂“禁止合闸，有人工作”的标识牌
5	全关__号空气压缩机出口阀__阀，挂“禁止操作，有人工作”的标识牌

2. 检修风险防范及环境因素控制

环境因素及控制措施见表 12-15。

表 12-15　　环境因素及控制措施

序号	环境因素	控制措施
1	空气压缩机带气压检修，造成人员伤害	空气压缩机出口阀已关，手动泄压
2	检修废弃物处理不当	检修时的废弃物分类存放到指定地点，工作现场清理干净

3. 气阀的拆卸步骤及工艺、标准

气阀的拆卸步骤、工艺要求及质量标准见表 12-16。

表 12-16　　气阀的拆卸步骤、工艺要求及质量标准

拆卸步骤	工艺要求	质量标准
拆下气阀压盖及测温探头，用专用工具取出止动器、气阀。 (1) 分解气阀。 1) 把气阀水平夹在台虎钳上。 2) 吸气阀拆卸步骤如图 12-3 (a)、(b)、(c) 所示。 3) 拆自锁紧螺母、紧固螺栓垫圈、升程限制器（阀盖）、定位销、上垫圈、阀片、缓冲片、板条形弹簧片、下垫圈、卸下阀座。 4) 拆自锁紧螺母、升程限制器（阀盖）、阀片、弹簧垫圈形板弹簧、卸下阀座。 5) 排气阀拆卸步骤如图 12-3 (d)、(e) 所示。 6) 拆自锁紧螺母、紧固螺栓垫圈、升程限制器（阀盖）、上垫圈、弹簧片、缓冲片、阀片、下垫圈、卸下阀座。 7) 拆自锁紧螺母、升程限制器（阀盖）、定位销、挡板、弹簧、阀片、导向块、卸下阀座。 (2) 组装气阀。气阀组装与拆卸顺序相反	(1) 用台虎钳夹气阀时，用软钳口夹紧气阀。 (2) 在拆卸或松开螺母时禁止用榔头敲击扳手。 (3) 用毛刷和清洗剂或煤油清洗分解的气阀零件。 (4) 禁止用钢丝刷或带尖锐棱角的工具来清洗阀座和阀盘。 (5) 浸泡并刮掉气阀上的积炭，清洗干净。 (6) 一级吸、排气阀自锁紧螺母紧固力矩为 36～44N·m	(1) 当阀片或缓冲片有磨损缺陷或磨损超过阀片厚度的 10% 时，必须更换这些部件。 (2) 当气阀中弹簧有老化迹象时，气阀的所有弹簧都应该更换。若使用锥形弹簧，应将弹簧大头插入弹簧槽的底部。 (3) 阀座面应平整，无损伤痕迹，以防止泄漏。如果阀座面出现任何损伤，需更换。 (4) 当加工阀座表面时，应更换新的阀片和缓冲弹簧，确保良好的密封。 (5) 检修后的气阀，阀片应动作灵活并用煤油做气密性试验。在沿气流流动方向腔内装上煤油，5min 内无连续滴漏现象为合格

4. 气阀的安装步骤及工艺、标准

气阀的安装步骤、工艺要求及质量标准见表 12-17。

表 12-17　　气阀的安装步骤、工艺要求及质量标准

安装步骤	工艺要求	质量标准
(1) 将气阀放入阀室。 (2) 装上止动器（气阀压盖）。 (3) 均匀拧紧气阀压盖紧固螺母，保证紧固连接，完全无泄漏。 (4) 装上测温探头（装在二、三级排气阀压盖上）	(1) 进气阀和排气阀不能装反。 (2) 每次检修气阀时，检查或更换气阀压盖上密封垫。 (3) 气阀压盖紧固力矩为 210N·m	螺栓和螺母必须清洁

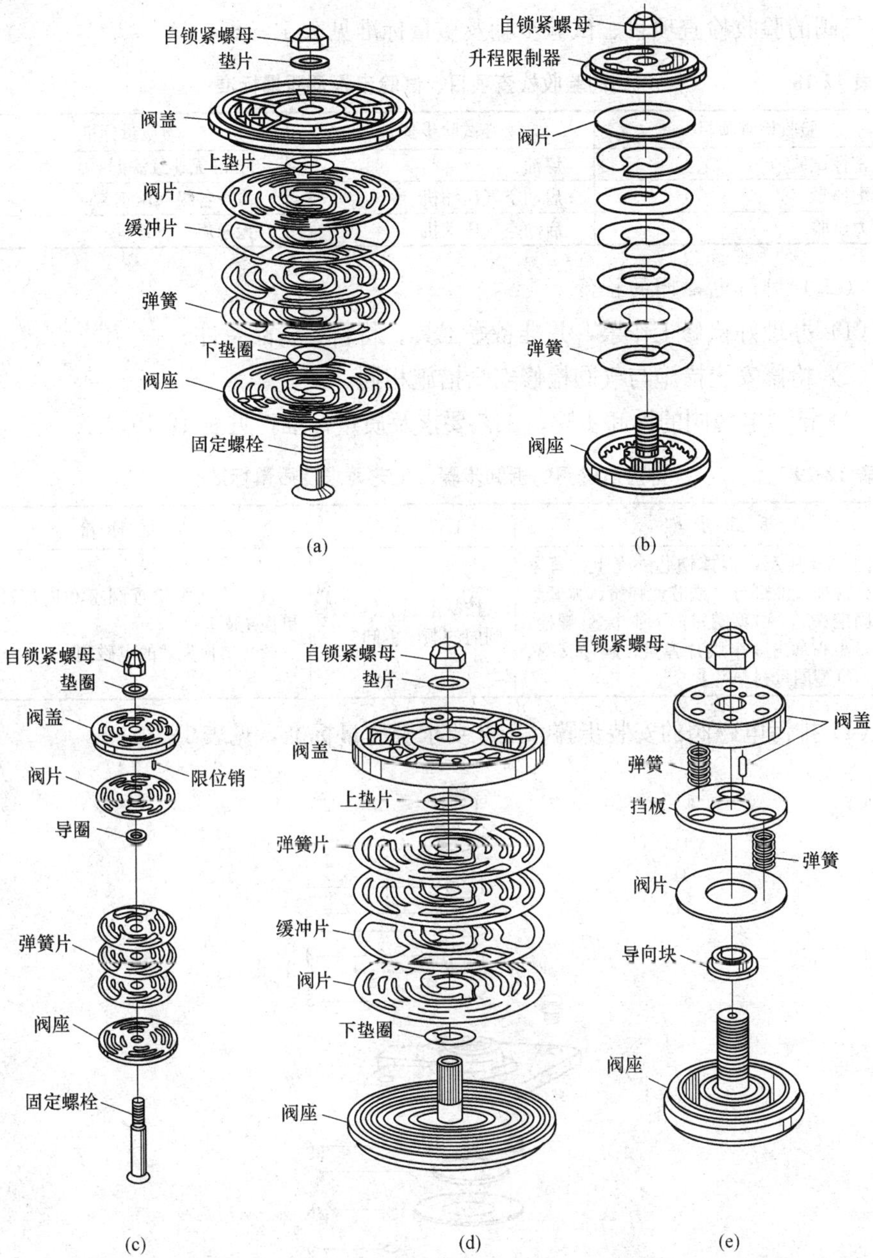
自锁紧螺母
垫片
阀盖
上垫片
阀片
缓冲片
弹簧
下垫圈
阀座
固定螺栓
(a)
自锁紧螺母
升程限制器
阀片
弹簧
阀座
(b)
自锁紧螺母
垫圈
阀盖
阀片
限位销
导圈
弹簧片
阀座
固定螺栓
(c)
自锁紧螺母
垫片
阀盖
上垫片
弹簧片
缓冲片
阀片
下垫圈
阀座
(d)
自锁紧螺母
阀盖
弹簧
挡板
弹簧
阀片
导向块
阀座
(e)

图 12-3　气阀

5. 气阀的验收检查项目、试验步骤及质量标准

气阀的验收检查项目、试验步骤及质量标准见表 12-18。

表 12-18　　气阀的验收检查项目、试验步骤及质量标准

验收检查项目	试验步骤	质量标准
气密性试验	煤油	5min 无连续滴漏
装配质量	启动空气压缩机	检查各级气压正常
压力试验	启动空气压缩机	无异声

（三）排污电磁阀的检修

（1）办理好检修工作票，并准备好工具、材料、备品备件。

（2）检修安全措施与气阀检修安全措施相同。

（3）排污电磁阀的拆卸步骤、工艺要求及质量标准，见表 12-19。

表 12-19　　排污电磁阀的拆卸步骤、工艺要求及质量标准

拆 卸 步 骤	工 艺 要 求	质 量 标 准
如图 12-4 所示，拆掉铁芯外壳上的背紧螺母，拆掉线圈部分、铁芯、弹簧、弹簧垫圈、固定铁芯、O 型圈；拆下 4 个 S9 螺栓、阀盖，小心拿出 3 个膜片弹簧、膜片支撑、膜片、O 型圈（衬垫片）	按从上到下、从外到内的顺序拆卸	（1）清洁和检查阀室和内部部件，更换垫圈。 （2）更换失效的电磁阀

（4）排污电磁阀的安装步骤、工艺要求及质量标准，见表 12-20。

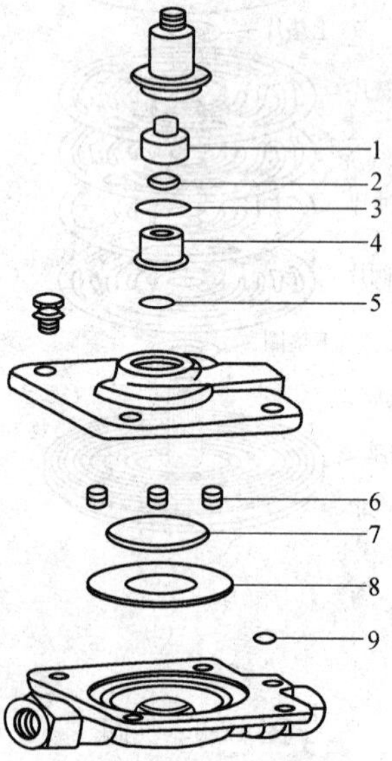

图 12-4　排污电磁阀

1—铁芯；2、6—弹簧；3—弹簧垫片；4—固定铁芯；5、9—O 型圈；7—膜片支撑；8—膜片

表 12-20　　排污电磁阀的安装步骤、工艺要求及质量标准

安装步骤	工艺要求	质量标准
组装好阀体、线圈	拧紧 4 个螺栓时要对称均匀用力	各密封垫、部件要完好准确到位

（5）排污电磁阀的验收检查项目、试验步骤及质量标准，见表 12-21。

表 12-21　　排污电磁阀的验收检查项目、试验步骤及质量标准

验收检查项目	试验步骤	质量标准
（1）电磁阀线圈直流电阻或绝缘。 （2）各连接管路接头有无漏气处。 （3）电磁阀排污情况	（1）用万用表测量。 （2）启动空气压缩机，用肥皂水试漏。 （3）空气压缩机运行稳定后，看气压表、听声音	（1）电阻值正常。 （2）相应级气压正常。 （3）各级能正常排污

（四）气动排污阀（四级）的检修

（1）办理好检修工作票，并准备好工具、材料、备品备件。

（2）检修安全措施与气阀检修安全措施相同（见表 12-14）。

（3）气动排污阀的拆卸步骤、工艺要求及质量标准，见表 12-22。

表 12-22　　气动排污阀的拆卸步骤、工艺要求及质量标准

拆卸步骤	工艺要求	质量标准
如图 12-5 所示，拆掉与排污阀相连的管道，拆掉排污阀，分解排污阀： （1）松开阀盖上 4 个内六角螺栓。 （2）拆掉阀盖，取出活塞、钢球。 （3）拆掉锁紧垫圈。 （4）手压住垫片慢慢松开（消除弹簧力），取出垫片、弹簧。 （5）阀体翻面，拆下阀座下 4 个内六角螺栓，取下阀座、下活塞、密封圈	（1）拆管接头时防管扭曲。 （2）对称均匀松螺栓	（1）管接头完好无裂纹。 （2）拆阀盖时，排出余气后再拆掉 4 个内六角螺栓。 （3）无零件损伤

（4）气动排污阀的安装步骤、工艺要求及质量标准，见表 12-23。

表 12-23　　气动排污阀的安装步骤、工艺要求及质量标准

安装步骤	工艺要求	质量标准
如图 12-5 所示： （1）装好 O 型圈及下活塞、阀座，对称均匀拧紧下面 4 个内六角螺栓。 （2）装好弹簧、垫片、锁紧垫圈。 （3）装好钢球、上活塞及 O 型圈。 （4）装上阀盖，均匀拧紧上面 4 个内六角螺栓	阀门重新装配前，给内部部件抹上一点油	部件清洁完好无损坏

（5）气动排污阀的验收检查项目、试验步骤及质量标准，见表 12-24。

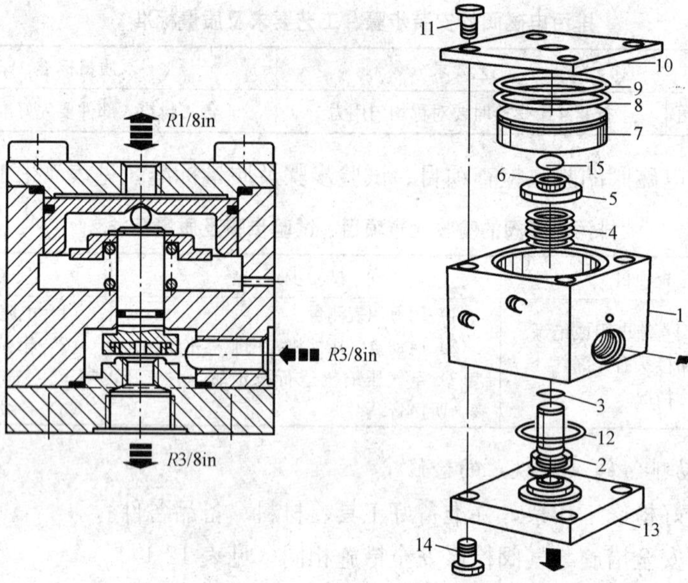

图 12-5　气动排污阀安装步骤

1—阀体；2、7—活塞；3、8、9、12—O 型圈；4—弹簧；5—垫圈；
6—锁紧垫圈；10—阀盖；11、14—内六角螺栓；13—阀座；15—钢珠

表 12-24　　气动排污阀的验收检查项目、试验步骤及质量标准

验收检查项目	试验步骤	质量标准
(1) 检查各连接管、接头有无漏气。 (2) 排污阀排污情况	(1) 启动空气压缩机运行，听声音，用肥皂水试漏。 (2) 启动空气压缩机运行正常后，看气压表、听声音	(1) 无泄漏。 (2) 能正常排污

（五）V 形皮带的检修

(1) 办理好检修工作票，并准备好工具、材料、备品备件。

(2) 检修安全措施与气阀检修安全措施相同（见表 12-14）。

(3) V 形皮带的拆卸步骤、工艺要求及质量标准，见表 12-25。

表 12-25　　V 形皮带的拆卸步骤、工艺要求及质量标准

拆卸步骤	工艺要求	质量标准
(1) 传动皮带拆卸。 1) 拆掉皮带保护罩。 2) 松开电动机地脚螺母及调节螺栓，移动电动机（先拆掉电源线）。 3) 从传动轮上拆掉皮带。 (2) 风扇 V 形皮带拆卸见大修拆卸	用合适的扳手拆螺母	(1) 保护罩不变形。 (2) 皮带无磨损、油污

（4）V形皮带的安装步骤、工艺要求及质量标准，见表12-26。

表12-26　　V形皮带的安装步骤、工艺要求及质量标准

安装步骤	工艺要求	质量标准
（1）传动皮带。 1）装好传动皮带。 2）用调节螺栓调好皮带张力，拧紧电动机地脚螺母。 3）装好保护罩。 （2）风扇皮带。 1）装好风扇皮带。 2）装好螺母A，用螺栓B调好皮带张力。 3）装好保护罩	（1）传动皮带。 1）皮带型号相同。 2）先调调节螺栓，再紧地脚螺母。 3）保护罩装到位，固定螺母上紧。 （2）风扇皮带。 1）皮带型号相同。 2）螺母、螺栓对正装好。 3）保护罩无变形	（1）传动皮带。 1）皮带无变形、松紧合适。 2）电动机传动轮与曲轴传动轮同心度符合要求。 3）不与传动部件摩擦。 （2）风扇皮带。 1）皮带无变形、松紧合适。 2）螺母、螺栓螺纹完好。 3）保护罩不与风扇叶片摩擦，无松动

（5）V形皮带的日常维护步骤、工艺要求及质量标准，见表12-27。

（6）V形皮带的验收检查项目、试验步骤及质量标准，见表12-28。

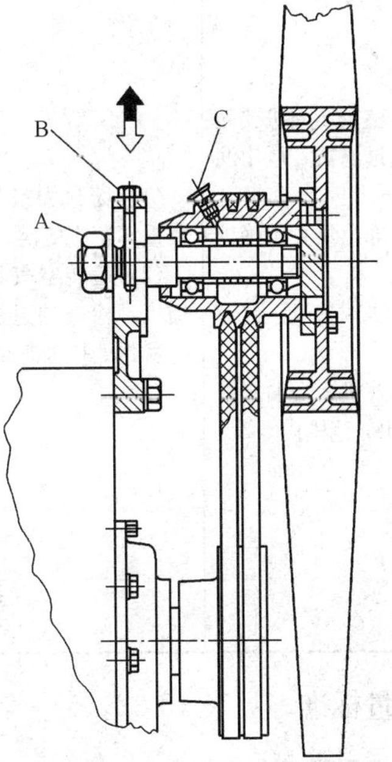

图12-6　风扇皮带张力调整

表12-27　　V形皮带的日常维护步骤、工艺要求及质量标准

日常维护步骤	工艺要求	质量标准
（1）传动皮带张力的调整。转动滑动轨道螺栓来移动电动机，调整皮带张力。 （2）风扇皮带张力的调整如图12-6所示。松开螺母A，旋开螺栓B，进行轴的调整，然后拧紧螺母A锁定；在润滑嘴C处用3号锂基润滑脂润滑轴承	（1）传动V形皮带为SPB型4根。 （2）风扇V形皮带为SPA型2根	若发现一根皮带磨损，需全部更换

表12-28　　V形皮带的验收检查项目、试验步骤及质量标准

验收检查项目	试验步骤	质量标准
皮带张力	拆保护罩	用大拇指用力往下推来检查皮带张力，位于两滑轮中间位置的皮带下降值不超过10～15mm，且皮带松紧一致

（六）润滑油系统的检修

（1）油过滤器的拆卸步骤、工艺要求及质量标准，见表12-29。

表 12-29　　油过滤器的拆卸步骤、工艺要求及质量标准

拆卸步骤	工艺要求	质量标准
逆时针旋下过滤器	收集排出的油	不损坏油过滤器座工作面

（2）油过滤器的安装步骤、工艺要求及质量标准，见表 12-30。

表 12-30　　油过滤器的安装步骤、工艺要求及质量标准

安装步骤	工艺要求	质量标准
（1）安装前在新过滤器的密封圈上均匀地抹上润滑油。 （2）顺时针旋紧新过滤器	用手旋紧油过滤器	启动空气压缩机，油过滤器密封处无泄漏

（3）润滑油系统的日常维护步骤、工艺要求及质量标准，见表 12-31。

表 12-31　　润滑油系统的日常维护步骤、工艺要求及质量标准

日常维护步骤	工艺要求	质量标准
（1）检查曲轴箱的油位。 （2）油位位于曲轴箱油面观察玻璃的刻度线之间。 （3）油位降低到最低油位刻度线附近，需要加油。 （4）换油。 （5）油更换时间间隔参考空气压缩机日常维护检修项目。 （6）排尽曲轴箱内的润滑油，清洗、加油至正常油位。 （7）更换油过滤器。 （8）逆时针旋开油过滤器，收集流出的油。 （9）用干净棉布擦净油过滤器的密封面。 （10）在新过滤器的密封圈上抹少许润滑油。 （11）用手顺时针旋紧过滤器。 （12）调整油压。启动空气压缩机，旋开限压阀螺栓保护罩，拆开螺母副，用扳手转动调整螺栓。顺时针旋转增加油压，逆时针旋转减小油压	（1）换油时，整个压缩机要完全泄压。旋下油过滤器，放出润滑油。 （2）按环保标准收集并正确处理排出的油。 （3）每次换油时更换油过滤器。 （4）使空气压缩机运行油压维持在 0.2～0.5MPa 范围内	（1）密封圈或垫片损坏，应更换。 （2）运转空气压缩机，检查油过滤器密封处是否泄漏

（4）润滑油系统的验收检查项目、试验步骤及质量标准，见表 12-32。

表 12-32　　润滑油系统的验收检查项目、试验步骤及质量标准

验收检查项目	试验步骤	质量标准
（1）润滑油位。 （2）润滑油压	（1）观察油位。 （2）启动空气压缩机	（1）油位位于观察窗两刻度线之间。 （2）空气压缩机运行油压为 0.2～0.5MPa

第二节　螺杆式压缩机的检修与维护

一、螺杆式压缩机（双螺杆空气压缩机）的工作原理

在双螺杆空气压缩机机头内有两个转子，一个转子上面有四个凸角（阳转子），另一个转子上面有六个凹槽（阴转子），两个转子相互咬合。第一个转子的转速比后一个转子的转速快50%，吸入的空气在转子和气室之间进行压缩，喷入的油会密封转子的空隙，并具有润滑作用，从而将磨损降低到最小程度。

双螺杆空气压缩机的工作原理如下（如图12-7所示）：

(1) 转子旋转到末端，进气口打开，空气进入压缩腔。

(2) 空气被吸入由阴、阳转子形成的“气室”中。

(3) 随着转子的旋转，气室会逐渐变小，从而压缩里面的空气。

(4) 压缩空气从出气口排出。

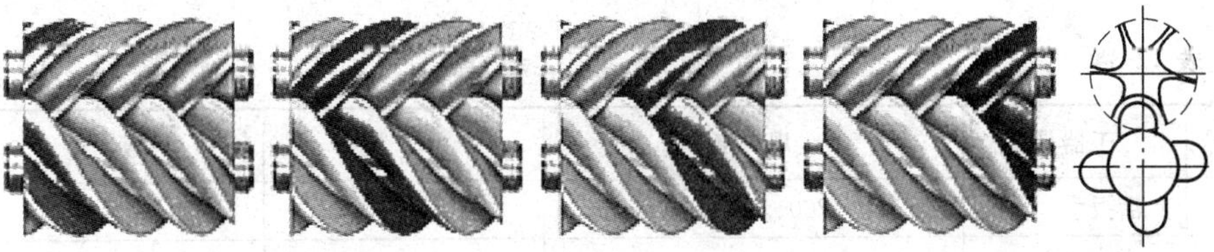

图12-7　双螺杆空气压缩机的工作原理

二、螺杆式压缩机的整体检修

以S24-2-8、S180-8、S220-13型螺杆式压缩机为例进行介绍。

检修对象：双螺杆空气压缩机主机（需返厂或在厂家指定的维修站检修）需更换润滑油，更换空气过滤器滤芯、油过滤器，清扫空气冷却器、油冷却器，更换油气分离器，检查并清扫冷却风扇，检查卸荷阀组件，检查空气压缩机机组各压力管道。

(一) 检修周期

检修周期见表12-33。

表12-33　　检　修　周　期

序号	名称	型号及规格	运行时间(h)	检修天数(天)	备　注
1	压缩机主机		>100 000	30	返厂检修或更换
			>100 000	30	
2	空气过滤器滤芯		1000	1	现场处理

续表

序号	名称	型号及规格	运行时间(h)	检修天数(天)	备　注
3	油过滤器		>3000(或不超过一年)	1	
4	油气分离器		>3000(不超过一年)	2	
5	润滑油	BOGE 专用油(每桶 20L)	>3000(或不超过一年)	2	
6	温控阀		>3000	2	
7	最小压力止回阀		>3000	2	
8	皮带		>3000	1	

(二) 所需人力资源

工作负责人 1 人、检修成员 3 人。

(三) 所需工器具、材料及备品备件

1. 检修工器具

检修所需工器具见表 12-34。

表 12-34　　检 修 所 需 工 器 具

序号	工器具	规　格	单　位	数　量
1	活扳手	150、200、250、300mm	把	各 2
2	扭力扳手	0～300N·m	把	1
3	双头呆扳手	10 件组	套	1
4	挡圈钳	150mm	套	1
5	深度游标卡尺	0～200mm	把	1
6	游标卡尺	0～200mm	把	1
7	塞尺	200mm	把	1
8	手锤	1P	把	1
9	梅花扳手	10 件组	套	2
10	套筒扳手	32 件	套	1
11	内六角扳手	5、6、8、10、12、16mm	套	1
12	链钳		把	1
13	剪刀	170 不锈钢强力剪	把	1
14	一字螺丝刀		把	2
15	试电笔	500V	把	1
16	万用表		台	1
17	绝缘电阻表	500V	台	1

2. 检修所需材料

检修所需材料见表 12-35。

表 12-35　　检修所需材料

序号	材　料	规　格	单　位	数　量
1	白布		m	4
2	吸油棉布		kg	5
3	羊毛毡	1000mm×1000mm×6mm	张	2
4	406 瞬干胶（乐泰）		瓶	1
5	271 螺纹锁固胶	271	瓶	2
6	510 平面密封胶	510	瓶	2
7	不锈钢盆	355mm	个	2
8	锂基润滑脂	ZL-3	kg	2
9	清洗剂		mL	500
10	压缩机专用油	BOGE 专用油	L	100

3. 检修所需备品备件

检修所需备品备件见表 12-36。

表 12-36　　检修所需备品备件

序号	备品备件	规格	单位	数量
1	进气滤网		套	1
2	压缩机油	BOGE 压缩机专用油	L	20～100
3	皮带		套	1
4	驱动电动机轴承润滑脂		套	1
5	保养套件包括：油过滤器、油气分离器、空气滤芯		套	1
6	磨损件包括最小压力止回阀维修包、温控阀维修包、进气阀维修包		套	1
7	电磁阀，电磁阀维修包		套	1
8	Y-△启动器		套	1

4. 检修所需安全及其他措施

检修所需安全及其他措施见表 12-37。

表 12-37　　检修所需安全及其他措施

安全措施	警示措施	检修措施
按下停机按钮，待压缩机完全停机后，再按下紧急停机按钮	操作把手放“切除”位置，挂“禁止操作，有人工作”的标识牌	明确工作负责人
断开空气压缩机动力电源，并使压缩机泄压		明确工作目的
全关空气压缩机出口阀		办理工作票

5. 检修前的准备工作

检修前的准备工作见表 12-38。

表 12-38　　检修前的准备工作

序号	准备工作	备注
1	编写检修计划和方案	参照设备运行记录编写
2	检查检修工具和量具	
3	检查所需的材料和需更换的备品备件	
4	检查各项安全及其他措施	

6. 设备主要检修流程、工艺、标准

(1) 运行压缩机 10min，停机，按下紧急停机按钮，切断电源。

(2) 打开压缩机机箱门。

(3) 松开压缩空气/油缓冲罐底部的放油塞，连上软管，缓慢打开截止阀，利用压力缓冲将油排放到容器中。①停机后立即趁热排放润滑油；②准备盛油容器。

(4) 拆卸空气过滤器。用白布将进气管口包好，防止灰尘及杂物进入。

(5) 拆卸空气/油冷却器及冷却器风扇。①用白布将冷却器管口包好，防止杂物进入；②拆卸时注意油冷却器内的油污；③做好电源三相标记。

(6) 拆卸进气控制阀组件。拆卸时防止进气控制阀的弹簧弹出。

(7) 拆卸最小压力止回阀。拆卸时防止阀内的弹簧弹出。

(8) 拆卸油过滤器。防止杂物落入油过滤器管路内。

(9) 拆卸油气分离器。①小心取出滤筒，勿碰伤；②防止杂物落入分离器内。

(10) 回装过程与上述过程相反。回装时注意设备清洁。

压缩机主机大修（大于 100 000h）需返厂检修。

7. 验收检查项目、试验步骤及质量标准

验收检查项目、试验步骤及质量标准见表 12-39。

表 12-39　　验收检查项目、试验步骤及质量标准

序号	验收检查项目	试验步骤	质量标准
1	压缩机排气量	启动压缩机，检查排气量是否达到设定值	在规定工况下，实际容积流量应不低于公称容积流量的 95%
2	排气温度	启动压缩机	在规定工况下，排气温度小于或等于 95℃
3	噪声声功率		在规定工况下，距空气压缩机 1m 处测得的噪声功率小于或等于 90dB（A）
4	润滑油消耗		空气压缩机压缩每立方米空气消耗的耗润滑油小于或等于 50mg
5	压缩空气质量	启动压缩机，检查压缩空气的质量	含油量小于或等于 3μg/g 含尘颗粒度小于或等于 5μm
6	排气压力	启动压缩机，检查出口管路上的气体压力	0.7～0.8MPa 或 1.3MPa（S220-13 型空气压缩机）
7	最大卸载压力	启动压缩机，检查出口管路上的气体压力	小于或等于 0.8MPa 或小于或等于 1.3MPa

三、螺杆式压缩机的部件检修

1. 检修对象：空气过滤器

(1) 检修周期。清洁：每运行 500h；更换空气过滤器：如果损坏或运行 1000h。

(2) 所需人力资源。机械检修工 2 人。

(3) 所需工器具、材料及备品备件。毛刷、白布、吸尘器、空气过滤器滤芯、前置滤网（S24-2-8 型空气压缩机）。

(4) 安全及其他措施，见表 12-40。

表 12-40　　安全及其他措施

序号	安全措施	备注
1	按空气压缩机“OFF”按钮停机，挂“禁止操作，有人工作”的标识牌	
2	按下紧急停机按钮，挂“禁止操作，有人工作”的标识牌	防止无意中合闸
3	全关空气压缩机出口阀，挂“禁止操作，有人工作”的标识牌	

(5) 检修前的准备工作，见表 12-41。

表 12-41　　检修前的准备工作

序号	准备工作	备注
1	办理检修工单	
2	准备检修工具	
3	准备所需的材料和备品备件	
4	检查各项安全及其他措施	
5	检查检修人员的资质	

(6) 空气过滤器的拆装步骤及工艺、质量标准，见表 12-42。

表 12-42　　空气过滤器的拆装步骤及工艺、质量标准

序号	拆装步骤及工艺	质量标准	备注
1	打开机箱门	机箱门在全开位置	防止机箱门下落伤人
2	拆下过滤器压盖	压盖不变形	
3	松开紧固螺母，拆下空气过滤器芯	清洁时不要使用液体或任何硬物体，以免损坏滤芯	如果损坏或已经被清洁过两次，应更换新的滤芯
4	清洁滤筒	无灰尘、杂物	
5	用干燥的压缩空气（最大压力为 0.5MPa）从里向外吹出细的脏物		
6	清洗过滤器的密封面	防止损伤、变形	
7	将滤芯装入过滤器腔内	滤芯位置装正	
8	锁紧螺母	滤芯不松动	
9	装上过滤器压盖		
10	更换前置滤网（S24-2-8 型），从支架往上抽出过滤器垫，将新的过滤网插入支架中	过滤网插入支架中不晃动	当有脏物聚集在滤网垫表面时；最终压缩温度比设定值大 4～5℃时

(7) 空气过滤器的验收检查项目、试验步骤及质量标准，见表 12-43。

表 12-43　　空气过滤器的验收检查项目、试验步骤及质量标准

序号	验收检查项目	试验步骤	质量标准
1	确认维护工作完成		
2	关上机箱门	机箱门关到位	
3	打开空气压缩机出口阀	空气压缩机出口阀全开	
4	开机之前，检查是否还有人在工作		
5	启动空气压缩机，进行试验	无松动，无异声	空气过滤器压差值正常

2. 检修对象：油气分离器

(1) 检修周期。更换油气分离器条件：当管路压力与系统压力之差大于0.08MPa时或工作3000h之后。

(2) 所需人力资源。机械检修工3人。

(3) 所需工器具、材料及备品备件。链钳1只、抹布、油气分离器1套。

(4) 安全及其他措施，见表12-44。

表12-44　安全及其他措施

序号	安全措施	备注
1	按下空气压缩机停机按钮，挂“禁止操作，有人工作”的标识牌	让空气压缩机自动卸载停机
2	按下空气压缩机紧急停机按钮，挂“禁止操作，有人工作”的标识牌	
3	断开空气压缩机动力电源，并使压缩机泄压，挂“禁止合闸，有人工作”的标识牌	
4	全关空气压缩机出口阀，挂“禁止操作，有人工作”的标识牌	

(5) 检修前的准备工作，见表12-45。

表12-45　检修前的准备工作

序号	准备工作	备注
1	办理检修工单	
2	准备检修工具	
3	准备所需的材料和备品备件	
4	检查各项安全及其他措施	
5	检查检修人员的资质	

(6) 油气分离器拆装步骤及工艺、质量标准，见表12-46。

表12-46　油气分离器拆装步骤及工艺、质量标准

序号	拆装步骤及工艺	质量标准	备注
1	停机后等待3min，以便油聚集		
2	打开机箱门		
3	用手或链钳逆时针旋下油气分离器		按环保标准收集并正确处理排出的油
4	在新油气分离器密封圈上抹少许润滑油		
5	用手顺时针旋上新的油气分离器	不要用工具旋紧新的油气分离器，否则会损坏油气分离器或密封垫	用手拧紧油气分离器

(7) 验收检查项目、试验步骤及质量标准，见表12-47。

表12-47　　验收检查项目、试验步骤及质量标准

序号	验收检查项目	试验步骤	质量标准
1	关上机箱门	机箱门关到位	平稳、无晃动
2	打开空气压缩机出口阀	出口阀全开	
3	运转空气压缩机，加热到运转温度	空气压缩机加载至正常压力	排气温度小于95℃
4	检查油气分离器的泄漏状况	空气压缩机运行10min	无泄漏

3. 检修对象：油过滤器

(1) 检修周期。更换油过滤器：运行3000h或每次换油时更换油过滤器。

(2) 所需人力资源。检修人员2人。

(3) 所需工器具、材料及备品备件。链（皮带）钳1把、油盆、白布、BOGE润滑油20L、油过滤器1套。

(4) 安全及其他措施，见表12-48。

表12-48　　安全及其他措施

序号	安全措施	备注
1	空气压缩机退出运行	
2	按下空气压缩机紧急停机按钮，挂"禁止操作，有人工作"的标识牌	防止无意中合闸
3	断开空气压缩机动力电源，并使压缩机泄压，挂"禁止合闸，有人工作"的标识牌	
4	全关空气压缩机出口阀，挂"禁止操作，有人工作"的标识牌	

(5) 检修前的准备工作，见表12-49。

表12-49　　检修前的准备工作

序号	准备工作	备注
1	办理检修工单	
2	准备所需的材料和需更换的备品备件	
3	检查各项安全及其他措施	
4	检查检修人员的资质	

(6) 油过滤器的拆装步骤及工艺、质量标准，见表12-50。

表 12-50　　油过滤器的拆装步骤及工艺、质量标准

序号	拆装步骤及工艺	质量标准	备注
1	启动空气压缩机运行 5min 停机，等待 3min，以使油聚集		
2	打开机箱门		
3	用手或链钳逆时针旋下油过滤器		按环保标准收集并正确处理排出的油
4	新油过滤器密封圈抹少许油		采用空气压缩机润滑油
5	顺时针用手旋紧新的油过滤器	不要用工具旋上新的油过滤器，否则会损坏油过滤器或密封圈	用手旋紧油过滤器

（7）油过滤器验收检查项目、试验步骤及质量标准，见表 12-51。

表 12-51　　油过滤器验收检查项目、试验步骤及质量标准

序号	验收检查项目	试验步骤	质量标准
1	关上机箱门		
2	打开空气压缩机出口阀		出口阀在全开位置
3	启动空气压缩机并达到工作压力	查看空气压缩机控制面板有无故障报警	无油压压差报警
4	检查油过滤器的泄漏状况，必要时用手再次拧紧	检查油位，油位低时加油	无泄漏

4. 更换润滑油

（1）检修周期。空气压缩机运行超过 3000h 或空气压缩机计算机显示屏提示更换润滑油。

（2）所需人力资源。检修人员 4 人。

（3）所需工器具、材料及备品备件。内六角扳手、250mm 活动扳手、空油桶、白布、BOGE 专用油 100L、油过滤器滤 1 套。

（4）安全及其他措施，见表 12-52。

表 12-52　　安全及其他措施

序号	安全措施	备注
1	空气压缩机退出运行	
2	按下空气压缩机紧急停机按钮，挂“禁止操作，有人工作”的标识牌	防止无意中合闸
3	断开空气压缩机动力电源，挂“禁止合闸，有人工作”的标识牌	
4	全关空气压缩机出口阀，挂“禁止操作，有人工作”的标识牌	

（5）检修前的准备工作，见表12-53。

表12-53　　检修前的准备工作

序号	准备工作	备注
1	办理检修工单	
2	准备检修工具	
3	准备所需的材料和需更换的备品备件	
4	检查各项安全及其他措施	
5	检查检修人员的资质	

（6）更换润滑油步骤及工艺、质量标准，见表12-54。

表12-54　　更换润滑油步骤及工艺、质量标准

序号	步骤及工艺	质量标准	备注
1	打开机箱门	液压杆撑到位（S24-2-8型空气压缩机）	
2	用手旋紧（不要用任何工具）进气控制阀电磁阀的排气孔螺母（M8）		螺母（M8）随机配带
3	合上空气压缩机电源开关，使空气压缩机启动；必要时，从储气罐中放气直到达到空气压缩机启动		空气压缩机自动运行刚停机时；空气压缩机手动启动不了时
4	当空气压缩机系统压力达到0.5MPa时，按下OFF钮停空气压缩机	关掉主电源并防止无意中合闸	
5	缓慢松开螺母直到压缩空气能排出		
6	排出压缩空气	系统压力表指示剩余压力约为0.2MPa	
7	用手拧紧螺母	进气控制阀上的电磁阀排气孔无气排出	
8	旋开排油丝堵，连上软管，缓慢打开截止阀，利用压力缓冲将油排放到容器中		
9	油彻底排出后，关上出口截止阀，拧下软管，拧回丝堵		
10	取下电磁阀上的螺母		
11	更换油过滤器		
12	更换油气分离器		

续表

序号	步骤及工艺	质量标准	备注
13	取下加油塞，加入新油		油位不低于“最小标记线”
14	加油到加油孔螺纹的上缘	必须使用同型号的润滑油，严禁将不同型号或牌号的油混用	不高于最高油位

(7) 更换润滑油验收检查项目、试验步骤及质量标准，见表 12-55。

表 12-55　更换润滑油验收检查项目、试验步骤及质量标准

序号	验收检查项目	试验步骤	质量标准
1	关上机箱门		
2	试车		
3	关掉主断路器		防止无意中合闸
4	检查油过滤器和油气分离器是否泄漏，必要时用手拧紧		
5	检查油位	油位低时应加油	不高于最高油位
6	让空气压缩机运转约 10min		
7	加油到标定的油位	油位低时补油至正常	油位位于最高、最低油位线之间

5. 检修对象：空气/油冷却器

(1) 检修周期。清洁空气/油冷却器：运转 1500h。

(2) 所需人力资源。检修人员 3 人。

(3) 安全及其他措施，见表 12-56。

表 12-56　安全及其他措施

序号	安全措施	备注
1	空气压缩机退出运行	
2	按下空气压缩机紧急停机按钮，挂“禁止操作，有人工作”的标识牌	防止无意中合闸
3	断开空气压缩机动力电源，挂“禁止合闸，有人工作”的标识牌	
4	全关空气压缩机出口阀，挂“禁止操作，有人工作”的标识牌	

(4) 检修前的准备工作，见表 12-57。

表 12-57　　检修前的准备工作

序号	准备工作
1	办理检修工单
2	准备检修工具
3	准备所需的材料和备品备件
4	检查各项安全及其他措施

(5) 清洁空气/油冷却器检查步骤及工艺、质量标准，见表 12-58。

表 12-58　　清洁空气/油冷却器检查步骤及工艺、质量标准

序号	检查步骤及工艺	质量标准
1	拆下维修侧门板	
2	取下空气导风箱上的保养叶片	
3	用毛刷去掉聚集的脏物	不要用任何尖锐的物体来清洁，这有可能会损坏冷却系统
4	用压缩空气从与冷却空气流动相反的方向吹掉脏物	

(6) 清洁空气/油冷却器验收检查项目、试验步骤、及质量标准，见表 12-59。

表 12-59　　清洁空气/油冷却器验收检查项目、试验步骤及质量标准

序号	验收检查项目	试验步骤	质量标准
1	空气/油冷却器	外观检查	无灰尘、杂物
2	排气温度	启动压缩机，检查压缩机排气温度	排气温度小于 95℃

6. 检修对象：安全阀

(1) 检修周期。一年或运转 3000h。

(2) 所需人力资源。机械检修工 2 人。

(3) 所需工器具、材料及备品备件。200、250mm 活动扳手及一字螺丝刀、白布、清洗剂 500mL。

(4) 安全及其他措施，见表 12-60。

表 12-60　　安全及其他措施

序号	安全措施
1	按下停机按钮，待压缩机完全停机后，再按下紧急停机按钮
2	切断电源，并使压缩机泄压，挂“禁止合闸，有人工作”的标识牌
3	全关空气压缩机出口阀，挂“禁止操作，有人工作”的标识牌

(5) 检修前的准备工作，见表 12-61。

表 12-61 检修前的准备工作

序号	准备工作
1	办理检修工单
2	准备检修工具和量具
3	准备所需的材料和备品备件
4	检查各项安全及其他措施
5	检查检修人员的资质

(6) 安全阀的拆装步骤及工艺、质量标准，见表 12-62。

表 12-62 安全阀的拆装步骤及工艺、质量标准

序号	拆装步骤及工艺	质量标准	备注
1	系统降压	压力指示为零	
2	拆下安全阀		
3	将安全阀送至当地技术监督局校核		部件损坏需更换
4	回装安全阀	安全阀与原整定值相同	或装新安全阀

(7) 安全阀的验收检查项目、试验步骤及质量标准，见表 12-63。

表 12-63 安全阀的验收检查项目、试验步骤及质量标准

序号	验收检查项目	试验步骤	质量标准
1	安全阀	安全阀的整定值	1.1 倍额定压力或按出厂要求调整
2	启动空气压缩机	安全阀无泄漏	到整定值能动作，压力下降后能回位

7. 检修对象：V 形皮带

(1) 检修周期。运行 3000h 后或每年检查一次。

(2) 所需人力资源。机械检修工 3 人。

(3) 所需工器具、材料及备品备件。200、250mm 活动扳手及一字螺丝刀、白布、清洗剂 500mL、V 形皮带 1 套。

(4) 安全及其他措施，见表 12-64。

表 12-64 安全及其他措施

序号	安全措施	备注
1	空气压缩机退出运行	
2	按下空气压缩机紧急停机按钮，挂“禁止操作，有人工作”的标识牌	防止无意中合闸

续表

序号	安全措施	备注
3	断开空气压缩机动力电源，挂“禁止合闸，有人工作”的标识牌	
4	全关空气压缩机出口阀，挂“禁止操作，有人工作”的标识牌	

(5) 检修前的准备工作，见表12-65。

表12-65　　检修前的准备工作

序号	准备工作
1	办理检修工单
2	准备检修工具和量具
3	准备所需的材料和需更换的备品备件
4	检查各项安全及其他措施
5	检查检修人员的资质

(6) V形皮带的拆装步骤及工艺、标准，见表12-66。

表12-66　　V形皮带的拆装步骤及工艺、标准

序号	拆装步骤及工艺	标准	备注
1	将维修侧的外盖打开，把皮带保护罩拆下		
2	用S24扳手固定住张紧装置的螺杆头，以防止转动		
3	顺时针旋转螺母，使电动机提升直至皮带完全松动		
4	从皮带盘上取下已松开的皮带		
5	在电动机与转子轮盘上安装新皮带	所有新皮带的规格一致	一次性更换所有V形皮带
6	调整皮带自动张紧系统	如图12-8所示、见表12-68	
7	放低电动机：固定住螺杆头，逆时针旋转螺母，并通过螺杆头锁紧		

(7) V形皮带的验收检查项目、试验步骤及质量标准，见表12-67。

表12-67　　V形皮带的验收检查项目、试验步骤及质量标准

序号	验收检查项目	试验步骤	质量标准
1	调整皮带	松紧合适	如图12-8所示、见表12-68

续表

序号	验收检查项目	试验步骤	质量标准
2	安装皮带防护罩	无松动	
3	将机箱门关上		
4	启动空气压缩机	空气压缩机运转正常，无异声	

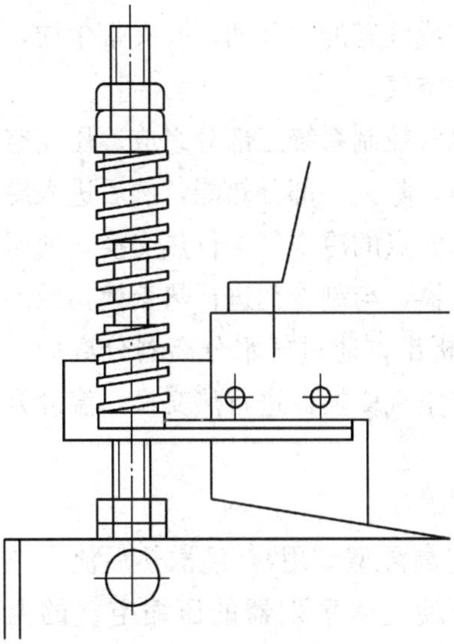

图 12-8　皮带张力调整

表 12-68　　皮带张力调整

型　号	压力（MPa）	电动机质量（kg）	设置（+0mm/−0mm）
S24-2-8	0.8	40	90
S180-8	0.8	89	92
S220-13	1.3	89	82

四、螺杆式压缩机的日常维护保养

（一）每月

（1）检查前置滤网是否堵塞，如堵塞，需更换。

（2）检查空气压缩机转子出口温度是否正常（75～95℃）。

（二）每半年

（1）检查紧急停车按钮是否灵敏。

（2）清洁空气滤芯，如有必要，应更换。

（3）清洁后部冷却器。

（4）检查自动注油润滑器工况。

（三）每工作 1000h

（1）检查油槽油位，如油位低，加至正常油位。

（2）重新调整皮带张紧装置。

（四）每工作 3000h

（1）更换润滑油。

（2）更换油过滤器。

（3）更换油气分离器。

（4）检查皮带，如有必要，应更换。

（5）检查空气压缩机是否有漏点。

（6）检查安全阀。

第三节　冷冻式干燥机的检修与维护

一、冷冻式干燥机（冷干机）的工作原理及工作过程

1. 冷干机的工作原理

冷干机是根据冷冻除湿原理，将压缩空气强制通过蒸发器进行热交换而降温，使压缩空气中气态的水和油经过等压冷却，凝结成液态的水和油，并夹带尘埃，通过自动排水器排出系统外，从而获得清洁的压缩空气。

冷干机主要由热交换器系统、制冷系统和电气控制系统三部分组成。压缩空气首先进入预冷却器进行气—气或气—水的热交换，除去一部分热能，然后进入冷热空气交换器，和已经从蒸发器出来被冷却到压力露点的冷空气进行热交换，使压缩空气的温度进一步降低。之后压缩空气进入蒸发器，与制冷剂进行热交换，压缩空气的温度至0～8℃，空气中的水分在此温度下析出，通过气水分离器分离后，经过自动排水器排出。干燥的低温空气则进入冷热空气交换器进行热交换，温度升高后输出。

2. 冷干机的工作过程（如图12-9所示）

（1）潮湿高温的压缩空气流入前置冷却器（高温型专用），经散热后流入热交换器与从蒸发器排出来的冷空气进行热交换，使进入蒸发器的压缩空气的温度降低。

（2）降温后的压缩空气流入蒸发器与制冷剂进行热交换，压缩空气中的热量被制冷剂带走，压缩空气迅速冷却，潮湿空气中的水分因为达到饱和温度迅速冷却成水滴，经过气水分离器分离后水从自动排水阀处排出。

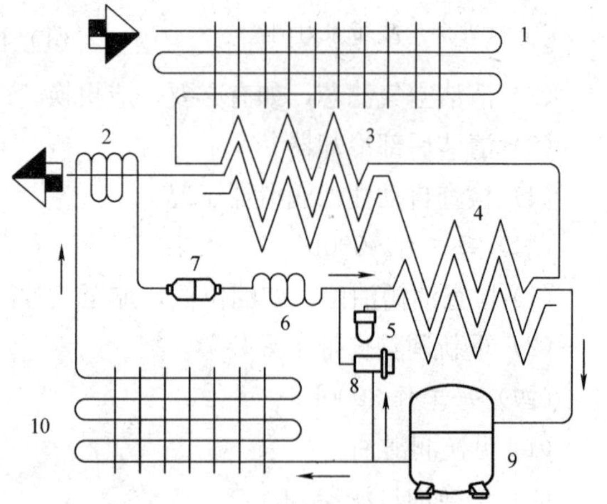

图12-9　冷干机的工作过程

1—前置冷却器（高温型专用）；2—二次冷凝器；3—空气热交换器；4—冷媒蒸发器；5—自动排水阀；6—膨胀阀或毛细管；7—干燥过滤器；8—热气旁路阀；9—冷媒压缩机；10—冷凝器

（3）干燥后的冷空气流经空气热交换器与入口的高温空气进行热交换，经热交换的冷空气因吸收了入口空气的热量提升了温度，同时压缩空气还经过冷冻系统的二次冷凝器与高温的冷媒再次进行热交换，使出口的温度得

到充分的加热，确保出口空气管路不结露。

二、冷冻式干燥机（冷干机）日常保养项目及注意事项

1. 冷干机日常保养项目

(1) 开机前需检查冷干机背部冷凝器是否干净，以免散热不良。

(2) 冷干机启动压缩空气送入后，检查工作压力是否正常。

(3) 压缩空气运行正常后，检查自动排水阀是否有排水。

(4) 每周打开冷干机排污阀两次以上。

(5) 冷干机的手动排水阀每日需排水两次以上。

(6) 环境温度超过 40℃需改善，否则会因散热不良引起冷干机故障。

2. 冷干机阶段性保养项目

(1) 每两周或冷凝器背部有较多灰尘时，需用干燥的压缩空气或毛刷清理冷干机背部冷凝器。

(2) 每月需检查自动排水阀工作是否正常，如异常（不排水或排水不良），需清洗排水阀，清洗方法见排水阀保养部分。

(3) 每三个月需检查散热风扇风叶是否有不良的振动现象。

(4) 每年检查并拧紧所有螺钉、螺栓和各种固定装置。

(5) 每年检查、清理并拧紧所有的电气接头。

3. 冷干机日常注意事项

(1) 严禁频繁启闭制冷机，启闭制冷机一次，最少保持 3min。

(2) 定期清洁冷干机的外部，注意排水器的排水情况。

(3) 应避免制冷机长时间空载运行。

(4) 应经常清扫风冷式冷凝器的灰尘、脏物，以免影响其散热效果。

4. 风冷式冷凝器具体保养方法

(1) 用压缩空气喷吹。

(2) 用软钢丝刷或毛刷清理，但不能损伤散热翅片造成倒翅。

(3) 空气过滤器是易损部件，需经常清洗维护，以免堵塞而失去作用。

(4) 经常检查制冷机运行是否正常，运行应平稳无杂声。

(5) 注意空气进、出口之间的温差，正常温差为 10～30℃。

(6) 注意冷干机所处的环境温度不宜低于 10℃，以免冷冻机油补充不及时，造成制冷机缺油烧毁。

5. 水冷式冷凝器具体保养方法

水过滤器主要为了防止冷却水中沉淀的杂质进入冷凝器造成冷却水管不通畅，因为滤网极易被沉淀杂质所堵塞，所以应定期对滤网进行清洗，以免使水循环量不

足，造成热量散发不出去。

（1）机组停机时，应定期对冷干机内部机件做吸尘清洁处理。

（2）随时注意机组前后左右四方是否保持通风良好，并要避免阳光的直晒和一切热源。

（3）在保养过程中，应注意保护制冷系统，以免损坏。

6. 自动排水器的清洗（如图 12-10 所示）

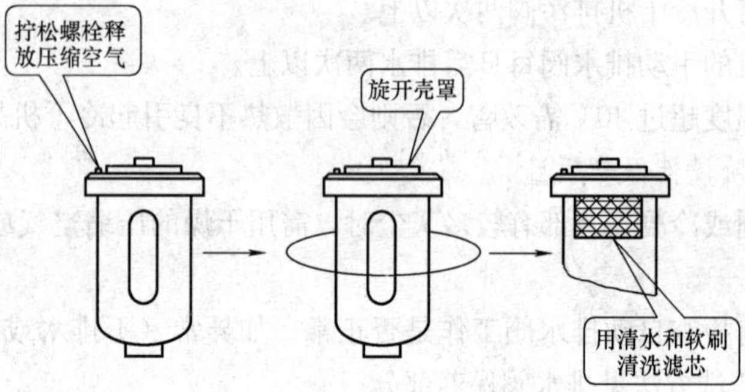

图 12-10　自动排水器的清洗

（1）关闭排水器前的球阀，拧松排水器盖上的固定螺栓，释放排水器中的压缩空气。

（2）放开排水器壳罩，然后取出排水器芯，用清水和软刷清洗干净（严禁使用汽油、甲苯、松香水溶剂清洗）。

（3）将清洗后的排水器芯装入阀体，然后安装排水器壳罩，最后打开前端球阀。

（4）对倒桶式排水器，在使用前应注满清水以形成水封才能工作。工作时有微量漏气属正常情况。

（5）冷却水进口处和自动排水器前的 Y 型过滤器在使用一段时间后，滤芯会积留杂质，导致过滤器前水流阻力增加，影响水流量，使排水堵塞不畅，因此应定期对滤芯进行清洗和更换。新安装的设备，因管路较脏，需经常检查和清洗。

第四节　气体减压阀的检修与维护

一、检修工序

办理工作票，运行人员做好安全措施。

二、减压阀的维护

（1）水电厂减压阀正常情况下：一台工作，一台备用。

（2）检修减压阀时，必须保证另一台减压阀在运行状态或先投入运行，且减压压力稳定。

（3）减压阀的元件易发生正常性的磨损，所以必须根据实际工况进行检查和更换。

（4）减压阀在检修、拆卸之前，需全关进、出口阀，使减压阀退出运行，通过管道上减压阀前、后空气过滤器及气水分离器手动或自动排气泄压，并彻底释放阀体和导阀装置内的压力和流量。否则，会引起人员伤害。

三、减压阀工作原理

减压阀工作原理如图 12-11 所示。

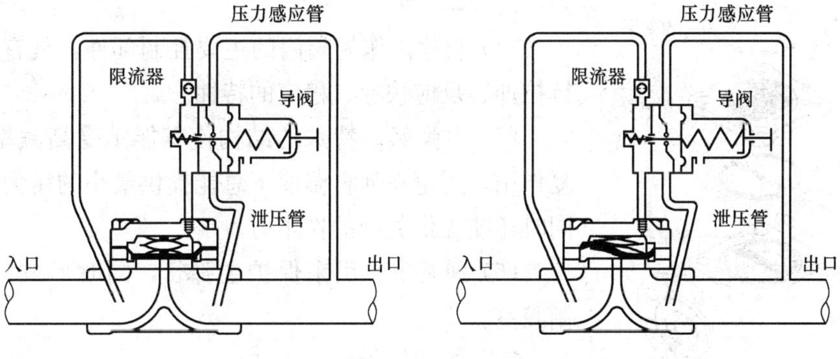

图 12-11　减压阀工作原理

（1）当没有流量需求，且出口压力大于导阀的设定值时，导阀会处于关闭状态，进口压力通过导阀作用在主阀弹簧上，此时，调节部件也处于关闭状态，通过出口处膜片的压差驱动弹簧关闭阀门。

（2）当下游有流量需求时，出口压力下降，导阀打开，释放弹簧上的压力，其释放速度要比压力进入的速度快得多。当膜片上方的作用压力下降时，进口压力会慢慢将膜片抬离调流板，打开阀门。

（3）当流量需求停止或减少时，下游压力上升，导阀关闭，进口压力继续通过限流器，直至控制腔压力与进口压力相等为止，压差驱动弹簧关闭调节部件，从而关闭主阀。

（4）通过调节限流器的不同挡位，可影响阀门的反应速度、稳定性和感应性。选择限流器的低挡，其精度高但关闭速度稍慢；选择高挡，其精度低，稳定性好，关闭速度快。

四、减压阀主阀的结构

减压阀主阀的结构如图 12-12 所示。

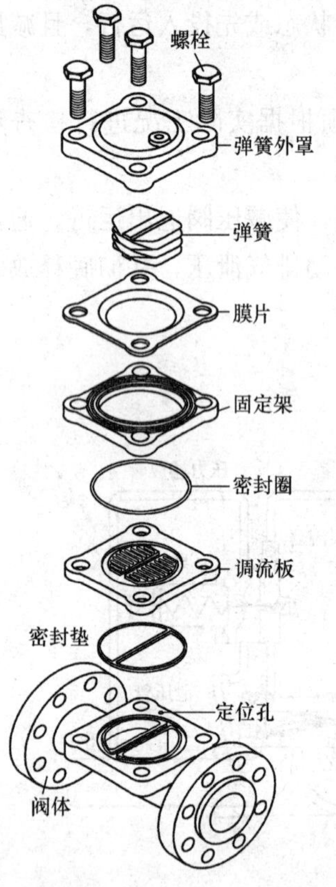

图 12-12 减压阀主阀的结构

该阀由 6 大部件组成（不包括螺栓和密封圈），即阀体、调流板、固定架、膜片、主弹簧、弹簧罩。

（1）阀体。可分为单腔室和双腔室两种；双腔室阀门可以用一个导阀，也可以用两个导阀来控制，实现最大过流量。

（2）调流板。膜片的支撑、平滑的表面起到无泄漏关闭、限流作用（可提供 35%、50%、75%的调流板）。

（3）固定架。在调流板和膜片之间制造一个阀门内部的流动空间。

（4）膜片。作为阀门的主要控制部件，具有耐磨、抗拉伸、反应快速、稳定的特性。

（5）主弹簧。特殊的结构使其能承受高频率的反复作用，无论在何种温度下总能提供最小的压力损失；同时还能提供关闭的作用力。

（6）弹簧罩。用来保护主弹簧，同时形成一个控制腔室。

五、主阀的检修

1. 主阀拆卸

（1）拆除与控制管路、导阀系统的连接管路。

（2）用十字形扳手松开主弹簧外罩的螺栓，主弹簧会随之抬升弹簧外壳。

（3）依次拆卸弹簧、膜片、固定架、密封圈、调流板和密封垫。

（4）检查所有部件的磨损情况；如有必要，进行替换。

注意事项：

（1）调流板的下游部分为关闭表面，应经常检查，防止磨损和损坏。支撑面条形纹上的凹槽不会影响关闭动作。调流板下游处的条形面正是阀门关闭的地方。

（2）拆卸完减压阀后，密封圈（垫）可能会变形，只需将其放置数小时，便会渐渐恢复到正常大小；在安装密封圈前，如未恢复到正常大小，可将其置于冰上，加快回缩的过程。

2. 主阀的组装

（1）不要润滑膜片的密封表面，根据安装图组装阀体部件。

(2) 如果进口的状态好于出口处，调流板和膜片在转动 180°后（不是上下转动），便可重新获得关闭动力。用十字形扳手拧紧主螺栓，在阀门的铭牌上标明螺栓转矩。

(3) 不要将螺栓拧得过紧，不要将双头螺栓或螺母替换成其他螺栓（或双头螺母）和螺母组件。

(4) 连接导阀系统。当系统运行时，继续按调试步骤操作。

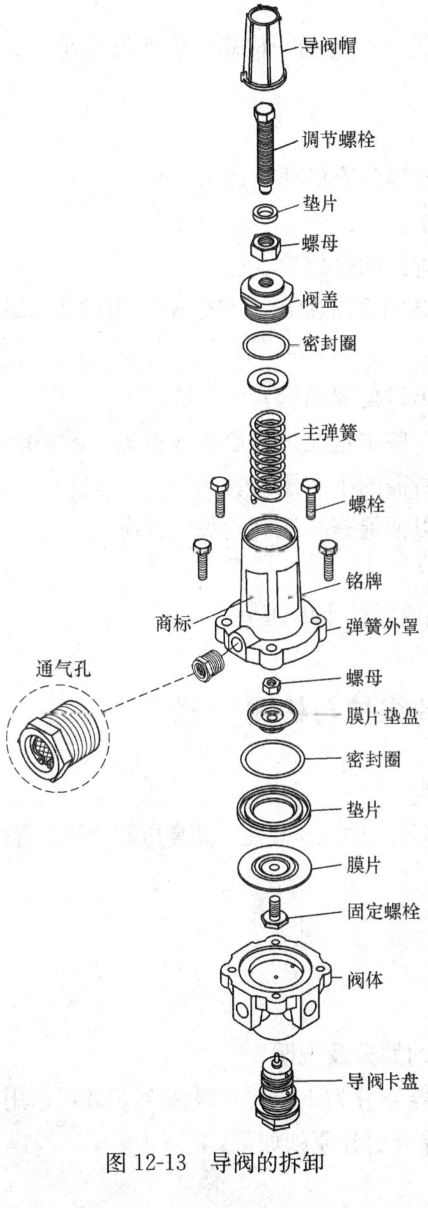

图 12-13 导阀的拆卸

3. 清除杂质

因为在密封圈的凹槽表面设有防止漏水的平滑表层，所以做清洁工作时，不要用尖锐的金属器械。相邻部件的啮合表面必须保持平滑，避免渗漏。

六、导阀的检修

1. 导阀的拆卸

导阀的拆卸如图 12-13 所示。

(1) 在给导阀和主阀释压后，拧开螺栓，拆下阀体插入部件（位于导阀底端的插入组件包括一些机械部件）。

(2) 使用合适的工具，从导阀阀体上取下调节杆的密封圈，注意不要划破密封圈槽。

(3) 拆下插入部件的底盖，取出内部部件。注意：不要损坏密封圈的密封表面。

(4) 检查所有部件的磨损状况，如有必要，进行调换。

(5) 拧松调节螺栓，释放所有弹簧压力。拆下密封帽、弹簧附属件和主弹簧。同时也拆去弹簧外壳螺栓和膜片组件，拆散膜片组件，检查膜片。如有必要，进行调换。

2. 导阀的安装

(1) 安装膜片组件及阀体插入部件。安装导阀的膜片，凸面向着隔膜板和主弹簧，拧紧膜片垫盘上的螺母。

注意：拧得过紧，会使导阀膜片变形。将膜片组件置于导阀体内，膜片需接触到阀体的密封槽表面。

（2）将弹簧外罩置于导阀体上，排放接口位置要正确。建议将导阀连接在减压阀上时，把排放接口朝下放置，以便于排出凝结物体。

（3）安装弹簧外罩帽螺栓，拧到转矩为 14N·m。

（4）回装主弹簧和弹簧附属件、密封圈、阀盖、螺母、垫片及调节螺栓。

七、减压阀的调试与运行

减压阀的调试与运行应由熟悉高压气系统、减压阀的检修维护人员操作，必须按照如下步骤操作，否则会造成损坏：

（1）调整导阀限流器到中等打开状态。

（2）逆时针拧动导阀的调节螺栓，直到放出弹簧的所有压力。

（3）打开控制管路上的手动阀与导阀进水管路。

（4）打开减压阀出口阀或打开阀门下游管路的排放口。

（5）慢慢打开减压阀进气阀，为阀门与导阀系统加压。在下游压力值为 0MPa 的工况下，阀门会关闭。

（6）使用下游管路的排放口或慢慢打开出口处隔离阀。

（7）慢慢提高导阀弹簧的设定值，直到一些水量流过排放口或流进下游系统。

（8）慢慢提高导阀弹簧的设定值，直至所需的下游压力。

（9）慢慢关闭下游的隔离阀或排放口，以便检查减压阀的关闭情况。

（10）慢慢打开下游的隔离阀（出口阀）。

（11）调节导阀弹簧的设定值，直至达到所需的上游压力。

第五节　储气罐的维护与检测

一、储气罐（压力容器）按压力高低分类

储气罐按压力容器的设计压力（p）可分为低压、中压、高压、超高压四个压力等级。

（1）低压容器：$0.1\text{MPa} \leqslant p < 1.6\text{MPa}$。

（2）中压容器：$1.6\text{MPa} \leqslant p < 10\text{MPa}$。

（3）高压容器：$10\text{MPa} \leqslant p < 100\text{MPa}$。

（4）超高压容器：$p \geqslant 100\text{MPa}$。

二、储气罐（压力容器）安全状况等级的划分及说明

根据压力容器的安全状况，将新压力容器划分为 1、2、3 级三个等级，在用压力容器划分为 2、3、4、5 四个等级，每个等级划分原则如下：

1级：压力容器出厂技术资料齐全；设计、制造质量符合有关法规和标准的要求；在规定的定期检验周期内及在设计条件下能安全使用。

2级：①新压力容器。出厂技术资料齐全；设计、制造质量基本符合有关法规和要求，但存在某些不危及安全且难以纠正的缺陷，出厂时已取得设计单位、使用单位和使用单位所在地安全监察机构的同意；在规定的定期检验周期内及在设计规定的操作条件下能安全使用。②在用压力容器。技术资料基本齐全；设计、制造质量基本符合有关法规和标准的要求；根据检验报告，存在某些不危及安全且不易修复的一般性缺陷；在规定的定期检验周期内及在规定的操作条件下能安全使用。

3级：①新压力容器。出厂技术资料基本齐全；主体材料、强度、结构基本符合有关法规和标准的要求；但制造时存在某些不符合法规和标准的问题或缺陷，出厂时已取得设计单位、使用单位和使用单位所在地安全监察机构的同意；在规定的定期检验周期内及在设计规定的操作条件下能安全使用。②在用压力容器。技术资料不够齐全；主体材料、强度、结构基本符合有关法规和标准的要求；制造时存在某些不符合法规和标准的问题或缺陷，焊缝存在超标的体积性缺陷，根据检验报告，未发现缺陷发展或扩大；检验报告确定在规定的定期检验周期内及在规定的操作条件下能安全使用。

4级：主体材料不符合有关规定，或材料不明，或虽选用正确，但已有老化倾向；主体结构有较严重的不符合有关法规和标准的缺陷，强度经校核尚能满足要求；焊接质量存在线性缺陷；根据检验报告，未发现缺陷发展或扩大；使用过程中产生了腐蚀、磨损、损伤、变形等缺陷，其检验报告确定为不能在规定的操作条件下或在正常的检验周期内安全使用。必须采取相应措施进行修复和处理，提高安全状况等级，否则只能在限定的条件下短期监控使用。

5级：无制造许可证的企业或无法证明原制造单位具备制造许可证的企业制造的压力容器及缺陷严重、无法修复或难以修复、无返修价值或修复后仍不能保证安全使用的压力容器，应予以判废，不得继续作承压设备使用。

注意：

(1) 安全状况等级中所述缺陷，是制造该压力容器最终存在的状态。如缺陷已消除，则以消除后的状态，确定该压力容器的安全状况等级。

(2) 技术资料不全的，按有关规定由原制造单位或检验单位经过检验验证后补全技术资料，并能在检验报告中得出结论的，则可按技术资料基本齐全对待。无法确定原制造单位具备制造资格的，不得通过检验验证补充技术资料。

(3) 安全状况等级中所述的问题与缺陷，只要确认其具备最严重之一者，即可按其性质确定该压力容器的安全状况等级。

三、储气罐的维护及检测（储气罐的检测必须由有资质的相关部门进行）

（1）压力容器外部检查，每年至少进行一次。

（2）内外部检验周期。安全状况等级为1～3级的，检验周期为6年；安全状况等级为3～4级的，检验周期为3年。

（3）对固定式压力容器，每两次内外部检验期间内，至少进行一次耐压试验；对移动式压力容器，每6年至少进行一次耐压试验。

（4）投用后首次内外部检验周期一般为3年。

（5）耐压试验：每隔10年至少进行一次。

（6）安全阀、压力表定期校验，每年至少校验一次；测温仪表、液面计按计量部门的规定进行校验。

四、储气罐的维护保养

1. 使用期间

储气罐使用期间的日常维护保养工作重点是防腐、防漏、防结露、防振及仪表、仪器、电气设施及元件、阀门、安全装置等的日常维护。

（1）消除储气罐的跑、冒、滴、漏。

（2）保持完好的防腐层，消除产生腐蚀的因素。

（3）保护好保温层。

（4）减少或消除容器的振动，消除管道或其他构件的振动。

（5）维护保养好安全装置，所有的安全装置和计量仪表应定期进行调整校验。

2. 停用期间

停止运行的容器，一定要将其内部介质排放干净，消除内壁的污垢、附着物和腐蚀产物。对腐蚀性介质，排放后还要经过置换、清洗、吹干等技术处理，使容器内部保持干燥和洁净。容器表面也应保持清洁，并保持容器及周围环境的干燥等。

五、储气罐检修安全措施

1. 安全措施

（1）将联控柜上的检修储气罐状态切换开关放“*号检修”位置。

（2）全关储气罐间连通阀，全关待修储气罐进口阀。

（3）全关待修储气罐出口阀。

（4）适当打开储气罐排污阀排气，直到气压降为0MPa。

（5）在进、出气阀及联络阀上挂“禁止操作，有人工作”的标识牌。

2. 储气罐检修后投入运行操作

（1）取下有关标识牌，恢复常设安全措施。

（2）全关储气罐排污阀。

(3) 适当开启储气罐进气阀，并监视充气情况。

(4) 储气罐气压和系统平压后，全开储气罐出气阀。

(5) 全开储气罐进气阀。

(6) 将联控柜上的检修储气罐状态切换开关放“正常”位置。

第六节 管道阀门的维护与检测

一、管道阀门的日常维护

(1) 操作人员和检修人员必须按照规定对分管的管道、阀门进行巡回检查。

(2) 检查内容。

1) 在用管道、阀门有无超温、超压、过冷及泄漏现象。

2) 管道有无异常振动；管道、阀门内部是否有撞击声。

3) 管道、阀门有无积液、积水。

4) 安全附件运行是否正常。

二、定期检查内容

1. 检查周期

中低压管道、阀门每年检查一次；高压管道每季检查一次。在运行条件下进行在役检验，每年一次可由使用单位取得检验资格的人员或由有压力管道检验资格的单位进行；在停产条件下进行全面检验，安全状况等级为 3 级的，其检验周期一般不超过 3 年。经全面改造后的管道一般应进行压力试验。

2. 检查内容

(1) 管道的法兰、焊缝及阀门有无泄漏。

(2) 管道之间、管道与相邻物件之间有无摩擦。

(3) 管道的腐蚀、磨损情况。

(4) 吊卡的紧固、管道支架的腐蚀和支撑情况。

(5) 阀门操作机构的润滑和防护是否良好。

(6) 管道、阀门的防腐层、保温层是否完好。

第十三章　压缩空气系统常见故障及处理

第一节　活塞式压缩机常见故障及处理

一、活塞式压缩机常见故障及处理

活塞式压缩机常见故障现象、故障定位及处理方法见表13-1。

表13-1　活塞式压缩机常见故障现象、故障定位及处理方法

故障现象	故障定位	处理方法
空气压缩机不启动	没有电源	检查线路、熔断器
	紧急停机按钮按下	旋转按钮并恢复至正常位置
	压缩机无法启动	自动停车维修缺陷后（注意指示灯的故障指示），在修理和检查故障灯后按下“消除”键
压缩机故障停机	没有电源	检查电缆和交流接触器
	环境温度过高	加强空气压缩机室通风
声音不正常或声音过大	压缩机、电动机、管道连接螺栓松动	重新拧紧固定螺栓
	泄漏	检查管路和管路连接
	机械故障	检查轴承、压缩机和电动机
压缩机过大的振动	不正确的运转速度	检查速度调整装置
	不平衡的轴连接	检查轴连接状况、偏心和间隙，检查V形传动带的张力
工作压力太低	进口过滤器堵塞	按过滤器维护处理
	系统泄漏	用毛刷蘸肥皂水试漏，判断泄漏状况，处理好泄漏处
	耗气量大于供气量	减少用气
	排污阀泄漏	检查排污阀和其控制回路
	压缩机阀片安装缺陷	见表13-2
安全阀泄漏	压力控制缺陷	检查压力断路器和更换
	下一级气缸损坏	更换气缸和活塞环
	安全阀动作不正确	检验安全阀
曲轴机构油压力不正确	油位太低	加油
	压力断路器缺陷	更换压力断路器
	油管路缺陷	检查接头、清洁管路或更换
	油过滤器堵塞	更换油过滤器
	油泵故障	养护油泵或更换

续表

故障现象	故障定位	处理方法
某级压力过高，压力断路器关闭或安全阀泄放压力	进气过滤器堵塞	检查过滤器
	油水分离器缺陷	检查油水分离器及其控制
	压缩机阀片安装缺陷	按阀片故障的处理方式进行
	气缸损坏	更换气缸和活塞环
	压力表缺陷	更换压力表
空气压缩机发出异常声音	外来的物体进入气缸（如断裂的气阀零件）	拆开阀组，检查压缩机气室，清除外来物体
	活塞与活塞杆连接松动	检查活塞、活塞销、轴承、锁紧环
	曲轴/连杆轴承磨损	更换轴承
	活塞杆和十字头连接松动	重新拧紧连接，注意活塞轴向间隙，安装锁紧装置
耗油量太高	4 级气缸油调节阀开度太大	调整到合适开度
	曲轴箱泄漏	更换密封垫
	润滑油泵油量太高	减小泵油量
压缩机不卸载	卸载装置控制系统失灵	检查压力断路器和时间继电器；检查运行压力、管道泄漏和控制阀门；检查电源、电缆、电磁阀和阀内零件
	排污阀内部零件磨损	检查阀，更换内部零件
	卸载机构磨损	更换卸载机构
	压缩机阀组缺陷	按阀故障的处理方式进行

二、气阀常见故障及处理

气阀常见故障及处理方法见表 13-2。

表 13-2　　气阀常见故障及处理方法

故障现象	可能原因	处理方法
由于杂质和焦炭导致气阀作用面积减少	入口过滤器进气不够，温度过高，润滑油过多，不合适的油质	拆卸气阀，清理内部部件，如有必要，加工阀座
泄漏	阀座损伤、气阀安装错误	重新加工阀座，更换密封垫，仔细安装气阀

续表

故障现象	可能原因	处理方法
弹簧或阀片折断	磨损	修理气阀
	进口过滤器进气不够	保养过滤器，修理气阀
	润滑油过多（如果安装有气缸润滑油泵）	减少润滑油量，修理气阀
	润滑油牌号不合适	使用正确的润滑油，注意正确的换油时间，修理气阀
	进气管道过长形成脉冲或进气管径太小	修理气阀，所有变更都要经过制造商的同意，应当立即安装一个脉冲阻力器
	气阀安装错误或气阀室内部零件松散（可以看到阀座有亮光）	修理气阀，检查阀座，如果需要，重新紧固阀内零件

第二节 螺杆式压缩机常见故障及处理

螺杆式压缩机常见故障及处理方法见表13-3。

表13-3 螺杆式压缩机常见故障及处理方法

故障现象	可能原因	处理方法
没有足够的排气量，没有压力，最大压力只有0.05MPa	系统泄漏	检查油和机器内部管线，紧固连接
	最小压力止回阀失效	关闭出口阀，检查压力是否能建立，如能建立压力，则打开出口阀。更换最小压力止回阀
	卸载电磁阀没有闭合	检查或更换卸载电磁阀
	进气阀没有打开	进气阀或者电磁阀损坏，需要时将其更换
	皮带断	更换新皮带
空气压缩机不能启动	没有电源	检查电源连接
	熔断器熔断	检查更换主控制板的熔断器
	机器没有完成卸载	检查更换卸载阀
	温度太低导致油的黏度太大	加热油

续表

故障现象	可能原因	处理方法
空气滤芯里有油	最小压力止回阀失效	检查更换最小压力止回阀
	进气阀失效	检查更换进气控制阀
油量消耗过大	油气分离器失效	检查更换油气分离器
	加油过量	放掉过量油
	回油管脏堵	检查清洁回油管
安全阀跳开	压力设置错误	重新设置最大压力
	安全阀失效	更换安全阀
关机时系统压力不卸载	卸载阀没有打开	检查更换卸载阀
	止回阀失效	检查更换止回阀
转子出口温度过高	环境温度过高	改善通风
	冷却器脏污	清洁冷却器，保持通入干净的冷却空气
	冷却风量不足	加大冷却风量
	油量不足	加入足够量的油
	温度传感器失效或断线	更换温度传感器或修复电缆
空气滤芯故障报警	空气滤芯脏堵	清洁或更换空气滤芯
	压力断路器失效	更换压力断路器
油过滤器故障报警	油过滤器脏堵	更换油过滤器
	压力断路器失效	更换压力断路器
驱动主电动机故障	电压过低导致电动机过载	确认标准电源接入
	电动机脏污	清洁电动机
	皮带断裂	安装新皮带
	最小压力止回阀没有回位	检查更换最小压力止回阀
	卸载阀没有打开	更换卸载阀
	出口阀没有打开	打开出口阀

第三节　冷冻式干燥机常见故障及处理

冷冻式干燥机常见故障及处理方法见表13-4。

表 13-4　　冷冻式干燥机常见故障及处理方法

故障现象	可 能 原 因	处 理 方 法
压力降太大		
配管系统错误	管路阀门未全开	将管路阀门全部开启
	管径太小	加大管径
	管路太长，且弯头、接头太多	管路系统重新设计
	两台以上空气压缩机并联运转不匹配	管路系统重新设计
	管路过滤器阻塞	清洗或更换过滤器
	管路接合处漏气	检查弯头接头
蒸发器内冷凝水冻结	温度开关或水流断路器控制不良	换新断路器、检查线路、校正断路器
	膨胀阀、热气旁路阀出现故障	换新断路器、检查线路、校正断路器
	散热器受冷风直吹	改善通风情况
干燥机除水不良		
配管系统异常	旁路阀未全部关闭	关紧旁路阀
	空气没有通过干燥机	干燥机入口阀门全开
	干燥机未放置水平	将干燥机放置水平
	自动排水阀倾斜	将排水阀放置水平
	排水管路高于自动排水阀	排水管路重新设计
空气流量过大	用气量过大	空气压缩机系统重新设计
排水系统异常	排水阀不良或电磁排水阀出现异常	清洗或更换排水装置
	排水阀前端阀门未全开	确认阀门在全开位置
蒸发温度指示异常	露点温度太低或太高	调整水流断路器、热气旁路阀
	环境温度及入口温度过低	当环境温度低于 2℃时，应停止使用
	入口温度过高	增设后部冷却器
	周围空气污浊、通风不良	选择较适当位置或改善通风
	冷媒泄漏、冷冻效率低	补漏、加灌冷媒

续表

故障现象	可能原因	处理方法
全部不能运转		
电源不能正常供电	熔丝熔断或无熔丝断路器跳脱	确认电源无欠相短路、接地现象，并检查无熔丝断路器是否损坏
	断线	找出断线处，加以检修
有电源但不能启动	电压异常	请依照铭牌上额定电压指示值±10%调整
	电源断路器接触不良	检修更换
	接触器接触不良	检修更换
	过载继电器接触不良	检修更换
	高低压力断路器接触不良	检修更换
	启动继电器接触不良	检修更换
	电容接触不良	检修更换
	温度断路器、流量断路器、油压断路器接触不良	检修更换
	压缩机接触不良	检修更换
断路器全部正常，但不能启动	高低压、电磁断路器跳脱，未复位	找出跳脱原因，再复位
	压缩机断路	检修换新
	电线松脱	找出电线未锁紧处并锁紧
启动后不良		
电压异常	启动不久后，产生烧焦味道	检查电压、电流是否异常，接线是否牢固
高压跳脱虽有复位，但还是不能启动	压力断路器或温度断路器接触不良，风扇停转	检修更换
	过载跳脱	检查继电器
	冷凝器结垢太多	清洗冷凝器
过载继电器跳脱	启动继电器接触不良	检修更换
	电容接触不良	检修更换
	压力断路器或温度断路器不良，风扇停转	检修更换
	油压断路器接触不良，或尚未建立	检修更换
	连续启动	每次启动需隔 3min 以上

续表

故障现象	可能原因	处理方法
过载继电器跳脱	空气流量太大，压缩机过负荷	干燥机过载，减少空气处理量
	干燥机入口温度或周围环境温度过高	增设冷却器或加大功率，改善通风
	继电器设定电流量值太低	调整电流值
	过载继电器接触不良	清理或更新
	电源欠相	熔丝熔断或电源断路器接触不良
	接触器接触不良	清理或更新
正常运转，但效果不佳		
蒸发温度计指示过低	蒸发温度表不良 膨胀阀或热气旁通阀故障	检修更换 检修更换
	冷媒泄漏	查漏补漏重灌制冷剂
	冷媒阻塞 温度断路器或压力断路器设定太低	更换干燥剂，重抽真空，充灌制冷剂 调整设定温度
蒸发温度计指示过高	周围温度过高	增设通风设备
	膨胀阀或热气旁路阀故障	更换
	冷凝器阻塞	清洗
	冷却水温过高，或循环不良	改善冷却水
	空气处理量大，但压力低	并联加装干燥机
	冷媒压缩机进排气阀片磨损	检修更换
过载运转	空气处理量大，但压力低	并联加装干燥机
自动排水系统不良		
不排水或排水不畅	使用压力在0.15MPa以下	正常使用压力为0.2～1MPa
	排水阀前端过滤网阻塞	清洗
	排水阀阻塞或未全开	更换或打开阀门
	排水阀倾斜或破损	校正固定或更换
	排水阀过滤部分阻塞	清洗
	蒸发器管路内生锈或污垢阻塞	超过使用年限，更换
	排水管阻塞	清洗
排水阀破裂	使用压力过高	依据自动排水阀额定压力使用

第四节　气体减压阀常见故障及处理

气体减压阀常见故障及处理方法见表13-5。

表13-5　　气体减压阀常见故障及处理方法

故障现象	可能原因	处理方法
阀门无法开启	导阀的弹簧被过分放松	顺时针旋动导阀上的调节螺栓，直到主阀打开
	限流器开度太大	减小限流器的开度
	入口压力低于设定压力	修正入口压力
阀门无法关闭	导阀的弹簧被过分压迫	逆时针旋转导阀上的调节螺栓，直到主阀关闭
	过滤器堵塞	旋开过滤器盖进行清洁
	限流器阻塞或关闭	限流器打开或调节
	杂质堵塞主阀	打开并检查驱动装置，检查阀座
	主阀中的隔膜穿渗（可能性极小）	在阀门长时间工作的情况下，且排除其他可能，拆开检查
阀门无法调节	限流器没有正确地调节	限流器的开度在出厂前被调节为2～4挡，重新进行调整

第五篇

厂用电系统的检修与维护

第十四章　厂用电系统概述

第一节　厂用电系统负荷分类

厂用电系统负荷是指维持发电厂正常运行和设备检修所需的一切用电负荷的总称，是厂用电系统的重要组成部分，它包括发电机组、变压器、辅助公用设备用电、检修设备用电、照明及直流系统等用电负荷。一般情况下，人们把保证电厂安全运行的全部负荷，都统归在厂用电系统负荷范围内。为了便于统一管理并分类供电，人们将厂用电系统负荷进行分类，常用的分类方法有以下几种。

一、按负荷的重要性分类

各厂用电负荷在电厂正常生产中的性质不相同，所以对它的供电方式也不尽相同，按其在生产过程中的不同重要性，可将厂用电系统负荷分为五类：Ⅰ类负荷、Ⅱ类负荷、Ⅲ类负荷、事故保安负荷、不间断供电负荷。

（1）Ⅰ类负荷。指短时（手动切换恢复供电所需的时间）停电将影响人身或设备安全，使机组运转停顿或发电量大幅度下降的负荷，如给水泵、凝结水泵、送风机、引风机等。对Ⅰ类负荷的电动机，必须保证自启动；接有Ⅰ类负荷的高、低压厂用母线，应设置备用电源。当备用电源采用明备用方式时，应装设备用电源自动投入装置。

（2）Ⅱ类负荷。指允许短时停电，但较长时间停电有可能损坏设备或影响机组正常运转的负荷，如工业水泵、疏水泵等。对接有Ⅱ类负荷的厂用母线，应由两个电源供电，一般采用手动切换。

（3）Ⅲ类负荷。指长时间停电不会直接影响生产者，如试验室、中央修配厂的用电设备。对于Ⅲ类负荷，一般由一个电源供电。

（4）事故保安负荷。指停机过程中及停机后一段时间内仍应保证供电的负荷，否则将引起主要设备损坏、重要的自动控制失灵或推迟恢复供电。根据对电源的不同要求，事故保安负荷分为两种：① 直流保安负荷。由蓄电池组供电，如发电机的直流润滑油泵等。② 交流保安负荷。平时由交流厂用电供电，失去厂用工作电源和备用电源时，交流保安电源应自动投入。

(5) 不间断供电负荷。在机组启动、运行到停机过程中，甚至停机以后的一段时间内，需要连续供电并具有恒频恒压特性的负荷，如实时控制用电子计算机。不间断供电装置一般采用由蓄电池组供电的电动发电机组或配备静态断路器的静态逆变装置。

二、按负荷的供电电压等级分类

厂用电负荷按其供电电压可分为高压厂用电负荷和低压厂用电负荷。高压厂用电负荷一般有 10、6、3kV 三种，在水力发电厂中，10、0.4kV 电压等级厂用电的运用较为普遍。发电厂的低压厂用电应包括交流厂用电和直流厂用电，但习惯上人们将低压交流厂用电系统称为“低压厂用电系统”，而将直流厂用电系统单独划为“直流系统”。电厂的低压厂用电电压等级，一般为 380V/220V。如果电厂采用的是中性点不接地系统，那么其低压厂用电电压为 380V；如果电厂采用的是中性点直接接地系统，那么其低压厂用电电压为 380V/220V。直流厂用电的电压一般为 220V 及 110V，在中小型发电机组中，直流动力及控制为一个供电系统，所以常用 220V 一级直流电压。在大型机组中，要求将直流动力和控制系统分开供电，所以往往采用 220V 和 110V 两种电压，前者为动力系统电源，后者为控制系统电源。

将厂用电系统负荷按其供电电压分类的方法，常用于高、低压厂用电负荷的计算及进行厂用电负荷的配置等。

三、按负荷的供电电源种类分类

厂用电负荷根据供电电源的种类，可分为交流厂用电负荷及直流厂用电负荷，由此对其供电的电源也按其种类分为交流电源和直流电源。绝大部分的厂用电负荷使用交流电源，因为该电源可从发电机出口及电力系统经降压获得，运行、维护都很方便。那些必须从直流电源或全厂各种交流电源消失后仍需继续运行的负荷，则由另设的直流电源供电，如各种控制、保护、通信系统及直流电动机等。

将负荷按供电电源种类分类，可以使设计者了解负荷的电压要求，以及计算交直流各电源的容量，并将负荷按其电压性质分别接入不同系统，而运行人员据此可很容易地找到该负荷的供电系统。

第二节　厂用电系统的组成及接线方式

厂用电系统是指由机组高、低压厂用电变压器和停机/检修变压器及其供电网络和厂用电负荷组成的系统，它是电力企业安全可靠生产的重要前提和保证，在电力生产中发挥着极其重要的作用。按电压等级的高低，可以将厂用电系统接线方式分为高压厂用电接线方式和低压厂用电接线方式。

一、高压厂用电接线方式的基本原则

（1）各机组的高压厂用电系统应该相对独立。这主要是为了防止某一台机组的厂用电母线发生故障时，不致影响其他机组的正常运行。即使机组发生故障，由于事故被限制在一个较小的范围，也便于事故处理，并使机组在短时内恢复运行。

（2）高压厂用电系统应设有启动/备用电源。该电源的设置方式根据机组容量的大小和它在系统中的重要性而异，但必须是可靠的，在机组启停及发生事故时的切换操作要少，并且与正常的工作电源能短时并联运行，以满足机组在启动和停运过程中的供电要求。

（3）考虑到全厂的发展规划，各高压厂用电系统的布置应留有充分的扩充余地，以免在扩建时造成不必要的重复性浪费。

二、低压厂用电接线方式的基本原则

该方式与高压厂用电接线方式基本一致，其中最重要的原则是根据厂用电系统负荷的不同重要性，提供不同的供电方式。下面以某水电厂厂用电系统为例，详细介绍厂用电系统的接线方式。

该水电厂共安装14台发电机组，其中有6台机组（3、5、7、9、11、13号）装设厂用分支变压器，分别作为6段10kV厂用电母线的正常工作电源。这6段厂用电母线之间依次装设分段（母联）断路器，其中1M、3M、6M、8M四段分别引入一回35kV变电站一10kV线路作为备用电源和一回35kV变电站二10kV线路作为备用电源，2M、7M两段分别引入一回35kV变电站三10kV线路作为备用电源和一回

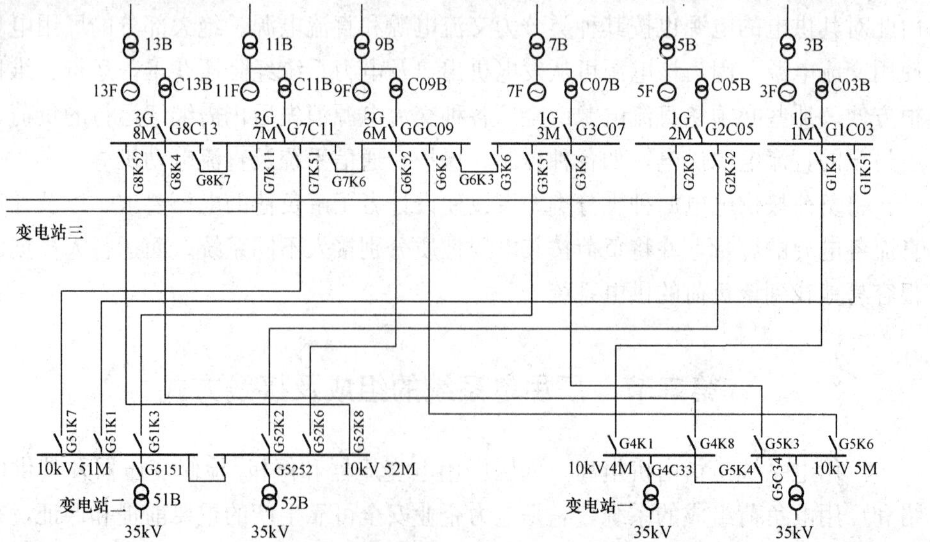

图14-1　某水电厂10kV厂用电系统

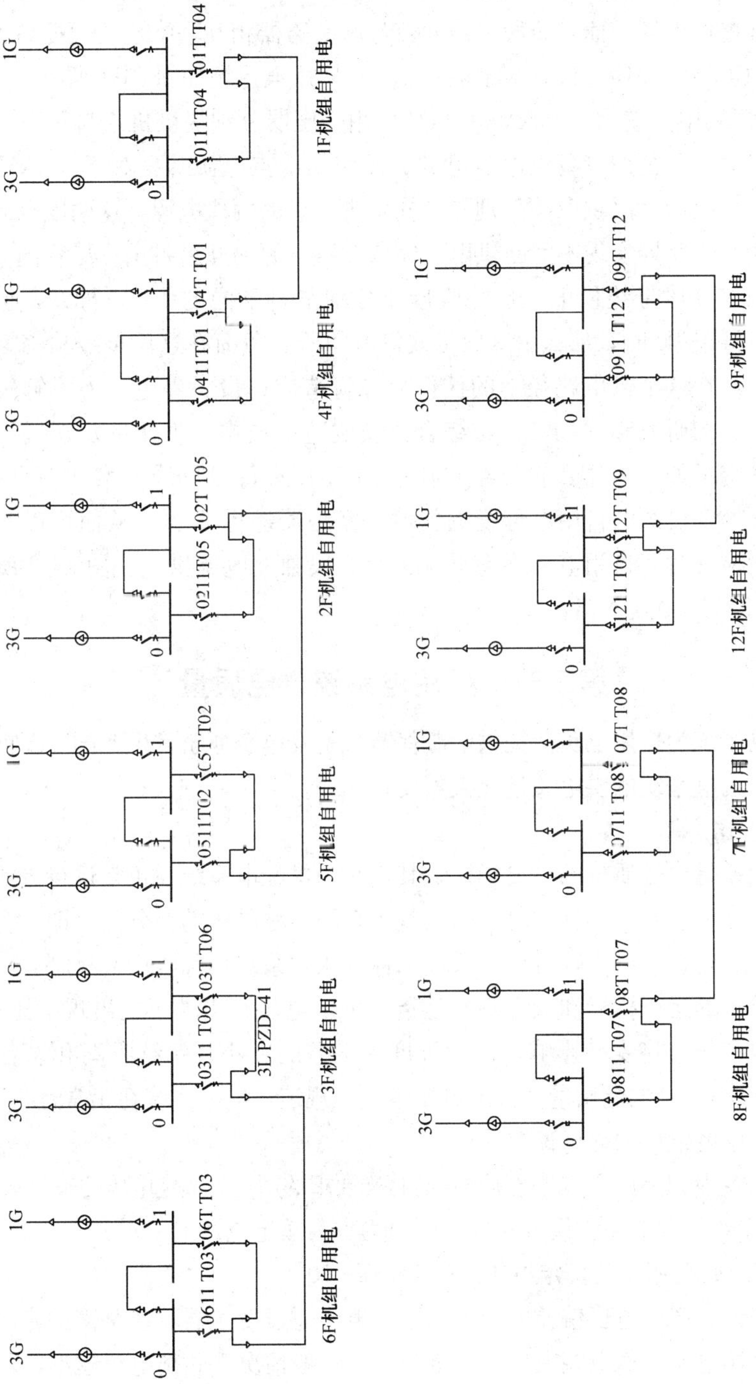

图 14-2　某水电厂 0.4kV 厂用电系统

35kV变电站二10kV线路作为备用电源。这样每段厂用电母线都有相互独立的三回电源为其提供电源，而且每段母线间有母联断路器相互联络，大大提高了厂用电母线工作的可靠性和稳定性。某水电厂10kV厂用电系统如图14-1所示。

10kV厂用电系统通过10kV/0.4kV厂用变压器分别提供机组自用电源、检修用电供电点电源、公用设备供电点电源、照明供电点电源等。对于0.4kV重要负荷，其电源一般为2路供电，分别取自同一供电点的两段电源，这两段电源通过带备自投的联络断路器实现不间断供电，完成2路电源的互为备用。尽管同一供电点0.4kV负荷有2段母线供电，且每段母线分别来自不同的10kV母线，但是，当10kV一段母线检修时，那么由这段母线供电的所有负荷在这段母线检修期间就只有一个电源，在这个供电路径上的任何故障将造成该设备停电。为了解决这个问题，经过广泛的研究和现场考证，综合比较改造的成本、工作量及现场施工的难度，最终确定了如下方案：在机组自用电的0.4kV每段母线上增加一个断路器，然后与另外一台机组的自用电母线上新增的断路器进行T接，从而可以实现4段母线任一段检修时，自用电始终能够保证有2段独立电源供电。图14-2所示为某水电厂0.4kV厂用电系统。

第三节　厂用电系统供电质量

厂用电系统为厂用电负荷提供电源保障，是发电企业正常生产的重要前提。因此，提高厂用电系统的供电质量至关重要。

一、电压质量

电压偏差是电压质量的重要指标，其定义为供配电系统在正常运行方式下，系统各点的实际电压与系统标称电压的偏差对系统标称电压的百分数，即

电压偏差=(实际电压-系统标称电压)/系统标称电压×100%

用电设备的运行指标和额定寿命是指其额定电压，当端子上出现电压偏差时，其运行参数和寿命将受到影响，影响程度视偏差的大小、持续时间和设备状况而异，GB/T 12325《电能质量　供电电压偏差》规定，电力系统在正常运行条件下，用户受电端供电电压的允许偏差为：

(1) 35kV及以上供电和对电压质量有特殊要求的用户为额定电压的+5%～-5%。

(2) 10kV及以下高压供电和低压电力用户为额定电压的+7%～-7%。

(3) 低压照明用户为额定电压的+5%～-10%。

一般来说，产生电压偏差的原因如下：电力通过变压器和线路输送将产生电压降，使受电端电压比送电端电压低一定数值。一般情况下，离电源越近，负荷越小的用户，电压降越小；反之，电压降越大。用户消耗的功率包括有功功率和无功功

率。如果用户所需无功经变压器和线路送来，则会产生较大的电压降，使用户电压降低。用户吸收的无功功率越大，则用户端的电压越低。用户的用电功率因数将直接影响用户本身的电压质量。

为了保证用电设备的正常运行，必须尽可能地降低电压偏差，提高电压质量，可采取如下的改善措施：

(1) 就地进行无功功率补偿。及时调整无功功率补偿量，无功负荷的变化在电网各级系统中均产生电压偏差，它是产生电压偏差的源头。因此，就地进行无功功率补偿，及时调整无功功率补偿量，从源头上解决问题，是最有效的措施。

(2) 调整同步电动机的励磁电流。在铭牌规定值的范围内适当调整同步电动机的励磁电流，使其超前或滞后运行，就能产生超前或滞后的无功功率，从而达到改善网络负荷的功率因数和调整电压偏差的目的。

(3) 采用有载调压变压器。从总体上考虑，无功负荷只宜补偿到功率因数为0.90～0.95，仍然有一部分变化无功负荷要由电网供给而产生电压偏差，这就需要分区采用一些有效的办法来解决，例如，采用有载调压变压器就是有效而经济的办法之一。

二、厂用电率

厂用电率是电厂的主要技术经济指标之一，为发电厂电力生产过程中所必需的自用电量占发电量的百分比，计算式为

$$发电厂厂用电率=(发电厂厂用电量/发电量)\times 100\%$$

其中，厂用电量包括电力生产过程中动力（如电动机）、照明、通风、采（取）暖及其他控制、保护装置和设备检修等用电量。

由于发电方式不同，厂用电率会有很大的不同，水电厂厂用电率较低，一般在0.5%以下。燃油、燃气发电厂厂用电率比常规水电厂高，但大大低于燃煤电厂。由于电厂本身为用电大户，因此应该通过提高辅机效率、改进辅机运行方式、降低风道及管道的系统阻力等措施尽量降低电厂的厂用电率，以取得最大的经济和生产效益。

第四节　低压系统的接地方式

为了确保低压配电系统及电气设备、用电器具的安全使用，必须采取适当的接地保护措施，防止使用人员发生电击危险及电气设备、用电器具烧毁。随着国际电工（IEC）标准的引入，以及用电设备类型的发展需要，低压系统在保护形式上也需要采用不同的方式，大致分为以下几类。

一、TN 系统

电源中性点直接接地并引出中性线，电气设备的保护接于中性线。按照中性线

与保护线的组合情况，TN系统可分为以下3种形式：

(1) TN-S系统，即三相五线制。整个系统的中性线（N线）与保护线（PE线）是分开的，其特点为：由于PE线与N线是分开的，设备的外露可导电部分均可接至PE线，而且PE线中无电流通过，因此对接PE线的设备不会产生电磁干扰。当系统发生一相对地短路时，其过电流保护动作，将切除故障线路。当PE线断开时，正常情况下不会使设备的外露可导电部分带电；但是在设备发生一相绝缘损坏时，仍将使其他接PE线的设备外露可导电部分带电，从而造成触电危险。由于PE线与N线是分开的，因此将导致有色金属的消耗量和投资增加。TN-S系统如图14-3所示。

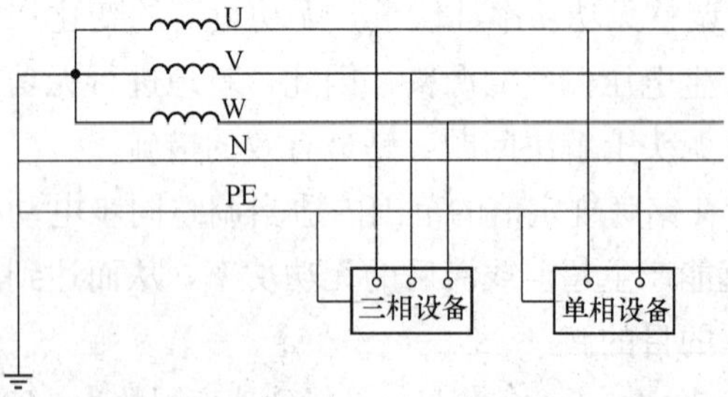

图14-3　TN-S系统

(2) TN-C系统，即三相四线制。整个系统的中性线（N线）与保护线（PE线）合并为一根线（PEN线），其特点为：设备的外露可导电部分均可接至PEN线，而且PEN线中可能有电流通过，因此对某些接PEN线的设备产生电磁干扰。当系统发生一相接地故障时，其过电流保护动作，将切除故障线路。当PEN线断线时，可将使其他接PE线的设备外露可导电部分带电，从而造成触电危险。PE线与N线的合并，可节约投资和有色金属的消耗量。TN-C系统如图14-4所示。

(3) TN-C-S系统，即三相四线制。系统中有一部分中性线（N线）与保护线（PE线）是合一的，其特点为：系统的前部分全为TN-C系统，而后面一部分为TN-S系统。在该系统中，TN-C系统的设备外露可导电部分接至PEN线，而TN-S系统的设备外露可导电部分接至PE线。因此，该系统比较灵活，综合了上述两种系统的特点，对安全要求和抗电磁干扰要求较高的场所采用TN-S系统供电，其他情况则采用TN-C系统供电。TN-C-S系统如图14-5所示。

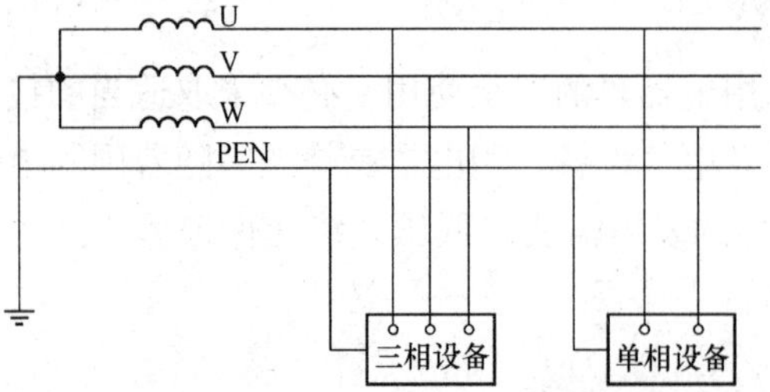

图14-4　TN-C系统

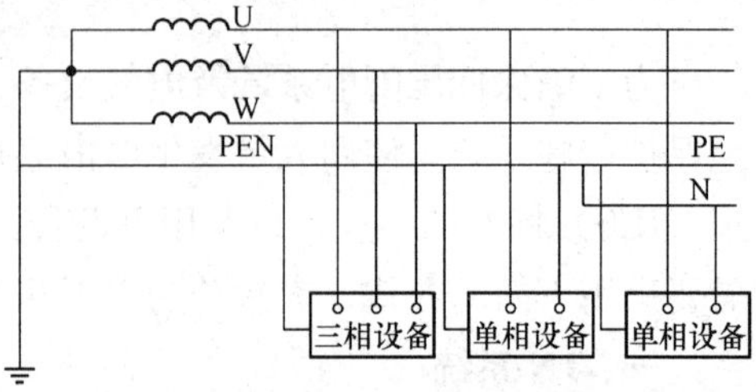

图14-5　TN-C-S系统

二、TT 系统

该系统电源中性点直接接地，属三相四线制线路，如图 14-6 所示。该系统中没有公共保护线（PE 线），设备外露可导电部分经各自的 PE 线直接接地，由于各设备的 PE 线相互之间无电气联系，因此相互之间不会有电磁干扰问题。当系统发生一相接地故障时，形成单相短路，其过电流保护动作，切除故障线路。当系统出现绝缘不良引起漏电时，因漏电电流较小不足以使过电流保护动作，从而使漏电设备的外露可导电部分长期带电，最终造成触电危险。因此为保障人身安全，该系统必须装设漏电保护装置。

三、IT 系统

该系统电源中性点不接地，或经高阻抗接地，由于没有中性线（N 线），属三相三线制线路，因此不能用于接额定电压为系统相电压的单相用电设备，但可用于接额定电压为系统线电压的单相用电设备。系统中设备的外露可导电部分经各自的 PE 线直接接地，由于各设备的 PE 线相互之间无电气联系，因此相互之间不会有电磁干扰问题。当系统发生一相接地故障时，三相用电设备及接线电压的单相设备仍能暂时继续运行。系统中应装设单相接地保护，在发生一相接地故障时给予报警信号，如图 14-7 所示。

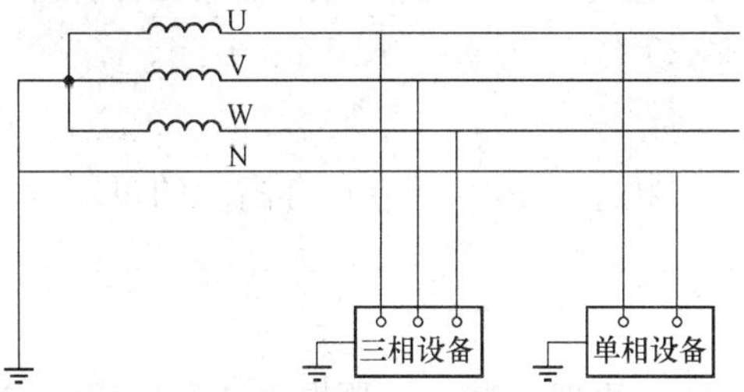

图 14-6　TT 系统

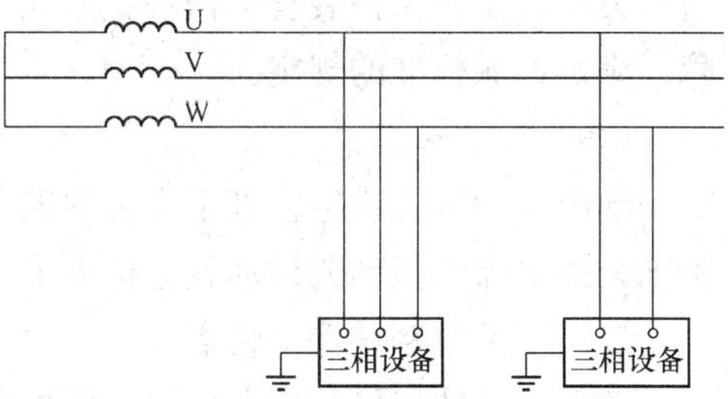

图 14-7　IT 系统

在低压厂用电系统中，常见的接地方式有 TN-S、TN-C、TN-C-S，而 TT 和 IT 接地方式则很少应用。TN 系统一旦设备出现外壳带电，TN 保护系统能将漏电电流上升为短路电流，这个电流很大，实际上就是单相对地短路故障，熔断器的熔丝会熔断，低压断路器的脱扣器会立即动作而跳闸，使故障设备断电，比较安全。TN 系统可以便利地提供 380V/220V 的电压，满足了电力企业生产的用电要求。

在高压厂用电系统中（10kV），常见的接地方式有 IT 接地方式。该接地方式在运行中，若发生单相接地故障，其接地电流很小，若是瞬时故障，一般能自动消弧，非故障相电压升高不大，不会破坏系统的对称性，可带故障连续供电 2h，从而获得排除故障的时间，相应地提高了供电的可靠性。

第五节 厂用电系统的继电保护及备用电源自动投入装置

一、继电保护和自动装置的任务和要求

继电保护和自动装置的任务是：当电力系统发生故障时，自动、迅速、有选择性地切除故障设备，缩小故障范围，保证无故障设备继续正常运行；当电力系统出现异常运行状态时，发出信号，通知值班人员，以便及时处理。

继电保护装置和自动装置必须满足以下四个要求：

（一）选择性

当电力系统发生故障时，只切除离故障点最近的断路器，使停电范围尽量缩小，保障断路器有选择性地动作。

（二）快速性

为了防止扩大事故，减轻故障的危害程度，提高电力系统运行的稳定性，当电力系统发生故障时，继电保护装置应快速动作，切除故障。

（三）灵敏性

灵敏性是指保护装置对故障的反应能力。继电保护应能反映保护范围内的故障，满足部颁标准的规定。

（四）可靠性

继电保护装置应经常处于完善的准备动作状态，其本身应具有高度的可靠性；否则，继电保护拒动或误动就会扩大事故。

二、厂用电系统保护特点

厂用电系统保护是发电厂继电保护中的一个重要环节，厂用电系统运行正常与否，将直接影响机组的安全运行，从而影响发电厂的经济效益。因此，为了提高厂用变压器运行的可靠性，尽量缩小故障范围，保证发电机组安全经济地运行，有必要根据厂用变压器的容量及重要性，装设性能良好、动作快速的专用保护。在发电厂中，10、0.4kV 电压等级厂用电的运用较为普遍。图 14-8 所示为典型的厂用电系统的接线方式，以该图来简要介绍厂用电系统的继电保护配置及功能（考虑变压器为干式变压器，不需专设保护）。

（一）电流速断保护

故障电流超过保护整定值，无时限或带一定延时后发出跳闸命令，动作于变压器高压侧断路器。保护装置的动作电流为最大系统运行方式下变压器低压侧三相短路电流折算到高压侧的电流，不能保护整个回路的全长。

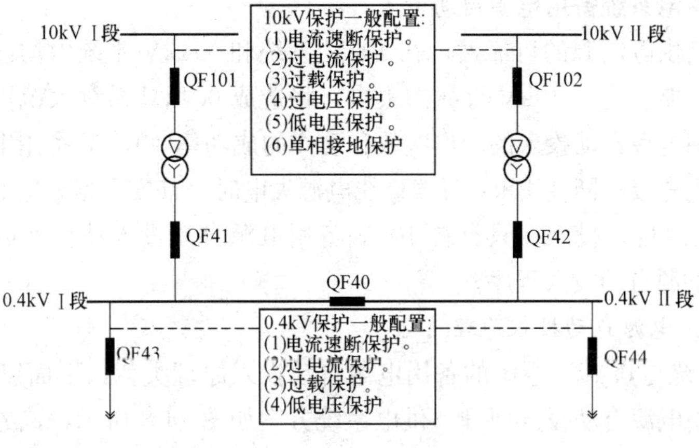

图 14-8 典型的厂用电系统的接线方式

（二）过电流保护

电流超过过电流保护整定值，出现时间超过保护整定时间后发出跳闸命令。过电流保护按照躲过整个回路最大负荷电流的方法整定，能够保护整个回路的全长。不带低电压启动的过电流保护一般用于负荷较轻的回路上，如果由于负荷较重采用不带低电压启动的过电流保护，则不能满足后备保护区及变压器后发生不对称短路时灵敏系数的要求，此时可采用带复合电压启动的过电流保护装置。

（三）过载保护

过载保护采用单相式，带时限，一般动作于信号。

（四）低电压（欠电压）保护

在 10kV 系统中，当带复合电压启动的过电流保护装置仍不能满足灵敏系数的要求，保护信号可直接取自相应电压互感器，故障电压低于保护整定值时，发出跳闸命令或低电压信号。

在 0.4kV 系统中，当供电电压低于保护整定值时，为保护用电设备安全，发出跳闸命令。

（五）单相接地保护

(1) 厂用电高压系统一般为非直接接地系统，当发生单相接地时，仅相电压发生畸变，中性点移位，有较高的零序电压，可以利用单相接地监视装置动作于信号，故允许短期带接地点运行。厂用电低压 0.4kV 系统一般为直接接地系统，当发生单相接地时，保护装置一般动作于信号或跳闸。

(2) 10kV 系统中的保护装置主要为集成型或微机型成套保护装置，0.4kV 系统中的保护装置由低压断路器本身所带脱扣器实现保护功能。

三、厂用电系统备用电源自动投入

为了提高供电电源的可靠性，在10kV系统和0.4kV系统中均设置了备用电源自动投入功能。由于10kV母线的失电，将造成0.4kV系统大范围失电，因此为了减少备用电源自动投入的动作次数和动作的成功率，10kV备用电源自动投入具有更高的优先级，即在10kV母线进线电源失电时，首先根据设定好的程序动作10kV备用电源自动投入，只有在10kV备用电源自动投入动作不成功时才执行0.4kV备用电源自动投入程序。

（一）备用电源自动投入原理

10kV系统与0.4kV系统的备用电源自动投入原理类似，下面以0.4kV系统为例说明备用电源自动投入原理。供电系统方案如图14-8所示，该方案为双电源供电，单母线分段，暗备用。正常时，联络断路器QF40断开，两段母线各带部分负荷分段运行，当某一侧进线如进线10kVⅠ段失电时，断开此侧断路器QF41，并合上联络断路器QF40，恢复该侧母线供电。当进线10kVⅠ段恢复送电时，可设置成手动恢复或通过备用电源自动投入装置自恢复送电成正常运行方式。

（二）备用电源自动投入装置

随着对供电的要求越来越高，除了双电源线供电外，还要求当一回路进线断电时，另一回路能迅速投切，一般采用备用电源自动投入装置，主要采取两种方式实现：①采用常规继电器线路实现；②采用可编程序控制器（PLC）实现。基于工业PLC实现两回路的电源自动切换不仅可以提高可靠性，而且价格低，调整灵活，因此为今后发展的主流方向。图14-9所示为运用较为广泛的S7-300系列PLC的硬件组成。

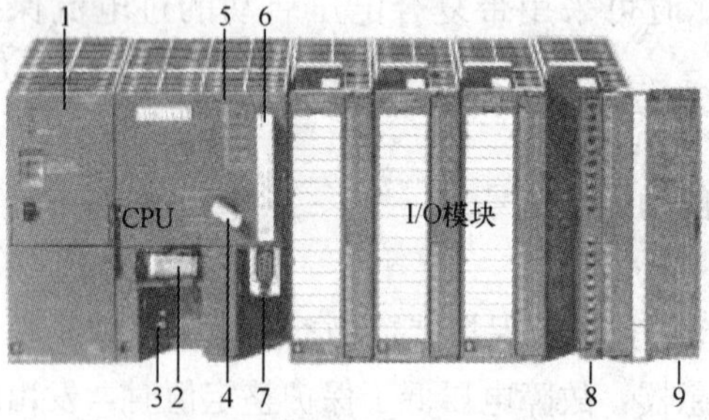

图14-9　S7-300系列PLC的硬件组成

1—电源模块；2—后备电池；3—24V DC连接器；4—模式开关；5—状态和故障指示灯；6—存储器卡；7—MPI多点接口；8—前连接器；9—前盖

第十五章　厂用电主要设备检修与维护

厂用电系统的主要设备包括变压器、断路器、互感器、隔离开关、母线、电缆等。

第一节　中压断路器的检修与维护

一、断路器的原理及结构简述

中压断路器的作用是切断和接通正常负荷电路，以及切断故障电路，防止事故扩大，保证设备安全运行。顾名思义，中压断路器应用于中压电路中，它必须承受较高电压、较大电流；中压电路发生故障时的故障电流非常大，切断故障电流时会产生强烈的电弧、大量的热能和强大的电动力。因此，对中压断路器有以下几个方面的要求：

(1) 断路器在额定条件下（额定电压、额定电流）可以长期工作，又能承受过电压的短期作用。

(2) 应有足够的开断能力，并保证有足够的热稳定性和动稳定性（开断电流、额定关合电流、极限通过电流、热稳定电流）。

(3) 具有尽可能短的开断时间，这对减少电网的故障时间、减轻对故障设备的损害、提高系统稳定性都是有利的。

(4) 应具有安全可靠的灭弧装置。

(5) 结构简单、价格低廉、体积小、质量轻，便于安装。

在中压电路中，断路器按绝缘介质可以分为油断路器、SF_6 断路器和真空断路器三种。

1. 油断路器

(1) 油断路器的灭弧方式有纵吹、横吹及纵横吹三种类型。油断路器利用绝缘油作为灭弧介质，按绝缘油量的多少可分为少油式和多油式两种。在少油式断路器中，油起到灭弧的作用，载流部分的绝缘是靠空气和陶瓷等绝缘材料实现的，少油断路器的外观如图 15-1 和图 15-2 所示。在多油式断路器中，油不仅作为灭弧介质，同时兼作带电部分之间和带电部分对地之间的绝缘，所以用油量较多。

图 15-1　少油断路器外观（一）

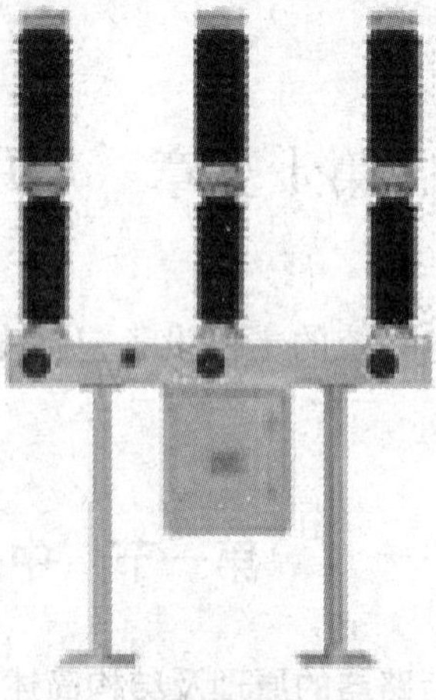

图 15-2　少油断路器外观（二）

（2）灭弧室是油断路器的关键部件，主要构件是一个高强度玻璃钢筒，它能承受 25.3MPa 的压力，从而保证了在开断短路电流时不会发生爆炸。灭弧室内叠放 6 片相同形式的隔弧板，每片中心开孔，使动触头导电杆通过。灭弧室装在瓷套筒内，其内部充满油。静触头为插座式，位于灭弧室之上。在开断短路电流时，当断路器的动触头和静触头互相分离时产生电弧，电弧高温使其附近的绝缘油蒸发气化和发生热分解，在灭弧室内产生很大压力，油和气从中心孔向上喷出，将电弧吹灭（属于纵吹方式）。

油断路器结构简单，使用历史长、范围广，运行经验丰富，但在中压电路中逐渐被 SF_6 断路器和真空断路器所取代。

2. SF_6 断路器

SF_6 断路器是采用高绝缘性能的 SF_6 气体作为绝缘介质和灭弧介质的断路器，其绝缘性能和灭弧特性都大大高于油断路器。SF_6 气体之所以能应用于电力设备，主要有如下特性：

（1）负电性强，具有优异的灭弧性能。

（2）绝缘强度高，在大气压下为空气的 3 倍。

（3）热传导性能好且易复合，特别是当 SF_6 气体由于放电或电弧作用出现离解时。

（4）可在小的气罐内储存，因为 SF_6 气体在室温下加高压力易液化。

（5）供气方便，价格不贵且稳定。

正是利用了 SF_6 气体的上述特性，SF_6 断路器才具有工作电流大、开断能力强、绝缘水平高、噪声低、体积小、质量轻、无火灾爆炸危险和检修周期长等优点。同时，SF_6断路器也具有价格昂贵，投资大；技术标准、工艺高；试验项目、试验条件、试验标准等要求严格；SF_6气体的管理、回收、处理等要求严格；对水分含量的要求特别严格，处理方法复杂等缺点。SF_6断路器灭弧室按灭弧介质压气方式的不同，可分为双压式和单压式灭弧室；按吹弧方式的不同，可分为双吹式和单吹式、外吹式、内吹式灭弧室；按触头运行方式的不同，可分为变开距和定开距灭弧室。目前，国内外大量生产和广泛使用的是单压变开距“自能”式SF_6断路器。该断路器在开断大电流时，利用电弧自身的热量产生灭弧所需的气体压力吹气；开断小电流时，采用机械辅助压气建立的气体压力吹气，不易产生截流过电压，所需操作功率小，机械部件不易损坏，使用寿命长。该断路器宜采用弹簧操作机构，工作可靠，分闸时间短，正常情况下，基本不需要维修。

3. 真空断路器

（1）国产真空断路器主要有 ZN（户内）、ZW（户外）两种系列，国外产品有 QF4 等其他系列。现以 QF4 型真空断路器为例，详细介绍真空断路器的内部结构、工作原理及性能。QF4 型真空断路器为全复合绝缘，体积小，结构紧凑。它将高压部分完全用绝缘材料包围起来，使导电部分对地和相间距离大大减小；操作机构和固定绝缘筒的机箱成为一个整体。机构中使用精度极高的零件，既能保证装配尺寸要求，又无需调整，很好地保持了断路器的整体性；独特的底车结构设计，使其很方便地用于中置柜，并完全实现了各种连锁功能要求。

（2）断路器本体的导电部分及真空灭弧室设置在用绝缘材料制成的圆筒体内，它能使真空灭弧室免受外界影响和机械的伤害。在断路器本体圆筒上装有一个筒盖（作为附加装置），这种设计有助于防止闪络的发生，并作为断路器内部污秽的附加保护，如图 15-3 所示。

图 15-3　QF4 型真空断路器外观

（3）真空灭弧室的外壳由高强度的氧化铝制成，两端焊接不锈钢端盖形成密封的腔室。灭弧室的内层为金属屏蔽罩，在触头动断过程中，电弧产生的金属蒸气在很短时间内就可以复合或凝聚在屏蔽罩上，使灭弧室内的绝缘介质迅速恢复。同时，屏蔽罩也可以保护陶瓷外壳免受金属喷溅物的损伤。可伸缩的不锈钢波纹管是灭弧室的关键部分之一，它能使动触头在完全密封的真空灭弧室内运动。波纹管的密封性能和寿命是决定真空灭弧室机械寿命的主要因素之一。

(4) 断路器在合闸位置时的主回路电流路径是：从上部接线端子经固定在圆筒体上的灭弧室夹架连接到位于真空灭弧室内部的静触头，而后经过动触头及额定电流为 630A 的转动触头（额定电流为 1250A 的则为滚动触头）至下部接线端子，依靠绝缘连杆与接触压力弹簧来完成断路器的操作运动。

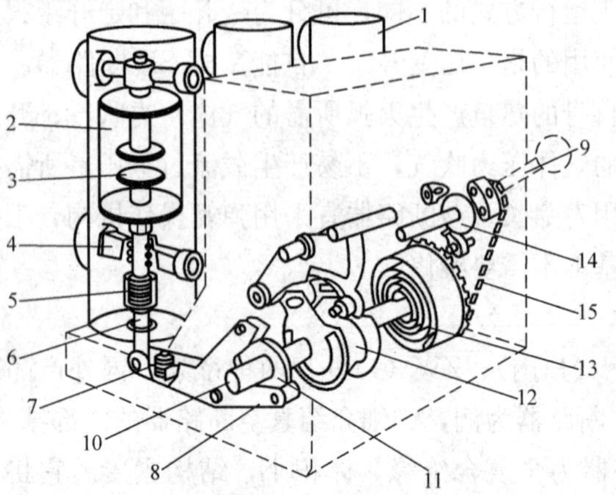

图 15-4　QF4 型真空断路器结构

1—灭弧室单极装配；2—真空灭弧室；3—动触头；4—滚动触头（1250A）或转动触头（630A）；5—压力弹簧；6—绝缘连杆；7—分闸弹簧；8—双臂移动连杆；9—储能手柄；10—主轴；11—凸轮盘；12—脱扣机构；13—带外罩的平面蜗卷弹簧；14—棘轮；15—传动链

(5) 操作机构采用平面蜗卷弹簧储能，一台操作机构操作三相断路器，拧紧平面蜗卷弹簧，将储存足够的能量以供断路器操作的需要。

(6) 由于真空断路器的绝缘性能好，分断能力强，结构简单，体积小，操作容易，因而得到了广泛应用，其安全稳定的工作性能越来越受到人们的重视和青睐，并逐渐在中压断路器中占据主导地位。图 15-4 所示为 QF4 型真空断路器结构。

二、检修前的准备及标准检修项目

（一）检修周期、人力资源及所需工器具（以 QF4 型真空断路器为例）

(1) 检修周期：4 年或满容量开断短路电流 50 次或纠正性检修。

(2) 所需人力资源：2 人×16h。

(3) 所需工器具、材料及备品备件，见表 15-1。

表 15-1　所需工器具、材料及备品备件

序号	名称	规格型号	单位	数量	备注
1	螺丝刀		把	1	
2	套筒扳手		套	1	
3	活扳手		把	1	
4	力矩扳手		把	1	
5	内六角扳手		套	1	

续表

序 号	名 称	规格型号	单 位	数 量	备 注
6	真空吸尘器		台	1	
7	白布		m	5	
8	毛刷		把	2	
9	电动扳手		把	1	
10	交流耐压装置		台	1	
11	断路器机械特性测试仪		台	1	
12	大电流微欧计		台	1	
13	直流高压发生器		台	1	
14	绝缘电阻表		台	1	
15	倍频耐压装置		台	1	
16	润滑剂		盒	1	
17	备品备件		件		视需要

（二）检修前的准备及安全措施

1. 检修前的准备工作

(1) 根据设备运行发现的缺陷及上次检修后的情况确定重点检修项目，编制检修计划。

(2) 讨论检修项目、进度、需消除缺陷的内容及有关安全注意事项。

(3) 制订技术措施，准备有关检修资料及记录表格和检修报告等。

(4) 准备检修时必需的工具、材料、测试仪器和备品备件及施工电源。

(5) 按《电业安全工作规程》规定，办理工作票许可手续，做好现场检修安全措施，完成检修开工手续。

2. 安全措施

(1) 断开 QF4 型真空断路器及其直流操作电源。

(2) 将 QF4 型真空断路器移动至维修小车上，并拉至“检修”位置。

(3) 操作断路器合、分闸各一次使弹簧释能。

(4) 检修工作必须在清洁的场地进行。

3. 断路器标准检修项目

(1) 断路器本体的清扫。

(2) 检查断路器的触臂绝缘套管、灭弧室有无异常情况。

(3) 检查断路器触头的润滑情况，有无锈斑、灰尘等受损情况，有无过热、烧蚀等现象。

(4) 断路器的电气预防性试验。主回路直流电阻测量、绝缘电阻测量、交流耐压试验、辅助回路绝缘电阻测量。

(5) 传动检查和操作试验。

三、检修工艺及质量标准(以 SF_6 断路器为例)

中压断路器检修工艺及质量标准见表 15-2。

表 15-2　　中压断路器检修工艺及质量标准

序号	项　目	检 修 工 艺	质 量 标 准	备 注
1	灭弧室部分	触头行程及插入行程(超行程)	符合制造厂技术条件要求	
2	本体与机构的连接	(1) 调整、测量机构工作缸行程	符合制造厂技术条件要求	
		(2) 调整合闸保持弹簧	符合制造厂技术条件要求	
		(3) 调整分闸缓冲器	符合制造厂技术条件要求	
		(4) 调整引弧距	符合制造厂技术条件要求	
3	储能器	氮气预充压力的调整	符合制造厂技术条件要求	液压机构,氮气储能
4	SF_6气体系统	检查 SF_6 断路器压力表上的指针读数		
		SF_6气体泄漏检测	符合制造厂技术条件要求	
5	机构压力表与压力断路器	校验压力表,调整压力断路器动作值	符合制造厂技术条件要求	
6	安全阀	调整并校验安全阀	符合制造厂技术条件要求	
7	控制线圈	合闸线圈直流电阻和绝缘电阻	符合制造厂技术条件要求	
		分闸线圈直流电阻和绝缘电阻	符合制造厂技术条件要求	
8	机械特性	合闸时间(ms)	符合制造厂技术条件要求	
		合闸速度(m/s)	符合制造厂技术条件要求	
		合闸三相不同期(ms)	≤5	
		分闸时间(ms)	符合制造厂技术条件要求	
		分闸速度(m/s)	符合制造厂技术条件要求	
		分闸三相不同期(ms)	≤3	
		合—分时间(ms)	符合技术标准要求	
		辅助断路器动作时间	符合制造厂技术条件要求	
		合闸弹跳与分闸反弹	符合技术标准要求	真空断路器
		合闸电阻提前投入时间	符合制造厂技术条件要求	
9	低电压动作特性	分闸线圈	符合技术标准要求	
		合闸线圈(或合闸接触器)	符合技术标准要求	

续表

序号	项　目	检修工艺		质量标准	备　注
10	操作试验	就地操作（额定操作电压下）		可靠动作，操作时机构压降符合制造厂技术条件要求	
		远方操作（额定操作电压下）		可靠动作，各种信号显示正确	
		机构补压		符合制造厂技术条件要求	
		防止失压慢分试验		符合技术标准要求	
11	主回路	回路电阻测量		符合技制造厂术条件要求	
12	绝缘试验	绝缘电阻（MΩ）	控制回路对地	符合技术标准要求	
			辅助回路对地		
			电动机绕组对地		
			主回路及绝缘拉杆		
		泄漏电流（A）	泄漏电流测量	符合技术标准要求	少油断路器
		1min工频耐压（kV）	主回路合闸对地	符合技术标准要求	按照规程要求
			主回路分闸断口间		
			控制回路对地		
			辅助回路对地		
			电动机绕组对地		
		电容器的绝缘电阻、电容量及介质损耗测量		符合技术标准要求	对于有断口并联电容的断路器
		绝缘油试验		符合技术标准要求	

四、试验及标准

中压断路器的预防性试验项目及试验标准见表15-3～表15-5。

1．少油断路器预防性试验项目及试验标准（见表15-3）

表15-3　　少油断路器预防性试验项目及试验标准

序号	试验项目	试验标准
1	主回路直流电阻测量	用直流压降法测量，电流不小于100A
2	主回路绝缘电阻	整体绝缘电阻自行规定 断口绝缘电阻不低于300MΩ
3	辅助回路绝缘电阻测量	采用500V或1000V绝缘电阻表测量 绝缘电阻不应小于2MΩ

续表

序号	试验项目	试验标准
4	断路器对地、断口及相间工频耐压试验	断路器对地及相间试验电压值参照DL/T 593《高压开关设备和控制设备标准的共用技术要求》的规定值
5	断路器本体和套管中绝缘油试验	油击穿电压大于或等于30kV

2. SF_6断路器预防性试验项目及试验标准（见表15-4）

表15-4　SF_6断路器预防性试验项目及试验标准

序号	试验项目	试验标准
1	断路器内SF_6气体的湿度及气体的其他检测项目	湿度不大于300μL/L（20℃体积分数） 密度应为6.16kg/m³（标准状态下）
2	主回路绝缘电阻	整体绝缘电阻自行规定 断口绝缘电阻不低于300MΩ
3	辅助回路绝缘电阻测量	采用500V或1000V绝缘电阻表测量 绝缘电阻不应小于2MΩ
4	断路器对地、断口及相间工频耐压试验	试验电压值为出厂试验电压值的80%，耐压时间为1min
5	主回路直流电阻测量	采用直流压降法测量，电流不小于100A

3. 真空断路器预防性试验项目及试验标准（见表15-5）

表15-5　真空断路器预防性试验项目及试验标准

序号	试验项目	试验标准
1	主回路直流电阻测量	采用直流压降法测量，电流不小于100A
2	主回路绝缘电阻	断口绝缘电阻大于或等于1000MΩ 整体绝缘电阻大于或等于500MΩ 相间绝缘电阻大于或等于500MΩ 绝缘电阻表输出2500V
3	辅助回路绝缘电阻测量	合闸脱扣器绝缘电阻大于或等于50MΩ 合闸闭锁电磁铁绝缘电阻大于或等于50MΩ 分闸脱扣器绝缘电阻大于或等于50MΩ 绝缘电阻表输出1000V
4	工频耐压试验	（1）断口、整体、相间交流耐压试验1min，耐压值参照相关电力规程的规定值。 （2）工频耐压后绝缘电阻值没有明显下降

第二节　低压断路器的检修与维护

一、低压断路器的原理及结构简述

低压断路器也称为自动空气断路器，是能够接通、承载及分断正常的工作电流，也能在规定的非正常电路条件（过载、短路）下接通、承载一定时间和分断电流的开关电器。低压断路器，按它的结构、用途和所具备的功能可分为塑料外壳式断路器和万能式断路器。根据保护对象的不同，低压断路器又分为以下三个类型：

(1) 配电保护型。保护电源、电气线路（电线、电缆）和设备。

(2) 电动机保护型。专作电动机的不频繁启动、运行中分断及在电动机发生过载、短路和欠电压时的保护。

(3) 剩余电流（漏电）保护型。用来保护人身免受电击危险及防止电气火灾。

由于低压断路器具有多种保护功能（过载、短路、欠电压保护等）、动作值可调、分断能力高、操作方便、安全等优点，因此被广泛应用。

低压断路器一般由触头系统、火弧系统、操作机构、脱扣器、外壳等构成。低压断路器主触头的分合是靠手动操作或电动操作来实现的。在正常情况下，触头能够接通和分断额定电流。主触头闭合后，自由脱扣机构将主触头锁在合闸位置上。过电流脱扣器的线圈和热脱扣器的热元件与主电路串联，欠电压脱扣器的线圈和电源并联。当电路发生短路时，过电流脱扣器的衔铁吸合，使自由脱扣机构动作，主触头断开主电路。当电路过载时，热脱扣器的热元件发热使双金属片向上弯曲，推动自由脱扣机构动作，断开电路。当电路欠电压时，欠电压脱扣器在电压低于70%额定电压时，其衔铁释放，也使自由脱扣机构动作。分励脱扣器则作为远距离控制用，在正常工作时，其线圈是断电的，在需要距离控制时，使线圈通电，衔铁带动自由脱扣机构动作，使主触头断开。

低压断路器型号众多，但结构基本相同，现以3VL系列塑壳断路器为例加以介绍，如图15-5所示。该系列断路器采用模块化设计，带有热磁式或电子式过电流脱扣器，配置直流电动操作机构，并具备自动储能功能，满足远方操作要求。断路器具有手动和电动操作功能，柜面为按钮电动操作，打开分隔柜门后，可手动操作。每台塑壳断路器均采用插入式安装，允许在主进线电源不停电的情况下检修和

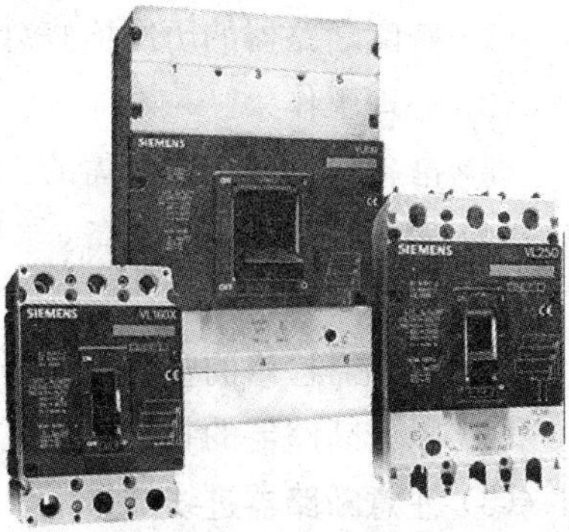

图15-5　3VL系列断路器

更换。3VL 系列断路器主要检修部件：塑壳断路器主体、插入式底座、过电流脱扣器、电动操作机构。

二、检修前的准备及标准检修项目

（一）检修周期、人力资源及所需工器具

（1）检修周期：按状态进行纠错性检修。

（2）所需人力资源：每工作日 2 人。

（3）所需工器具、材料及备品备件，见表 15-6。

表 15-6　　所需工器具、材料及备品备件

序号	工器具名称	型号、规格	单位	数量
1	数字万用表		块	1
2	钳形电流表		块	1
3	绝缘电阻表		块	1
4	过电流脱扣器功能测试仪		个	1
5	组合工具		套	1
6	电源盘		卷	1
7	真空吸尘器		台	1
8	清洁布		m	2
9	毛刷		把	2
10	无水乙醇		瓶	2
11	备品备件		台	视需求

（二）检修前的准备及安全措施

1. 检修前的准备工作

（1）查阅断路器的历次检修总结报告和技术档案，了解其绝缘状况。

（2）办理工作票。

（3）准备好检修工作所需的工具材料、仪器仪表和劳动防护用品。

（4）做好人员的组织准备。

2. 安全措施

（1）断开需检修的塑壳断路器。

（2）断开断路器的直流操作电源。

（3）注意断路器进线端带电，检修过程中严禁触摸。

（4）使用绝缘工具。

3. 断路器标准检修项目

（1）检查断路器过载脱扣的整定值与所带负荷是否匹配。

（2）检查断路器外壳有无破损、开裂等异常情况。

（3）检查断路器触头有无锈斑、灰尘等受损情况，有无过热、烧蚀痕迹。

（4）断路器与母线和出线的连接点是否有过热现象。

（5）断路器机械、电气操作试验。

（6）断路器的脱扣器功能测试。

（7）断路器的电气预防性试验。

三、检修工艺及质量标准

低压断路器检修工艺及质量标准。

表 15-7　　低压断路器检修工艺及质量标准

序号	项　目	检　修　工　艺	质　量　标　准	备　　注
1	主触头组	触头行程及磨损状况检查	符合制造厂技术条件要求	
2	连接部位	断路器与母线和出线的连接点检查	无变色、烧蚀痕迹	
3	操作及储能机构	是否能手动/电动分合闸	正常动作	
		储能是否正常	正常动作	
4	电子过电流脱扣器	正常显示	正常显示	脱扣器内部集成的自诊断功能，可以测试过电流脱扣器系统
		对脱扣器进行功能测试	正常动作	
5	电压动作特性	分励脱扣器线圈动作是否正常	要求在控制电源电压的70%～110%之间，确保动作	
		欠电压脱扣器线圈动作是否正常	要求在电源电压的35%～70%内瞬动	

第三节　干式变压器的检修与维护

一、干式变压器的工作原理及结构简述

（一）干式变压器工作原理

变压器是一种改变电压、传输电能的电气设备，它以铁芯为媒介，通过电磁感应的原理实现能量的传递，即将某一电压值的交流电能，转换为同频率的另一电压值的交流电能。铁芯和线圈都不浸入绝缘液体中的变压器称为干式变压器，现以单相变压器为例简要介绍变压器的工作原理，如图 15-6 所示。

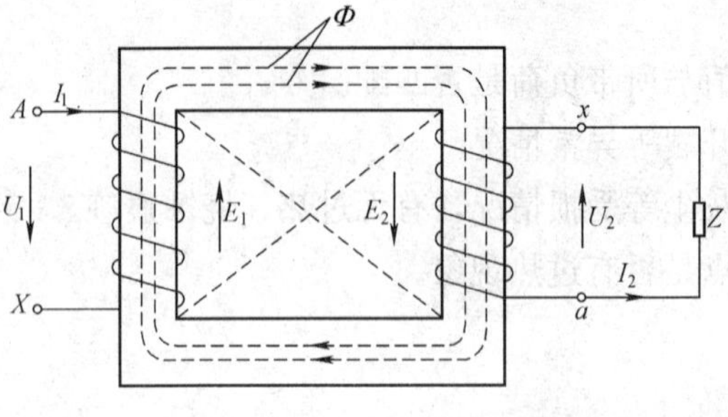

图 15-6　单相变压器原理

电源侧线圈称为一次线圈，负荷侧线圈称为二次线圈。当交流电压U_1加到一次线圈后，交流电流I_1流入该线圈并产生励磁作用，在铁芯中产生交变磁通Φ，这个磁通不仅穿过一次线圈，同时也穿过二次线圈，分别在两个线圈中产生感应电动势E_1和E_2。这时如果二次线圈与外电路的负荷接通，便有电流I_2流入负荷，于是有电能输出。根据电磁感应定律，则

$$E = 4.44 f N \Phi_m$$

式中　E——电动势有效值；

f——频率；

N——线圈匝数；

Φ_m——主磁通的最大值。

由于一、二次线圈的磁通相同，所以

$$E_1 = 4.44 f N_1 \Phi_m$$

$$E_2 = 4.44 f N_2 \Phi_m$$

忽略内阻抗压降的影响，感应电动势等于端电压，即$U_1=E_1$、$U_2=E_2$，那么

$$U_1/U_2 = E_1/E_2 = N_1/N_2 = K$$

通过以上关系式分析便知，变压器一、二次电压之比近似等于一、二次线圈的匝数之比；由于一、二次线圈的匝数不等，因此一、二次电压就不相等，这就是变压器改变电压的原理。

（二）干式变压器结构

干式变压器具有无油、免维修、难燃防火、环保等优点，一般由线圈、铁芯、器身及其他辅件组成，如图 15-7 所示。

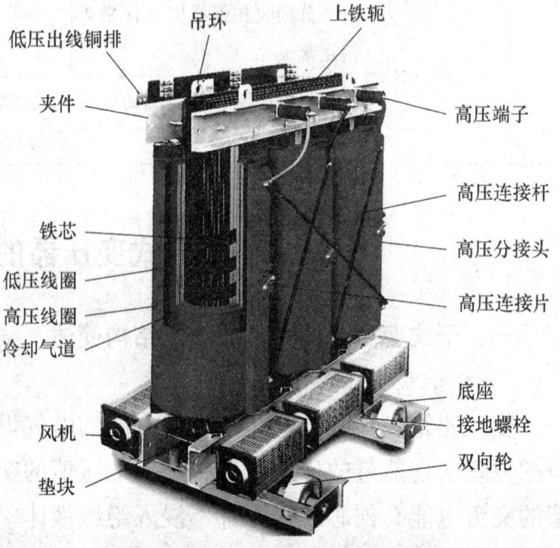

图 15-7　干式变压器结构

1. 线圈部分

干式变压器的线圈结构基本上与油浸式变压器相同，多为圆筒式，较大容量的干式变压器线圈可采用饼式。一般来说，干式变压器高压线圈采用线绕方式，低压线圈采用箔绕方式。干式变压器在线圈外加上非油绝缘介质，以增加线圈的绝缘性能，环氧树脂浇注干式变压器就是用环氧树脂为绝缘材料，以浇注的方式与线圈一起固化，从而减小变压器线圈的体积。

2. 铁芯及器身部分

干式变压器的铁芯除了作为主磁通的通道外，还作为变压器线圈、器身及其他组件的主要支撑件，所以铁芯一方面通过多片硅钢片叠片，减少涡流损耗，另一方面利用紧固件、支撑件增加铁芯的强度和刚度，同时也减少铁芯噪声的产生。

一台干式变压器，最基本的结构除了线圈和铁芯以外，还要有器身部分，它主要包括出线端子、变压器底座及接地结构等，以方便用户安装和固定，保证用户的使用安全。

3. 辅件（风机、外壳、温控器、有载断路器等结构辅件）

根据不同的用户、不同的使用环境、不同的工作要求，干式变压器可以增加不同的组件：

(1) 根据不同的用户高、低压接口要求，增加不同形式的出线端子结构（如侧出线、封闭母线等）。

(2) 根据不同的环境和运行工况，为提高负荷能力和降低变压器温升，增加冷却设备，目前一般多采用风机冷却。

(3) 根据使用环境的差异或用户的要求，增加保护外壳，以提高变压器的防护等级，增强变压器对外部环境的适应能力。

(4) 为实现变压器的智能监控及在任何时刻对变压器温度进行监控，变压器一般都加装温度控制设备。

(5) 对供电质量要求较高的用户，变压器负荷状态下切换变压器分接位置改变变压器变比以实现低压输出电压稳定，有载调压断路器就可以满足要求。一般有载调压断路器有两种形式：真空断路器和空气断路器，一般选择真空断路器。

二、变压器的调压方式

（一）变压器调压方式的分类

变压器调压方式有无载调压和有载调压两种。

(1) 有载调压变压器装有带负荷调压装置，可以在运行中带负荷调整分接头来改变电压。

(2) 无载调压变压器只能在停电无负荷的情况下改变分接头位置。

调节变压器分接断路器，实际上是改变了变压器线圈的匝数，因为 $N_1/N_2=U_1/U_2$（U_1系统电压不变），改变 N_1或 N_2都会使 U_2改变，所以能起调压作用。

（二）变压器有载调压基本原理

变压器有载调压的基本原理，就是从变压器线圈中引出若干分接头，通过有载分接断路器，在保证不切断负荷电流的情况下，由一分接头切换到另一分接头，以变换有效匝数，即改变了变压器的变压比，从而达到了有载调压的目的，有效提高电压质量。图 15-8 所示为变压器有载调压电路。

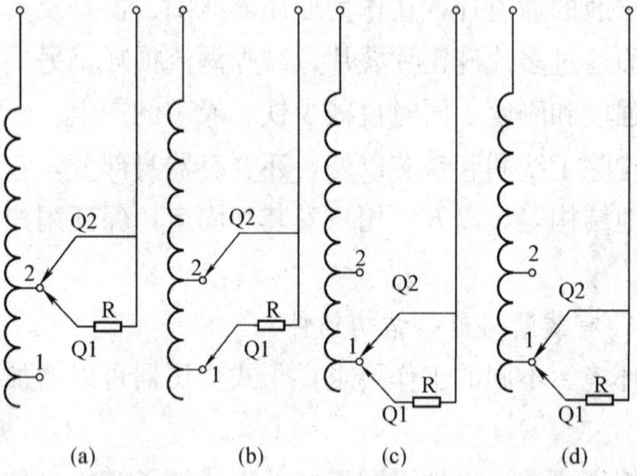

图 15-8　变压器有载调压电路

（1）图 15-8（a）所示为分接开关的两个触头 Q1 和 Q2 都和分接头 2 接触，负荷电流由分接头 2 输出，与触头 Q1 串联的阻抗为限流阻抗 R。

（2）图 15-8（b）所示为触头 Q1 已切换到分接头 1 上，这时负荷电流仍由分接头 2 输出，阻抗 R 起限制循环电流的作用。

（3）在图 15-8（c）中，触头 Q2 已离开分接头 2 而尚未到达分接头 Q1，负荷电流由分接头 1 经触头 Q1 阻抗输出。

（4）在图 15-8（d）中，触头 Q2 已切换到分接头 1 上，负荷电流由分接头 1 输出。

由图 15-8 可知，由分接头 2 输出电流切换到分接头 1 输出，不用停电、断开负荷。

（三）变压器无载调压基本原理

当变压器停止运行后，通过改变变压器高压线圈上的分接挡位，改变高、低压线圈的匝数比，从而达到提高或降低低压侧线圈电压的目的。

三、检修前的准备及标准检修项目

（一）检修周期、人力资源及所需工器具

（1）检修周期：5 年。

（2）所需人力资源：4 人×16h（无风机，无载调压），4 人×24h（有风机），4 人×24h（带有载调压）。

（3）所需工器具、材料及备品备件见表 15-8。

表 15-8　　所需工器具、材料及备品备件

序号	名　称		型号规格	单位	数　量
一	工器具				
1	吸尘器			台	1
2	力矩扳手			把	1
3	套筒扳手			套	1
4	测试仪器	绝缘电阻表		块	1
		直阻仪		台	1
		耐压仪		台	1
二	材料				
1	毛刷			把	2
2	白棉布			m	6
3	酒精			瓶	2
4	润滑剂			瓶	1
三	备品备件				
1	测温电阻			只	6
2	冷却风机			台	视需要
3	温度控制器			台	视需要

（二）检修前的准备工作及安全措施

1. 检修前的准备工作

（1）查阅变压器的历次检修总结报告和技术档案，查阅变压器的历次试验记录，了解其绝缘状况。

（2）办理工作票。

（3）确认变压器是否已经断电，变压器的相关安全措施是否已经执行。

（4）准备好检修工作所需的工具材料、仪器仪表和劳动防护用品。

（5）做好人员的组织准备。

2. 安全措施

（1）断开高压侧断路器。

（2）断开低压侧断路器。

（3）将高压侧断路器用小车拉至检修位置。

（4）在断路器高、低压侧装设接地线。

3. 变压器标准检修项目

(1) 干式变压器的清扫。

(2) 检查干式变压器外壳、导电部件、紧固件、连接件、绝缘支架。

(3) 检查干式变压器铁芯、铁轭穿芯螺栓的连接情况。

(4) 检查干式变压器的温控器及引线。

(5) 检查干式变压器的风机及其二次回路。

(6) 干式变压器的电气预防性试验。

四、检修工艺及质量标准

1. 干式变压器检修工艺及质量标准（见表15-9）

表15-9　干式变压器检修工艺及质量标准

序号	项目	检修工艺	质量标准	备注
1	连接部分检查	检查所有紧固件、连接件和绝缘支架是否松动	带电零部件的紧固扭矩见表15-10	
2	清扫检查	检查导电零件有无生锈、腐蚀的痕迹和是否有过热现象，并观察绝缘表面有无爬电痕迹和碳化现象；检查浇注树脂有无脱层、变色、龟裂现象	符合制造厂技术条件要求	
3	调试有载调压断路器	对有载调压断路器进行清洁、润滑和调试	操作100 000次以后	脱扣器内部集成的自诊断功能，可以测试过电流脱扣器系统
4	温控器检查	检查温控器能否正常运行工作	对温控器按照JB/T 7631《变压器用电子温控器》进行检验	
5	冷却风机检查	检查冷却风机能否正常运行工作	(1) 采用500V绝缘电阻表检查二次回路及电动机绝缘，电阻值应大于0.5MΩ。 (2) 检查风机转向，风机正常运转时，风应从线圈底部向上吹入线圈	

2. 带电零部件的紧固扭矩（见表15-10）

表 15-10　　带电零部件的紧固扭矩

规　格	M10	M12	M16	M20
扭矩（N·m）	30	33	35	45

五、试验项目及标准

10kV干式变压器的预防性试验项目及试验标准见表15-11。

表 15-11　　10kV干式变压器的预防性试验项目及试验标准

序号	试验项目	试验标准
1	线圈直流电阻测量（各挡位）	(1) 1.6MVA以上变压器，各相线圈电阻相互间的差别不应大于三相平均值的2%，无中性点引出的线圈，线间差别不应大于三相平均值的1%。 (2) 1.6MVA及以下的变压器，相间差别一般不大于三相平均值的4%，线间差别一般不大于三相平均值的2%。 (3) 与以前（或出厂）相同部位测得值比较，其变化值不应大于2%
2	线圈、铁芯、穿心螺栓和铁轭夹件等的绝缘电阻测量	10kV变压器在一般情况下： 高压—低压及地绝缘电阻大于或等于300MΩ 低压—高压及地绝缘电阻大于或等于100MΩ 铁芯—夹件及地绝缘电阻大于或等于2MΩ 穿芯螺栓—铁芯及地绝缘电阻大于或等于2MΩ 绝缘电阻换算至同一温度下，与前一次测试结果相比应无明显变化
3	工频耐压试验	(1) 干式变压器全部更换线圈时，采用出厂试验电压值。 (2) 部分更换线圈和定期试验时，采用出厂试验电压值的0.85倍。 (3) 工频耐压1min设备未被击穿。 (4) 工频耐压后绝缘电阻测量值没有明显下降。 (5) 采用10kV变压器： 高压—低压及地电压值为30kV； 低压—高压及地电压值为2.5kV

第四节　母线的检修与维护

一、母线原理及结构简述

在发电厂和变电站的各级电压配电装置中，将发电机、变压器与各种电器连接的导线称为母线。母线也称汇流排，一般把电源送来的电流汇集在母线上，然后按需要从母线送到各分支的电路上分配出去。因此，母线的作用是汇集、分配和传送电能。由于母线在运行中，不仅有正常的工作电流通过，而且故障短路时，还要承受着很大的发热和电动力效应，因此必须合理地选用母线材料、截面形状和截面积，对母线的安装、检修应严格要求，从而保证达到安全经济运行的要求。

按母线的软、硬程度可分为软母线和硬母线两种。软母线采用多股绞线，用于室外，因空间大，母线有所摆动也不至于造成线间距离不够。软母线施工简便，造价低廉，使用新的绞线注意不应有腐蚀、机械损伤、断股等缺陷，使用旧的绞线不应有烧伤、因过热而变软、变脆、松股等缺陷。硬母线分为矩形母线和管形母线。硬母线一般使用于变压器至配电室内，其优点是施工安装方便，运行中变化小，载流量大，但造价成本较高。硬母线表面应洁净光滑，如发现有划痕、气泡、凹坑、起皮等现象，以及有裂痕或受过严重机械损伤的部分，则不能选用做母线材料。

母线选择应满足以下要求：

(1) 发热条件。母线在通过最大连续负荷电流时，母线发热不应超过允许温度，因而不致因过热而使绝缘损坏或加速老化。

(2) 电压损耗。当有电流流过母线时，由于线路存在电阻电感因素，从而引起电压降落。线路电压损失的大小与母线的材料、截面的大小，以及线路的长短和电流的大小密切相关，线路越长，负荷越大，线路电压损失也越大。母线通过最大连续负荷电流时产生的电压损失不应超过允许值，以保证供电质量。

(3) 经济电流密度。高压线路和特大电流的低压线路，应按规定的经济电流密度选择母线和电缆截面，以使线路的年运行费用接近最小，节约电能和有色金属。

(4) 机械强度和故障时的动、热稳定性要求。母线的截面不应小于最小允许截面，以保证母线的机械强度。屋外软、硬母线应考虑发生短路故障时，能满足热稳定性和动稳定性要求；室内所用的硬母线也应满足热稳定性和动稳定性的要求，每隔一定长度需要支撑绝缘子，将母线固定，以增加机械强度和稳定度。

二、检修前的准备及标准检修项目

(一) 检修周期、人力资源及所需工器具

(1) 检修周期：1～3 年。

(2) 所需人力资源：2 人×8h。

(3) 所需工器具、材料及备品备件见表 15-12。

表 15-12　　所需工器具、材料及备品备件

序号	工器具名称	型号、规格	单位	数量	序号	工器具名称	型号、规格	单位	数量
1	数字万用表		块	1	6	清洁布		m	2
2	绝缘电阻表		块	1	7	毛刷		把	2
3	组合工具		套	1	8	无水乙醇		瓶	2
4	电源盘		卷	1	9	备品备件		台	视需求
5	真空吸尘器		台	1					

（二）检修前的准备及安全措施

1. 检修前的准备工作

（1）查阅母线的历次检修总结报告和技术档案；查阅母线的历次试验记录，了解其绝缘状况。

（2）办理工作票；确认母线检修的相关安全措施是否已经执行。

（3）准备好检修工作所需的工具材料、仪器仪表和劳动防护用品。

（4）做好人员的组织准备。

2. 安全措施

（1）断开与母线相连的断路器，并将断路器拉至检修位置。

（2）在母线上装设接地线。

（三）母线的标准检修项目

（1）母线的清扫。

（2）检查母线及分支母线的连接螺栓是否紧固。

（3）检查母线及分支母线的连接处有无过热变色现象。

（4）母线的绝缘测试及交流耐压试验。

三、检修工艺及质量标准

1. 硬母线检修工艺及质量标准（见表 15-13）

表 15-13　　硬母线检修工艺及质量标准

序号	项目	检修工艺	质量标准	备注
1	连接部位检查	（1）所有螺栓、垫圈、闭口销、锁紧销、弹簧垫圈、锁紧螺母等检查。 （2）母线的接触面检查	（1）贯穿螺栓连接的母线两外侧均应有平垫圈，相邻螺栓垫圈间应有 3mm 以上的净距，螺母侧应装有弹簧垫圈或锁紧螺母；螺栓受力应均匀，不应使电气接线端子受到额外应力。 （2）母线的接触面应连接紧密，连接螺栓应用力矩扳手紧固。 （3）主母线及分支母线无过热变色现象	
2	清扫检查	母线室、母线及绝缘件使用白布和吸尘器清除积尘，对绝缘材料严重污染的元件，用无卤清洁剂清除	严禁使用三氯乙烷、三氯乙烯或四氯化碳	
3	绝缘检查	母线绝缘电阻测试，交流耐压试验		

2. 钢制螺栓的紧固力矩值（见表15-14）

表15-14　　钢制螺栓的紧固力矩值

螺栓规格（mm）	力矩值（N·m）	螺栓规格（mm）	力矩值（N·m）
M8	8.8～10.8	M16	78.5～98.1
M10	17.7～22.6	M18	98.0～127.4
M12	31.4～39.2	M20	156.9～196.2
M14	51.0～60.8	M24	274.6～343.2

四、试验及标准

1.10kV母线的预防性试验项目及试验标准（见表15-15）

表15-15　　10kV母线的预防性试验项目及试验标准

序号	试验项目	试验标准
1	绝缘电阻测量	（1）不应低于1MΩ/kV。 （2）耐压试验前后绝缘电阻不能有明显变化
2	直流电阻测量	（1）三相比较差值不大于20%。 （2）直流电流为100A
3	工频耐压试验	（1）交流耐压试验42kV/min。 （2）工频耐压后绝缘电阻值没有明显下降

2. 0.4kV母线的预防性试验项目及试验标准（见表15-16）

表15-16　　0.4kV母线的预防性试验项目及试验标准

序号	试验项目	试验标准
1	绝缘电阻测量	（1）不应低于0.5MΩ。 （2）采用1000V绝缘电阻表
2	直流电阻测量	（1）三相比较差值不大于20%。 （2）直流电流为100A
3	工频耐压试验	（1）交流耐压试验1000kV/min。 （2）可用2500V绝缘电阻表试验代替。 （3）耐压试验前后绝缘电阻不能有明显变化

第五节　电力电缆的检修与维护

一、电缆原理及结构简述

（一）电缆原理

由一根或多根相互绝缘的导电线芯置于密封套中构成的绝缘母线称为电缆，电缆用于传输、分配电能或传输电信号。在电力系统中，最常见的电缆有两大类：电力电缆和控制电缆。其中，电力电缆用于输送和分配大功率电能；控制电缆是配电装置中用于传导操作电流，连接电气仪表、继电保护和自动控制等设备。电力电缆的种类很多，大致有以下几类：

（1）按电压等级可分为中、低压（35kV 及以下）电缆、高压（110kV 以上）电缆、超高压（275～800kV）电缆及特高压（1000kV 及以上）电缆。

（2）按电流制式可分为交流电缆和直流电缆。

（3）按线芯数可分为单芯、双芯、三芯和四芯等。

（4）按绝缘材料可分为油浸纸绝缘、塑料绝缘、橡胶绝缘及交联聚乙烯。

（二）电缆结构

电缆一般由导电线芯、绝缘层、保护层三部分组成。铜芯交联聚乙烯绝缘钢带铠装聚氯乙烯护套阻燃电力电缆的结构如图 15-9 所示。

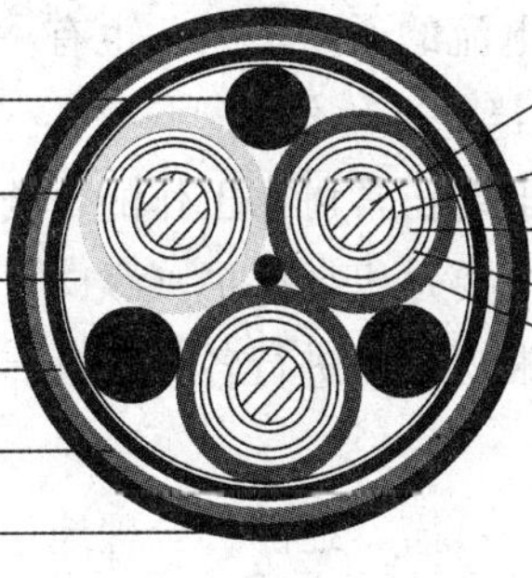

图 15-9 铜芯交联聚乙烯绝缘钢带铠装聚氯乙烯护套阻燃电力电缆的结构

由图 15-9 可知，电缆的内部结构较为复杂，而内部部件的作用各不相同，现汇总如下：

1. 导体（紧压型线芯）的作用

（1）传送电流。

（2）使外表面光滑，避免引起电场集中。

（3）防止挤塑半导电屏蔽层时半导电料进入线芯。

（4）可有效地防止水分顺线芯进入。

2. 导电屏蔽层的作用

（1）屏蔽层具有均匀电场和降低线芯表面场强的作用。

（2）提高了电缆局部放电的起始放电电压，减小局部放电的可能性。

（3）抑制树枝生长。

（4）热屏障作用。

3. 绝缘层的作用

绝缘层是将高压电极与地电极可靠隔离的关键结构。

（1）要承受工作电压的长期作用和各种过电压的短时作用，因此其耐电强度与长期稳定性能是保证整个电缆完成输电任务的最重要部分。

（2）能耐受发热导体的热作用，保持应有的耐电强度。

4. 绝缘屏蔽层的作用

绝缘屏蔽层保证能与绝缘紧密接触，克服了绝缘与金属无法紧密接触而产生气隙的弱点，而把气隙屏蔽在工作场强之外，在附件制作中也普遍采用这一技术。

5. 金属屏蔽层的作用

（1）形成工作电场的低压电极，当局部有毛刺时也会形成电场强度很大的情况，因此也要力图使金属屏蔽层表面尽量做到光滑完整、无毛刺。

（2）提供电容电流及故障电流的通路，因此也有一定的截面要求。

6. 保护层（内、外护套、铠装）的作用

保护层是保护绝缘和整个电缆正常可靠工作的重要保证，针对各种环境使用条件设计有相应的保护层结构，主要是机械保护（纵向、径向的外力作用）防水、防火、防腐蚀、防生物等，可以根据需要进行各种组合。

二、电力电缆选择及应用

为了确保供配电系统安全、可靠、经济、合理地运行，通常是根据敷设环境条件选择电力电缆型号，然后再按照发热条件选择电缆截面，最后选出符合设计要求的载流量，并满足电压损失和短路热稳定性要求的电缆截面。

（一）电力电缆截面的选择

（1）发热条件。按发热条件选用电力电缆的截面，是指电缆长期传输最大负荷电流时，导体工作温度应不超过产品标准中规定的最高允许工作温度。由于导体长期工作温度的高低主要取决于长期通过的实际运行电流及散热条件，导体的最高允许工作温度则由产品标准中规定的绝缘材料老化性能决定。因此，在工程上提出了电缆的允许持续载流量概念，即指电缆在长期最高允许温度下运行，电缆导体允许通过的最大负荷电流。电缆的允许持续载流量可分为电缆的基准允许持续载流量和电缆的实际允许持续载流量。其中，电缆的基准允许持续载流量，一般是根据 IEC 60287、JB/T 10181《电缆载流量计算》系列标准，采用典型基准参数、电缆结构参数、物理参数，以及与环境条件、状态有关的参数计算后得出的数据；当实际敷设电缆的现场环境条件及敷设状况不同于基准条件时，应对载流量进行校正，GB 50217《电力工程电缆设计规范》规定了敷设条件不同时部分电缆允许持续载流量

（基础性建议值）的校正系数。因此，按发热条件选择电力电缆截面时应遵循以下要求

$$I_1 = nI_2K$$
$$K = K_1 \cdots K_i$$

式中　n——同型号、同规格、同长度的并列电缆的根数；

K——综合校正系数；

K_i——某一条件不同于其对应的基准环境条件时的校正系数；

I_2——基准允许持续载流量；

I_1——实际允许持续载流量。

（2）电压损失。电力电缆长期通过最大恒定电流时，线路中的电压损失不应超过正常运行时的电压损失，尤其适用于低压照明线路。

（3）机械强度。电力电缆的截面不应小于某一敷设条件下规定的最小截面，以满足机械强度的要求。

（4）经济选型。按经济电流选择电缆截面，指在寿命期内投资和导体损耗费用之和最小的适用截面（区间）所对应的工作电流（范围）。

（二）电力电缆绝缘水平的选择

（1）应正确选择电缆的额定电压，确保长期安全运行。

（2）电缆的额定电压应大于或等于系统的额定工作电压，最高电压不得超过电缆额定电压的1.15倍。

（3）中压电缆绝缘水平的选择。6kV系统应选择6kV/10kV，10kV系统应选择8.7kV/15kV，35kV系统应选择26kV/35kV。

（三）绝缘材料和护套选择及应用

（1）重要的高层建筑、地下客运设施、商业城、重要的公共建筑、人员密集场所，应选用阻燃型电力电缆。

（2）对防火要求更高的，如应急电源线路、消防系统、电梯线路，应选用耐火型电力电缆（A、B级）。

（3）敷设在吊顶内、地沟、隧道内及电缆沟内的电缆，宜选用阻燃型电力电缆。XLPE绝缘，由于XLPE结构简单、允许温度高、载流量大、质量轻等，因此宜在高层建筑中优先使用。

（4）移动式电气设备等需要经常弯曲移动或有较高柔软性要求的回路，应使用橡皮绝缘电缆。

（5）用在中高压回路中的XLPE绝缘电缆，应选用具备耐水特性的绝缘构造形式。

三、电力电缆头的制作

（一）剥切要求

（1）先量剥切总尺寸，剥切外护套。

（2）剥切钢铠，剥切深度不大于钢甲厚度的 2/3，不得伤及内护层，修整钢铠切口成圆滑无毛刺状。

（3）剥切内护层，不得伤及导体绝缘层。

（4）剥切导体绝缘层。

（二）10kV 电缆头制作工艺流程（以 15kV 三芯电缆户内冷缩终端为例）

（1）检查冷缩式三芯快速终端（15kV 三芯户内冷缩终端）电缆附件箱内配件是否齐全，型号是否与安装的尺寸相符。

如图 15-10 所示，把电缆置于预定位置，剥去外护套，开剥长度为 $A+B+25\text{mm}$，并擦洗开剥处以下 50mm 长护套表面的污垢。

注：由于开关柜尺寸的差异及安装方式的不同，故此处给出的 A 仅供参考，具体的电缆外护套开剥长度应根据实际现场情况确定。

（2）护套口以下 15mm 处绕包两层 Scotch23 胶带。

（3）剥去钢铠，开剥长度为 $A+B$。

（4）剥去内护套，开剥长度为 $A-10\text{mm}+B$。

（5）在顶部绕包 PVC 胶带，将铜屏蔽带固定。

（6）打磨钢铠。

（7）用恒力弹簧将第一条接地线固定在钢铠上，如图 15-11 所示。

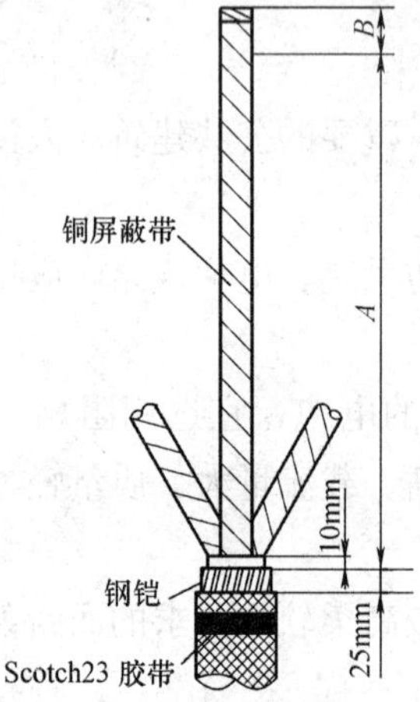

图 15-10　电缆剥切尺寸（一）

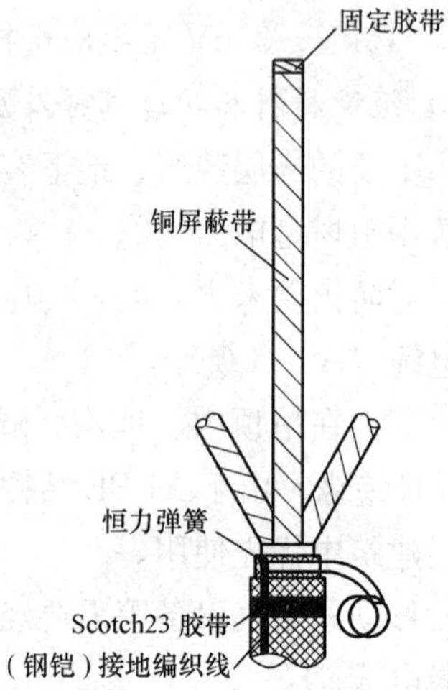

图 15-11　电缆剥切尺寸（二）

(8) 绕包 Scotch23 胶带，将恒力弹簧及内护套包绕住。

(9) 先在三芯钢屏蔽带根缠绕第二条接地线，并将其向下引出（注意：第二条接地线与第一条相背），如图 15-12 所示。

(10) 用恒力弹簧将第二条接地线固定住，如图 15-13 所示。

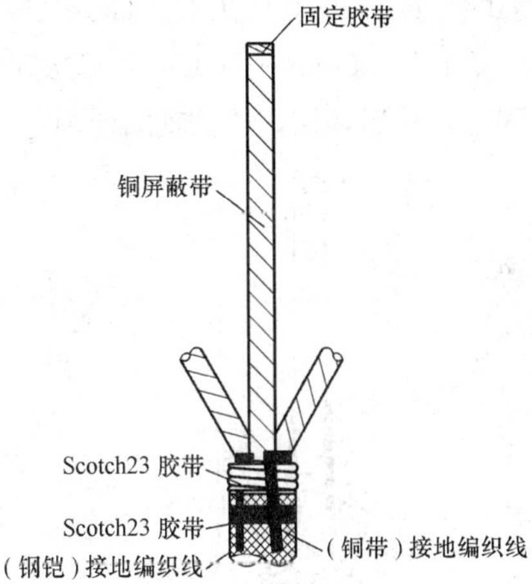

图 15-12　电缆剥切尺寸（三）

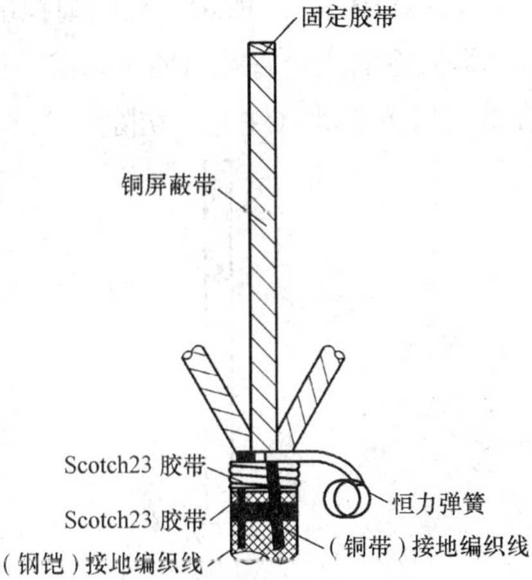

图 15-13　电缆剥切尺寸（四）

(11) 半重叠绕包 Scotch23 胶带，将恒力弹簧全部包裹住。

(12) 在第一层 Scotch23 胶带的外部再绕包第二层 Scotch23 胶带，把接地线夹在当中，以防水汽沿接地线空隙渗入，图 15-14 所示。

(13) 在整个接地区域及 Scotch23 胶带外面绕包 PVC 胶带，图 15-15 所示。

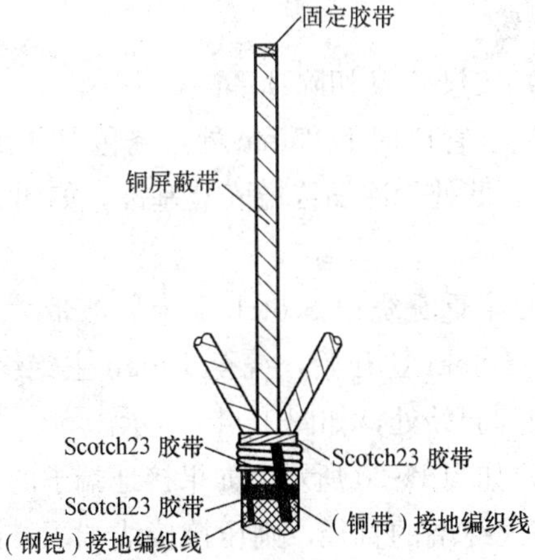

图 15-14　电缆剥切尺寸（五）

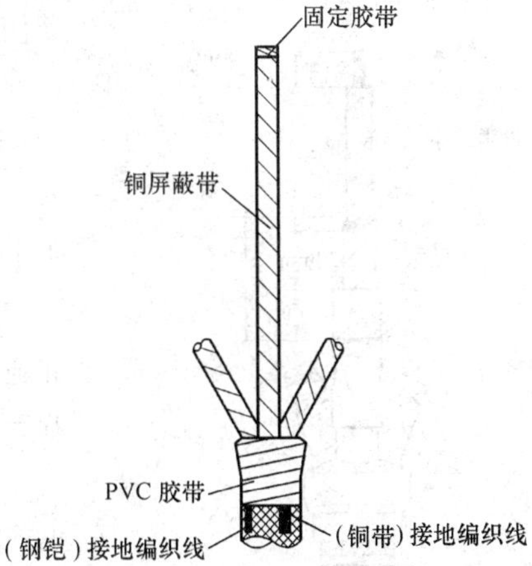

图 15-15　电缆剥切尺寸（六）

（14）安装冷缩式电缆分支手套。把手套放到电缆根部，逆时针抽掉线绳，先收缩颈部，然后按同样方法，分别收缩线芯，如图 15-16 所示。

（15）用 PVC 胶带将接地编织线固定在电缆护套上。

（16）套入冷缩式套管，与三叉手指搭接 15mm，逆时针抽掉芯线，使其收缩。

（17）如图 15-17 所示，从电缆顶部到冷缩式套管端口的长度为 C，如 $C<250\text{mm}+B$，则从冷缩式套管端口向下切除一段直管，尺寸为 $250\text{mm}+B-C$；如 $C\geqslant250\text{mm}+B$ 进行以下步骤（注意：切除时，应用胶带固定，然后环切，严禁轴向切割）。

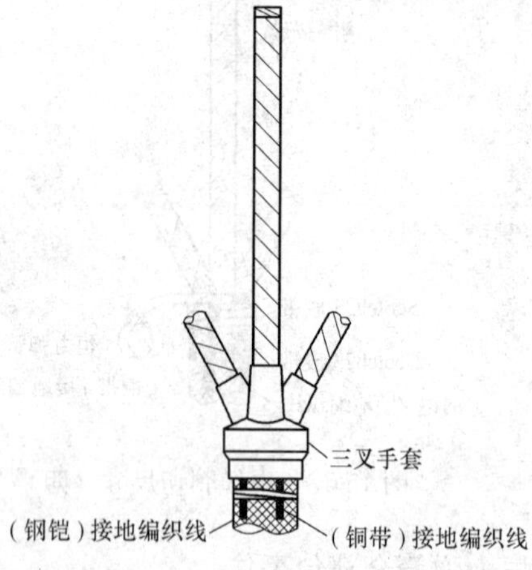

图 15-16　电缆剥切尺寸（七）

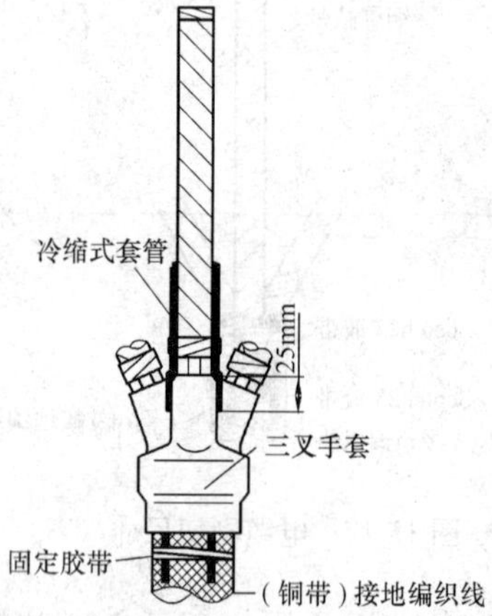

图 15-17　电缆剥切尺寸（八）

（18）冷缩式套管向下留 30mm 的铜屏蔽带，其余的切去。

（19）铜屏蔽带口向上再留 10mm 的半导体层，其余的全部剥去，剥离时切勿划伤主绝缘。

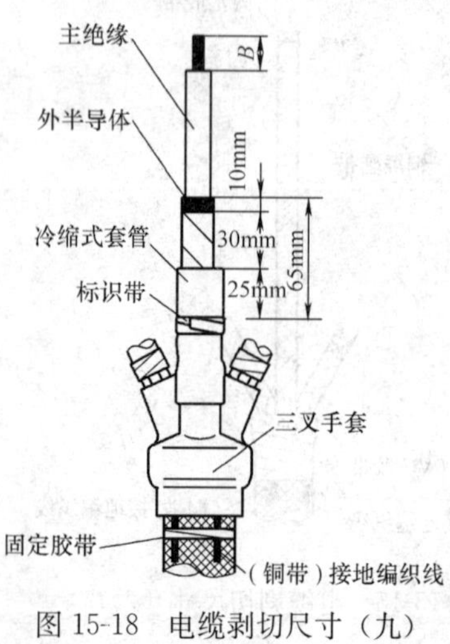

图 15-18　电缆剥切尺寸（九）

（20）按尺寸 B 切除顶部。

（21）套管口向下 25mm 处，绕包 PVC 胶带做一标记，此处为冷缩终端安装基准，如图15-18 所示。

（22）半重叠绕包 Scotch13 半导电带，从铜屏蔽带上 10mm 处开始，绕至 10mm 主绝缘上，然后返回到起始处，如图 15-19 所示。

（23）如图 15-20 所示，如果接地端子的宽度小于冷缩式终端的直径，则压接接线端子，锉平打光，并且清洗干净；用清洗剂将主绝缘擦拭干净（注意：不可用擦过接线端子的布擦拭绝缘）。

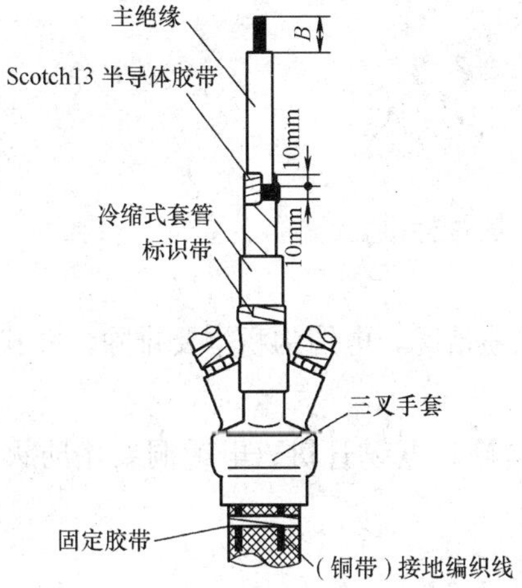

图 15-19　电缆剥切尺寸（十）

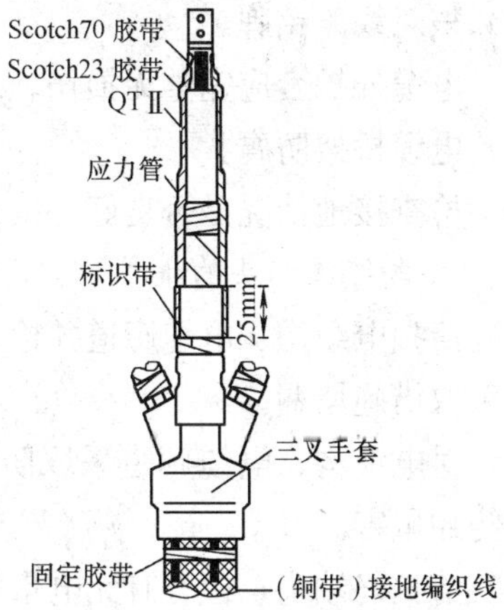

图 15-20　电缆剥切尺寸（十一）

（24）在半导电带与主绝缘搭接处涂上硅脂，将剩余的涂抹在主绝缘表面。

（25）套入冷缩式终端（QTⅡ），定位于 PVC 标识处。逆时针抽掉线芯，用 Scotch23 绝缘带填平接线端子与绝缘之间的空隙，然后从绝缘管处开始，半绕包 Scotch70 绝缘带至接线端子。如果接线端子的宽度大于冷缩终端的直径，则先安装终端，然后压接接线。

四、电缆的巡视及维护

1. 电缆巡视项目

（1）户外露天电缆的护套、铠装应完好。

（2）户外地面上保护电缆用的铁管无锈蚀、腐蚀情况或被车辆碰撞、损坏等。

（3）电缆终端头套管应完整清洁。引出线连接点应紧固无发热现象。

（4）电缆终端头接地必须良好，无松动现象。终端头的防雷设施应完善。

2. 电缆巡视注意事项

（1）电缆外表是否有损伤。

（2）电缆接头是否完整，引出线的接头有无发热现象。

（3）电缆位置是否正常，温度是否异常，通风、排水、照明等设施是否完整。特别要注意防火设施是否完善。

3. 电缆线路的维护

（1）清扫电缆沟、电缆廊道并检查电缆情况，电缆沟积水要排除，并找出积水原因，采取措施堵漏。

（2）对电缆沟、电缆廊道采取防火措施。电缆管口、电缆洞要用防火材料封堵，严防蛇鼠害。

(3) 核对线路铭牌。

(4) 电缆外护套应完整无损伤。

(5) 电缆桥架防腐。

(6) 检查接地情况是否良好，接地线是否标准。

4. 户外电缆终端头的维护

(1) 清扫电缆沟、电缆廊道并检查电缆情况，电缆沟积水要排除，并找出积水原因，采取措施堵漏。

(2) 对电缆沟、电缆廊道采取防火措施。电缆管口、电缆洞要用防火材料封堵，严防蛇鼠害。

(3) 清扫终端头，检查有无电晕放电痕迹。

(4) 检查电缆头引出线接触是否良好。

(5) 核对线路铭牌及相位颜色。

(6) 锈蚀支架及电缆铠装防腐。

(7) 检查接地情况是否良好，接地线是否标准。

5. 户内电缆终端头的维护

(1) 清扫终端及瓷套管，检查瓷套管及壳体有无裂纹，套管表面有无放电痕迹。

(2) 检查终端头引出线接触是否良好，特别是接头有无腐蚀。

(3) 核对线路铭牌及相位颜色。

(4) 检查接地情况是否良好，接地线是否标准。

五、试验及标准

10kV 交联聚乙烯绝缘电力电缆的预防性试验项目及试验标准见表 15-17。

表 15-17　10kV 交联聚乙烯绝缘电力电缆的预防性试验项目及试验标准

序号	试验项目	试验周期	要 求	说 明
1	电缆主绝缘绝缘电阻	(1) 1 年（重要电缆）、3 年（一般电缆）。 (2) 必要时。 (3) 交接时	与历次及三相比较无明显差异	用 2500V 绝缘电阻表测量
2	电缆外护套绝缘电阻	(1) 5 年。 (2) 必要时。 (3) 交接时	每千米绝缘电阻不低于 0.5MΩ	用 500V 绝缘电阻表测量

续表

序号	试验项目	试验周期	要 求	说 明
3	电缆主绝缘耐压试验	(1) 1年(重要电缆)、3年(一般电缆)。 (2) 交接时。 (3) 新作终端或接头后。 (4) 必要时	(1) 直流试验电压为37kV,加压时间为5min,不击穿。 (2) 直流耐压5min时的泄漏电流不应大于耐压1min时的泄漏电流。 (3) 交流耐压试验	(1) 可根据试验设备情况选择试验方法。 (2) 应创造条件进行交流耐压试验。 (3) 如有0.1Hz交流试验设备可代替直流耐压
4	检查电缆相位	新作终端或接头后	电缆两端的相位必须一致且与电网相位符合	

第十六章　厂用电主要设备的常见故障及处理

第一节　中压断路器的常见故障及处理

一、油断路器的常见故障及处理

1. 漏油

处理方法：发现漏油，应仔细观察哪个部位漏油，用耐油橡胶垫圈更换。更换时，特别注意要将老垫圈的残渣清理干净。活动拐臂轴漏油，可用耐油橡胶垫圈在唇形油封外加一层油封，能获得很好的效果。

2. 对地绝缘电阻过低

处理方法：应对支撑绝缘子和绝缘拉杆进行清洁和烘干，一般能满足要求。如不能满足要求，应对各部件单独进行测试，更换绝缘劣化的部件。

3. 断口绝缘过低

处理方法：应对内绝缘筒和灭弧室进行仔细检查，不应有裂纹及剥裂现象，否则在灭弧过程中这种裂纹及剥裂会造成灭弧室爆炸。所有部件应在清洁的绝缘油中清洗干净，特别是内绝缘筒和灭弧室更应多次清洗，有条件的可进行烘干处理，然后按照原来位置装好。

4. 接触电阻太大

处理方法：静触头上装有触指，可将触指取下用金相砂纸铺在平整的地方顺接触面弧形打磨。动触杆、触头架、滚动触头也用金相砂纸仔细打磨。

二、SF_6 断路器的常见故障及处理

1. 漏气分析及处理（密度继电器发信号）

（1）密度继电器发信号。①密度继电器动作值出现误差，误发信号，对其进行调整或更换；二次接线出现故障，找出错点，改正接线。②断路器本体漏气，找出漏气原因，进行处理。

（2）当 SF_6 气体正常渗漏至密度继电器发信号时，可按 SF_6 气体压力—温度曲线进行补气，使其达到额定压力；补气时可在带电运行状态下进行。

（3）当 SF_6 气体压力迅速下降或出现零表压时，应立即退出运行，并分析是否由于下列原因造成漏气：①焊接件质量有问题，焊缝漏；②铸件表面漏气（有针孔或砂眼）；③密封圈老化或密封部位的螺栓、螺纹松动；④气体管路连接处漏气；

⑤压力表或密度继电器漏气，应予以更换。

处理方法：找出具体漏气原因，在制造厂家协助下进行检修。当运行中断路器发生严重泄漏故障，运行或检修人员需要接近设备时，要注意从上风方向接近，必要时应戴防毒面具，穿防护衣，并应注意与带电设备的安全距离。

2. 拒合或合闸速度偏低

（1）合闸铁芯行程小，吸合到底时，定位件与滚轮不能解扣，调整铁芯行程。

（2）连续短时进行合闸操作，使线圈发热，合闸力降低。

（3）辅助断路器未转换或接触不良，要进行调整，并检查辅助断路器的触点是否有烧伤，有烧伤要予以更换。

（4）合闸弹簧发生永久形变，合闸功不足。

（5）合闸线圈断线或烧坏，应更换。

（6）合闸铁芯卡住，应检查并进行调整，使其运动灵活。

（7）扇形板未复位或与半轴的间隙过小（小于 1mm），原因是分闸不到位或调整不当，应重新调整。

（8）扇形板与半轴的扣接量过小，应调整在 2～4mm 范围内，或扇形板与半轴扣接处有破损，应予以更换。

（9）合闸定位件或凸轮上的滚轮热处理硬度偏低，有变形现象，应予以更换。

（10）机构或本体有卡阻现象，要进行慢动作检查或解体检查，找出不灵活部位重新装调。

（11）分闸回路串电，即在合闸过程中，分闸线圈有电流（其电压超过 30%额定操作电压），分闸铁芯顶起，此时应检查二次回路接线是否有错，并改正错误。

（12）电源压降过大，合闸线圈端电压达不到规定值，此时应调整电源并加粗引线。

（13）控制回路未接通，应检查断路位置，如线圈的接线端子处引线未压紧而接触不良等现象，查出问题后进行处理。

3. 拒分或分闸速度低

（1）半轴与扇形板调整不当，扣接量过大（扣接量一般应调整在 2～4mm 范围内）。

（2）辅助断路器未转换或接触不良，要进行调整，并检查辅助断路器的触点是否有烧伤，有烧伤应予以更换。

（3）分闸铁芯未完全复位或有卡滞，要检查分闸电磁铁装配是否有阻滞现象，如有应排除。

（4）分闸线圈断线或烧坏应予以更换。

（5）分闸回路参数配合不当，分闸线圈端电压达不到规定数值，应重新调整。

（6）控制回路未接通，应检查断路位置，然后进行处理。

（7）机构或本体有卡阻现象，影响分闸速度，可慢分或解体检查，重新装配。

（8）分闸弹簧预拉伸长度达不到要求，适当调整预拉伸长度。

（9）分闸弹簧失效，分闸功不足，可更换分闸弹簧。

4. 合闸弹簧不储能或储能不到位

（1）控制电动机的自动空气断路器在“分”位置，应予以关合。

（2）对控制回路进行检查，有接错、断路、接触不良等现象，应进行处理。

（3）接触器触点接触不良，应予以调整。

（4）行程断路器切断过早，应予以调整，并检查行程断路器触点是否烧坏，有烧伤应予以更换。

（5）检查机构储能部分，有无卡阻、配合不良、零部件破损等现象，如有应予以排除。

5. 水分超标（渗进水分）

（1）更换吸附剂。

（2）抽真空，干燥或更换 SF_6 气体。

三、QF4 型真空断路器的常见故障及处理方法

1. 真空泡真空度降低

（1）在进行断路器定期停电检修时，必须使用真空测试仪对真空泡进行真空度的定性测试，确保真空泡具有一定的真空度，达到相应的标准。

（2）当真空度降低时，必须更换真空泡，并做好行程、同期、弹跳等特性试验。

2. 绝缘故障

一旦发生绝缘事故，应查找原因，并对损坏的绝缘器件进行修补和更换，同时进行绝缘试验。

3. 拒动、误动故障

（1）检查控制回路是否正常可靠，即检查分合闸回路二次线是否误接、断线。

（2）检查分合闸线圈是否断线，并测量分合闸线圈电阻值是否合格。

（3）检查操作机构（特别是主传动单元）是否有松动、蹩劲、锈蚀、污脏和弯曲变形等现象。

（4）电源压降过大，分合闸线圈端电压达不到规定值，此时应调整电源并加粗引线。

4. 弹簧操作机构合闸储能回路故障

（1）检查储能电动机是否能正常工作，并测量储能电动机绕组电阻值是否

合格。

(2) 检查弹簧操作机构是否有卡阻现象。

(3) 检查储能电动机控制回路上的二次接线是否正常。

5. 分合闸不同期、弹跳数值大

在保证行程、超行程的前提下，通过调整三相绝缘拉杆的长度，使同期、弹跳测试数据在合格范围内。如果通过调整无法实现，则必须更换数据不合格相的真空泡，并重新调整到数据合格。

第二节　低压断路器的常见故障及处理

低压断路器的常见故障及其处理方法见表 16-1。

表 16-1　　低压断路器的常见故障及其处理方法

序号	故障现象	原　　因	处理办法
1	手动操作断路器不能闭合	(1) 欠电压脱扣器无电压或线圈损坏。 (2) 储能弹簧变形，导致闭合力减小。 (3) 反作用弹簧力过大。 (4) 机构不能复位再扣	(1) 检查线路，施加电压或更换线圈。 (2) 更换储能弹簧。 (3) 重新调整弹簧反力。 (4) 调整再扣接触面至规定值
2	电动操作断路器不能闭合	(1) 电源电压不符。 (2) 电源容量不够。 (3) 电磁铁拉杆行程不够。 (4) 电动机操作定位断路器变位。 (5) 控制器中整流管或电容器损坏	(1) 调换电源。 (2) 增大操作电源容量。 (3) 重新调整。 (4) 重新调整。 (5) 更换损坏元件
3	有一相触头不能闭合	(1) 一般型断路器的一相连杆断裂。 (2) 限流断路器的斥开机构的可折连杆之间的角度变大	(1) 更换连杆。 (2) 调整至原技术条件规定值
4	分励脱扣器不能使断路器分断	(1) 线圈短路。 (2) 电源电压太低。 (3) 再扣接触面太大。 (4) 螺栓松动	(1) 更换线圈。 (2) 调换电源电压。 (3) 重新调整。 (4) 拧紧
5	欠电压脱扣器不能使用断路器分断	(1) 弹簧反力变小。 (2) 如为储蓄能释放，则储能弹簧变形或断裂。 (3) 机构卡死	(1) 调整弹簧。 (2) 调整或更换储能弹簧。 (3) 消除卡死原因，如生锈等

续表

序号	故障现象	原　因	处理办法
6	断路器闭合后经一定时间自行分断	(1) 过电流脱扣器长延时整定值不对。 (2) 热元件或半导体延时电路元件参数变动	(1) 调整触头压力或更换弹簧。 (2) 更换触头或清理接触面，不能更换者，只好更换整台断路器。 (3) 清除油污或氧化层
7	断路器温升过高	(1) 触头压力过低。 (2) 触头表面过分磨损或接触不良。 (3) 两个导电零件连接螺栓松动。 (4) 触头表面油污氧化	(1) 拨正或重新装好触头。 (2) 更换转动杆或更换辅助断路器。 (3) 调整触头，清理氧化膜

第三节　干式变压器的常见故障及处理

虽然干式变压器具有免维修的优点，但是在运行过程中，干式变压器还是会出现一些故障，影响设备的安全稳定运行，对正常的电力生产造成危害，其常见故障及处理方法如下：

1. 无载调压变压器输出电压偏高或偏低（以10kV变压器为例）

变压器额定分接为3挡［如图16-1（a）所示］，若需将输出电压降低，在确保高压断电情况下，将分接头的连接片向上1挡方向接［如图16-1（b）所示］；若需将输出电压升高，在确保高压断电情况下，将分接头的连接片向下5挡方向接［如图16-1（c）所示］。调挡完毕，应测量该分接位置处线圈的直流电阻。

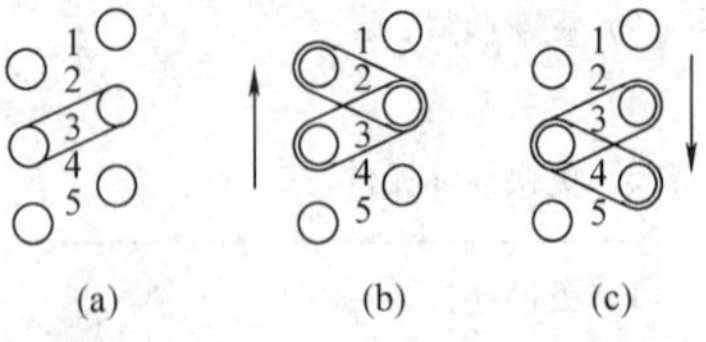

图16-1　无载调压变压器调挡

2. 变压器进水或凝露

因变压器进水或凝露，致使变压器受潮，可用几只250W干燥灯直照进行烘烤，一般烘烤10天左右。

3. 噪声处理

(1) 检查低压侧输出电压是否高于低压额定电压，如高于额定电压，在确保高压断电情况下，把调压分接头的连接片调至合适的分接挡。

(2) 检查紧固夹件及拉杆螺栓是否松动，以及铁芯底部托盘螺栓是否松动。检查外罩的上下网板是否振动，在保证安全的情况下，按住上下网板检查噪声是否消失，必要时设法紧固网板。

第四节　母线的常见故障及处理

一、软母线的常见故障及处理

软母线的导线遇有磨损、断股，因锈蚀而老化，因过热而引起的变软（或变脆）及松股、变形等现象时，必须进行处理。按照导线损伤的不同程度，应采取不同的处理方法，其标准如下：

（1）铜铝导线的损伤面积超过其导电部分面积的10%，且损坏深度在单相导线直径的1/3以上时，需要进行修补。

（2）铜铝绞线的断股面积超过其导电部分面积的17%时，则必须修补。

（3）钢芯铝绞线断一股钢芯或铝线部分的损坏面积超过铝线导电部分面积的25%时，必须重接。

（4）松股、变形轻微的导线可以修补，若松股较严重或松股部分过长，则应重接。

（5）导线如有一般性变形，可经调直即可，调直后若有损伤，则应按损伤程度不同进行修补或重接。

二、矩形截面硬母线的常见故障及处理

（1）硬母线接头发热是较常见的缺陷，发热的原因如果不是因为超过了允许的载流量，则是由于接头的接触电阻增大所致。由于接触电阻增大，接头就越发热，因此又加速了接触面的氧化，使接触电阻更大，从而造成恶性循环。因此，结合大、小修，应对接头进行接触电阻的测量，发现问题及时处理。

（2）接触电阻的大小与以下几个因素有关：

1）接触压力。接触压力的增大可使接触面上的触点数目增多，从而降低接触电阻。但压力过大，触点累计的面积增大到一定程度后反而减小，接触电阻不会再降低。

2）接触面的加工情况。接触面不要求很光滑，但应平整。两个半整而略粗糙的加工面压在一起时“触点”较多，但比光滑的面接触电阻要低，接头接触电阻一般规定不能大于同长度母线电阻值的20%。

3）接触面的氧化层。金属氧化层的导电性很差，因此，在接头连接时设法清除或降低导体表面的氧化层非常重要。

综合上述情况，在检修母线时，应对接头进行仔细检查，发现缺陷，应视具体情况区别对待、处理。

第五节　电缆的常见故障及处理

一、电缆的常见故障

致使电缆发生故障的原因是多方面的，现将常见的几种主要故障原因归纳如下：

1. 电缆绝缘的薄弱点

电缆头是电缆绝缘的最薄弱点，电缆头制作工艺不精，在制作过程中，使电缆头出现气泡、水分、杂质等缺陷，导致局部放电而引起击穿，主要体现在：

（1）剥离半导体时，损坏内绝缘，或绝缘表面有微粒、灰尘等杂质。

（2）电缆头密封不良，使绝缘内部有水分、潮气，导致绝缘受潮。

（3）电缆接头工艺不标准，密封不规范，造成接地。

（4）制作环境湿度、潮气偏大，引起制作部位（电缆头）绝缘整体性受潮。

2. 电缆本体导体烧断或拉断

（1）直接受外力损伤，如牵引、运输、施工、起重、压力等使电缆导体断裂，造成电缆线路故障。

（2）其他设备故障造成的损伤，如其他电力设备短路引发极大的短路电流，烧断电缆导体，引起线路故障。

（3）生产过程中或施工中的牵引不当，使电缆受力不均匀，造成电缆导体断裂。

3. 电缆本体绝缘被击穿

（1）电缆本体绝缘存在缺陷（杂质、最薄处达不到要求等）。

（2）设计、制造、施工中造成的缺陷。设计上材料选型不能满足电压和电流的要求；生产环境（设施）、员工素质达不到要求，导致操作失误所致；施工过程中的运输、吊装、牵引、安装中的磕碰导致绝缘损坏。

（3）绝缘受潮。绝缘受潮会导致绝缘老化而被击穿。

（4）由于运行故障有发生断线的可能（特别是控制电缆），因此应进行导体连续性是否完好的检查。

（5）分相屏蔽型电缆，一般均为单相接地故障，应分别测量每相对地的绝缘电阻。当发生两相短路故障时，一般可按两个接地故障考虑，在实际运行中也常发生在不同的两点同时发生接地的“相间”短路故障。

二、电缆常见故障的处理方法

（1）电缆受潮部分、绝缘受到损伤或过热碳化部分应锯除，做好接头。

（2）电缆护套存在轻微缺陷或受到一般损伤，可以采取措施进行修补，修补后应保持良好的密封性能。

（3）电缆护套裂缝，使填充材料局部受潮，应采取干燥措施后，才能对电缆护套进行修补。

三、电缆故障性质的判别

（1）先在电缆任一端用绝缘电阻表测量U相对地、V相对地及W相对地的绝缘电阻值，测量一相时另外两相不接地，以判断是否为接地故障。

（2）测量各相间。U相与V相、V相与W相及W相与U相的绝缘电阻，以判断有无相间短路故障。

（3）如果电阻很低，则用万用表测量各相对地的绝缘电阻和各相间的绝缘电阻。

第六篇

直流系统的检修与维护

第十七章　直 流 系 统 概 述

水电厂电气设备分为一次设备和二次设备，发电机、变压器、电动机、断路器、隔离开关等属于一次设备，对一次设备进行保护、测量、操作和控制而装设的设备称为二次设备，二次设备的工作电源一般都采用直流电源。直流电源承担着继电保护、自动装置、安全稳定装置等的工作电源；承担着断路器、隔离开关、电动阀门等的操作电源；承担着交流照明电源故障时的事故照明电源；在全厂停电情况下，机组黑启动只能靠蓄电池来实行，拥有稳定可靠的直流系统对水电厂的运行起着重要作用。

对水电厂直流系统进行检修与维护，从而保证水电厂直流母线电压运行在合格的范围内；保证水电厂直流电源装置具有良好的运行状态，从而延长其使用寿命；保证水电厂蓄电池组具有合格的放电容量，能随时满足直流负荷的要求；保证水电厂直流电源装置的供电可靠性；保证水电厂蓄电池运行维护人员的安全。

直流系统的检修与维护中主要介绍了直流系统的分类及组成、直流系统的检修原则、直流系统设备的检修与维护基本方法、直流系统的试验及直流系统主要故障和处理，其中直流系统设备的检修与维护主要包括蓄电池运行与维护、充放电装置检修与维护、馈线盘设备检修与维护和微机监控器检修与维护等几部分。

第一节　直 流 系 统 的 分 类

一、按照直流电压等级划分

直流系统按照直流电压等级可分为220V直流系统、110V直流系统和48V直流系统。给控制负荷和动力负荷供电的直流系统采用220V或110V，当采用弱电控制或弱电信号接线时，采用48V直流系统。

二、按照直流系统接线方式划分

水电厂直流系统接线主要分为以下几种方式：

（1）以母线分段为标准可分为单母线接线方式、单母线分段接线方式和双母线接线方式等。

（2）以降压装置为标准可分为带降压装置接线方式和不带降压装置接线方式。

（3）以充电机和蓄电池组数为标准可分为一组充电机一组蓄电池方式、两组充电机一组蓄电池方式、两组充电机两组蓄电池方式和三组充电机两组蓄电池方式等。

根据发电厂直流系统的要求，按照母线的方式、充电机和蓄电池组数、是否有降压装置等可衍生出较多的直流系统方案。

三、按直流系统主要设备的类型划分

蓄电池组和充电装置是直流系统的核心部分。电力系统采用的蓄电池有防酸蓄电池、镉镍碱性蓄电池和阀控蓄电池三类，不同类型的蓄电池适用于不同的场所。电力行业标准规定，大、中型水力发电厂、220kV及以上变电所和直流输电换流站宜采用防酸蓄电池或阀控蓄电池。小型发电厂及110kV变电所宜采用防酸蓄电池、阀控蓄电池，也可采用中倍率镉镍碱性蓄电池。35kV及以下变电所和发电厂辅助车间宜采用阀控蓄电池，也可采用高倍率镉镍碱性蓄电池。

目前，国内外生产的直流系统充电装置可分为以下三类：

（1）磁放大型充电装置。它由饱和电抗器和整流变压器构成，利用饱和电抗器的调整线圈进行调压，接线简单，调试方便，但是容量较小。

（2）相控型充电装置。由接在隔离变压器二次线圈上的晶闸管整流器进行调压，接线较复杂，容量较大。

（3）高频开关电源型充电装置。高频开关频率结合脉宽调制技术应用在开关电源上，在高频化、小型化及模块化上有很大进展，具有稳压、稳流精度高、体积小、质量轻、效率高、输出纹波系数小、模块任意叠加、$N+1$热备用设计及便于计算机管理等优点。

第二节　直流系统的组成

根据直流系统电压等级的要求、蓄电池的不同形式和充电装置的不同类型，可以组成不同的直流系统。但无论什么类型的直流系统，其基本组成均主要包括充电装置、蓄电池组和馈线回路等几个部分。

电力行业标准规定，对于相控型充电装置，宜配置一套备用充电装置，即一组

蓄电池配置两套充电装置，两组蓄电池共配置三套充电装置，一套充电装置和一组蓄电池带一段直流负荷运行，另一套充电装置备用，同时作为两组蓄电池的大充大放装置，其容量比作为浮充电使用的那两套充电装置一般要大一些。所以一套双母线的相控型直流系统通常包括两面浮充电柜、一面充放电柜、直流馈线柜、直流分电柜、两组蓄电池及蓄电池巡检装置、绝缘监测仪和硅链调压装置等。目前，发电厂应用的新型相控型直流系统多已采用微机控制，所以一般还配有1～2套微机监控器。

双母线双蓄电池组直流系统如图17-1所示。

水电厂直流系统为保证重要负荷的双电源供电，提高系统的安全可靠性，多采用双母线双蓄电池组直流系统结构。为减少蓄电池维护的工作量，多采用阀控式密封铅酸蓄电池，俗称免维护蓄电池，在整个使用寿命中，不需加酸加水及更换电解液，且因充电装置多已采用微机控制，对蓄电池的补充充电也进行自动设定（一般设定为三个月一次），不需人为干预，大大减少了蓄电池的维护工作量。

微机监控器、微机绝缘监测仪和其他智能化模块在直流系统中的广泛使用，以及串行总线数字通信方式在直流系统的运用，实现了对直流系统从交流电源进线、充电装置、蓄电池组、馈线断路器状态和直流系统绝缘等的运行监视和控制。微机监控器统一汇总系统及各功能单元的实时数据、故障报警信号和设置参数，并完成与计算机监控系统的通信，实现直流系统的“四遥”（遥测、遥信、遥调、遥控）功能，大大提高了直流系统运行的安全可靠性。

通常双母线双蓄电池组直流系统设备除蓄电池组和蓄电池巡检仪单独安装在蓄电池室外，其他设备全部安装在直流电源柜内。双母线双蓄电池组直流系统的主要设备清单见表17-1。

表17-1　双母线双蓄电池组直流系统的主要设备清单

序号	设备编码	设备名称	型号规格	单位	数量
1	DC+PS1	1号充电盘		面	1
1.1	A5	集中监控器（微机监控器）	JKQ-3000B	台	1
1.2	Q101	充电模块交流输入断路器	NC100H-100A/3P-SD-OF	个	1
1.3		交流状态监测单元	JLZT-A	个	1
1.4		雷击浪涌吸收器	LJLY-A	个	1
1.5	A3	充电模块（高频开关电源模块）	ATC230M25III	块	6
1.6	FU13-14	充电模块直流输出熔断器	NT00-160A	个	2

续表

序号	设备编码	设备名称	型号规格	单位	数量
1.7	RS3	分流器	75mV，300A	个	1
1.8	BA3	充电模块输出电流变送器	CE-VZ01-54MS1-0.5/0-+75mV	个	1
1.9	PA3	充电模块输出电流表	IDVM05D 0-200A	块	1
1.10	PV3	充电模块输出电压表	IDVM05D 0-400V	块	1
1.11	Q102	充电模块输出及蓄电池充电切换开关	QAS200A/2P-OF	个	1
1.12		温度控制器	WDC-A	个	1
2	DC+PS2	1号馈线盘		面	1
2.1	A6	绝缘监察装置（微机绝缘监测仪）	WJY-3000A	台	1
2.2	PV1	蓄电池电压表	IDVM05D 0-400V	块	1
2.3	PA1	蓄电池电流表	IDVM05D 0-300A	块	1
2.4	RS1	分流器	75mV，300A	个	1
2.5	BA1	蓄电池电流变送器	CE-VZ01-54MS1-0.5/0-±75mV	个	1
2.6	PV5	直流母线电压表	IDVM05D 0-400V	块	1
2.7	BV5	直流母线电压变送器	CE-VZ01-54MS1-0.5/0-300V	个	1
2.8	Q111-132	馈线断路器	55SJ-20A/2P-SD-OF	个	22
2.9		馈线状态监测盒	KZJ-B	个	2
2.10	Q103	母联联络和蓄电池退出切换开关	QAS400A/2P-OF	个	1
2.11	Q104	放电开关	ABS102B-50A/2P-SD-OF	个	1
2.12		信号指示灯		只	23
3	1XDC	1号蓄电池组		组	1
3.1		阀控蓄电池	50PZV 350AH，2V	只	103
3.2		蓄电池巡检仪	BATM30	个	6
4	DCPR+PS4	2号充电盘（内容同1号充电盘）		面	1
5	DCPR+PS3	2号馈线盘（内容同1号馈线盘）		面	1
6	2XDC	2号蓄电池组（内容同1号蓄电池组）		组	1

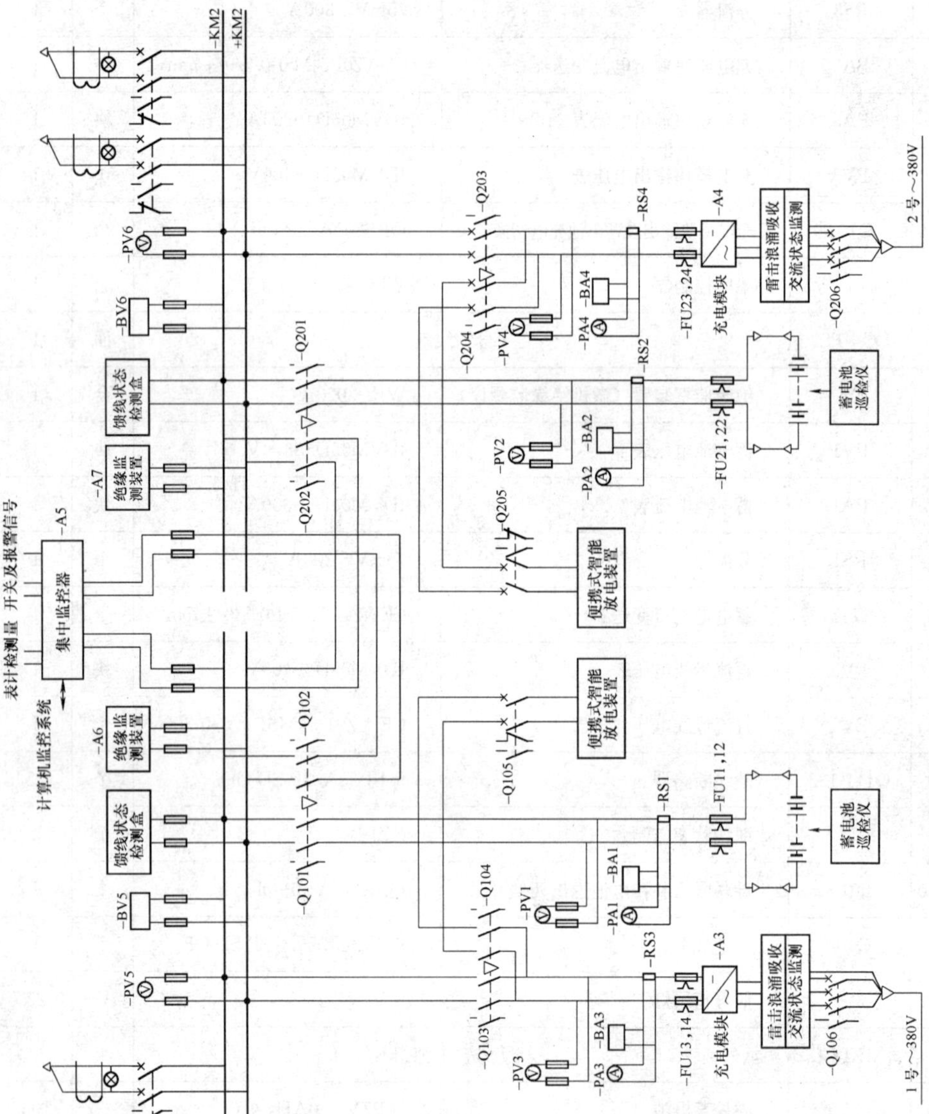

图 17-1 双母线双蓄电池组直流系统

第十八章 直流系统设备的检修与维护

直流系统所带负荷较多，很多负荷不能长时间停电，对直流系统的检修要按计划进行，检修前做好充分的准备工作，缩短检修时间，尽早将直流系统恢复送电，以保证直流负荷能正常工作。

第一节 直流系统的检修原则

直流系统的检修除根据直流充放电设备的需要安排检修外，还要配合蓄电池的维护要求安排检修。

一、检修周期及所需人力资源

（1）年度检修：一年一次，3 人×4 日/套。

（2）整顿性检修：五年一次，3 人×8 日/套。

二、检修前的准备

水电厂直流系统的检修通常是在发电机—变压器组配电等主设备检修期间进行，以不影响主设备的安全稳定运行，根据主设备的检修计划安排全厂直流系统设备的检修，在检修之前要对检修工作做好全面的准备工作。检修前的准备工作见表 18-1。

表 18-1　　检修前的准备工作

序号	安全措施
1	编制检修计划，若有改进项目及需要更换部件，应事先做出计划、方案，并经主管领导批准
2	准备备品备件、材料、工器具
3	图纸、资料准备
4	检修前，检修人员应详细了解设备所存在的历史问题及遗留缺陷，以突出检修重点，不遗留问题

三、安全措施

一套直流系统通常有两段直流母线分别带负荷运行，两段直流母线分别由一套充电装置和一组蓄电池供电，直流设备的检修一次只对其中的一套充电装置和一组蓄电池进行，检修前将欲检修段的负荷转移，将欲检修充电装置全面停电后方可开始工作。蓄电池一直是带电的，充电装置的检修中要对蓄电池与直流母线的连接电缆做好安全隔离措施。检修常用安全及其他措施见表18-2。

表18-2　检修常用安全及其他措施

序号	安全措施
1	一套充电装置检修前，确认另一套充电装置工作正常
2	在相应400V盘柜上断开充电机交流输入电源开关
3	断开装置直流输出开关，将装置与蓄电池及母线分开
4	取下充电装置操作及信号回路熔断器
5	注意蓄电池是带电的，充电过程中充电装置也是带电的
6	防止走错间隔，使用绝缘工具，防止短路和接地
7	蓄电池放电过程中人不能离开，每半小时测试记录一次单瓶电池的端电压及总电压，发现端电压低于终止电压时，停止放电，将该蓄电池退出
8	蓄电池充电过程中，严密监视蓄电池温度变化，蓄电池过热时要停止充电，防止电池爆裂酸液外泄

四、检修项目

直流系统的检修与维护是指对直流系统中各重要部件的检修与维护、直流系统的绝缘检查和直流装置的功能性试验等。直流系统主要检修项目见表18-3。

表18-3　直流系统主要检修项目

序号	检修项目	年度检修	整顿性检修
1	直流盘柜及蓄电池灰尘清扫，设备检查	★	★
2	电气绝缘性能试验		
2.1	绝缘电阻测量	★	★
2.2	耐压试验	★	★
3	充电装置		
3.1	充电设备检修	★	★
3.2	充电设备限流特性试验	★	★
3.3	充电设备限压特性试验	★	★
3.4	并机均流试验	★	★
3.5	充电设备稳压精度测量		★
3.6	充电设备稳流精度测量		★
3.7	纹波系数测量		★
4	馈线盘		
4.1	馈线设备检修	★	★

续表

序号	检　修　项　目	年度检修	整顿性检修
4.2	馈线状态监测模块功能试验	★	★
4.3	绝缘监测仪检修	★	★
4.4	绝缘监测仪功能试验	★	★
5	蓄电池组		
5.1	蓄电池核对性放电	★	★
5.2	蓄电池恒流充电	★	★
5.3	蓄电池巡检仪功能性试验	★	★
6	微机监控器		
6.1	微机监控器检修	★	★
6.2	微机监控器功能试验	★	★
7	保护及报警功能试验	★	★
8	与计算机监控系统接口试验	★	★

第二节　蓄电池组的运行与维护

蓄电池是一种化学能源，它既能将电能转化为化学能储存起来，又能将储存起来的化学能转化为电能输送出去，这种能量的转化过程，称蓄电池的充电和放电。蓄电池是一种独立可靠的直流电源，尽管蓄电池投资大、寿命短，且需要一些辅助设备（如充放电装置、保暖、通风、防酸建筑、防爆照明设备等），但由于它具有独立可靠的特点，因此在发电厂和变电所内成为必不可少的设备。交流电源或充电设备出现故障时，蓄电池能在设计的时间内保证直流负荷可靠而连续地工作。在全厂停电的情况下，系统的恢复也全靠蓄电池来供电完成。蓄电池在水电厂中不仅是操作电源、保护电源、自动装置工作电源，也是事故照明和一些直流自用机械的备用电源。

蓄电池按电解质的不同可分为酸性蓄电池和碱性蓄电池。目前，广泛应用于发电厂和变电所的蓄电池有防酸隔爆铅酸蓄电池（简称防酸蓄电池）、镉镍蓄电池、阀控式密封铅酸蓄电池（简称阀控蓄电池）。

一、蓄电池运行基本要求

1. 对防酸蓄电池室的要求

防酸蓄电池和大容量的阀控蓄电池应安装在专用蓄电池室内，容量较小的镉镍蓄电池（40Ah 及以下）和阀控蓄电池（300Ah 及以下）可安装在柜内。直流电源柜可布置在控制室内，也可布置在专用电源室内。不同类型的蓄电池，不宜放在一个蓄电池室内。

防酸蓄电池室附近应有存放硫酸、配件及调制电解液专用工具的专用房间。蓄电池室的门应向外开，若蓄电池室入口处套间较大，也可利用此房间作为专用房间。套间内应有自来水、水池和下水道，地面有0.5%的排水坡度，并应有泄水孔，污水应进行中和或稀释后排放。

防酸蓄电池室的墙壁、天花板、门、窗框、通风罩、通风管道内外侧、金属结构、支架及其他部分均应涂上防酸漆。蓄电池室的地面应铺设耐酸砖。蓄电池室的窗户，应安装遮光玻璃或者涂有带色油漆的玻璃，以免阳光直射在蓄电池上。防酸蓄电池室应保持良好的照明，照明应使用防爆灯，并至少有一个接在事故照明母线上，开关、插座、熔断器应安装在蓄电池室外，照明线应采用耐酸绝缘导线。

防酸蓄电池室的温度应保持在5～35℃之间，并保持良好的通风。蓄电池室应安装引风机，引风量的大小与充电电流和电池个数成正比，即

$$V = 0.07 \times I_{ch} \times N$$

式中 V——引风量，m^3/h；

I_{ch}——最大充电电流值，A；

N——蓄电池组的电池个数。

除了设置抽风系统外，蓄电池室还应设置自然通风气道，通风气道应是独立管道，不可将通风气道引入烟道或建筑物的总通风系统中。若安装暖风设备，应设在蓄电池室外，经风道向室内送风，在室内只允许安装无接缝的或焊接无汽水门的取暖设备，取暖设备与蓄电池的距离应大于0.75m。抗震设防烈度大于或等于Ⅶ度的地区，蓄电池组应有抗震加固措施。

2. 所需仪表、用具、备品及资料的准备

防酸蓄电池的维护，应备有下列仪表、用具、备品和资料：

(1) 仪表。测量电解液密度用的密度计；测量电解液温度用的温度计；测量蓄电池电压用的数字万用表；测量直流电源中的自动装置、控制板等用的示波器、录波器、真空毫伏表等。

(2) 用具。充注电解液用的玻璃缸、漏斗、量杯、搪瓷盆、塑料桶、注射器、手电筒、耐酸手套、耐酸围裙、胶皮靴子等。

(3) 备品。化验合格的蒸馏水、密度为1.40g/cm^3的稀硫酸、中和硫酸用的碳酸氢钠、防酸隔爆帽、适当数量的备用蓄电池。

(4) 资料。蓄电池、直流电源装置运行日志；蓄电池组制造厂家的技术资料、型式试验报告；充电、浮充电装置说明书和电气原理图；自动装置、微机监控装置

使用说明书；投运前三次充放电循环，蓄电池组端电压、单体电池电压的记录；运行中定期均衡充电，定期核对性放电的记录。

(5) 镉镍蓄电池维护检修时所需要的仪表、用具、备品和资料。镉镍蓄电池维护检修时所需要的仪表、用具、备品和资料与铅酸蓄电池维护检修基本相同，只是备品中备用的是3%～5%的硼酸溶液。碱性电解液的密度为（1.20±0.01）g/cm^3。

(6) 蓄电池组的绝缘电阻。电压为220V的蓄电池组不小于200kΩ；电压为110V的蓄电池组不小于100kΩ；电压为48V的蓄电池组不小于50kΩ。

3. 废弃蓄电池的处理

使用年限已到更换下来的蓄电池或使用中损坏淘汰下来的蓄电池均不可以随意丢弃污染环境，要交由专业厂家进行回收处理。

二、防酸蓄电池组的运行与维护

1. 防酸蓄电池组的浮充电

防酸蓄电池组在正常运行过程中均以浮充电方式运行，即将充足电的蓄电池组与浮充电装置并联运行。正常时，浮充电装置除供给直流系统的经常性负荷电流外，还以小电流向蓄电池组浮充电，以补偿蓄电池自放电的损耗，使蓄电池组经常处于满充电状态。当直流系统中出现较大的冲击负荷时，绝大部分电流由蓄电池组供电。当浮充电装置故障或者交流电流中断时，在设计规定的时间内，则全部由蓄电池组供电。蓄电池组以浮充电方式运行，首先能保证直流电源的可靠性，其次能防止蓄电池极板硫化和弯曲，延长蓄电池的使用寿命；蓄电池组的浮充电压值一般控制为(2.15～2.17)V×N(N为电池个数)，GFD防酸蓄电池组浮充电压值可控制在2.23V×N。在运行中，蓄电池浮充电流的大小与以下因素有关：①蓄电池的新旧程度；②电解液的相对密度；③蓄电池的绝缘情况；④电池自放电量的大小；⑤浮充电负荷的变化情况；⑥浮充前电池的状况。

因此，浮充电装置的设计除满足经常性负荷电流的要求外，同时还要保证蓄电池的浮充电流在一定范围内变化的要求。

2. 防酸蓄电池组的均衡充电

防酸蓄电池组在长期浮充电运行过程中，每只电池的浮充电流是一致的，但因蓄电池的内阻和特性不一样，每个蓄电池的自放电是不相等的，造成部分蓄电池电解液密度下降、电压偏低、极板硫化。采用均衡充电法，可使蓄电池消除硫化恢复到良好的运行状态。同时，浮充电运行的蓄电池是静止的，其电池上部的电解液密度低、化学反应不充分，而其下部电解液密度高，造成下部极板的腐蚀。均衡充电能对电解液起到搅拌作用，使电池上、下部电解液密度一致。

按浮充电方式运行的蓄电池组，要求3个月进行一次均衡充电，在核对性放电后也要进行均衡充电。遇到下列情况之一时，也需要及时进行均衡充电：①过量放电，蓄电池的端电压低于规定的终止电压；②放电后未能及时进行充电；③由于长期充电不足，部分电池的电压和电解液相对密度下降；④极板呈现不正常状态，或者有轻微的硫化现象；⑤放电容量超过额定容量10%的电池；⑥极板从电池槽内取出处理，消除沉淀物之后；⑦电解液内混有杂质的电池；⑧长期静止不用的电池。

均衡充电的程序：先用 I_{10}（10h 充放电电流）电流对蓄电池组进行恒流充电，当蓄电池组端电压上升到（2.30～2.33）V×N 时，将充电装置自动或手动转为恒压充电；当充电电流减小到 $0.1I_{10}$时，可认为蓄电池组已被充满容量，即将充电装置自动或手动转为浮充电方式运行。在均衡充电过程中，要控制电解液的温度不得高于40℃。

3. 防酸蓄电池组的核对性放电

长期浮充电方式运行的防酸蓄电池，极板表面将逐渐产生硫酸铅结晶体(一般称为“硫化”)，堵塞极板的微孔，阻碍电解液的渗透，从而增大了蓄电池的内电阻，降低了极板中活性物质的作用，蓄电池容量大为下降。核对性放电，可使蓄电池得到活化、容量得到恢复、使用寿命延长，确保直流系统的安全运行。

新安装或大修中更换过电解液的防酸蓄电池组，第一年每6个月进行一次核对性放电；运行1年以后的防酸蓄电池组，1～2年进行一次核对性放电。按蓄电池容量计算公式进行容量计算，若蓄电池组第一次核对性放电，就放出了额定容量，就不再放电，充满容量后便可投入运行。若放充三次均达不到额定容量的80%，可判此组蓄电池使用年限已到，需要安排更换。

(1)直流系统只有一组防酸蓄电池组的核对性放电。有的小型发电厂或变电所的直流系统只配有一组蓄电池，蓄电池组不能退出运行，也不能进行全核对性放电。只能将充电机停用后，由蓄电池组向直流负荷和放电电阻供电，放电电流由放电电阻调节到 I_{10}，用 I_{10}放出其额定容量的50%，在放电过程中，单体蓄电池电压不能低于1.9V。放电完毕，应立即用 I_{10}进行恒流充电，当蓄电池组电压达到(2.30～2.33)V×N 时转为恒压充电，当充电电流下降到 $0.1I_{10}$时，转为浮充电运行，重复几次放电充电过程后，可认为蓄电池组得到了活化，容量得到了恢复。

(2) 直流系统有两组防酸蓄电池组的核对性放电。大、中型发电厂的直流系统一般都配有两组蓄电池，对其中一组蓄电池进行核对性放电时，可将两段负荷母线联络运行，由另一组蓄电池和充电机向直流负荷供电，将需放电的蓄电池组退出运行，进行全核对性放电，放电电流以 I_{10}恒流进行。放电过程中，每半小时记录一次蓄电池组的端电压、每只蓄电池端电压、电解液密度、放电电流。当其中一单体电压为终止电压1.8V时，停止放电。放电完毕，应立即用电流I_{10}进行恒流充电，当蓄电池组电压达到(2.30～2.33)V×N时，转为恒压充电运行；当充电电流下降到0.1I_{10}时，转为浮充电运行。

4. 防酸蓄电池组的运行维护

(1) 防酸蓄电池组的日常巡视。防酸蓄电池组在运行中应进行日常巡视，蓄电池组端电压应正常，绝缘良好，浮充电流无异常。检查每只蓄电池的液面高度，查看有无漏液，若液面低于下限，应通知补充蒸馏水。电池槽盖、防酸隔爆帽、催化栓等表面应清洁，无破损现象。检查蓄电池极板的颜色是否正常，极板有无断裂、弯曲、硫化及有效物质脱落等现象。母线、极柱等各连接头应牢固、无腐蚀，并涂有电力复合脂。蓄电池室内无强烈气味，通风良好，环境温度在5～35℃范围内。

(2) 防酸蓄电池组的定期检查。专业维护人员除定期检查以上项目外，还应每两周测量一次蓄电池的单体电压、电解液的相对密度，电压应为(2.15～2.17)V×N(N为电池个数)，GFD防酸蓄电池组浮充电压值可控制在2.23V×N，电解液的相对密度应在1.210～1.220之间，并填写好测量记录。若发现个别落后的电池，应通过均衡充电方法进行处理，不允许长时间保留在蓄电池组中运行；若处理无效，应更换该只电池。

(3) 防酸蓄电池组的保养。防酸蓄电池组的维护还应经常保持蓄电池组的清洁，定期擦除蓄电池外部的硫酸痕迹和灰尘；保持蓄电池室内卫生良好；长期备用搁置的蓄电池，应每月进行一次补充电。

三、镉镍蓄电池组的运行与维护

1. 镉镍蓄电池组的浮充电

镉镍蓄电池主要分为两大类：高倍率镉镍蓄电池，瞬间放电电流是蓄电池额定容量的3～6倍；中倍率镉镍蓄电池，瞬间放电电流是蓄电池额定容量的1～3倍。

镉镍蓄电池组在正常运行时以浮充电方式运行，高倍率镉镍蓄电池浮充电压值宜取(1.36～1.39)V×N；中倍率镉镍蓄电池浮充电压值宜取(1.42～1.45)V×N，浮充电流值宜取(2～5)mA。一般以浮充电方式为主，浮充电压过高或过低对蓄电池都不利，若浮充电压低于规定值时，蓄电池的容量不足，不能保证在满容量下处于备用状态，浮充电压过高时，将造成过充电，增加了蓄电池的补水次数，并影响蓄电池的运行寿命。

2. 镉镍蓄电池组的均衡充电

镉镍蓄电池一般按浮充电运行，当运行过程中电池产生不均衡现象时，则进行均衡充电。长期浮充电运行中的镉镍蓄电池组，各单体电池因自放电不完全一致，将会产生容量、电压不均衡情况。为了防止出现落后的，甚至个别反极性的蓄电池，应定期进行均衡充电，一般半年或一季度进行一次，春、秋两季进行均衡充电效果比较好，冬季比较寒冷，内阻上升，充电效果不好，夏季气温较高，充电效果也不理想。

均衡充电首先以 I_5 恒流进行，当蓄电池电压值逐渐上升到最高而稳定时，可认为蓄电池充满了容量，高倍率镉镍蓄电池均衡充电电压值宜取(1.47～1.48)V×N，中倍率镉镍蓄电池均衡充电电压值宜取(1.52～1.55)V×N，再采用定电压充电。高倍率镉镍蓄电池充电时间一般为 8h，中倍率镉镍蓄电池充电时间一般为 12h，电解液的温度不得超过 35℃。

3. 镉镍蓄电池组的放电制度

(1) 正常放电。用 I_5 恒流连续放电，当蓄电池组的端电压下降至 1V×N 时(其中一只镉镍蓄电池电压下降到 0.9V 时)，停止放电，放电时间若大于 5h，则说明该蓄电池组具有额定容量。

(2) 事故放电。交流电源中断，二次负荷及事故照明负荷全部由镉镍蓄电池组供电，这个时间必须在设计的时间之内，若供电时间较长，蓄电池组端电压下降至 1.1V×N 时，应自动或手动切断镉镍蓄电池组的供电，以免因过放电使蓄电池组容量亏损过大，对恢复送电造成困难。

4. 镉镍蓄电池组的核对性放电

长期以浮充电方式运行的镉镍蓄电池组，每年必须进行一次核对性放电的容量考核，核对性放电按以下方法进行：

(1) 直流系统只有一组镉镍蓄电池的核对性放电。有的小型发电厂或变电所直流系统只配有一组镉镍蓄电池，蓄电池组不能退出运行，不能进行全核对性放电，只能将充电机停用后，由蓄电池组向直流负荷和放电电阻供电，放电电流由放电电阻调节到 I_5，只允许放出额定容量的 50%。在放电过程中，每隔 0.5h 记录蓄电池组端电压值，若单体蓄电池电压值下降到 1.17V，应停止放电，并及时用 I_5 电流对蓄电池充电。反复 2～3 次，蓄电池组额定容量可以得到恢复。若有备用蓄电池组作为临时代用，此组镉镍蓄电池就可作全核对性放电。

(2) 直流系统有两组镉镍蓄电池的核对性放电。大、中型发电厂的直流系统一般都配有两组镉镍蓄电池，对其中一组蓄电池进行核对性放电时，可将两段负荷母线联络运行，由另一组蓄电池和充电机向直流负荷供电，将需放电的蓄电池退出运行进行全核对性放电。用 I_5 恒流放电，在放电过程中每隔 0.5h 记录蓄电池组端电压值，每隔 1h 时测一下镉镍蓄电池的电压值，终止电压为 1V×N，停止放电，应立即用 I_5 电流进行恒流充电。若放充电三次均达不到额定容量的 80%以上，可认为此组蓄电池使用年限已到，需要安排更换。

5. 镉镍蓄电池组的运行维护

(1) 镉镍蓄电池组的日常巡视。检查蓄电池组端电压应正常，绝缘良好，浮充电流无异常。电池槽、盖等表面应清洁，无破损、爬碱现象。检查每只蓄电池的液面高度，查看有无漏液，若液面低于下线，应补充纯水至上线位置。母线、极柱等各连接头应牢固、无腐蚀，并涂有电力复合脂。蓄电池室内通风良好、温度正常。

(2) 镉镍蓄电池组的定期检查。专业维护人员除检查以上项目外，还应每月测量一次蓄电池的单体电压、电解液的相对密度和电解液的温度，高倍率镉镍蓄电池浮充电压值宜取（1.36～1.39）V；中倍率镉镍蓄电池浮充电压值宜取(1.42～1.45)V。电解液的相对密度应为1.20±0.02，电解液温度不超过30℃，环境温度在（20±5)℃范围内，并填写好测量记录。若发现个别落后的镉镍蓄电池，应通过均衡充电方法进行处理，对经处理后仍存在电压异常和电压为零值的电池，应采取措施更换。

(3) 镉镍蓄电池组的保养。镉镍蓄电池组还应保持蓄电池经常清洁，定期擦除蓄电池外部；注意电解液面高度、是否爬碱，将蓄电池外壳上的正负极柱头的爬碱擦干净，若发现电池液面低于下线，应及时补充蒸馏水，调整电解液的密度在合格范围内；保持蓄电池内电解液的温度、运行环境温度在正常范围内。

6. 镉镍蓄电池电解液的更换

在使用过程中，镉镍蓄电池内的电解液容易吸收空气中的二氧化碳，增加碳酸盐的含量，当碳酸盐的含量超过50g/L时，会造成蓄电池的容量下降，影响蓄电池的性能。电力行业标准规定，每3年应更换一次新的电解液。

对只有一组蓄电池的直流系统更换电解液工作可在不拆蓄电池的情况下进行，具体方法是在蓄电池充电状态下用吸液器吸出电解液，然后注入新的电解液。按此法更换电解液可减少拆装电池工序，减轻劳动强度，但会造成一次换液不彻底，需反复进行2～3次才能完成换液工作。同时，对以箱式安装的蓄电池组，在吸出和注入电解液时，易造成箱底积液，引起电池短路或造成直流接地故障。

对装有两组镉镍蓄电池的直流系统，更换工作可分组进行，具体方法是将直流母线联络运行，用一组镉镍蓄电池和充电机带直流负荷运行。对需要更换的那组电池先用 I_5 恒流放电，使每只单体电池的电压降至1.0V。拆除蓄电池，倒出旧的电解液，用纯水洗涤蓄电池，直到从蓄电池中倒出的水中无残渣沉淀为止，再立即注入新配制好的电解液。用纯水洗过的蓄电池，即使是短时间在空气中搁置，未立即注入新电解液都是不允许的。注入新电解液后，拧紧塞子，静止2～4h后，检查电解液的相对密度、液面高度及碳酸盐含量（≤50g/L），必要时加以调整，使其达到规定值，然后再加入适量的液状石蜡，拧紧塞子。按容量检验方法进行充放电，容量符合要求后，再以 I_5 充电 7～8h 以上，当接近充电终期时，应降低充电率，充电终期单体电池电压应达到 1.70V 以上。

四、阀控蓄电池组的运行与维护

1. 阀控蓄电池组的运行方式

阀控蓄电池目前主要分贫液式和胶体式两类。阀控蓄电池组在正常运行中以浮充电方式运行，浮充电压值宜控制为(2.23～2.28)V×N，在运行中主要监视蓄电池组的端电压值、浮充电流值、每只蓄电池的电压值、蓄电池组及直流母线的对地电阻值和绝缘状态。

2. 阀控蓄电池组的充电制度

(1) 恒流限压充电。采用 I_{10} 电流进行恒流充电，当蓄电池组端电压上升到(2.30～2.35)V×N 限压值时，自动或手动转为恒压充电。

(2) 恒压充电。在(2.30～2.35)V×N 下恒压充电，I_{10} 充电电流逐渐减小，当充电电流减小至 0.1I_{10} 时，充电装置的倒计时开始启动；当整定的倒计时结束时，充电装置将自动或手动地转为正常的浮充电运行。

(3) 补充充电。阀控蓄电池在运行过程中，因浮充电流调整不当，补偿不了阀控蓄电池自放电、爬电、漏电而造成的蓄电池容量亏损，根据需要设定时间（一般为 3 个月），充电装置将自动地或手动进行一次恒流限压充电→恒压充电→浮充电过程，使蓄电池组随时具有满容量，确保运行安全可靠。

3. 阀控蓄电池组的核对性放电

长期使用限压限流的浮充电运行方式或只限压不限流的运行方式，无法判断阀控蓄电池的现有容量、内部是否失水或干裂。只有通过核对性放电，才能找出蓄电池存在的问题。新安装或大修后的阀控蓄电池组，应进行全核对性放电试验，以后每隔 2～3 年进行一次核对性试验。运行 6 年以后的阀控蓄电池，应每年做一次核对性放电试验。

(1) 直流系统只有一组阀控蓄电池的核对性放电。有的小型发电厂或变电所的直流系统只配有一组阀控蓄电池，蓄电池组不能退出运行，也不能进行全核对性放电。只能将充电机停用后，由蓄电池组向直流负荷和放电电阻供电，放电电流由放电电阻调节到 I_{10} 恒流放出额定容量的 50%，在放电过程中，每隔 0.5h 记录蓄电池端电压值，蓄电池组端电压不得低于 2V×N。放电后，应立即用 I_{10} 进行恒流限压充电→恒压充电→浮充电，蓄电池组经过反复放充电 2～3 次，其额定容量可以得到恢复，蓄电池存在的缺陷也能找出和处理。若有备用蓄电池组作为临时代用，该组阀控蓄电池就可作全核对性放电。

（2）直流系统有两组阀控蓄电池的核对性放电。大、中型发电厂的直流系统一般都配有两组阀控蓄电池，对其中一组蓄电池进行核对性放电时，可将两段负荷母线联络运行，由另一组蓄电池和充电机向直流负荷供电，将需放电的蓄电池组退出运行进行全核对性放电。用 I_{10} 恒流放电，在放电过程中每隔 0.5h 记录蓄电池端电压值，当蓄电池组端电压下降到终止电压 1.8V×N 时，停止放电，隔 1～2h 后，用 I_{10} 进行恒流限压充电→恒压充电→浮充电。若放充电三次均达不到额定容量的 80％，可认为此组阀控蓄电池使用年限已到，需要安排更换。

4. 阀控蓄电池组的运行维护

（1）阀控蓄电池组的日常巡视。蓄电池组端电压应正常，浮充电流无异常。检查蓄电池连接片有无松动和腐蚀现象，连接头应涂有电力复合脂。检查壳体有无渗漏、变形和破损现象，极柱与安全阀周围是否有酸雾溢出，绝缘电阻是否下降。蓄电池室内通风良好、温度正常等，阀控蓄电池的允许使用温度范围为－15～30℃，建议实际使用温度为 5～30℃。若环境温度超过要求范围，应采取保温措施。

（2）阀控蓄电池组的定期检查。专业维护人员除检查以上项目外，还应测量蓄电池的单体电压、环境温度等。备用搁置的阀控蓄电池，每 3 个月进行一次补充充电，备用的蓄电池也应储存在清洁、通风良好、干燥的环境中。若发现个别落后的阀控蓄电池，应通过均衡充电方法进行处理，对经处理后仍存在电压异常的应给予更换，还应定期对阀控蓄电池外壳做清洁工作。运行中，浮充电压正常，一放电电压很快下降至终止电压的蓄电池，其原因是蓄电池内部失水干涸、电解物质变质，需要更换蓄电池。

五、蓄电池巡检仪的检修与维护

长期以来，对蓄电池的电压、电流、温度一直采用人工测量方法，这种方法费力费时且实时性差，直到蓄电池巡检仪的产生改变了这种状况。蓄电池巡检仪可独立测量蓄电池组中单体电池的端电压、温度等状态量，配合微机监控器组成完善的蓄电池管理单元，实时监视整组蓄电池的运行状况，减少了蓄电池运行维护的工作量。

1. 蓄电池巡检仪基本原理

BATM30 系列蓄电池巡检仪采用模块化设计，各模块均由微机控制，独立工作，采用串行总线方式，通过 RS232（电流环型）通信接口与微机监控器相连接，实时检测蓄电池组的单节电池电压、环境温度，并将检测到的数据初步处理后上传至微机监控器，由微机监控器对所接收的数据进行分析处理。一只 BATM30 蓄电池巡检模块可同时采集 18 节电池的电压、环境温度，根据蓄电池节数的多少配置相应数量的巡检模块，就可实现对蓄电池组端电压和所有单节电池电压的测量。同一组巡检模块以地址区分，各模块具有独立的隔离电源，输入电源范围宽（90～270V DC)，其工作电源直接取自蓄电池组端电压，无需外接电源。模块直接用螺栓固定在电池柜内或支架上，也可安装在蓄电池室墙壁或基础上，安装维护方便。模块能够检测 2、4、6V 和 12V 等多种等级的蓄电池，检测范围广。BATM30 系列蓄电池巡检仪接线如图 18-1 所示。

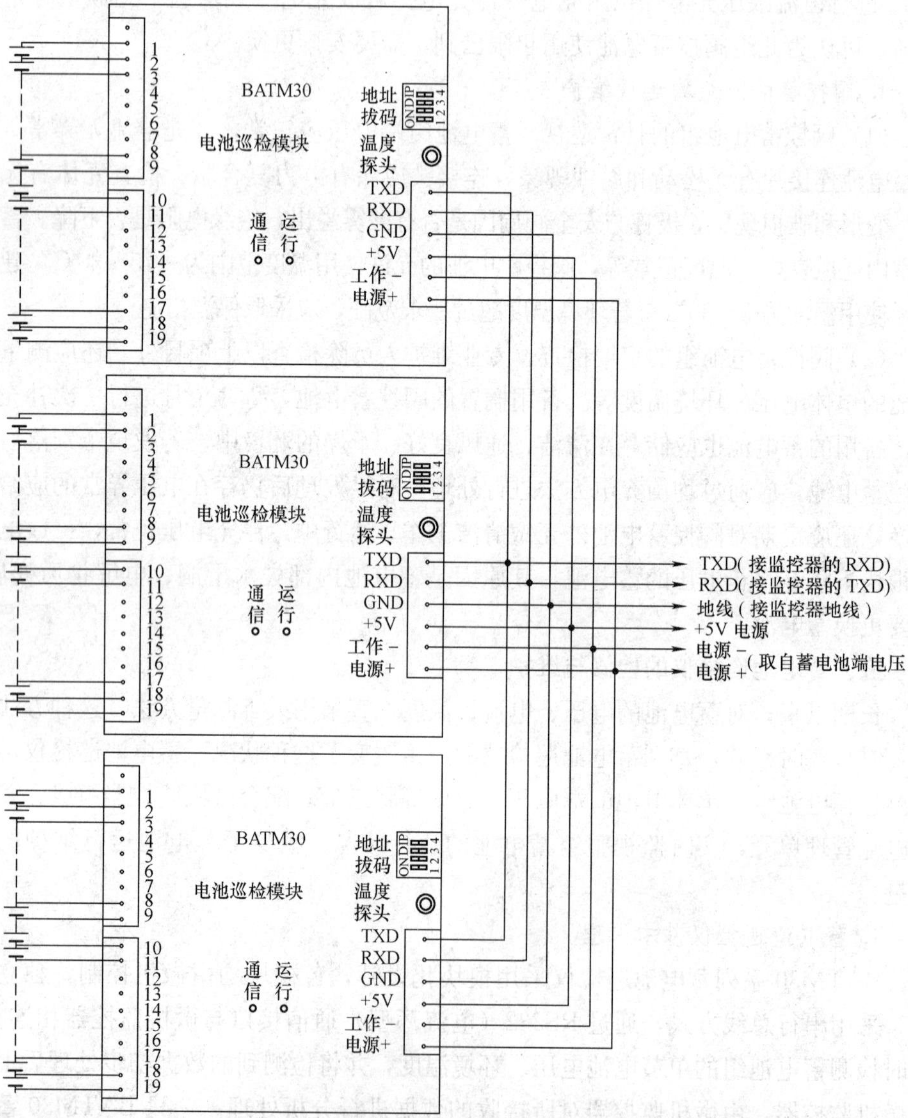

图 18-1　BATM30 系列蓄电池巡检仪接线

2. 蓄电池巡检仪的检修与维护

(1) 蓄电池巡检仪的日常巡视。运行巡检中，检查各蓄电池巡检模块电源指示灯是否长亮，通信指示灯是否闪烁。检查蓄电池巡检模块输入输出接线插头有无松动。在微机监控器上查看蓄电池电压显示是否正常，若不正常，则需要对蓄电池巡检模块和其电压采集线及保险管进行检查，排除故障。检查各蓄电池巡检模块上的温度探头接触是否良好，在微机监控器上查看所测蓄电池环境温度是否正常，若对温度有疑问，可用其他的测温仪器测量后与蓄电池巡检模块所测温度进行比较，排除故障。

(2) 蓄电池巡检仪的维护。定期对蓄电池巡检模块上的灰尘进行清扫，防止灰尘积压造成蓄电池短路和接地。

(3) 蓄电池巡检仪的检修。在蓄电池组检修工作中，同时对蓄电池巡检模块安排检修，其主要工作是对蓄电池巡检模块进行清洁，对输入输出线和插头端子进行检查紧固，对蓄电池巡检模块地址码进行核对，检查蓄电池巡检模块电源指示灯和通信指示灯是否正常。使用合格的测量仪表逐个测量蓄电池单体电压值，保留到小数点后3位，将测得的蓄电池单体电压值与微机监控器上显示的单体电压值进行比较。在蓄电池巡检仪温度探头附近测量蓄电池环境温度，将测得的温度值与微机监控器上显示的温度值进行比较。将测量的数据和微机监控器上显示的数据填入表18-4中，要求单体电池电压检测精度为±0.05V，蓄电池环境温度检测精度为±1.5℃。

表18-4　蓄电池巡检仪功能试验数据表　第__组

电池编号	测量值	显示值	差值（±）
001			
003			
…			
100			
环境温度			

第三节　充放电装置的检修与维护

一、充电装置分类

目前，在国内水电厂和变电所里采用的充电装置主要有以下三类：

（1）磁放大型充电装置。它由饱和电抗器和整流变压器构成，利用饱和电抗器的调整线圈进行调压，接线简单，调试方便，但容量较小，在水电厂直流系统中运用较少。

（2）相控型充放电装置。用晶闸管进行整流，晶闸管可以整流也可以逆变，所以相控型充放电装置既可对蓄电池进行充电，也可以进行放电。但相控型充电装置的纹波系数大、高次谐波干扰大、效率低、体积庞大、接线复杂及监控系统不完善，难以满足综合自动化及无人值班发电厂的要求。另外，由于阀控式密封铅酸蓄电池内阻较小，在带负荷浮充电运行时，太大的纹波在峰值时对蓄电池有较大的充电，在谷值时蓄电池对负荷有较大的放电，蓄电池长期在这种较大的脉动充放电下工作，会加速老化过程，缩短蓄电池的使用寿命。

（3）高频开关电源型充电装置。将高频开关频率结合脉宽调制技术应用在开关电源上，具有输出稳流、稳压精度高、纹波系数小等优点，已在大、中型水电厂直流系统中得到广泛应用。高频开关电源型充电装置只能整流不能逆变，所以只能对蓄电池进行充电，不能放电，配置高频开关电源型充电装置的直流系统需要另配放电装置。

二、充电装置的基本要求

（1）充电装置的基本参数。交流输入额定电压为(380±10%)V、(220±10%)V，额定频率为(50±2%)Hz。直流输出标称电压为220、110、48V三个等级，各等级适用于不同的场所。直流输出额定电流有5、10、15、20、30、40、50、60、80、100、160、200、250、315、400A等多种规格，根据负荷大小和蓄电池容量大小，选择合适的充电装置输出直流电流。

（2）充电装置的精度、纹波系数、效率、噪声和均流不平衡度，见表18-5。

表18-5　充电装置的精度、纹波系数、效率、噪声和均流不平衡度

充电装置名称	稳流精度（%）	稳压精度（%）	纹波系数（%）	效率（%）	噪声［dB（A）］	均流不平衡度（%）
磁放大型	≤±5	≤±2	≤2	≥70	≤60	—
相控型	≤±2	≤±1	≤1	≥80	≤55	—
高频开关电源型	≤±1	≤±0.5	≤0.5	≥90	≤55	≤±5

（3）限流及短路保护。当直流输出电流超出整定的限流值时，充电装置应具有限流功能，限流值整定范围为直流输出额定值的50%～105%。当母线或出线支路上发生短路时，充电装置应具有短路保护功能，短路电流整定值为额定电流的115%。

(4) 抗干扰能力。高频开关电源型充电装置应具有三级振荡波和一级静电放电抗扰度试验的能力。

(5) 谐波要求。充电装置在运行过程中，返回交流输入端的各次谐波电流含有率应不大于基波电流的30%。

(6) 保护及声光报警功能。充电装置应具有过电压、欠电压、绝缘监察、交流失压、缺相等保护及声光报警的功能。过电压、欠电压和绝缘监察继电器保护整定值见表18-6。

表 18-6　　过电压、欠电压和绝缘监察继电器保护整定值

名　称	整　定　值	
	额定直流电压110V系统	额定直流电压220V系统
过电压继电器	121V	242V
欠电压继电器	99V	198V
绝缘监察继电器	7kΩ	25kΩ

(7) 各元件极限温升值。充电装置各元件极限温升值见表18-7。

表 18-7　　充电装置各元件极限温升值

部件或器件	极限温升值（K）
整流管外壳	70
晶闸管外壳	55
降压硅堆外壳	85
电阻发热元件	25（距外表30mm处）
半导体器件的连接处	55
半导体器件连接处的塑料绝缘线	25
整流变压器、电抗器的B级绝缘线圈	80
铁芯表面温升	不损伤相接触的绝缘零件
铜与铜接头	50
铜搪锡与铜搪锡接头	60

三、相控型充放电装置的检修与维护

相控型充放电装置主要由主电路、控制电路及操作保护回路三部分组成。WZCF-Ⅱ系列相控型充放电装置原理如图18-2所示。

相控型WZCF-Ⅱ系列充放电装置硬件部分主要有变压器、晶闸管、滤波电抗器、滤波电容、交流直流接触器、快速熔断器、RC保护、二极管、脉冲变组件、电压电流测量板、电压电流表、模/数转换模块、可编程控制器、触摸屏操作显示

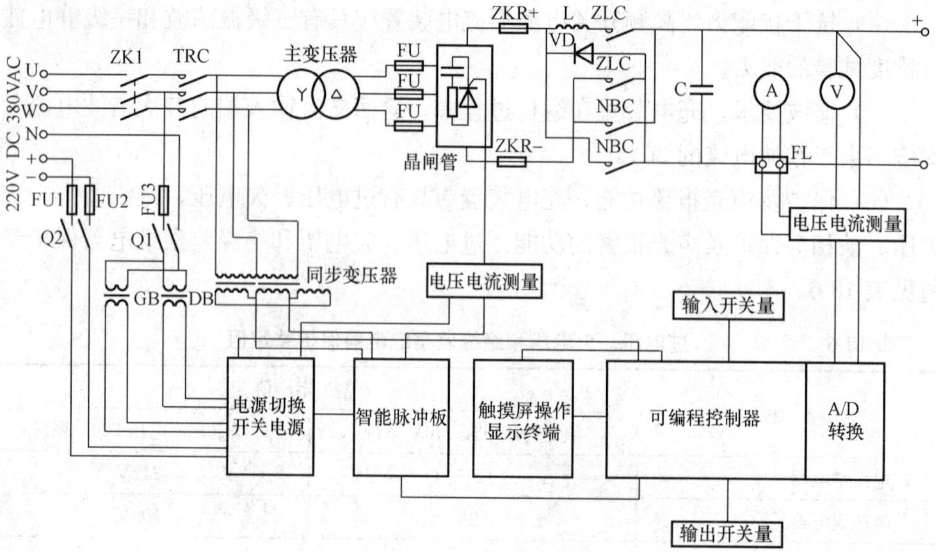

图 18-2　WZCF-Ⅱ系列相控型充放电装置原理

终端、智能脉冲板、电源切换板、交流直流接触器等。

软件部分主要有PLC程序和智能脉放板程序，PLC程序是充放电装置的调节核心，采用三菱MEDOC软件用梯形图编制，有状态识别程序、故障识别程序（过电流、过电压、阳极消失等）、PID调节程序、给定值的设置程序、采样程序等；智能脉放板程序采用MCS-51汇编语言编制，主要有角度接收程序、发脉冲程序等。

相控型充放电装置的检修是对这些主要设备的检查和试验及对软件的维护和测试等。

1. 相控型充放电装置的维护

（1）运行维护。运行中，应对充放电装置进行如下检查：三相交流输入电压是否平衡或缺相，运行噪声有无异常，各保护信号是否正常，表计显示是否正确，对地绝缘状态是否良好，是否有故障信息；还应定期对充放电装置进行清洁除尘工作。

（2）运行操作。运行过程中，若交流电源中断，蓄电池组将带直流负荷运行，应迅速恢复交流电源的供电，并立即手动或自动启动充电装置对蓄电池组进行恒流限压充电→恒压充电→浮充电（正常运行）。若交流电源一时不能恢复或者充电装置内部有故障跳闸，应及时启动备用充电装置代替故障充电装置。若没有备用充电装置，就将直流两段母线进行联络，由另一套充电装置和蓄电池组带两段直流负荷运行。严禁蓄电池长时间单独带负荷运行。

2. 相控型充放电装置的检修

（1）检修的安全事项。直流系统检修时，重点对充放电装置安排检修。充放电装置的检修在装置全部停电后进行，并确保400V盘柜的交流断路器已经开，充放电装置输出断路器已断开，与蓄电池的连接已断开。注意蓄电池始终是有电的。充放电装置单独检修时，由于直流母线并未停电，因此充电装置输出断路器靠母线侧是带电的，要做好隔离措施。

（2）装置的清洁。对充放电装置各部位进行吹灰、清扫，使用细毛刷对电路板进行清洁，必要时使用电路板清洁剂进行清洁。清洁电路板时，尽量不要卸下电路板，以免引起接插不良。如果一定要卸下电路板清灰，应保护好电路板，同时恢复后要进行多方面的通电试验，确保没有发生接触不良的地方。

（3）装置外观检查。对充放电装置进行外观检查，重点检查面板指示灯及仪表外观完好，按钮指示灯应能正常操作。熔断器及保险管无熔断、裂纹、破碎等损坏现象，否则应予以更换。连接线及紧固件无松脱、破损、虚焊、标志脱落等现象。端子紧固，标识清楚。

（4）晶闸管触发导通检测。断开晶闸管阴极和控制极与脉冲变压器的连接线，用万用表测量晶闸管阴极与控制极电阻，各晶闸管之间阻值均衡。用对线灯在晶闸管阳极和阴极之间加一个正电压，在晶闸管控制极和阴极之间加一个短时的正电压，晶闸管应保持导通，即连接在晶闸管阳极和阴极的对线灯应保持亮的状态。以上方法可以对晶闸管的好坏做出一个初步判断，要准确判断晶闸管的状况，还需做开环小电流试验。晶闸管测试仪可以全面检测晶闸管特性，但一般情况下很少使用。现场检查最简单的方法就是用对线灯进行，用对线灯检查晶闸管好坏的示意图如图18-3所示。

图18-3　用对线灯检查晶闸管好坏的示意图

（5）晶闸管RC回路检查。用万用表检查桥臂阻容和RC保护的电阻值和电容值，电阻值应与电阻标称值相同，电容值由于受到分布电容的影响，测量值会偏大，但电容不能有开路和短路现象。

（6）脉冲变压器检查。先检查脉冲变压器外观是否完好，脉冲变压器一、二次侧电路板应无器件过热痕迹，一、二次侧的脉冲及电源接线应无绝缘破损和断线等现象，再断开脉冲变压器一、二次侧脉冲线，用2500V绝缘电阻表检查脉冲变压器一、二次侧之间及一、二次侧对地的绝缘电阻，绝缘电阻应趋近无穷大，脉冲变压器一、二次侧之间耐压2000V AC 1min正常。

（7）继电器、接触器元件检查。取下继电器或接触器，打开线圈引线，做好标注，用绝缘电阻表测试线圈电阻值，应符合技术参数或与原记录无明显差别。检查继电器或接触器线圈两端的续流二极管或阻容元件 RC，用绝缘电阻表测量其阻值，电容应无击穿，回路应无短路开路现象。继电器和接触器元件的校验应按有关规程的标准进行，校验项目如下：①机械部分检查，要求继电器外观良好，触点接触良好。若继电器触点有氧化现象，接触电阻偏大，要用酒精擦拭触点，擦掉氧化层。②线圈直流电阻和绝缘电阻测定。③电气特性试验：动作值和返回值测定及返回系数的计算。

（8）电磁元件检查。电磁元件指变压器、TV、TA 等，其校验仅限于整顿性检修和器件更换后进行。①外观检查电磁元件无破损过热和松脱现象。②绝缘电阻测定：打开一、二次侧接线，做好标记，测量绝缘电阻时应将元件的一、二次侧及其他附加线圈分别对地和相互之间进行测量。③直流电阻测量：测量一、二次侧直流电阻，与原记录无明显差别。④必要时还应做伏安特性试验和变比测定。伏安特性检测方法：在变压器的一次侧线圈加 0～110%额定电压，记录回路的电流，做出伏安特性曲线。测试时，电流表应根据前次试验记录选择合适的量程，以免影响测试的准确性。电磁元件的各项试验数据应与原始记录进行比较，其最大偏差应不超过±10%。变比的确定：在一次侧加电压时，同时记录一、二次侧的电压值，根据变压器原理，由测得的一、二次侧电压可计算出各线圈的变比。

（9）表计及变送器检验。按照电气测量表计及变送器的检定要求，使用便携式检定装置，对充电装置上的电流电压表及电流变送器进行检定，检定前，拆除表计或变送器上所有输入输出及电源线后方可进行。检验不合格的表计和变送器需要进行更换，以保证测量正确。

（10）绝缘测量及耐压试验。器件检修完毕，需要对交、直流回路进行绝缘检查后方能通电，绝缘测量及耐压试验前，应将电子元件的控制板及硅整流元件断开或短接后才能进行。耐压试验用工频 2kV 对交直流回路耐压 1min，应不闪络、不击穿。①检查不同带电回路之间、各带电回路与金属支架底板之间的绝缘电阻。②摇绝缘前要确定回路没有电，摇测前可用万用表测量回路对地电压。③短接必要回路摇测绝缘，如短接正负极摇测绝缘，可以提高工作效率。④按照端子排顺序逐个摇测绝缘。⑤更换设备后要全面摇测绝缘，平时只对改造过回路或总回路摇测绝缘。⑥测量绝缘电阻应选择合适电压等级的绝缘电阻表：额定电压 100V 以下电气设备或回路使用 100V 绝缘电阻表。额定电压 100～500V 的电气设备或回路使用 500V 绝缘电阻表。额定电压 500～1000V 的电气设备或回路使用 1000V 绝缘电阻表。晶闸管阳极回路及脉冲变压器一、二次侧绝缘电阻检测使用2500V绝缘电阻表。

(11) 通电检查。①通电前请确认一、二次侧回路的绝缘已经检查，防止短路和接地。②采取逐步通电方式送电，并做好异常情况下的处理方法。每次送电后，应记录电压值，确认电源正常。对于有互相闭锁的回路，应该分别送电，并观察互相切换的过程。③面板指示和数据显示正确，指示灯指示正常。对有关断路器和隔离开关进行分合操作，检查位置、指示是否正确。④回路操作模拟，按照操作原理图依次启动各继电器、接触器，观察其动作情况，要求正确可靠。交流操作回路模拟试验主要是厂用电源两段之间切换的动作模拟。

(12) 充电装置的保护及声光报警功能。充电装置应具有过电流、过电压、欠电压、绝缘监察、交流失压、缺相等保护及声光报警的功能。通过模拟故障检查报警功能正常。

(13) 小电流试验。通电检查完毕，保护试验正常、参数设置正确后，在充电装置直流输出端接电阻负荷，调整控制角，通过观察负荷电压波形变化，综合检查控制器测量、脉冲等回路和晶闸管元件是否正常。用示波器检查晶闸管控制极脉冲，检查脉冲宽度、脉冲前沿、脉冲幅值、脉冲列的频率等。无论是脉冲检查还是输出波形检查，都要使用示波器。

(14) 稳流、稳压精度和纹波系数测量。新安装或更换了主要设备的充电装置，还需要进行稳流、稳压精度测量和纹波系数测量等试验。

(15) 元件温度测量。充电装置投入运行后，使用测温仪测量各元件温度。

四、高频开关电源型充电装置检修与维护

随着直流电源技术的发展及用户对直流系统的重要性认识的增强，高频开关电源型充电装置的技术含量大大增加。高频开关电源型充电装置除具有核心设备——高频开关电源模块外，一般还配有交流配电单元（或者交流状态监测单元）对交流电源进行监视和控制；雷击浪涌吸收装置对高频开关电源模块进行保护，防止雷击和过电压；降压装置使充电装置的输出电压满足控制母线的要求；数字电压电流表用于显示有关的电压电流量；直流电压、电流变送器将重要的电压、电流模拟量送计算机监控系统；温度控制器测量显示充电柜内温度，并根据设定值自动投切加热器。

1. 高频开关电源型充电装置主要设备介绍

(1) 高频开关电源模块。高频开关电源型充电装置的核心设备是高频开关电源模块，其基本电路包括主电路和控制电路两部分。主电路由交流整流滤波、高频变换等元器件组成，其作用是从交流电网取得交流电，并将其转换为符合要求的直流电，完成功率转换任务，即整流任务。控制电路包括输出采样、信号放大、控制调节、基准比较等单元，其作用是通过为主电路变换器提供的激励信号控制主电路工作，实现稳压。高频开关电源模块的电路框图如图 18-4 所示。

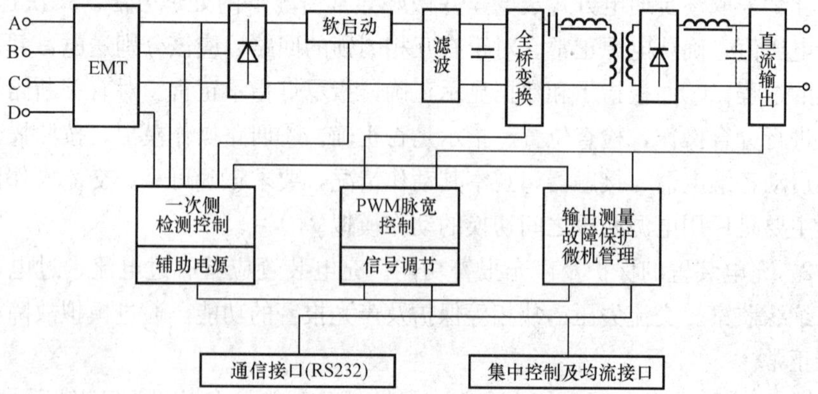

图 18-4　高频开关电源模块的电路框图

（2）交流配电单元。交流配电单元对充电装置交流进线电源进行检测、两路电源互投、不间断供电，适用于一组充电机由两路交流电源供电的系统，交流配电单元原理如图 18-5 所示。双路交流自投回路由交流配电单元和两个交流接触器（1KM、2KM）组成。交流配电单元为双路交流自投的检测及控制组件，接触器为执行组件。交流配电单元上设有转换开关 ST、两路电源的指示灯和交流故障告警信号输出的空触点。转换开关 ST 有 4 个挡位，旋转手柄至不同挡位可实现如下功能：①“退出”位：两个交流接触器均断开，关断两路交流输入。②“1 号交流”或“2 号交流”位：手动选择 1 号或 2 号交流投入作为充电机的输入电源。③“互投”位：双路交流的自动互投位，当任一路交流故障时，均可自动将另一路交流投入，以保证充电机交流电源的可靠性。充电装置在正常运行过程中，ST 通常投“互投”位。

（3）交流状态检测单元。交流状态检测单元是对交流进线电源进行检测，适用于一组充电机由一路交流电源供电的系统，当发现交流电源缺相或三相严重不平衡时报警。交流状态检测单元原理如图 18-6 所示。正常运行时，三相交流电处于相对平衡的状态，三相交流电中心点与零线之间无电动势差，内部继电器 K1 不动作，交流状态检测单元内的告警继电器 K3 的线圈通过 K1 的常闭触点接于零线与火线间，同时 LED 发光管点亮，指示交流电源正常。当交流任一相发生缺相或三相严重不平衡时，三相交流电中心点与零线之间产生电动势差，内部继电器 K1 动作，其常闭触点断开，使得内部继电器 K3 线圈失电，K3 常闭触点闭合，发出故障告警信号，同时 LED 熄灭，指示交流电源故障。

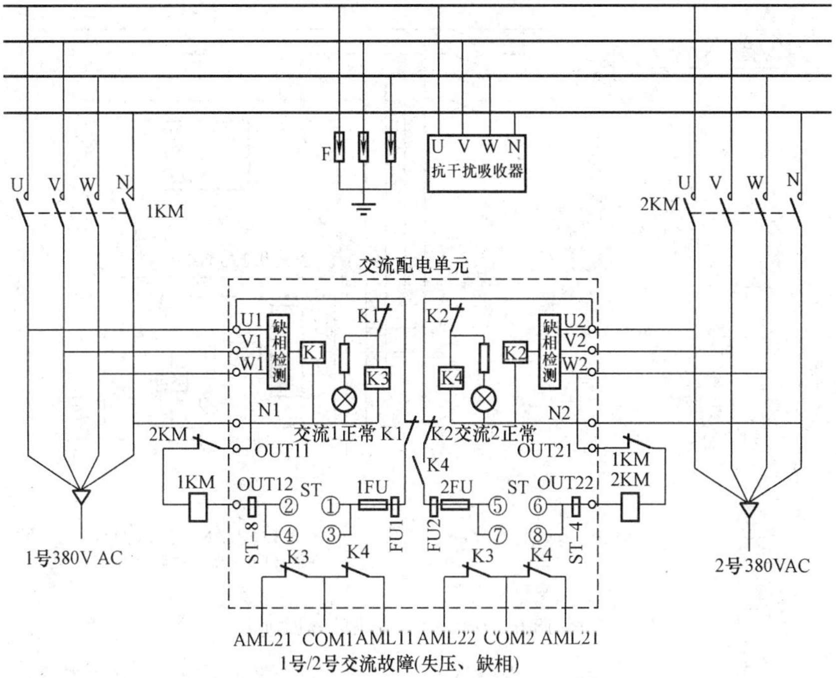

ST(LW12–16/9.69/10.2)

位置 触点	0°	90°	180°	270°
1～2			×	
3～4		×		
5～6				×
7～8			×	

图 18-5　交流配电单元原理

(4) 雷击浪涌吸收装置。雷击分为直击雷和感应雷两种，线路直接遭雷击时，电缆中流过很大电流，同时引起数千伏的过电压直接加到线路装置和电源设备上，持续时间达若干微秒，直接危害用电设备。感应雷通过雷云之间或雷云对地的放电，在附近的电缆或用电设备上产生感应过电压，危害用电设备的安全。因此有必要在交流进线单元的入口处加装雷击浪涌吸收装置。

雷击浪涌吸收装置安装在充电装置交流进线单元的入口处，具有防雷和抑制电网瞬间过电压的双重功能，其基本原理是在相与相之间、相与零线之间均安装有防止过电压的器件，如压敏电阻和气体放电管等。雷击浪涌吸收装置原理如图 18-7 所示，相线与相线之间、相线与零线之间的瞬间干扰脉冲均可被压敏电阻和气体放电管吸收，从而保护充电模块不受过电压的破坏。

(5) 降压装置。对于 108 只蓄电池的 220V 系统或 54 只蓄电池的 110V 系统，

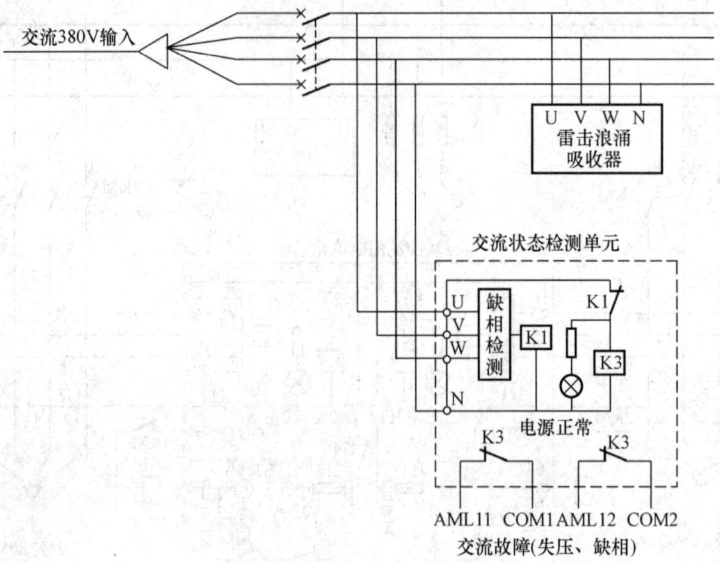

图 18-6　交流状态检测单元原理

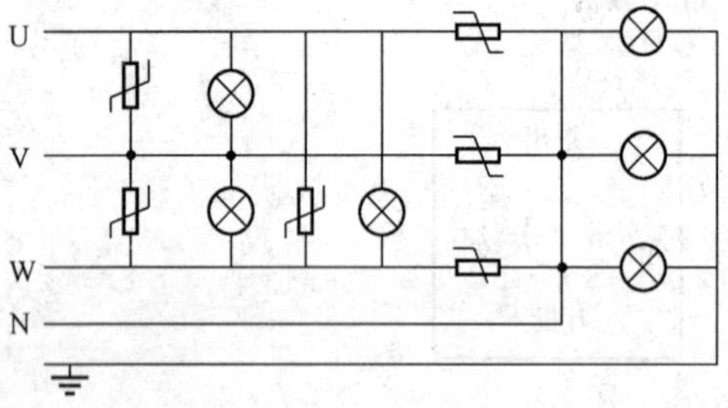

图 18-7　雷击浪涌吸收装置原理

当系统正常工作时，充电机对蓄电池的均/浮充电压通常会高于控制母线允许的电压范围，采用多级硅降压装置串接在充电机输出（或蓄电池）与控制母线之间，使充电机输出电压降低，以满足控制母线的要求。硅链降压装置由降压硅链、控制器、执行继电器及转换开关组成，其原理如图 18-8 所示。

硅链降压原理：降压硅链由多只大功率硅整流二极管串接而成，利用 PN 结基本恒定的正向压降，通过改变串入电路的 PN 结数量获得适当的压降。正常运行时，将转换开关置于“自动”挡位，装置处于自动调压状态，这时降压装置实时检测控制母线电压，并与设定值进行比较，根据比较结果控制硅链的投入级数，从而保证控制母线电压波动范围。当手动操作转换开关至“0”位时，所有硅链全部投入，降压值最大；当手动操作转换开关至“1”位时，执行继电器 K1 线圈带电，驱动其常开触点 K1 闭合，1 级硅链被短接，依此类推，从而达到根据需要手动调节控制母线电压的目的。

硅链中大功率硅二极管由专用的自冷式散热片夹持固定，确保散热效果，适于

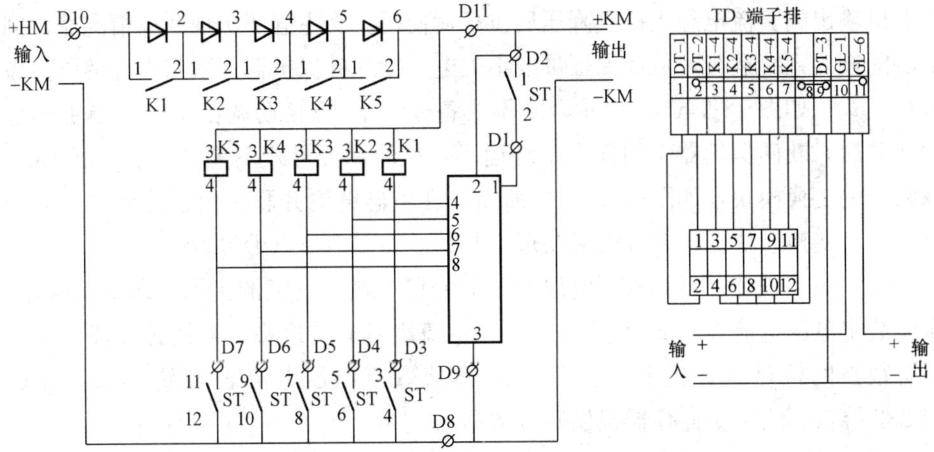

ST转换开关

开关状态 / 触点位置	自动	手动					
	6	0	1	2	3	4	5
	−45°	0°	45°	90°	135°	180°	225°
1～2	G						
3～4			G	G	G	G	G
5～6				G	G	G	G
7～8					G	G	G
9～10						G	G
11～12							G

ST

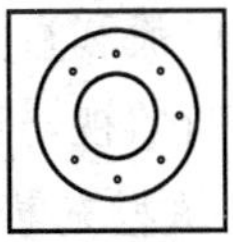

图 18-8　硅链降压装置原理

大电流下连续可靠工作。整个装置采用独立模块化设计，便于安装和维护，整个单元一般安装在屏内顶部，便于散热。

硅链保护功能：为避免由于硅组件损坏而造成控制母线失压，要加装硅链保护器件，硅链保护方式接线如图 18-9 所示。常用硅链保护有以下几种方式：①副硅链为主硅链的热备份，它与主硅链共同组成双硅链系统，如图 18-9（a）所示。副硅链具有分级手动/自动调压功能。正常情况下副硅链不负责降压工作，蓄电池或

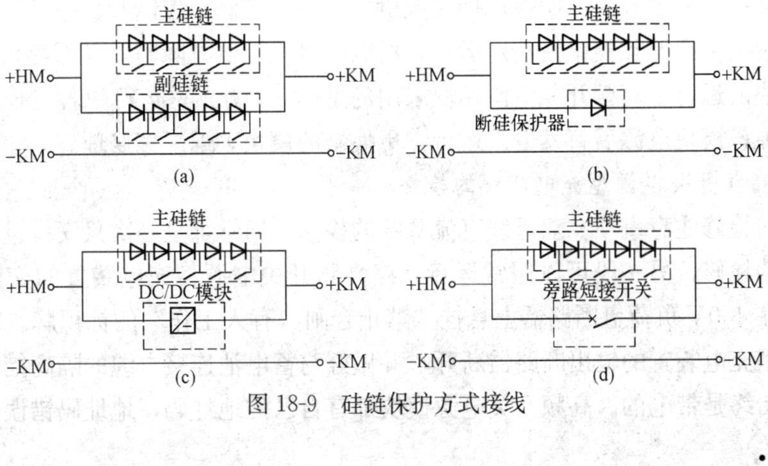

图 18-9　硅链保护方式接线

充电机输出的直流电经主硅链降压后供负荷使用。当主硅链出现断硅情况后，副硅链瞬间投入系统运行，从而保证母线不失电。②断硅保护器并联与主硅链侧热备份运行方式，如图18-9（b）所示。它不具备分级手动/自动调压功能。当主硅链发生断硅后，断硅保护器瞬间投入系统运行，从而保证母线不失电。③并联DC/DC高频开关变换模块，如图18-9（c）所示。在主硅链侧并联一台或几台高频开关直流一直流变换模块。④装硅链旁路短接开关，如图18-9（d）所示。

（6）数字表计。高频开关电源型充电装置中电压电流的指示，通常都采用交/直流数字电压电流表。交/直流数字电压电流表具有精度高、寿命长、读数直观和具有很强的抗过载冲击能力。智能交/直流数字电压电流表内置CPU，并提供RS232接口，为微机监控器提供测量数据。

（7）直流电压电流变送器。在高频开关电源型充电装置中，一般需要将充电机输出电流、蓄电池电流和直流母线电压等重要的模拟量送计算机监控系统，从而加强对直流系统的运行监视，这些电流和电压量通过变送器变成4～20mA送出。

2. 高频开关电源型充电装置的运行维护

（1）运行维护。高频开关电源型充电装置在运行过程中，应对充放电装置进行如下检查：运行噪声有无异常，柜内温度是否合适，三相交流输入电压是否平衡或缺相，交流进线单元运行指示灯亮，各高频开关电源模块显示是否正常，输出电流是否均流，模块风扇是否正常运行，各保护信号是否正常，交流输入电压值、直流输出电压值、直流输出电流值等各表计显示是否正确，检查降压装置无过热变色、无异常振动、无异常声响。高频开关电源型充电装置输入输出端子和插头接触应良好，无放电打火现象，盘柜接地完好，还应定期对高频开关电源型充电装置进行清洁除尘工作。

（2）运行操作。高频开关电源模块若在运行中发现其输出电流不平衡，可以在线进行调整。高频开关电源模块接受微机监控器的控制，控制参数一旦获得，模块就可以脱离微机监控器维持稳定运行，所以微机监控器故障时，也不影响高频开关电源模块的运行。高频开关电源模块采用的是$N+1$方式，运行中若发现有模块损坏，关掉该模块电源后将其退出运行，更换新的模块，返厂家修理。

3. 高频开关电源型充电装置的检修

（1）检修注意事项。双母线直流系统的检修，通常都是一次只安排进行其中一段设备的检修，另一段可以照常运行。停高频开关电源型充电装置的交流输入电源，并在400V负荷盘断路器上悬挂“禁止合闸、有人工作”的标识牌。将高频开关电源型充电装置的输出断路器断开，并做好与蓄电池连接电缆的隔离措施，注意蓄电池始终是带电的。高频开关电源模块都有自己的地址码，地址码错误会造成监控器无法控制，拆卸高频开关电源模块前要记下地址码。拔下背板插头前，做好标记，恢复背板插头前，一一核对标记，防止插错。对高频开关电源模块开盖清洁时，防止损坏电路板及内部接线。

（2）装置清洁。对充电装置各部位进行吹灰、清扫，高频开关电源模块宜拆下平稳地放置在地面上进行清洁。使用细毛刷对电路板进行清洁，必要时使用电路板清洁剂进行清洁。高频开关电源模块的恢复要按照拆卸时的逆过程进行，不可混乱。

（3）装置检查。对充电装置进行外观检查，面板指示灯及仪表外观完好，断路器、隔离开关应能正常操作。熔断器及保险管无熔断、裂纹、破碎等现象，否则应予以更换。连接线、端子及紧固件无松脱、破损、虚焊、脱落等现象。设备标识清楚。

（4）接触器校验。按照继电保护装置的校验方法对交流配电单元中的接触器进行动作值和返回值的校验及线圈直流电阻的测量。

（5）表计及变送器检验。按照电气测量表计及变送器的检定要求，使用便携式检定装置，对直流充电装置上的数字电流电压表及直流电压电流变送器一一进行检定，检定前，拆除表计或变送器上所有输入输出及电源线后方可进行。检验不合格的表计和变送器需要进行更换，以保证测量正确。

（6）二极管测试。使用万用表对降压装置中的二极管逐个进行检查，保证无短路和开路现象。

（7）绝缘测量及耐压试验。器件检修完毕，需要对交、直流回路进行绝缘检查后方能通电。绝缘测量使用1000V绝缘电阻表，绝缘电阻应不小于10MΩ。在摇测绝缘之前，确认直流屏端子排处交流电缆线头已解开，断开所有接地支路，并将充电模块、电压电流表及变送器等部件从电路中退出。绝缘检查项目包括交流回路对地、交流回路各相间、直流回路对地、直流正对负、交流回路对直流回路。耐压试验用工频2kV对交直流回路耐压1min，应不闪络、不击穿。

（8）交流进线单元检查。对于配置交流配电单元的充电装置，逐一将交流电源送电后，需要进行方式切换试验，检查交流配电单元功能正常，模拟一路交流电源消失，检查另一路交流电源自投正常。对于配置交流状态监测单元的充电装置，将交流电源送电后，检查指示灯正常，三相电压正常，模拟一相发生缺相，检查交流状态监测单元指示灯熄灭，并有故障报警信号送出。

（9）模块参数校核。逐一打开高频开关电源模块工作电源开关，高频开关电源模块工作应正常。新更换的模块，在正式投运之前要进行参数校核，以保证模块参数正确和各模块之间均流。参数校核的内容主要包括：①通过零位调整电位器进行零位调整。②用万用表测量模块输出直流电压大小，要求与显示值一致，如果不一致，通过调整电压校准电位器将显示值调成与万用表上一样。③用钳型电流表测量模块输出电流的大小，要求与显示值一致，如果不一致，通过调整电流校准电位器将显示值调成与钳型电流表上一样。④模块工作在浮充状态，通过调整浮充电压电位器将模块输出电压调整为浮充电压值。模块工作在均充状态，通过调整均充电压电位器将模块输出电压调整为均充电压值。

（10）并机均流检查。多台高频开关电源模块并机工作时，要求各模块之间输出电流相对均衡。均流不平衡度计算公式为

$$\beta=\frac{I-I_{\mathrm{P}}}{I_{\mathrm{N}}}\times 100\%$$

式中 β——均流不平衡度，应小于或等于±5%；

I——实测模块输出电流的最大值；

I_{P}——N 个工作模块输出电流的平均值；

I_{N}——模块的额定电流值。

（11）稳流、稳压精度测量和纹波系数试验。新安装或更换了主要设备的充电装置，还需要进行稳流、稳压精度测量和纹波系数等试验。

五、放电装置检修与维护

蓄电池组作为直流系统的备用电源，地位极其重要。蓄电池是整个直流系统的重要组成部分，是保证直流电源不中断的最后屏障。为了保证蓄电池能够在事故情况下起到关键的备用作用，保证系统的正常运行，应按照规定定期对蓄电池组进行核对性放电，以保证蓄电池始终具有额定的容量。

1. 放电装置的种类

（1）相控有源逆变放电装置。采用相控型充放电装置的直流系统，因为晶闸管可以工作在整流状态也可以工作在逆变状态，所以蓄电池的放电就是将充放电装置工作在逆变状态即可。但相控有源逆变放电装置的各项性能指标及稳定性并不理想，尤其是在逆变过程中，若出现“逆变颠覆”或“电网停电”，则控制器无法关断晶闸管即出现失控，这是相控有源逆变放电装置的缺点。

（2）PTC 陶瓷电阻作为功率元件的智能放电装置。采用高频开关电源型充电装置的直流系统，必须另配放电装置。以前的放电设备采用可变电阻、电阻盘、水阻等，需要人工调节电流，控制精度低，劳动强度大。PTC 陶瓷电阻作为功率元件的智能放电装置较好地解决了这些问题，放电电流在较大范围内连续可调、稳流精度高，并不产生谐波电流。采用大屏幕液晶汉字显示，操作方便，智能化程度高。在达到放电终止电压或设定时间后自动停止放电，自动处理并保存放电数据和

放电曲线，掉电后数据不丢失。放电完成后，可通过电脑提取放电数据，对放电结果进行记录、分析、报表和打印等。PTC 陶瓷电阻本身具有极高的正温度系数，用 PTC 电阻作为恒流放电装置的功率元件，正是充分利用了极高的正温度系数这一特性，通过 PWM 脉宽调制技术无级调节风机转速，达到控制 PTC 的温度，从而使放电电流稳定。PTC 温度—电阻特性曲线如图 18-10 所示。

PTC 陶瓷电阻恒流放电仪体积小、质量轻，特别适于便携式的要求。智能放电装置放电电流 0～250A 任意可调，采用小车式或组柜安装，对直流系统及电网不产生任何危害。对于 100～250A 大容量放电装置，建议采用可移动小车式。

智能放电仪采用闭环负反馈控制，整个控制以放电仪内采样器检测电流作判据，其测量值与比较器的设定值比较后，通过 PWM 脉宽调制电路控制风扇转速，从而控制放电电阻温度，利用 PTC 电阻具有正温度特性这一特点，通过控制放电电阻来实现恒流放电。图 18-11 所示为智能放电仪控制原理。

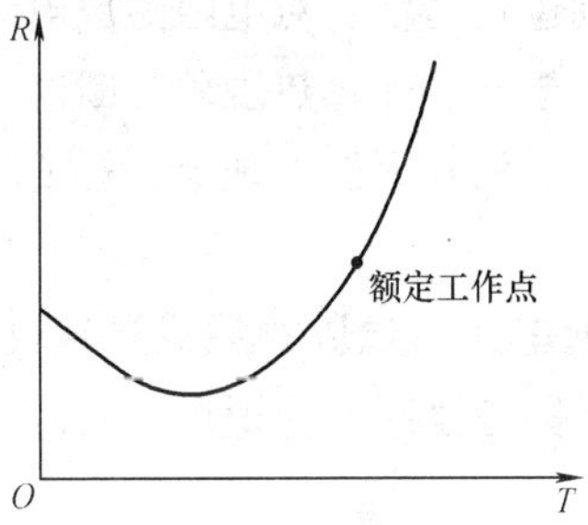

图 18-10　PTC 温度—电阻特性曲线

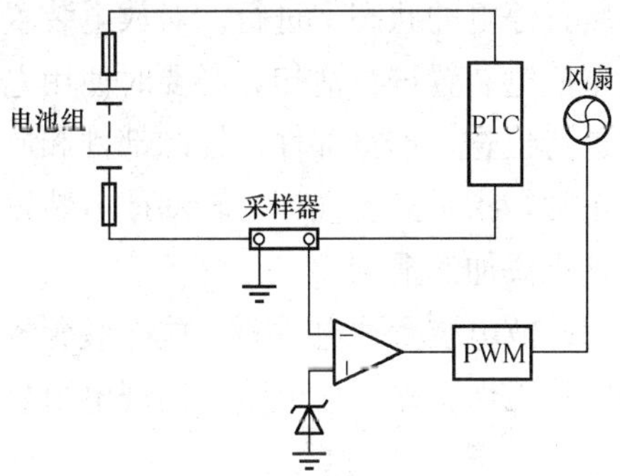

图 18-11　智能放电仪控制原理

2. 放电装置的维护

（1）相控型充放电装置维护。在相控型充放电装置的直流系统中，都配有一套备用的充放电装置，一方面作为充电装置故障的备用充电装置；另一方面作为两组蓄电池公用的大放大充装置，此装置在运行中是处于备用状态的，其维护同相控型充电装置的维护。相控型放电装置在放电过程中务必防止其交流电源断电和缺相，选择合适的逆变角，防止发生逆变颠覆。

（2）电阻型放电装置维护。电阻型放电装置无论是组柜式还是小车式，平时都不处于运行中，其日常维护工作主要是保管好，做好防潮防尘等工作，确保需要用时能随时可用。电阻型放电装置放出的蓄电池能量总是要通过热能的形式散发出去，对于组柜式放电装置要保证放出的热量能很好地散发，室内通风散热要好。对于移动式的放电装置尽量远离设备。整个放电过程中，都需要有专人在现场。放电装置的风机在放电过程中始终处于旋转之中。若遇装置过热或者其他异常，立即停止放电，检查处理放电装置无异常后再继续进行放电。

3. 放电装置的检修

（1）相控型充放电装置检修安排。采用相控型充放电装置的直流系统中，作为蓄电池组放电的充放电装置正常情况下都是处于备用状态的，其检修工作可以单独安排进行，也可和其中一段直流系统的检修同时进行。

（2）电阻型放电装置检修安排。采用高频开关电源型充电装置的直流系统中，其放电装置往往是另外组柜或者是可移动的设备，正常运行中，放电装置是不用的，其检修工作单独安排进行，若是和充电装置组在一个盘柜内，就必须和充电装置的检修一同进行。

（3）放电装置检查处理。无论是相控型充放电装置还是电阻型放电装置的检修都在装置停电的状态下进行。对放电装置进行检修时，防止损坏电路板及接线。对电阻型放电装置进行清扫，必要时使用电路板清洁剂进行清洁。对电阻型放电装置全面进行检查，连接部件、控制部件和放电电阻等无损坏、无过热现象。断路器分合闸正常，指示灯无损坏。转动放电装置的风机运转灵活，无发卡现象，必要时给风机轴承添加润滑剂。

（4）放电装置通电试验。放电装置检修完毕，通电进行试验，风机运转灵活，控制回路工作正常。放电装置出现电阻故障、控制回路故障时，应返厂维修。

第四节　直流馈线盘的检修与维护

为了设备的合理布局及检修维护的方便等，一般直流充放电设备与直流馈线设备分别组柜，一套直流系统往往带有多路负荷，有时在负荷相对集中的单元室内还布置有专门直流分电盘。直流馈线盘的检修通常是将主馈线盘和分电盘一并安排进行。

一、馈线设备检修与维护

1. 馈线设备配置

布置在直流馈线盘上的设备主要有直流母线、直流断路器、快速熔断器及绝缘监测仪、母线电压表、蓄电池电压表、蓄电池电流表、直流电压电流变送器、馈线状态监测盒和馈线回路电源指示灯等。

（1）直流断路器和熔断器。直流电源柜一般配有直流主回路断路器及配电回路断路器，要求直流断路器本身具有速断保护、过电流保护，若有监测回路状态的要求，可选择加装辅助触点 OF 和报警触点 SD。选择断路器应保证在直流负荷侧故障时相应支路可靠分断，其容量与本系统上、下级断路器相匹配，以保证断路器动作的选择性。运行中，若直流断路器动作跳闸或者熔断器熔断，应发出报警信号。若需更换直流断路器或熔断器，应按设计的产品型号、额定电压值和额定电流值选用。蓄电池组通过快速熔断器接入馈线盘上的直流母线，快速熔断器熔断时通过其报警触点发出故障信号。

(2) 馈线状态监测及显示。在直流系统中，对直流断路器状态进行监测通过馈线状态监测模块便很容易实现，馈线状态监测模块可监测直流屏上各馈线状态（馈线失电或断路器脱扣或断路器通断状态），具有选线功能，所有馈线状态可由馈线状态监测模块内置 CPU 通过串行总线上报微机监控器，微机监控器可显示断路器通断状态、断路器脱扣故障信号和故障支路号。

一台馈线状态监测模块可监测几十路馈线断路器状态，其连接方式是将直流屏上各馈线断路器的辅助触点或报警触点依次连接至馈线状态监测模块的输入口上，再通过 RS232/485 串行口上传至微机监控器。在微机监控器上可阅读直流屏上各馈线断路器位置状态或故障状态。馈线状态监测模块接线如图 18-12 所示。

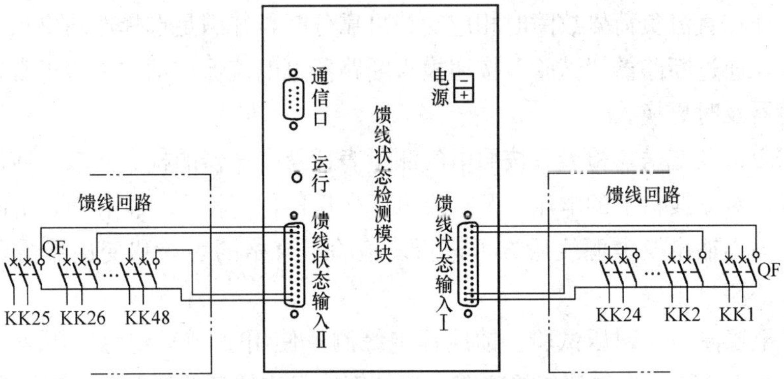

图 18-12　馈线状态监测模块接线

除馈线状态监测模块监测馈线状态外，在各对应的主回路断路器及配电回路断路器的上方，均安装有馈线回路电源指示灯监视各馈线是否在送电状态。馈线盘上一般还布置有直流母线电压表。另外，馈线盘内一般还安装有直流电压变送器，用于将直流母线电压模拟量送计算机监控系统。

2. 馈线设备运行维护

(1) 日常检查。馈线盘无异常，表计指示正常，断路器合闸良好，电源指示灯指示正确。主回路及二次回路接线端子接触良好，无放电打火现象。馈线状态监测模块电源及通信指示灯正常，与微机监控器通信正常，无断路器脱扣及故障报警信息。

（2）运行维护。保持好馈线盘的卫生，运行中可用干净的毛刷对馈线盘面设备进行清扫。运行中，发现电源指示灯等设备故障时，可在做好安全隔离措施后，使用绝缘工具进行更换，更换时严防短路和接地。直流母线和主回路断路器故障时，必须在该段直流停电的情况下进行处理。

3. 馈线设备的检修

（1）检修安排。直流系统检修时，和该段直流充电装置的检修一并安排对馈线设备的检修。馈线设备的检修要在馈线盘停电的情况下进行。如果两段直流只有一块馈线盘，则对其中一段直流馈线回路检修时无法将整块盘停电，检修中要做好安全隔离措施，使用绝缘工具，戴绝缘手套。

（2）设备清洁。馈线设备停电后对整个馈线盘进行清扫，清洁工作使用吹风机、细毛刷进行，必要时使用电路板清洁剂进行清洁。

（3）设备检查。检查设备无损坏，对盘内一、二次回路接线端子进行紧固，对易损坏的指示灯、熔断器及其他设备及时更换。

（4）断路器校核。检查核对主回路断路器及配电回路断路器配置是否正确，断路器应保证在直流负荷侧故障时相应支路可靠分断，并满足选择性的要求。断路器分合正常，通过断路器“试验”按钮模拟断路器过电流保护动作试验正常，对有隐患的断路器及时更换。

（5）表计及变送器检验。按照电气测量表计及变送器的检定要求，使用便携式检定装置，对馈线盘上的电压表及直流电压变送器进行检定，检表前，拆除表计和变送器上输入输出及电源线后方可进行。检验不合格的表计和变送器需要进行更换，以保证测量正确。

（6）绝缘测量及耐压试验。馈线盘绝缘测量使用1000V绝缘电阻表，绝缘电阻应不小于10MΩ。在摇测绝缘之前，确认馈线盘进线断路器断开，断开所有馈线回路断路器，并将绝缘监测仪、测量表计及变送器等部件从电路中退出。绝缘测量项目包括直流回路对地和直流正对负。摇测绝缘无异常后随即做耐压试验，用工频2kV耐压1min，应不闪络、不击穿。

（7）馈线盘送电。馈线盘检修完毕，等充电装置和微机监控器检修试验完毕后，给馈线盘逐级送电，先给母线送电正常后，再给分盘送电，最后逐一给负荷送电。

（8）馈线状态监测模块功能试验。馈线状态监测模块能实时监测各馈线回路断路器的分/合状态，并将检测到的状态上传微机监控器。馈线状态监测模块的工作电源通常经过断路器后取自本盘直流母线上，其功能试验需要在馈线盘送电及微机监控器投入运行的前提下进行。试验方法是检查记录馈线盘各断路器的状态，与微机监控器上的显示一一对照。有选择性分合几路馈线断路器，检查微机监控器上对应的断路器状态显示是否发生改变。

二、直流系统绝缘监测

直流系统发生一点接地时，并不对直流系统带来直接的影响，直流系统一点接地的危害主要是再有另一点接地时，将可能造成保护、安稳、控制、操作等装置误动、拒动或直流短路等严重后果，运行中的直流系统应进行绝缘监测。直流系统绝缘监测仪主要有继电器型和微机型，微机绝缘监测仪在直流系统中得到了广泛应用。

1. 微机绝缘监测仪工作原理

微机绝缘监测仪主机检测正负直流母线的对地电压，通过对地电压计算出正负母线对地绝缘电阻，当绝缘电阻低于设定的报警值时，自动启动支路巡检功能，检测出接地支路。直流母线检测原理有平衡电桥检测法和不平衡电桥检测法，支路检测原理有交流法和直流法，以下分别进行介绍。

（1）母线平衡电桥检测法。平衡电桥法在绝缘监测仪主机内部设置 2 个阻值相同的对地分压电阻 R_1、R_2，通过它们测得母线对地电压 V_1、V_2。平衡电桥检测原理如图 18-13 所示。

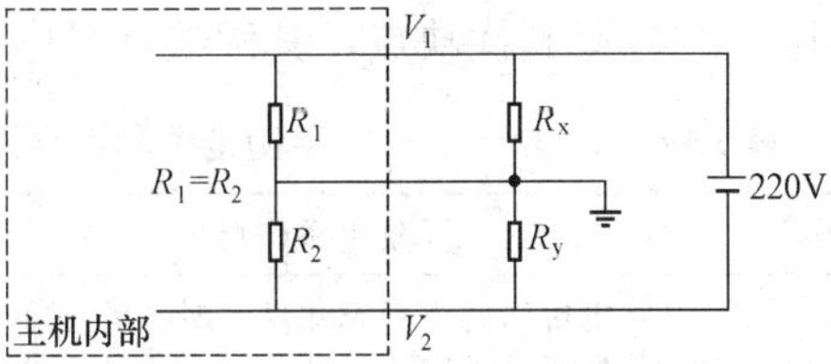

图 18-13　平衡电桥检测原理

当 $R_x=R_y=\infty$时，系统无接地。此时，$V_1=V_2=110$V。

当系统单端接地时，得

$$\frac{V_1}{\frac{R_1R_x}{R_1+R_x}}=\frac{V_2}{R_2} \tag{18-1}$$

由式（18-1）可求得单端接地电阻 R_x 或 R_y。

当系统出现双端接地时，得

$$\frac{V_1}{\frac{R_1R_x}{R_1+R_x}}=\frac{V_2}{\frac{R_2R_y}{R_2+R_y}} \tag{18-2}$$

此时，不能直接求解，处理方法是将 R_x、R_y 中较大的一个视为无穷大，按单端接地的情况求解，所求得的接地电阻值大于实际值。R_x、R_y 的实际值越接近，则测量误差越大，达到 $R_x=R_y$时，测量误差为∞。

（2）母线不平衡电桥检测法。不平衡电桥检测是由主机内部两个阻值相等的对地电阻通过电子开关K1、K2按照一定的开合顺序接地。不平衡电桥检测原理如图18-14所示。

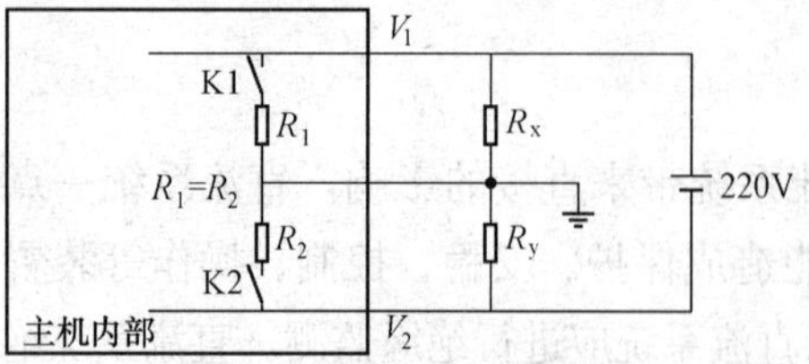

图18-14　不平衡电桥检测原理

在一个检测周期内，K1闭合K2断开，测得V_1、V_2，得

$$\frac{V_1}{\frac{R_1R_x}{R_1+R_x}}=\frac{V_2}{R_y} \tag{18-3}$$

然后K1断开K2闭合，经一定延时后再次测量V_1、V_2，得

$$\frac{V_1}{R_x}=\frac{V_2}{\frac{R_2R_y}{R_2+R_y}} \tag{18-4}$$

由式（18-3）和式（18-4）可直接求得正负母线接地电阻R_x、R_y。

（3）两种母线检测方法的比较。平衡电桥检测和不平衡电桥检测由于本身电路的限制，各有其优缺点，其优缺点对比见表18-8。

表18-8　　平衡电桥和不平衡电桥检测优缺点对比

项目	平衡电桥检测	不平衡电桥检测
优点	平衡电桥法属于静态测量，即测量正负母线对地的静态直流电压，母线对地电容的大小不影响测量精度，由于不受接地电容的影响，检测速度快	任何接地方式均能准确检测
缺点	双端接地时，测量误差较大，不能检测平衡接地	在测量过程中，需要正负母线分别对地投电阻，因此母线对地电压是变化的。为了获得准确的测量结果，每次投入电阻后需要延时，待母线对地电压稳定后，再测量，因此检测速度慢，受母线对地电容的影响

对于500kV及以下水电厂等小型直流系统宜采用不平衡电桥检测法；对于大型电厂直流系统，由于馈线回路接线复杂、分布电容较大，宜采用平衡电桥检测法。

（4）交流法支路检测原理。较早的绝缘监测仪对于支路电阻检测基本上都采用了小信号注入法，即当母线检测出接地异常时，将一个5～10V、10～20Hz的低频信号注入母线，交流TA通过锁相技术等方式便可检测到不平衡电流即漏电流，然

图18-15　交流法支路检测原理

后再通过数据线将检测信号送至绝缘监测仪做响应处理。交流法支路检测原理如图18-15所示。

由于向直流母线中注入交流信号，容易引起设备误动或干扰设备，检测精度受接地电容影响，不能识别母线接地极性，因此已经逐渐被淘汰。

(5) 直流法支路检测原理。采用直流有源TA，不需注入交流信号。当出现接地时，直流TA将直流漏电电流变换为0～5V或4～20mA的电信号上传至绝缘监测仪。但TA成本较高，环境温度和工作电压的波动影响测量精度。

(6) WJY系列智能微机绝缘监测仪。WJY系列智能微机绝缘监测仪采用直流电桥原理，绝缘监测仪主机在线检测正负直流母线的对地电压，通过对地电压计算出正负母线对地绝缘电阻。当绝缘电阻值低于设定的报警值时，自动启动支路巡检功能。母线电压检测电桥可在平衡电桥和非平衡电桥之间选择。支路漏电电流检测采用智能数字有源TA，TA内含CPU，漏电电流在TA内直接转换为数字量，由CPU通过串行口上传至绝缘监测仪。

2. 微机绝缘监测仪的维护

(1) 绝缘状态监视。运行中的直流系统对地绝缘电阻值小于整定值时，绝缘监测仪动作报警，装有微机型绝缘监测仪的直流系统，任一支路的绝缘状态都能监测、显示和报警。

(2) 绝缘监测仪的参数设置。直流电源装置一旦投入运行，通过绝缘监测仪可以检查接地电阻和对地电压值等参数，若正常，就不要随意改动、整定参数。通过微机绝缘监测仪的键盘整定和修改运行参数需要根据生产技术部门的定值单执行。

(3) 定期检查。定期检查绝缘监测仪主机、分机和接地电流检测TA的运行情况，做好微机绝缘监测仪的卫生，运行中可以使用干净的毛刷对绝缘监测仪面板和背板进行清扫。输入输出端子和插头接触应良好，无放电打火现象。

(4) 内部故障处理。绝缘监测仪具有自检功能，其内部发生故障时，通过I/O模块送至计算机监控系统。若绝缘监测仪内部发生故障，应联系厂家维修。

3. 微机绝缘监测仪的检修

(1) 检修安排。直流馈线盘检修时，同时对绝缘监测仪安排检修。微机绝缘监测仪一般能很方便地从盘上拆卸下来，其拆卸和安装都必须在完全停电的条件下进行。在拔下背板输入输出插头前，应做好标记，恢复背板插头前，一一核对标记，防止插错。

(2) 设备清扫。对微机绝缘监测仪主机、分机和电流检测TA进行清扫后，开盖对微机绝缘监测仪内部的电路板进行清灰，清洁工作使用细毛刷进行，必要时使用电路板清洁剂进行清洁，对微机绝缘监测仪开盖做卫生时，防止损坏电路板及内部接线。

（3）设备检查。对微机绝缘监测仪内部、外部进行检查，电路板、连接部件及插座等应无损坏现象。若发现微机绝缘监测仪有不可修复的损坏存在，应联系厂家修理。

（4）绝缘监测仪通电检查。将检修试验台上经过断路器和熔断器后的220V交流电源作为绝缘监测仪的工作电源，打开绝缘监测仪工作电源开关，检查绝缘监测仪无异常。微机绝缘监测仪断电后，参数不会丢失，只需对其参数进行核对即可，若有新的定值单下达，则执行新的定值。绝缘监测仪正常工作电源一般取自直流母线上，其通电检查也可在直流母线送电后，将绝缘监测仪安装就位恢复接线后进行。

（5）绝缘监测仪功能试验。绝缘监测仪具有监测直流系统母线对地绝缘状态及查找接地故障支路的功能，具有RS485通信接口，可以将系统绝缘状况的相关信息上传给微机监控器。直流系统检修中，必须对绝缘监测仪进行动作试验，以保证绝缘监测仪时刻对直流系统绝缘处于监视状态，防止绝缘监测仪拒动或误动。该试验定期进行，每年1次，安排在直流系统年度检修中进行。

（6）母线绝缘监测功能。在直流馈线盘上，将接有一可调电阻的导线的一端接地，另一端接到直流母线的正极220V（或负极220V）上，调节可调电阻，当可调电阻值大于绝缘电阻整定值时，绝缘监测仪不报警；当可调电阻值小于或等于绝缘电阻整定值时，绝缘监测仪动作报警，并报出接地电阻值和正对地、负对地电压值。将绝缘检测仪上绝缘电阻整定值、接地电阻显示值、模拟电阻值和声光报警信号的情况填入表18-9中。

表18-9　　母线绝缘监测功能试验记录

整定值（kΩ）	接地母线	模拟电阻（kΩ）	显示值（kΩ）	报警及通信	试验结果
	+KM1			声光报警并上传给监控器及计算机监控中心	
	−KM1				

（7）支路绝缘监测功能。在直流分电盘上，将接有一可调电阻的导线的一端接地，另一端接到某一馈线回路的正极（或负极）上，接入馈线回路的位置应在电流检测TA之后，调节可调电阻，当可调电阻值大于绝缘电阻整定值时，绝缘监测仪不报警；当可调电阻值小于或等于绝缘电阻整定值时，绝缘监测仪动作报警，并报

出接地支路号、接地电阻值和正对地、负对地电压值。将绝缘检测仪上绝缘电阻整定值、接地电阻显示值、模拟电阻值和声光报警信号的情况填入表 18-10 中。

表 18-10　　　　支路绝缘监测功能试验记录

整定值：________ kΩ，模拟电阻：________ kΩ

<table>
<tr><th>接地母线</th><th>接地支路号</th><th>报警支路号</th><th>显示值（kΩ）</th><th>报警及通信</th><th>试验结果</th></tr>
<tr><td rowspan="3">+KM</td><td>001</td><td></td><td></td><td rowspan="6">声光报警并上传给主绝缘监测仪、监控器和计算机监控中心</td><td rowspan="6"></td></tr>
<tr><td>002</td><td></td><td></td></tr>
<tr><td>003</td><td></td><td></td></tr>
<tr><td rowspan="3">−KM</td><td>001</td><td></td><td></td></tr>
<tr><td>002</td><td></td><td></td></tr>
<tr><td>003</td><td></td><td></td></tr>
</table>

支路接地故障模拟时，绝缘监测仪分机动作报警并报出支路号和接地电阻值。绝缘监测仪主机也报警并显示出接地电阻值。微机监控器报警并显示出接地故障信息，将接地故障上报给计算机监控系统。若绝缘监测仪未动作发出报警和显示接地电阻值及支路号，则需要对其原因进行查找，先检查绝缘监测仪主机和分机是否工作正常，再检查分机与主机是否通信正常，直至找到原因为止。

第五节　微机监控器的检修与维护

一、微机监控器的基本功能

（1）监视功能。①监视三相交流输入电压值是否缺相。②监视直流母线的电压值是否正常。③监视蓄电池浮充电和充电机输出电流是否正常。

（2）自诊断和显示功能。①微机监控器能诊断内部的电路故障和不正常的运行状态，并能发出声光报警。②微机监控器能控制显示器，显示各种参数，通过整定输入键，可以整定或修改各种运行参数。

（3）控制功能。①自动充电功能，微机监控器能控制充电装置，自动进行恒流限压充电→恒压充电→浮充电→进入正常运行状态。②定期充电功能，根据整定时间，微机监控器将控制充电装置定期自动地对蓄电池组进行均衡充电，确保蓄电池组随时具有额定的容量。③“四遥”功能，调度中心通过“四遥”接口，能控制直流电源装置的运行方式。④抗干扰功能，微机监控器应具有三级振荡波和一级静电放电抗扰度试验的能力。

二、JKQ 系列微机监控器

微机监控器负责对直流系统各单元（充电模块、绝缘监测、电池巡检、电压电流采集、馈线状态、交流配电单元等）运行状态与数据的采集、显示；系统单元运行参数的设置，并控制各单元的正常运行；接收监控中心计算机发送来的命令及参数，并将系统运行状态、参数及故障报警信息发送给监控中心计算机。JKQ 系列微机监控器原理如图 18-16 所示。

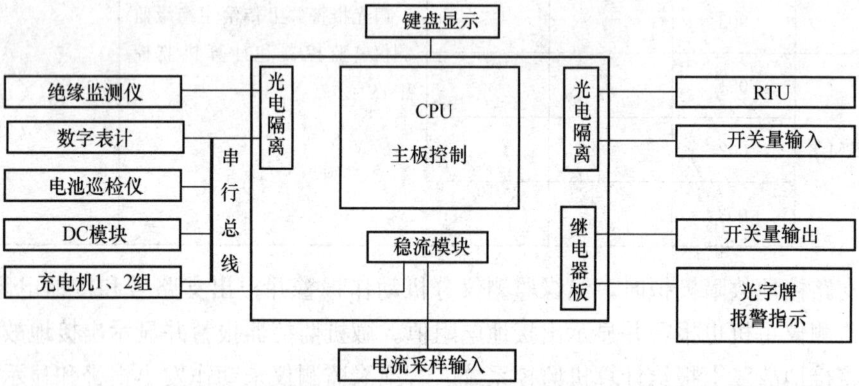

图 18-16　JKQ 系列微机监控器原理

JKQ 系列微机监控器采用数字总线控制方式，对所监测的模拟量、数字量无数量上的限制，即通道数可任意扩展。采用智能控制技术，具有容错能力。在控制过程中自动检测电压、电流变送器的状态，当变送器故障时，该监控器会以其他的相关变送器和各个模块的上报参数为控制依据，而不会中断对直流系统的控制。当监控器发生故障时，其本身具有声光报警和空触点输出。

1. JKQ 系列微机监控器的功能

微机监控器作为直流屏内的智能管理单元，负责采集各功能单元输入/输出数据量、状态量，并根据其本身程序控制各单元的运行状态，同时将所得直流屏数据上传至后台。

（1）直流系统各信号量和状态量采集。微机监控器对直流系统各信号量和状态量进行采集。微机监控器采集的信号量和状态量见表 18-11。

表 18-11　　微机监控器采集的信号量和状态量

信号量采集	交流进线电压、电流等
	充电模块输出电压、电流
	母线电压、正负母线对地电压、接地电阻值
	蓄电池组电压、电流、单只电池电压
	负荷电流
状态量采集	充电机输出开关状态
	蓄电池输出开关状态
	母线联络开关状态
	绝缘故障
	熔丝故障（充电机输出、蓄电池输出）
	两路交流进线失压
	各馈线开关分合闸状态（系统配有馈线状态监测模块时）
	各馈线开关脱扣（馈线开关装有报警触点）等

（2）开关量输出。无源硬触点方式，微机监控器接受系统各输入量后与设定值进行比较，当系统出现异常时，以硬触点形式送至计算机监控中心，同时微机监控器发出声光报警信号，液晶显示屏显示故障内容，并做历史记录。微机监控器输出的开关量信号见表 18-12。

表 18-12　　微机监控器输出的开关量信号

序　号	内　　容
1	两路交流失压、三相不平衡、缺相报警
2	母线电压异常（过、欠电压）
3	集中监控器故障（装置本身报警）、充电模块故障（单只）
4	熔断器故障（蓄电池、充电机熔丝故障）
5	绝缘故障
6	馈线开关脱扣故障（配报警触点）
7	直流系统故障（总故障，包含以上所有故障）

（3）充电模块监控。充电模块通过串行总线接受微机监控器的监控，实时向微机监控器传送工作状态和工作数据，并接受微机监控器的控制。微机监控器监控的功能：①遥测充电模块的输出电压和电流；②遥信充电模块的运行状态；③遥调充电模块的输出电压；④遥控充电模块的开/关机及均/浮充电切换。

（4）蓄电池管理。蓄电池管理功能：①显示蓄电池电压和充放电电流，当蓄电池出现过电压、欠电压时报警。②手动定时均充电，通过微机监控器键盘预先设置均充电压和手动均充电时间，然后启动手动定时均充电。手动均充电程序：以整定的充电电流进行稳流充电，当电压逐渐上升到均充电压整定值时，自动转为稳压充电，当达到预设时间时转为浮充电运行。③自动定时均充电，当系统连续浮充电运行到设定的时间（3 个月）或交流电源故障蓄电池放电超过 10min 时，系统自动启动均充电程序。④温度变送器测量蓄电池环境温度送微机监控器，当温度偏离 25℃时（或根据蓄电池厂家提供值），由监控器发出调压命令到充电模块，调节充电模块的输出电压，实现浮充电压温度补偿。温度补偿系数可通过键盘设定，当环境温度高于电池厂家设定值时，浮充电压降低 V_{-}；反之，则浮充电压升高 V_{+}。浮充电压变化 $V_{\pm}$ 随温度变化的计算为

$$V_{\pm}=nK_{c}\Delta T$$

式中 n——蓄电池个数；

K_{c}——温度补偿系数，一般取 5mV；

ΔT——温度与基准温度 25℃的差值。

（5）绝缘监测。微机监控器通过 RS485 串口与绝缘监测仪通信，当有直流接地时，绝缘监测仪动作将故障信息上传给微机监控器，微机监控器再将故障信息上传给计算机监控系统。

（6）通信功能。微机监控器设有 RTU 接口，可通过 RTU 接口与计算机监控系统连接，或通过 MODEM 与电话网连接，设有多种通信规约。微机监控器统一汇总系统及各功能单元的实时数据和故障报警信息等，并完成与上位计算机的通信，实现直流系统的“四遥”功能。

（7）历史记录。将系统运行过程中一些重要的状态、数据和时间等信息存储起来以备后查，装置掉电后信息不丢失，用户可随时浏览。

（8）总线通信方式。微机监控器采用串行总线结构、分散控制集中管理模式，直流系统中各功能单元均为具有 CPU 的智能化单元，均具有自诊断能力；单元与单元、单元与监控器之间全部是数字通信且输入输出电气全隔离；任一单元故障时，不会影响其他单元的正常运行。先进的控制逻辑和通信校验算法，可确保在任何干扰环境下，都不会使系统产生误动。

（9）副监控器。在一些大型水电厂、核电站及变电站等特别重要的场所的直流系统中，有时一套直流系统中会配有两台微机监控器，副监控器作为主监控器的热备份部件。副监控器具有跟踪与记忆功能。当主监控器正常时，副监控器监视和跟踪主监控器的控制方法与运行状态；当主监控器发生故障时，副监控器能自动投入

运行，并严格遵循主监控器的控制策略。副监控器处于热备份状态，副监控器作为系统的可选设备，其正常与否均不影响系统的正常运行。

2. 微机监控器的运行及维护

（1）运行中的操作和监视。微机监控器是根据直流电源装置中蓄电池组的端电压值、充电装置的交流输入电压值、直流输出电流值和电压值等数据来进行控制的。运行维护人员可通过微机监控器的操作面板和显示屏来整定和修改运行参数、监视直流系统的运行状态和对直流系统进行控制等。运行中，调度人员在计算机监控系统上通过微机监控器监视直流系统的运行状态。

（2）运行及维护。①检查微机监控器的运行情况，数据和指示正常，无报警信息，参数设置正确。做好微机监控器的卫生，运行中可以使用干净的毛刷对监控器面板和背板进行清扫。微机监控器输入输出端子和插头接触应良好，无放电打火现象。②微机型直流电源系统一旦投入运行，就只能通过微机监控器来检查各项参数，若均正常，就不能随意动改参数。直流系统参数的整定和改变只能在检修过程中通过微机监控器的键盘整定和修改，需要根据生产技术部门的定值单执行。③微机监控器若在运行中控制失灵，可手动重启，若仍不能正常工作，可用备用微机监控器替换后检查处理；若为现场不可修复的故障，应返厂家修理。

3. 微机监控器的检修

（1）检修安排。微机监控器一般安装在直流充电装置柜上，所以直流充电装置检修时，一并对微机监控器安排检修。微机监控器一般能方便地从盘上拆卸下来，其拆卸和安装都必须在完全停电的条件下进行。在拔下背板输入输出插头前，做好标记，恢复背板插头前，一一核对标记，防止插错。

（2）设备清扫。对微机监控器进行外部清扫后，开盖对监控器内部的电路板进行清扫，清洁工作使用细毛刷进行，必要时使用电路板清洁剂清洁。对微机监控器开盖进行清洁时，防止损坏电路板及内部接线。

（3）设备检查。对微机监控器内部、外部进行检查，电路板、连接部件及插座等无损坏现象。若发现微机监控器有不可修复的损坏现象存在，应联系厂家修理。

（4）通电检查。将检修试验台上经过断路器和熔断器后的220V交流电源作为微机监控器的工作电源，打开微机监控器工作电源开关，检查微机监控器无异常。微机监控器断电后，参数不会丢失，只需对其参数进行核对即可，若有新的定值单下达，则执行新的定值。

（5）功能试验。微机监控器是直流系统的核心控制部分，相当于整个直流系统的“大脑”。直流系统的检修试验大多需要通过微机监控器来完成。

第十九章　直流系统的试验

新安装的直流电源装置，在安装完毕后，应进行交接验收试验，所试项目应达到技术要求后方能投入试运行。直流系统在检修中，也应根据检修项目和范围的不同，选择必要的项目进行试验，检修试验是保证检修质量的最好方式。本章对直流系统主要的试验项目、标准和方法集中叙述。

第一节　交接验收试验项目及要求

DL/T 724《电力系统用蓄电池直流电源装置运行与维护技术规程》对交接验收试验的项目及要求如下：

1. 绝缘监察及信号报警试验

(1) 母线接地试验。直流电源装置空载运行时，额定电压为220V，用25kΩ电阻；额定电压为110V，用7kΩ电阻；额定电压为48V，用1.7kΩ电阻，分别使直流母线接地，应发出声光报警。

(2) 母线电压过低和过高试验。直流母线电压低于或高于整定值时，应发出低压或过电压信号及声光报警。

(3) 限流保护功能。充电装置的输出电流为额定电流的105%～110%时，应具有限流保护功能。

(4) 绝缘监察。装有微机绝缘监察仪的直流电源装置，任何一支路的绝缘状态或接地都能监测、显示和报警。

(5) 报警功能。远方信号的显示、监测及报警应正常。

2. 耐压试验及绝缘测量

(1) 耐压试验。在做耐压试验之前，应将电子仪表、自动装置从直流母线上脱离开，用工频2kV对直流母线及各支路耐压1min，应不闪络、不击穿。

(2) 绝缘测量。用1000V绝缘电阻表测量直流母线及各支路，绝缘电阻不小于10MΩ。

3. 蓄电池组容量试验

新安装的蓄电池组，按规定的恒定电流进行充电，将蓄电池充满容量后，按规定的恒定电流进行放电，当其中一个蓄电池放至终止电压时为止。容量的计算公式为

$$C = I_f t$$

式中　C——蓄电池组容量，Ah；

I_f——恒定放电电流，A；

t——放电时间，h。

(1) 防酸蓄电池组容量试验。防酸蓄电池组的恒流充电电流及恒流放电电流均为 I_{10}，其中一个单体蓄电池放电终止电压为 1.8V 时，应停止放电。在三次充放电循环之内，若达不到额定容量值的 100%，则此组蓄电池为不合格。

(2) 镉镍蓄电池组容量试验。镉镍蓄电池组的恒流充电电流和恒流放电电流均为 I_5，其中一个单体蓄电池放电终止电压为 1V，应停止放电。在三次充放电循环之内，若达不到额定容量值的 100%，则此组蓄电池为不合格。

(3) 阀控蓄电池组容量试验。阀控蓄电池组的恒流限压充电电流和恒流放电电流均为 I_{10}，额定电压为 2V 的蓄电池，放电终止电压为 1.8V；额定电压为 6V 的组合式电池，放电终止电压为 5.25V；额定电压为 12V 的组合蓄电池，放电终止电压为 10.5V。只要其中一个蓄电池放到了终止电压，应停止放电。在三次充放电循环之内，若达不到额定容量值的 100%，则此组蓄电池为不合格。

(4) 电解液的密度测量。防酸蓄电池、镉镍蓄电池在充放电后，应测电解液的密度并符合技术要求。

4. 充电装置性能试验

(1) 稳流精度。交流输入电压在额定电压±10%范围内、输出电流在 20%～100%额定值的任一数值、充电电压在规定的调整范围内变化时，其稳流精度按以下公式计算，即

$$\delta_I = \frac{I_M - I_Z}{I_Z} \times 100\%$$

式中　δ_I——稳流精度；

I_M——输出电流波动极限值；

I_Z——输出电流整定值。

(2) 稳压精度。交流输入电压在额定电压±10%范围内、负荷电流在 0～100%额定值内、直流输出电压在调整范围内的任一数值变化时，其稳压精度按以下公式计算，即

$$\delta_U = \frac{U_M - U_Z}{U_Z} \times 100\%$$

式中　δ_U——稳压精度；

U_M——输出电压波动极限值；

U_Z——输出电压整定值。

（3）纹波系数。在充电装置输出的直流电压中，脉动量峰值与谷值之差的一半，与直流输出电压平均值之比，按以下公式计算，即

$$\delta = \frac{U_f - U_g}{2U_p} \times 100\%$$

式中 δ——纹波系数；

U_f——直流电压中的脉动峰值；

U_g——直流电压中的脉动谷值；

U_p——直流电压平均值。

（4）效率。充电装置交流额定输入功率与直流输出功率之比，按以下公式计算，即

$$\eta = \frac{W_D}{W_A} \times 100\%$$

式中 η——效率；

W_D——直流输出功率；

W_A——交流输入功率。

（5）均流及均流不平衡度。采用高频开关电源模块的整流器，以（$n+1$）或（$n+2$）多块并联方式运行，为使每一个模块都能均匀地承担总的负荷电流，称为均流。模块间负荷电流的差异，称为均流不平衡度。

5. 直流母线连续供电试验

交流电源突然中断，蓄电池带直流母线和负荷连续供电，直流母线电压波动应不大于额定电压的10%。

6. 微机控制自动转换程序试验

（1）阀控蓄电池的充电程序（恒流→恒压→浮充电）。根据蓄电池的不同种类，确定不同的充电率进行恒流充电，蓄电池组端电压达到某一整定值时，微机将控制充电装置自动转为恒压充电，当充电电流逐渐减小到某一整定值时，微机将控制充电装置自动转为浮充电运行。

（2）阀控蓄电池的补充充电程序。微机将按所整定的时间（1个月或3个月），控制充电装置自动地进行恒流充电→恒压充电→浮充电并进入正常运行，始终保证蓄电池组具有额定容量。交流电源中断时，蓄电池组将无时间间断地向直流母线供电；交流电源恢复送电时，充电装置将进入恒流充电，再进入恒压充电和浮充电，并转入正常运行。

（3）“四遥”功能。控制中心通过遥信、遥测、遥调、遥控接口（RS485、

422、232）了解和控制远方正在运行的直流电源装置。

遥信：直流母线电压过高或过低信号、直流母线接地信号、充电装置故障等信号。

遥测：直流母线电压及电流值、蓄电池组电压值、充电电流值等参数。

遥控：直流电源装置的开机/停机、浮充电/均充电功能切换。

遥调：调整直流系统的运行整定值，如充电模块的浮充电压值、均充电压值、限流值和输出欠压值。

第二节　直流系统检修后的试验

高频开关电源型充电装置在直流系统中得到了广泛应用，本节以高频开关电源型充电装置直流系统为例对直流系统检修后的试验项目及方法进行说明，相控型充电装置直流系统的试验项目可根据具体情况从中选取。

一、检修试验项目

根据直流系统检修的实际情况，选取不同项目的试验，见表19-1。

表19-1　　**检修试验项目**

序号	检验试验项目	检验结论	备注
1	一般性检查	合格	
2	电气绝缘性能试验		
2.1	绝缘电阻测量	合格	
2.2	耐压试验	合格	
3	充电装置功能试验		
3.1	限流特性试验	合格	
3.2	限压特性试验	合格	
3.3	均流试验	合格	
3.4	稳流精度试验	合格	
3.5	稳压精度试验	合格	
3.6	纹波系数试验	合格	
4	单元模块功能试验		
4.1	蓄电池巡检仪功能试验	合格	
4.2	绝缘监测仪功能试验	合格	
4.3	馈线状态监测模块功能试验	合格	
5	保护及报警功能试验	合格	
6	微机监控器功能试验	合格	
7	与计算机监控系统接口试验	合格	

二、直流电源柜一般性检查

直流电源柜安装或检修完毕，要进行一般性的检查，一般性检查的范围包括直流充放电柜、直流馈线柜和直流负荷盘。一般性的检查项目及标准见表19-2。

表19-2　　一般性的检查项目及标准

序号	检查项目	检验标准及要求	结论
1	柜体结构	柜体尺寸、柜体颜色及防护等级符合设计图纸、技术协议，保护接地：接地桩有防锈措施和明显标志	正常
2	表面涂覆层	均匀、不起泡、无脱落，金属零部件表面应无锈蚀，表面涂覆层应平整美观	正常
3	元器件端子排	元器件安装正确，符合设计图纸，元器件布局和端子排安装应尽量排列整齐、层次分明、不重叠，便于安装调试、维护和操作，馈线断路器应并接在直流汇流母线上，以便于维护、更换，长期带电发热的元器件应安装在柜内上方	正常
4	接线检查	接线应整齐规范，导线、导线颜色、行线槽、母线热缩套管的颜色和规格的选用正确，符合设计图纸	正常
5	紧固检查	所有螺栓、螺母、接线端子应紧固可靠，有防松措施	正常
6	铭牌、标识	铭牌、标识、丝印文字及元件或端子编号、线号等符合设计图纸，且正确无误、齐全、排列整齐，文字清晰正确，安装位置合理易于观察且整齐统一，盘内安装的断路器、熔断器等应有标识	正常
7	电气间隔	母线汇流排或不同极性的裸露带电导体之间，以及裸露带电导体与不带电导体之间的电气间隙大于或等于12mm，爬电距离大于或等于20mm	合格
检验结论		合　格	

三、电气绝缘性能试验

1. 绝缘电阻测量

直流系统设备安装完毕或检修后，绝缘电阻测量项目及标准见表19-3。

表19-3　　绝缘电阻测量项目及标准

试验项目	试验部位	检验标准及要求	试验结果
绝缘电阻测量	直流输出回路对地之间	≥10MΩ	正常
	交流输入回路对地之间	≥10MΩ	正常
	交流输入回路对直流输出回路之间	≥10MΩ	正常
检验结论	合　格		

2. 耐压试验

直流系统设备安装完毕或检修后，耐压试验项目及标准见表19-4。

表 19-4　　　　**耐压试验项目及标准**

试验部位	检验标准	试验结果
交流回路对地	工频交流电压：2.5kV，时间：1min，无闪络、无击穿	正常
直流回路对地	工频交流电压：2.0kV，时间：1min，无闪络、无击穿	正常
交流回路对直流回路	工频交流电压：2.0kV，时间：1min，无闪络、无击穿	正常
检验结论	合　格	

四、充电装置功能试验

充电装置功能试验包括充电机限流、限压特性试验，充电装置稳流精度、稳压精度试验，纹波系数试验和充电模块均流试验等。

1. 限流特性试验

限流特性即充电机在浮充电（稳压）状态下运行，输出电流超过限流整定值时，充电机自动降低直流输出电压，使输出电流不超过整定值。

将充电机输出断路器断开，在充电机输出端接一可调电阻性负荷，改变负荷，使输出电流逐渐上升而超过限流整定值，充电机输出电压能自动降低，输出电流保持不变。限流特性试验数据填入表 19-5 中。

表 19-5　　　　**限流特性试验数据**

充电机编号	限流值	稳压值	限流整定值	试验结论
1				
2				

2. 限压特性试验

限压特性即充电机在均充电（恒流）状态下运行，输出电压超过限压整定值时，充电机能自动转换恒压充电方式运行。

将充电装置输出断路器断开，在充电装置输出端接一可调电阻性负荷，改变负荷，使输出电压逐渐上升而超过限压整定值，充电机输出电流能自动降低，输出电压保持不变。限压特性试验数据填入表 19-6 中。

表 19-6　　　　**限压特性试验数据**

充电机编号	限压值	稳流值	限压整定值	试验结论
1				
2				

3. 稳流精度试验

充电机在充电（稳流）状态下，交流输入电压在额定电压±10%的范围内变化、输出电压在充电电压规定的调整范围内变化时，输出电流在 20%～100%额定值范围内的任一数值上能够保持稳定。

将充电装置输入输出断路器均断开，在充电装置输入端通过三相调压器接入三相交流电源，输出端接一可调电阻性负荷。稳流精度试验数据填入表 19-7 中。

表 19-7　　稳流精度试验数据

<table>
<tr><th rowspan="2">组号</th><th rowspan="2">稳流值
（A）</th><th rowspan="2">交流电压
（V）</th><th colspan="3">实测输出直流电流值(A)</th><th rowspan="2">稳流精度最大值
（%）</th></tr>
<tr><th>输出电压
（198.0V）</th><th>输出电压
（231.8V）</th><th>输出电压
（242.0V）</th></tr>
<tr><td rowspan="9">I</td><td rowspan="3">20%I_e</td><td>342</td><td></td><td></td><td></td><td rowspan="9"></td></tr>
<tr><td>380</td><td></td><td></td><td></td></tr>
<tr><td>418</td><td></td><td></td><td></td></tr>
<tr><td rowspan="3">50%I_e</td><td>342</td><td></td><td></td><td></td></tr>
<tr><td>380</td><td></td><td></td><td></td></tr>
<tr><td>418</td><td></td><td></td><td></td></tr>
<tr><td rowspan="3">100%I_e</td><td>342</td><td></td><td></td><td></td></tr>
<tr><td>380</td><td></td><td></td><td></td></tr>
<tr><td>418</td><td></td><td></td><td></td></tr>
</table>

4. 稳压精度试验

充电机在浮充电（稳压）状态下，交流输入电压在额定电压±10%的范围内变化、输出电流在 0～100%额定值范围内变化时，输出电压在其电压调整范围内的任一数值上能够保持稳定。

将充电装置输入输出断路器均断开，在充电装置输入端通过三相调压器接入三相交流电源，输出端接一可调电阻性负荷。稳压精度试验数据填入表 19-8 中。

表 19-8　　稳压精度试验数据

<table>
<tr><th rowspan="2">组号</th><th rowspan="2">稳压值
（V）</th><th rowspan="2">交流电压
（V）</th><th colspan="3">实测输出直流电压值(V)</th><th rowspan="2">稳压精度最大值
（%）</th></tr>
<tr><th>输出电流
（0A）</th><th>输出电流
（50%I_e）</th><th>输出电流
（100%I_e）</th></tr>
<tr><td rowspan="9">I</td><td rowspan="3">198.00</td><td>342</td><td></td><td></td><td></td><td rowspan="3"></td></tr>
<tr><td>380</td><td></td><td></td><td></td></tr>
<tr><td>418</td><td></td><td></td><td></td></tr>
<tr><td rowspan="3">231.80</td><td>342</td><td></td><td></td><td></td><td rowspan="3"></td></tr>
<tr><td>380</td><td></td><td></td><td></td></tr>
<tr><td>418</td><td></td><td></td><td></td></tr>
<tr><td rowspan="3">242.00</td><td>342</td><td></td><td></td><td></td><td rowspan="3"></td></tr>
<tr><td>380</td><td></td><td></td><td></td></tr>
<tr><td>418</td><td></td><td></td><td></td></tr>
</table>

5. 纹波系数试验

充电机在浮充电（稳压）状态下，交流输入电压在额定值的±20%的范围内变化、输出电流在额定值的0～100%范围内变化时，输出电压在其调节范围内的任一数值上能够保持稳定，测得蓄电池入口处纹波系数。

将充电装置输入输出断路器均断开，在充电装置输入端通过三相调压器接入三相交流电源，输出端接一可调电阻性负荷。纹波系数试验数据填入表19-9中。

表19-9　　纹波系数试验数据

组号	稳压值（V）	交流电压（V）	纹波电压交流分量有效值（mV）			纹波系数最大值（%）
			输出电流（0A）	输出电流（50% I_e）	输出电流（100% I_e）	
I	198.00	304				
		380				
		456				
	231.80	304				
		380				
		456				
	242.00	304				
		380				
		456				

五、单元模块功能试验

直流充放电装置、蓄电池组和直流馈线回路中配有智能单元模块，这些模块对直流系统的正常运行起着保护和监视等作用，检修中需要对它们进行试验，以检验其是否起到保护和监视作用。单元模块功能试验主要包括蓄电池巡检仪功能试验、绝缘监测仪功能试验、馈线状态监测模块功能试验。

六、保护及报警功能试验

1. 试验项目

给直流系统上电，使直流系统处于正常运行状态，设定保护整定值，测试保护动作情况。保护及报警功能试验项目见表19-10。

表 19-10　　保护及报警功能试验项目

序号	告警及保护项目		设定值	动作值	声光报警	检验结论
1	交流故障	交流失电、缺相				
		过电压				
		欠电压				
2	母线电压异常	过电压				
		欠电压				
3	充电机故障	模块通信故障				
		输出过电压				
		输出欠电压				
		温度过高				
4	蓄电池故障	电池组欠电压				
		单节电池电压过高				
		单节电池电压过低				
		温度过高				
5	熔断器故障	蓄电池、充电机回路				
6	绝缘故障	母线或支路绝缘降低				
7	馈线故障	馈线断路器脱扣跳闸				
8	直流系统故障	总故障				
9	监控器故障	监控器装置故障				

2. 保护及报警功能试验方法

在进行以下功能试验时，微机监控器在报故障原因的同时均会报“直流系统故障”信息。同时，计算机监控中心均会收到直流系统故障的信息。关掉微机监控器电源开关，计算机监控中心也会收到直流系统故障信息。

(1) 交流故障。短接交流配电单元交流故障报警信号输出触点，监控器报警。

(2) 母线过/欠电压。一台模块正常工作，其余关机，充电装置带空母线。调节工作模块上的电压输出调节电位器，当输出电压大于过电压整定值时，监控器发出报警、“控母电压异常”光字牌点亮并推出相应画面；相反，当输出电压小于整定值时，监控器发出报警、“控母电压异常”光字牌点亮并推出相应画面。在此试验中，母线过/欠电压信号发出的同时，充电机输出过/欠电压。

(3) 充电机故障。关掉任一模块，监控器发出报警、“充电机故障”光字牌点亮。

(4) 蓄电池过/欠电压。断开一节蓄电池电压测量熔断器，监控器报警，并报蓄电池过/欠电压信号。

(5) 熔断器故障。用一绝缘工具按下熔断信号器的触动按钮，监控器发出报警，报熔断器故障信号。

(6) 绝缘故障。用一接有15k电阻的导线，将一馈线或者母线与地短接，绝缘监测仪报警并报故障支路，监控器报警并报接地故障信息。

(7) 馈线故障。通过断路器上的试验按钮将一馈线断路器脱扣，监控器发出报警，报馈线故障信号。

七、微机监控器功能试验

1. 显示及测量功能试验

微机监控器应能适时显示所采集的电压、电流值，蓄电池均/浮充电、充电机开/关机、绝缘、交流输入电源等状态信息。

2. 调节及控制功能试验

微机监控器能调节充电模块的输出电压，能实现对充电模块的统一控制和分组控制，以及控制充电模块的均/浮充电转换、开/关机。

3. 定时均充电试验

在现地工作方式下，输入均充电组号及定时时间，确认后，系统以定时方式启动均充电，当定时均充电结束后，自动转为浮充电运行。

4. 微机充电程序试验

微机监控器应能使充电模块自动运行以下程序：以整定的充电电流进行恒流充电，当电压逐渐升至均充电压时，自动转为恒压充电，随着充电电流逐渐减小，当其减小到充电电流倒计时整定值的1/10时，自动转为浮充电压运行。

5. 交流中断恢复程序试验

当交流电源中断后，微机监控器应能正常工作，监视直流电源柜的工作状态，应能发出相应报警信号；当交流电源停电10min以上，交流电源恢复后，监控器应控制充电模块自动进入充电程序。

6. $n+1$ 冗余热备用试验

关闭任一充电模块，其余充电模块应正常运行，并自动均流负荷。测量记录每个充电模块的输出电流，计算其不平衡度应小于或等于±5%。

7. “四遥”功能试验

微机监控器通过通信接口与后台计算机连接，并实现以下功能：

(1) 遥测。在计算机监控中心应能监测到直流系统当前运行的蓄电池电压及电流等模拟量。

(2) 遥信。在计算机监控中心能监测到直流系统的各种报警信号、各种设备的运行状态。

（3）遥控。通过计算机监控中心应能控制直流系统运行状态的切换，如充电模块的均充电/浮充电状态的转换、充电机开启/关闭等。

（4）遥调。通过计算机监控中心可以调整直流系统的运行整定值，如浮充电压值、均充电压值和输出过电压、欠电压值等。

8. 温度补偿功能试验

微机监控器能实时获得蓄电池环境温度，当温度 T 偏离 25℃（或蓄电池厂家要求的温度）时，微机监控器应能调整充电机浮充电压 $U=V_0-n(T-25)K_c$（V_0 为浮充电压设定值，T 为蓄电池环境温度，K_c 为温度补偿系数）。该试验结果填入表 19-11 中。

表 19-11　温度补偿功能试验结果

序号	运行状态	电压设定值	温度补偿系数	蓄电池温度	补偿后输出电压	试验结果
1	浮充电					
2	浮充电					

八、与计算机监控系统接口试验

（1）模拟量试验。直流系统通过远程 I/O 模块将充电机输出电流、蓄电池电流、母线电压等模拟量引至计算机监控系统。观察在计算机监控系统上显示的模拟量与直流系统各表计指示是否相同。模拟量显示误差应小于 0.5%。

（2）开关量试验。直流系统通过远程 I/O 模块将充电机进线断路器状态、充电机输出断路器状态、蓄电池进线断路器状态、母联断路器状态等开关量信息引至计算机监控系统。各断路器状态的试验通过操作断路器或短接断路器脱扣报警触点来实现。

（3）故障报警试验。直流系统通过远程 I/O 模块将充电机故障、蓄电池欠电压、馈线断路器脱扣、监控器故障等故障信息引至计算机监控系统。模拟故障报警信息，在监控器上报警的同时上传至计算机监控系统。

第二十章 直流系统故障及处理

第一节 蓄电池的故障及处理

一、防酸蓄电池的故障及处理

1. 极板硫化

(1) 故障现象。①长期浮充电运行中的防酸蓄电池，极板表面逐渐产生白色的硫酸铅结晶体，通常称为“硫化”。极板颜色异常，正极板呈浅褐色，有白色斑点，负极板呈浅灰色，表面有粗大的硫酸铅结晶颗粒。②电解液的密度下降显著，充电过程中，电解液密度上升缓慢，甚至无显著变化。当密度上升到一定数值后就不再上升，不能达到故障前的密度标准数值。③蓄电池的电压在充电时上升很快，短时间可上升至 2.9V/单体，在放电时降低很快，1～2h 内就降至放电终止电压 1.8V/单体左右。④充电时，电解液温度升高很快，冒气泡过早，甚至一开始充电就冒气泡。

(2) 故障原因。①经常充电不足，在电解液密度及端电压发生异常的初期没有进行均衡充电。②长期用小电流深度放电或经常过放电。③蓄电池放电后未及时充电，或长期处于已放电及自放电状态。④电解液面低，极板外露，或电解液不纯及密度超过正常值。

(3) 处理方法。①加强蓄电池维护管理，定期检查蓄电池的端电压和电解液密度，发现异常，用均衡充电法给予消除。②蓄电池放电应按要求进行，定期放电及事故放电后，应及时补充电，严禁长期用小电流深度放电。③对长期处于自放电的蓄电池应进行补充电。④对电解液的密度超过规定值的应予以调整，液面过低的应补充纯水到电解液上部标准线。⑤对硫化严重的蓄电池，将蓄电池组退出运行，先用 I_{10} 电流进行恒流充电，当单体电压上升为 2.5V 时，停充 0.5h，再用 $0.5I_{10}$ 电流充电至冒大气泡时，又停 0.5h 后再继续充电，直到电解液沸腾，单体电压上升到 2.7～2.8V 停止充电 1～2h 后，用 I_{10} 电流进行恒流放电；当单体蓄电池电压下降至 1.8V 时，终止放电，并静置 1～2h，再用上述充电程序进行充电和放电，反复几次，极板白斑状的硫酸铅结晶体将消失，蓄电池容量将得到恢复。

2. 极板弯曲

(1) 故障现象。极板弯曲多数发生在正极板上，主要表现为极板变形、膨胀龟裂。

（2）故障原因。①极板在制作过程中，有效物质化成不均匀、各部分机械强度不一致或运输保管中受潮，充放电时，极板的膨胀收缩不一致。②大电流充放电使极板的应力变化过大和电化反应过于剧烈。③深度过放电后，充电方法不当，极板深层硫酸铅得不到恢复，引起极板膨胀变形。④蓄电池电解液温度过高，使蓄电池容量增大，造成过量放电。⑤电解液中含有能溶解铅的酸料如硝酸、盐酸、醋酸，或含有镁、锰、铜等金属物质，使极板腐蚀硬化而断裂。

（3）处理方法。①蓄电池的充放电，必须按照规程要求进行，既要防止过大的充放电电流，造成电池内部反应强烈，致使极板弯曲，又要防止小电流深度放电，使极板损坏。②检查电解液中有无有害物质存在，若超过规定标准，应用纯水漂洗极板，并更换新电解液。③对于弯曲较轻，又不影响运行的极板可不作任何处理，继续运行。对于弯曲程度较重的化成式、半化成式极板，可用压板、压床或用特制的夹板把极板压平调直后，用纯水冲洗干净，重新组装好后，再进行初充电。④对无法用压平方式处理的非化成式或半化成式弯曲较严重的极板进行更换，为防止极板损坏，除了防止极板受潮外，还应采用浮充电工作方式和坚持充放电制度。⑤防酸蓄电池极板弯曲、龟裂或肿胀，若容量达不到80%以上，应更换此蓄电池。运行中，防止电解液的温度超过35℃。

3. 极板上有效物质过量脱落

（1）故障现象。①新电池在初充电时，极板表面有效物质大面积翘起，并有部分脱落。②蓄电池在短时的运行期间，容器底部便堆积有块状或粒糊状脱落物。

（2）故障原因。蓄电池活性物质脱落现象发生在涂膏式的极板上，尤其是正极板上。因为蓄电池在充电电流作用下，正极板上会产生新的二氧化铅层，旧的二氧化铅层会脱落，这是正常现象，这种脱粒呈细末状，数量很少。但如果运行中，采取了不正确的充放电措施、添加了含有杂质的蒸馏水、电解液温度过高或极板制造时涂膏与极栅结合不严及涂膏化成不均匀等原因都将造成极板的有效物质大片、大量的脱落。

（3）处理方法。①严格按照蓄电池制造厂家规定的电流值进行充放电。②蓄电池所用的浓硫酸和纯水确认合格后方能使用。③注入蓄电池电解液或纯水的温度应控制在15～30℃。④防酸蓄电池底部沉淀物过多，用吸管清除沉淀物，并补充配制的标准电解液。

4. 其他故障

（1）电解液混浊。蓄电池的电解液中含有铁或锰的杂质时，在充电过程中呈浅红色（正常为乳白色），这是由于铁或锰杂质及极板脱落的二氧化铅微粒较多所引起的混浊现象，在充电电流增大时尤为明显。这种由于电解液混浊而造成的防酸蓄电池底部沉淀物过多、容量降低的问题，可用漂洗极板、用吸管清除沉淀物及更换补充配制的标准电解液解决。

（2）绝缘能力降低。当绝缘电阻值低于现场规定值时，将会发出接地信号，正对地或负对地均能测到泄漏电压，处理方法是对蓄电池外壳和支架采用酒精清擦，改善蓄电池室外的通风条件，降低湿度，绝缘能力将会提高。

（3）电解液密度降低。蓄电池维护检查中，若发现其电解液密度降低，可用相对密度为 1.400 的稀硫酸调整至 1.215±0.005(25℃)，然后再充电到冒气泡为止。如此反复两三次即可达到规定值。若是因为蓄电池放电造成的电解液密度下降，则应对蓄电池组进行充电，待容量恢复以后，密度就会上升到正常值。

（4）电解液密度高于正常值。先应查明是否在液面低或极板硫化未消除前，电解液密度较低时误加了密度较高的稀硫酸，然后才能用合格的纯水将电解液密度稀释到规定值，再进行均充电，使电解液混合均匀。

（5）容量下降。更换电解液，用反复充电法可使蓄电池的容量得到恢复，若进行三次充电放电，其容量均达不到额定容量的 80%以上，则应更换此组蓄电池。

二、镉镍蓄电池的故障及处理

1. 容量下降，放电电压低

（1）故障原因。蓄电池长期充电不足，搁置太久，温度过高或过低，电解液中含有杂质，电解液面过低和电解液中缺少氢氧化锂等。

（2）处理方法。①更换电解液。②对蓄电池组作均充电。③更换无法修复的电池。④改善蓄电池使用环境，采取保温措施。⑤用充放电法恢复容量，即先用 I_5 电流恒流充电 5h 后，将电流减至额定值的一半，再过充电 3～4h，停止充电 1～2h 后，用 I_5 电流恒流放电至终止电压，再按上述方法进行充电和放电，反复3～5次，电池容量将得到恢复。

2. 电量消失太快，电池外壳发热

（1）故障原因。电解液不纯或温度过高造成电池内部自放电；蓄电池表面氧化物过多造成电池外部极间放电；蓄电池外壳绝缘不良，蓄电池槽箱底积有电解液，造成电池间的外壳短路或放电。

（2）处理方法。①更换电解液。②改善蓄电池使用环境，采取保温措施。③清除蓄电池外壳及蓄电池槽箱。④清除蓄电池表面的氧化物。

3. 有“爬碱”现象

（1）故障原因。含有氢氧化钾、氢氧化锂的碱性电解液具有爬上瓶口、翻越瓶壁向地板再向墙壁爬越的特性，称为爬碱。爬碱会引起蓄电池自放电加大，降低蓄

电池正、负极间和直流系统的绝缘水平，消耗电解液。

(2) 处理方法。①加强检查及时发现爬碱现象，用万用表的直流电压挡测量两个或数个蓄电池外壳之间的电压。若没有爬碱现象，蓄电池外壳对外壳间应没有或只有很小的直流电压。②平时做好清洁工作，将蓄电池外壳上的正负极柱上的爬碱擦干净。③蓄电池组在安装或更换时，采用不会产生爬碱的新型大壳体镉镍蓄电池。

4. 其他故障

(1) 液面低。每一个镉镍蓄电池，在侧面都有电解液高度的上下刻线，在浮充电运行中，液面高度应保持在中线，液面偏低的，应注入纯蒸馏水，使整组电池液面保持一致。每3年更换一次电解液。

(2) 外壳膨胀变形。由于出气孔活门失灵，蓄电池内部储存了过多的气体而使外壳膨胀变形。修理或更换出气孔活门即可。

(3) 电池组中有零值电池。由于过放电或电池内部有短路等造成，对于过放电的采用过充电使电池电压恢复正常值，对于内部有短路故障的电池予以更换。

(4) 铁质蓄电池槽外部有生锈痕迹。出现这种现象的原因往往是镀镍部分脱落，氧化生锈。用布蘸石油擦除锈迹，涂以凡士林，以防再次生锈。

三、阀控蓄电池的故障及处理

1. 蓄电池外壳温度升高甚至膨胀变形

(1) 故障原因。①充电电流大，充电电压超过2.4V/单体。②螺栓连接不紧固，接头发热。③充电机直流输出纹波系数超过2%。④阀控失灵，使电池不能实现高压排气，内部压力超标。⑤内部有短路、局部放电等造成温升超标。

(2) 故障处理。①降低充电电流，使充电电压保持规定值。②将发热接头进行清洁处理并紧固螺栓。③检查充电机，加装滤波装置，减小交流成分。④检查安全阀体是否堵死，更换合格的阀门，使排气正常。⑤进行核对性放电，容量达不到额定值80%以上的蓄电池，应进行更换。

2. 核对性放电时，蓄电池放不出额定容量

(1) 故障原因。①蓄电池长期欠充电，浮充电压低于2.23～2.28V/单体，造成极板硫酸盐化。②深度放电频繁（如每月一次）。③电池放电后没有立即充电，极板硫酸盐化。

(2) 故障处理。①浮充电运行时，单体电池电压应保持在2.23～2.28V。②避免深度放电。③对核对性放电达不到额定容量的蓄电池，应进行三次核对性放充电。若容量仍达不到额定容量的80%以上，应更换蓄电池组。

第二节 直流系统接地故障的处理

直流系统接地时，母线对地电压平衡被破坏，接地极电压绝对值下降，非接地极电压绝对值增大。监控器和接地仪会发出“绝缘故障”、“直流系统故障”信号并有音响报警信息。对直流系统进行接地故障处理时，需要涉及直流系统的负荷性质。按照直流负荷输入回路的数量和接线原理可将直流负荷分为单路、双路、环路。单路是指同一负荷只有一路直流电源输入。双路是指同一负荷有两路直流电源输入，两路直流电源之间是隔离开的。环路是指同一负荷有两路直流电源，两路直流电源采用二极管并联输入，两者未经过隔离，使之形成环流的一种接线。

一、直流接地故障处理的步骤

在直流系统接地故障的处理中，为防止造成保护、安稳及自动装置等的误动或拒动扩大事故，需要遵循一定的处理原则。

1. 故障信息的查看和记录

监控报直流接地故障信息后，首先详细记录绝缘监测装置的动作情况，包括主、副绝缘监测装置上所报接地支路信息，母线电压值，正负母线分别对地电压值，报警支路号及各支路接地电阻的大小。将绝缘监测装置选择在平衡电桥模式下，用合格的万用表在母线上检测母线电压和母线对地电压。接地故障处理完毕，还应形成故障处理与分析报告并存档，制定出防止类似故障重复发生的措施。

2. 故障的基本判断

全面了解和检查直流负荷的相关情况，若所报接地支路明显，并没有出现误报多个支路的情况，或者所报支路上刚进行过有关的工作及有潮湿漏雨等情况，可基本确定所报接地信息正确，直接进行接地故障的处理流程。

若所报接地支路不明显，出现误报多个支路的情况，则对绝缘监测装置进行复位一次，将复位后的绝缘监测装置所报接地支路信息与复位前的接地支路信息进行对照，确有接地的支路会继续报警，复位前后报警不一致的支路通常是误报，接地选择时可以不予考虑。

根据上述检查无法从现象上确定是否有接地故障时，则考虑是否是绝缘监测装置有问题，检查绝缘监测装置电压采集回路接线是否松动等。

3. 接地支路的查找

确认绝缘监测装置没有问题后，即进行接地故障的处理流程。接地故障的处理采用切直流负荷开关来选取的方法，对照直流负荷表遵循先室外后室内、先备用机组后运行机组、先次要负荷后重要负荷、先双路负荷再环路负荷最后单路负荷的原则。

（1）选择双路负荷。在负荷选择前，该负荷做好安全措施，确保该负荷一路电源停电和送电过程中，不会出现装置误动、拒动等后果。检查未报警的那路电源供电正常后，断开报警的那路电源开关，等待一段时间后，查看接地故障是否消失，若未消失，则先恢复刚断开的那路电源后，进行下一路报警负荷的选择。

（2）选择环路负荷。环路负荷的接地信息总是成对出现且出现频率很高，处理环路负荷接地，采取“解环”的办法，做好安全措施，确保断开一路电源和送电过程中不会造成装置误动、拒动等后果。断开一路环路负荷开关，等待一段时间后，查看接地故障是否消失，接地报警支路是否有变化。若未消失，则先恢复刚断开的负荷开关后，再进行下一路报警负荷的选择。

（3）选择单路负荷。在负荷选择前，做好安全措施，确保该负荷停电和送电过程中不会出现装置误动等后果。断开报警的那路负荷电源开关，等待一段时间后，查看接地故障是否消失。若未消失，则先恢复刚断开的那路负荷电源后，再进行下一路报警负荷的选择。

（4）母线接地检查。通过上述处理，接地故障依然不能判断出来，此时应将重点放在母线接地上，通常母线接地时也会误报支路接地信息。母线接地故障的选择方法除了全面查看母线的运行环境外，还应重点检查母线上所挂的测量回路、采样回路、电压回路等二次回路上的问题，可一一进行退熔断器和断开空气断路器的处理方法。

4. 接地故障的处理

接地支路判断出来后，对故障进行处理。若是支路接地，需将支路馈线开关断开后，检查接地位置并及时处理。故障处理完成后，使用绝缘电阻表测绝缘，符合要求后恢复正常运行。若是母线接地，在母线上查找接地位置进行处理；若母线接地故障需要停电后方能处理，需将接地母线所带负荷倒换到正常母线上后，对接地母线停电后处理，并用绝缘电阻表测绝缘，符合要求后恢复正常运行。

二、便携式接地检测仪

直流系统负荷多、分布广、运行环境复杂，且由于环路负荷、几点同时接地等问题的存在，导致直流接地时多报和误报等现象常有出现，给直流接地故障的处理带来困难。直流负荷往往都在运行中，很多重要的负荷失电时还会导致事故的发生，在确认直流接地支路之前不要随意开断/关合负荷开关。

便携式接地检测仪是用于直流系统接地时配合固定式绝缘监测仪选择接地的辅助工具。TOPWHIP-683DB型便携式接地检测仪适用于任何电压等级的直流系统，能将被检测支路的绝缘程度以绝缘指数及波形的形式表示出来；能够指出接地点位置相对检测点的方向，从而快速、准确地实现环路接地检测；还能准确地显示系统电压、对地电压、接地电阻值。

1. 工作原理

便携式接地检测仪由信号发生器、故障检测器和钳表三部分组成。当直流系统发生接地故障或绝缘能力降低（整个直流系统绝缘电阻小于报警整定值），直流系统绝缘监测仪发出警报时，将便携式接地检测仪的信号发生器接入直流系统的正、负母线和地之间，信号发生器自动判断直流系统电压等级，向直流正负母线和地间发射适宜系统检测、对系统无影响的低频信号，并实时显示系统电压、正对地电压、负对地电压和系统对地绝缘总阻抗。故障检测器检测各回路对地绝缘的直流信号漏电电流，并模拟显示接地回路绝缘状态，判断出接地故障回路，并继续沿故障回路检测出接地故障，将故障点准确定位。钳表与故障检测器相连，用于对各支路进行检测。

2. 使用步骤

（1）使用前的准备。由于便携式接地检测仪使用时间间隔较长，造成电池电量不足，影响检测准确性，甚至使检测工作无法进行，因此，在每次使用前务必安装新的电池（建议使用质量较好的碱性电池）。

（2）将信号发生器接入直流系统。将信号发生器的红夹接正母线，黑夹接负母线，黄夹接地线，打开信号发生器工作电源开关。信号发生器自适应不同电压等级的直流系统，系统无接地故障时，“正常”指示灯亮，液晶显示屏显示直流系统电压、正对地电压、负对地电压。系统有接地故障时，信号发生器自动判断接地极性，如果系统正接地，信号发生器“正接地”指示灯亮，在向系统输出信号的同时，“正接地”指示灯闪烁。如果系统负接地，“负接地”指示灯亮，在向系统输出信号的同时，“负接地”指示灯闪烁。同时，液晶显示屏显示系统正对地电压、负对地电压、系统对地绝缘总阻抗。

（3）故障检测器的测试准备。把钳表与故障检测器连接后，开启故障检测器。通信灯闪烁一下表明信号发生器与检测器通信成功。量程灯暗表示采用量程一挡，液晶屏上绝缘程度条形象地显示该回路绝缘状态，并有文字显示是否有接地。量程灯亮表示采用量程二挡，液晶屏上的波形形象地显示该回路绝缘状态，并有接地电流值显示出来。同时，液晶屏上显示有接地电流的方向箭头。

（4）开始检测。①多回路线扎在一起时，将钳表钳在这扎电缆上，钳表口必须完全闭合，如果显示“非接地”，则说明被检测的这扎电缆没有接地故障；如果显示“接地”，说明被检测的这扎电缆中有一回路或多回路有接地故障，必须将该扎电缆分开检测。②将单回路正负极同时钳住，如果显示“非接地”，则说明被检测的这个回路没有接地故障；如果显示“接地”，则说明被检测的这个回路有接地故障。③当正负极线不能同时钳时，采用“钳单根”的检测方法，如果是正极接地，则将钳表钳在正极电缆上；如果是负极接地，则钳在负极电缆上。以上三种方法通常根据现场的实际情况结合起来使用。

3. 检测技巧

(1) 信号发生器的接入。根据直流系统接地故障的情况，将信号发生器接到靠近蓄电池输出端的正、负母线和地线上。已检测到有接地但回路走向较远的支路，为提高检测精度，把信号发生器接在离故障区域更近的支路始端的直流熔断器出口处或回路下面的直流小母线上。信号发生器始终接在直流支路的电源端，故障检测器和钳表始终在直流支路的负荷端进行检测。

(2) 高检测效率，钳表钳一扎回路出线。在直流配电屏屏面上的各个熔断器的出口线（捆成一扎）上，如果检测结果为“非接地”，则说明该扎直流电源的回路均无接地故障；如果该扎线检测结果有“接地”，再分别钳各个回路。

(3) 故障进一步定位。检测出接地支路后，对具体接地故障点进行定位检测。检测时，可以采取二分法，即在每次检测后，故障区域均按二分取点方式进行下一次的检测定位，以便迅速地检测出具体的接地故障点，同时可根据馈线电缆走向和设备连接情况，对故障支路的各个馈线入口分别进行检测，进一步将故障定位。

(4) 用“绝缘量化指数”检测多点接地。直流系统有多个接地故障，或者正、负直流母线均有接地故障，检测中可利用绝缘程度条、波形和接地电流值的大小来比较各支路的微小差异，找出接地故障较严重的支路，该故障排除后再进行其他支路的检测，将接地故障点逐一检测排除。

(5) 接地点方向的判定。接地点方向的判定是由卡线时钳表箭头的方向与检测器所显示的箭头方向共同确定：以钳表箭头方向为参考方向，检测时，钳表方向不变，若检测器显示的箭头方向向下，说明接地点方向与钳表箭头方向是相反的；若检测器显示的箭头方向向上，说明接地点方向与钳表箭头方向是相同的。

(6) 检测环路接地。直流系统中有两条支路的一极或两极连接在一起，形成闭环系统，如果现场条件允许，建议在检测时断开环路，以提高检测效率，减少检测时间。

(7) 利用“波形”来判断接地。检测时，可以根据故障检测器接地灯是否亮来判断接地，也可以根据液晶屏上所显示的波形来判断接地情况。通过波形可以判断被检测支路的接地程度：波形幅值越大，说明被检测支路接地阻抗越小；波形越平滑，说明被检测支路绝缘越好。

4. 使用注意事项

（1）钳表饱和。在使用便携式接地检测仪检测时，故障检测器液晶上出现“钳表饱和”字样，出现此现象有两种情况：一种情况是钳表与故障检测器连接时没有连接好，应检查连接头是否接触好。另一种情况是由于受钳表量程限制，钳表所钳回路是大电流，而且所钳的是单极，解决办法是将钳表同时钳正负极。

（2）钳表使用。由于钳表钳口采用齿片交错工艺，打开钳表卡好线后，钳表要完全自然闭合，不能外加大力强行闭合，否则会导致钳口上的齿片错位，损坏钳表。

（3）故障检测器使用。在检测过程中，故障检测器不用时应关闭电源，以延长电池的使用时间。故障检测器电量不足时，欠电压指示灯亮，应立即更换电池，以提高检测的准确性。

（4）信号发生器使用。信号发生器一定接在被检测支路靠近母线一端，正、负、地三条线同时接在直流母线和地线上，保证接地线接地良好。

（5）接地桥退出。在检测前建议退出直流系统上安装的绝缘监测装置，退出接地电桥，更有利于检测。

（6）检测环境。由于故障检测器的精度极高，检测时不要使用手机，以免对故障检测器造成干扰。

参 考 文 献

[1] 孙坚明，李荫才．矿物汽轮机油维护与管理．北京：中国标准出版社，2006.

[2] 陈存祖，吕鸿年．水力机组辅助设备．北京：水利电力出版社，1994.

[3] 孟玉婵．我国运行汽轮机油的维护与监督管理．润滑油，2007(2)：37～44.

[4] 钱旭耀．变压器油及相关故障诊断处理技术．北京：中国电力出版社，2006.

[5] 温念珠．电力用油实用技术．北京：中国水利水电出版社，1998.

[6] 郝有明，温念珠，范玉华，邓育红．电力用油(气)实用技术问答．北京：中国水利水电出版社，2000.

[7] 姚志松，姚磊．变压器油的选择使用和处理．北京：机械工业出版社，2007.

[8] 熊道树．水轮发电机组的辅助设备．北京：中国水利水电出版社，2000.

[9] 朱宝林．SF_6 断路器技能考核培训教材．北京：中国电力出版社，2002.

[10] 芮静康．供配电实用技术问答．北京：中国电力出版社，2002.

[11] 北京供电局用电监察处．实用电工问答(供用电部分)．北京：中国电力出版社，1996.

[12] 连理枝．低压断路器及其应用．北京：中国电力出版社，2001.

[13] 刘介才．现代电工技术手册．北京：中国水利水电出版社，2002.

[14] 钱亢木．大型火力发电厂厂用电系统．北京：中国电力出版社，2001.

[15] 徐海明．直流设备检修．北京：中国电力出版社，2003.